教育部高等学校电工电子基础课程教学指导分委员会推荐教材

国家一流本科专业核心课程教材

浙江省一流课程教材

新工科电工电子基础课程一流精品教材

U0192616

数字电路

（第4版）

◎ 贾立新　编著

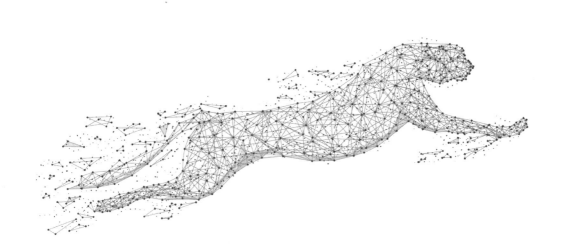

电子工业出版社

Publishing House of Electronics Industry

北京·BEIJING

内 容 简 介

本书依据教育部高等学校电工电子基础课程教学指导分委员会制定的课程教学基本要求编写。全书共 9 章，主要内容包括：数字逻辑基础、集成门电路、组合逻辑电路、时序逻辑电路基本单元、时序逻辑电路分析与设计、半导体存储器、脉冲波形的产生与整形、数模与模数转换器、现代数字系统设计基础、16 个实验项目等，每章后附自我检测题和习题，提供微课视频、电子课件和习题参考答案等。

本书可作为高等学校电子、电气、通信、控制、计算机、集成电路等专业相关课程的教材，也可供电子信息领域的科技工作者学习参考。

未经许可，不得以任何方式复制或抄袭本书之部分或全部内容。

版权所有，侵权必究。

图书在版编目（CIP）数据

数字电路 / 贾立新编著．—4 版．—北京：电子工业出版社，2023.10

ISBN 978-7-121-46565-9

Ⅰ．①数… Ⅱ．①贾… Ⅲ．①数字电路—高等学校—教材 Ⅳ．①TN79

中国国家版本馆 CIP 数据核字（2023）第 202546 号

责任编辑：王羽佳

印　　刷：三河市良远印务有限公司
装　　订：三河市良远印务有限公司
出版发行：电子工业出版社
　　　　　北京市海淀区万寿路 173 信箱　邮编　100036
开　　本：787×1 092　1/16　印张：18.5　字数：551 千字
版　　次：2007 年 9 月第 1 版
　　　　　2023 年 10 月第 4 版
印　　次：2023 年 10 月第 1 次印刷
定　　价：68.00 元

前　言

本书是教育部高等学校电工电子基础课程教学指导分委员会推荐教材、国家一流本科专业核心课程教材、浙江省一流课程"数字电路与数字逻辑"配套教材，也是浙江工业大学重点建设教材。本书依据教育部高等学校电工电子基础课程教学指导分委员会制定的课程教学基本要求编写，同时充分吸收了国内外经典教材中的新概念、新理论和新技术，可作为高等学校"数字电子技术基础"或"数字电路与数字逻辑"等课程的教材。

全书共 9 章。

第 1 章是数字逻辑基础。本章介绍数字电路的基本概念、数制和码制、逻辑代数基础、逻辑电路的基本分析与设计方法。

第 2 章是集成门电路。本章介绍半导体基础知识、晶体管的开关特性，如何用 MOS 管和双极型晶体管构建门电路；CMOS 和 LSTTL 两种典型门电路的逻辑功能、电气特性和主要技术指标；OD(OC)门、三态门和 CMOS 传输门的结构、功能和应用。

第 3 章是组合逻辑电路。本章介绍编码器、译码器、数据选择器、数值比较器和加法器等常用组合逻辑电路模块的逻辑功能、符号、应用和 Verilog HDL 代码，以及组合逻辑电路竞争与冒险的概念、判别和消除方法。

第 4 章是时序逻辑电路基本单元。本章介绍锁存器和触发器两种常用存储单元电路；如何使用触发器来构建寄存器和计数器；给出常用时序逻辑电路基本单元的 Verilog HDL 代码。

第 5 章是时序逻辑电路分析与设计。本章介绍计数器、状态机、序列信号发生器等常用同步时序逻辑电路的分析设计方法。

第 6 章是半导体存储器。本章介绍掩模 ROM、PROM、EPROM、SRAM、DRAM 等常用的半导体存储器的结构和原理，半导体存储器在数字系统中的应用。

第 7 章是脉冲波形的产生与整形。本章介绍分别由 CMOS 门电路和 555 定时器构成的施密特触发器、单稳态触发器、多谐振荡器等 3 种电路的结构、工作原理和主要参数，并给出这 3 种电路的许多应用实例。

第 8 章是数模与模数转换。本章介绍权电阻型、$R\text{-}2R$ 网络型两种典型 D/A 转换器；并行比较型、逐次逼近型、双积分型、$\Sigma\text{-}\Delta$ 型等 4 种典型的 A/D 转换器。

第 9 章是现代数字系统设计基础。本章介绍 SPLD、CPLD 和 FPGA 等典型可编程逻辑器件的结构和原理；Verilog HDL 的基本语法；数字频率计和相加-移位乘法器两个数字系统设计实例。

本书第 1 版于 2007 年 9 月出版，第 2 版于 2011 年 5 月出版，第 3 版于 2017 年 4 月出版。本书在前三版的基础上进行了以下修订：

① 以电子设计竞赛促进教材内容的创新。本书作者既是课程负责人，又是电子设计竞赛的资深教练，具备丰富的工程实践经验。在学生竞赛指导中发现的问题，在修订教材内容中进行补充。例如，本次修订增加了同步状态机设计、数字集成电路的动态分析、不同电压数字集成电路之间的接口设计等内容，增加了基于 FPGA 的数字系统设计的相关知识点。

② 将理论与实验合二为一。作者通过浙江省课堂教学改革项目，对课程的教学内容进行重新设计，将理论课内容和实验课内容深度融合。例如，将实验项目中的理论问题作为例题安排在理论课中介绍，将数字电路的应用问题安排在实验中解决。开发了便携式的 EDA 实验板，解决了实

验时间和空间的限制问题。

③ 从以中小规模集成电路为主的数字系统设计方法转向以 FPGA 为主的数字系统设计方法。增加目前业界应用广泛的 Verilog HDL 内容,增加基于 FPGA 的数字系统设计实例,这些设计实例已通过校级创新性实验项目认定,在教学中实施效果良好。

④ 增加培养学生家国情怀、全球视野、工匠精神、科学方法等思政元素;增加与后续课程(微机原理、单片机)相关的内容(如补码、存储器的地址空间等);优化例题讲解、自我检测题和习题;增加微课视频等数字资源,将纸质教材提升为"新形态"教材。

本书为方便教师的教学和学生的自主学习,提供微课视频、电子课件和习题参考答案等。可以通过扫描书中二维码获得相应位置的教学辅助资源,也可以登录华信教育资源网(http://hxedu.com.cn)注册下载相关教学辅助资源。

Quartus II 软件的基本操作,请扫描下面的二维码自主学习。

本书由贾立新编写。浙江工业大学数字电路和数字逻辑课程组各位教师对第 4 版教材的修订提出了许多有益的建议。教育部高等学校电工电子基础课程教学指导分委员会委员南余荣教授仔细审阅了全书,提出了许多建设性意见。在此一并表示衷心感谢。

本书的出版得到了浙江工业大学重点教材建设项目资助。

由于作者学识有限,书中难免有错误和不妥之处,望广大读者批评指正。如果在阅读本书的过程中发现错误或对本书有改进建议,请与本书的责任编辑联系,E-mail:wyj@phei.com.cn。

作　者
2023 年 7 月于浙江工业大学

目　　录

第 1 章　数字逻辑基础

1.1　绪　　论

1.1.1　模拟信号和数字信号

电子电路接收或处理的电压或电流信号可分为模拟信号和数字信号两类。模拟信号（Analog Signal）是指幅值在上限和下限之间连续，即幅值在上限和下限之间可以取任意实数值的信号。模拟信号可以是时间连续信号，也可以是时间离散信号。图 1.1-1（a）所示为时间连续模拟信号。客观世界中存在的各种物理信号大都为时间连续模拟信号，如电压信号、温度信号、声音信号、视频信号等。时间离散模拟信号是指只有在特定时刻才有幅值定义的信号，如图 1.1-1（b）所示。时间离散模拟信号可以看成是对时间连续模拟信号采样得到的，因此有些文献中也将其称为采样信号。图 1.1-1（b）所示的 $1T, 2T, \cdots$ 表示采样时刻，T 表示采样周期。

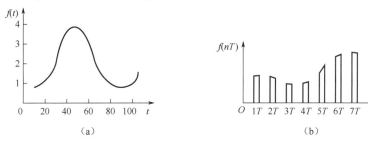

图 1.1-1　模拟信号

数字信号（Digital Signal）是指幅度的取值是离散的，即幅值被限制在有限个数值之内的信号。数字信号可以是时间连续信号，也可以是时间离散信号，图 1.1-2 给出了两种数字信号的示例。图 1.1-2（a）是数字电路中最常见的由高、低电平描述的数字信号。高电平表示逻辑 1，低电平表示逻辑 0。这种只有两个取值的数字信号又称二值信号。虽然只有两个取值，但通过多位二值信号的组合可以表示各种各样的信息。图 1.1-2（b）是时间离散模拟信号经过量化以后得到的数字信号，每一个信号的幅值都是某一最小电压（图中为 $\frac{1}{8}$ V）的整数倍。从波形上看，数字信号具有保持和突变的特点，就是说数字信号在一段时间内保持低电平或高电平，低电平和高电平之间的转换是瞬时完成的。

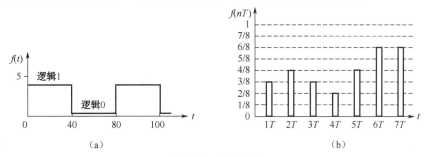

图 1.1-2　数字信号

1.1.2　模拟电路、数字电路和混合信号电路

用以传递和处理模拟信号的电路称为模拟电路（Analog Circuit）。常见的模拟电路有放大电路、有

源滤波电路、线性直流稳压电路，以及混频、调制和解调等非线性电路。以图1.1-3所示的电路 A 为例，输入和输出信号的幅值有比例关系，输出信号的幅值被放大了，属于典型的模拟放大电路。模拟电路中的晶体管一般工作在放大状态，因而电路的灵敏度比较高，但也容易受到干扰信号的影响。模拟电路的设计十分灵活，如设计放大电路时，必须考虑各种问题，如应考虑静态工作点是否合适，放大倍数要求，输入阻抗、输出阻抗对前后级电路影响如何，放大器的稳定性如何，等等。

图 1.1-3　模拟电路的特性

用以传递和处理数字信号的电路称为数字电路（Digital Circuit）。数字电路主要完成对数字量进行算术运算和逻辑运算等功能。以图1.1-4所示的电路 B 为例，信号 x 和 y 经过电路 B 运算后输出 z 信号。z 信号的幅值与输入信号 x、y 一致，但 z 信号与输入信号之间存在一定的逻辑关系，即输入信号 x、y 同时为高电平时，z 信号为高电平，否则 z 信号为低电平，该电路属于典型的数字电路。与模拟电路不同，数字电路中晶体管通常工作在开关（饱和或截止）状态，即使受到外部干扰或者环境因素的影响，晶体管的状态也很难改变，因而电路的稳定性好、可靠性高。数字电路的研究对象是输入和输出的逻辑关系，因此主要的分析工具是逻辑代数，表示电路功能的主要工具是真值表、逻辑表达式及逻辑图等。在讨论数字电路逻辑功能时，数字电路也常称为逻辑电路。

图 1.1-4　数字电路的特性

除了模拟电路和数字电路，还有一种将模拟电路和数字电路相结合的混合信号电路（Mixed Signal Circuit）。例如，本书将要介绍的 555 定时器、D/A 转换器、A/D 转换器等均属于混合信号电路。随着集成电路设计制造工艺的进步，目前应用非常广泛的单片微控制器（简称单片机）也从纯数字器件逐渐发展成内含电压比较器、D/A 转换器、A/D 转换器等模拟外设的混合信号电路。

实际的电子系统通常是由模拟电路和数字电路组成的综合电子系统。图 1.1-5 所示为语音存储与回放系统的原理框图。录音时，话筒（MIC）将语音信号转化为电信号，经放大滤波后送 A/D 转换器的模拟输入端，经 A/D 转换器转换后将数字化的语音信号存储在半导体存储器中；回放时，微控制器从存储器中读取语音数据，经 D/A 转换器转换后输出模拟语音信号，经滤波放大后驱动扬声器。在图 1.1-5 所示的系统中，既有模拟信号，又有数字信号；既有模拟电路、数字电路，又有混合信号电路。系统中的核心部件微控制器就是典型的大规模数字器件，内含计数器、寄存器、加法器、译码器等典型的数字电路。

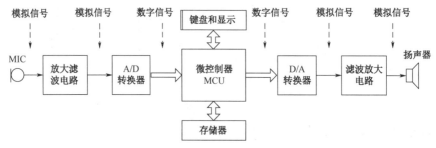

图 1.1-5　语音存储与回放系统原理框图

1.1.3　数字电路的发展历史

数字电路的发展经历了电子管、晶体管、集成电路等不同阶段。

1906 年，英国物理学家弗莱明发明了电子管。世界上第一台全电子数字计算机 ENIAC 用了 17468 只电子管，占地 170 平方米，重 30 吨，耗电 150kW。电子管体积大、重量重、耗电大、寿命短。

1947 年，美国贝尔实验室发明了晶体管。晶体管在体积、重量、可靠性方面明显优于电子管。晶体管的出现，使以晶体管、电阻等分立元件构成的数字电路得到广泛应用，但由分立元件组成的数字电路仍然存在体积大、焊点多、电路的可靠性差等问题。

1958 年，美国德州仪器（Texas Instruments，TI）公司率先将数字电路的元器件制作在同一硅片上，制成了数字集成电路（Integrated Circuits，IC）。集成电路的出现标志着电子技术进入微电子时代，大大促进了电子学的发展，尤其是促进了微型计算机和以计算机为核心的复杂数字系统的飞速发展。

数字集成电路由一定数量的逻辑门电路组成。逻辑门电路由晶体管构成，可基于不同的工艺和电路结构，常见的有晶体管-晶体管逻辑（TTL）、发射极耦合逻辑（ECL）、互补金属氧化物半导体（CMOS）和双极型 CMOS（BiCMOS）等。

数字集成电路中逻辑门电路的数量可从数门到数百万门。数字集成电路按集成度可分为小规模集成电路（Small Scale Integration，SSI）、中规模集成电路（Medium Scale Integration，MSI）、大规模集成电路（Large Scale Integration，LSI）、超大规模集成电路（Very Large Scale Integration，VLSI）等。集成度有不同的表示方法，一种方法是按照单个芯片内含有等效门的数量来表示，另一种方法是按照每平方厘米晶体管的数量来表示。随着集成电路技术的不断发展，还经常用最小特征尺寸来表示集成度，特征尺寸越小，芯片的集成度越高。在 2006 年，数字集成电路的最小特征尺寸为 78nm，到了 2012 年，最小特征尺寸减小到约 36nm。目前，世界上最先进的数字集成电路的特征尺寸已减小到 2nm。表 1.1-1 列出了不同规模的数字集成电路所含等效门的数量。

表 1.1-1　数字集成电路的等效门的数量

分　　类	等效门的数量	典型集成电路
小规模	≤10	基本门，触发器
中规模	10～100	译码器，计数器，加法器
大规模	100～10000	小容量存储器，门阵列
超大规模	≥10000	单片微处理器，高密度可编程逻辑器件

数字集成电路生产过程工序繁多、工艺复杂且技术难度非常高。许多工序必须在恒温、恒湿、超洁净的环境中完成。图 1.1-6 为本书作者参观集成电路制造车间的场景。图 1.1-7 为集成电路的基础材料——晶圆（Wafer）。

加工后的晶圆上包含了许多芯片，切割以后产生独立的芯片，然后放置到指定类型的芯片封装的内部，经测试后投放市场。图 1.1-8 所示为不同类型的数字集成电路实物图。

图 1.1-6　参观集成电路制造车间　　　　图 1.1-7　集成电路的基础材料——晶圆

（a）单门集成电路　　　　　　　（b）中小规模集成电路　　　　　　（c）超大规模集成电路

图 1.1-8　不同类型的数字集成电路实物图

　　数字集成电路可以按照集成度分类，也可以分为标准集成电路、可编程逻辑器件、专用集成电路（ASIC）3 种类型。

　　标准集成电路是指功能、物理配置固定，用户无法修改的集成电路。标准集成电路品种多、价格低。在 20 世纪 80 年代早期，使用标准集成电路构造逻辑电路非常普遍。为了构造一个逻辑电路，设计者首先要选取可以实现某种功能的芯片，然后连接成一个更大规模的电路。由于采用标准集成电路设计的逻辑电路体积大、功能固定，在实际工程项目中，现在已经很少采用标准集成电路来设计逻辑电路了。

　　可编程逻辑器件允许用户根据自己的要求实现相应的逻辑功能，并且可以多次编程。可编程逻辑器件结构由门阵列、可编程触发器、可编程开关组成。常见的可编程逻辑器件有复杂可编程逻辑器件（CPLD）和现场可编程门阵列（FPGA）。目前，规模较大的 FPGA 包含了数百亿个晶体管，可以实现非常复杂的数字系统。FPGA 的缺点是其可编程开关占用了较多芯片面积，而且限制了所实现电路的运行速度。

　　专用集成电路（ASIC）是针对整机或系统的需要，专门设计制造的集成电路，可以获得更好的性能。因为 ASIC 制造成本高、制造时间长，因此，ASIC 一般用在批量产品中，以降低每颗芯片的平均成本。

1.1.4　数字电路的优点

　　数字电路在计算机、通信、自动控制、消费类电子产品等领域得到广泛应用。现代计算机就是典型的数字系统。计算机除了我们工作和生活中常见的个人计算机、笔记本电脑等，更多的是应用于各种特定对象智能化控制的嵌入式系统，如单片微控制器、DSP 等。在消费类电子产品中，数字电路的应用日趋广泛，如移动电话、数码相机、音响产品、高清晰度数字彩电，无不采用数字技术实现。在无线通信领域，采用 DSP 和 FPGA 等高速数字器件实现的软件无线电在军用和民用领域得到了广泛应用。

　　以大规模集成工艺为依托，各种数字电路逐渐进入了传统模拟电路的应用领域。以手机、照相机、录音机、电视机等为例，这些大家熟悉的电子产品曾经都是以模拟电子系统为主，现在它们无一例外地成为数字产品。为什么越来越多的电子产品由传统的模拟领域转向数字领域？这是因为数字电路较之模拟电路具有许多突出优点。

1. 数字电路工作稳定，精度高

　　数字电路只要能够可靠区分 0 和 1 两种状态就可以正常工作，因此无论对元器件参数精度的要求还是对供电电源稳定度的要求，都比模拟电路要低。数字电路在相同输入的情况下，总能给出相同的输出，数字电路受环境温度影响小，抗干扰能力强。因此，数字电路具有良好的工作稳定性。

　　模拟电路受元件参数的精度、供电电源的稳定度的限制，精度一般只能达到千分之一。以图 1.1-9 所示的模拟加法器为例，根据电路参数，理想情况下输出电压应为–3V。但由于电阻的阻值有误差，运放也存在输出失调电压，因此，加法器实际输出电压与–3V 会产生较大误差。如果采用数字加法器，

电压值用二进制数表示，只要增加二进制数的位数就可以提高
精度。例如，32 位的数字加法器可以达到 $1/2^{32}$ 的精度。

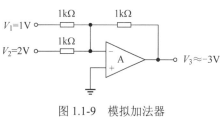

图 1.1-9　模拟加法器

2. 数字电路易于设计和测试

数字电路设计通常也称为逻辑设计，其主要数学工具为逻辑代数，不需要深奥的数学知识。对于简单的数字电路，采用手工设计方法就可以完成设计。对于复杂的数字电路，则可以通过借助电子设计自动化（EDA）软件和硬件描述语言（HDL）来完成设计。数字电路的设计效率要比模拟电路高得多。需要指出的是，手工设计方法虽然很少使用了，但本书仍然以比较大的篇幅予以介绍，因为通过手工设计方法的学习可以直观理解数字电路工作原理，同时也是理解现代设计方法的基础。

每一片数字集成电路出厂前都要经过测试。随着集成度的提高，集成电路的测试费用在整个成本中所占的比重越来越大。许多大规模数字集成电路都内置了功能完善的测试电路，从而大大降低了测试成本。

3. 数字电路可以实现十分复杂的算法

微控制器和 FPGA 均属于大规模数字集成电路，通过 C 语言或硬件描述语言（HDL）语言编程，这些器件可以实现数字滤波、数据压缩、频谱分析等复杂的算法。

4. 数字电路处理的数字信号易于保存

数字信号的存储通常可以采用光盘或半导体存储器等数字存储技术。特别是半导体存储器的存储容量越来越大，能在很小的物理空间上存储几十亿位数字信息，且可长期保存。

5. 数字电路更易小型化和集成化

随着半导体工艺的发展，数字集成电路器件体积越来越小，集成度越来越高。今天，单个硅片上可以制造几万个甚至几千万个元器件。随着微控制器、FPGA 等大规模数字器件的出现，使得数字系统功能强、体积小、重量轻、耗电低。

尽管数字电路具有许多优点，数字化的潮流也不可逆转，但是，我们生活在一个模拟的世界中，模拟电路始终在电子系统中占有一席之地。数字电路和模拟电路是密不可分的，数字电路的许多特性如功耗、速度等都需要模拟电路的知识来理解，数字电路在一定条件下也可转化为模拟电路。

1.2　数制和码制

数字电路中处理的各种信息可分为数码和代码两类。数制是进位计数制的简称，是用统一的符号和规则表示数的一种方法，它体现了多位数码的构成方式以及从低位到高位的进位规则。码制是编制代码时遵循的规则。本节首先介绍数字电路中涉及的常用数制包括十进制、二进制、十六进制等，以及它们之间的转换方法，然后介绍几种在数字电路中的常用编码。

1.2.1　数制

任何一个数都可用各种数制（Number System）来表示，但使用不同的数制时，其运算方法和复杂度有所不同，对数字电路的性能有直接影响。日常生活中，人们常常采用具有 0～9 十个数码的十进制来进行计数。为了使数字电路的设计更加简单，则通常采用只有 0 和 1 两个数码的二进制数，而不是人们熟悉的十进制数。为便于数字电路处理，一般需要将人们熟知的十进制数转换成二进制形式，处

理后则需要将二进制形式的结果转化为十进制，以便于人们观察。

下面介绍这些数制的特点及它们之间的转换方法。

1．十进制

任何一个十进制数（Decimal Number）都可采用位置计数法及加权和形式来表示

$$(D)_{10} = (d_{n-1}d_{n-2}\cdots d_1 d_0.\ d_{-1}d_{-2}\cdots d_{-m})_{10} = \sum_{i=-m}^{n-1} d_i 10^i$$

式中，正整数 n 表示整数部分的位数，正整数 m 表示小数部分的位数。d_i 为十进制数 D 的数码，表示 0～9 这十个数码中的一个。和式中的数字 10 表示十进制的基数，基数决定了计数制的数码个数，例如十进制有 0～9 十个数码。实际上，计数体制是以基数来命名的。和式中的 10^i 表示处于确定位置的数码 d_i 所具有的权重（Weight）。例如，十进制数 123.35 可按照各数码具有的权重展开为

$$(123.35)_{10} = 1\times10^2 + 2\times10^1 + 3\times10^0 + 3\times10^{-1} + 5\times10^{-2}$$

"权"的概念在计数制中非常重要，数中排列的数码由于具有不同的"权"而体现出不同的地位和层次。打个形象的比方：假设从银行取出 123 元钱，银行通常给你 1 张百元钞、2 张十元钞、3 张一元钞，说明百位的数码 1 具有权 100，十位的数码 2 具有权 10。

从上面对十进制的分析中，可以归纳出如下规律：

① 十进制的基数为 10，即十进制具有 0～9 十个数码。

② 十进制数由低位向高位的进位规律是"逢十进一"，即计数满 10 就向高位进 1，例如 9 + 1 = 10，19 + 1 = 20，99 + 1 = 100。

③ 十进制数中不同位置的数码具有不同的权，用 10^i 来表示。

十进制数有多种表示方法。例如，十进制数 123 可用 $(123)_{10}$、$(123)_D$ 或 123D 等形式来表示。

利用对十进制的分析，我们很容易将进位计数制的构成规律推广到二进制、十六进制及任意 N 进制。

2．二进制

任何一个二进制数（Binary Number）都可以采用位置计数法及加权和形式来表示

$$(B)_2 = (b_{n-1}b_{n-2}\cdots b_1 b_0 \cdot b_{-1}b_{-2}\cdots b_{-m})_2 = \sum_{i=-m}^{n-1} b_i 2^i$$

式中，正整数 n、m 分别表示二进制数的整数部分和小数部分的位数；b_i 表示二进制数的数码，取值只能是 0 或 1；加权和式中，数字 2 是二进制的基数，2^i 表示不同位置的数码 b_i 的权。如二进制数 $(1101)_2$ 可按照二进制数的各位数码和权展开为

$$(1101)_2 = 1\times2^3 + 1\times2^2 + 0\times2^1 + 1\times2^0$$

与十进制类似，二进制数也有如下规律：

① 基数为 2，只有两个数码 0 和 1。

② 遵循"逢二进一"的计数规律，即 1 + 1 = 10，11 + 1 = 100。

对于不同的基数，相同的数码表示的数值并不相同，因此，为了避免混淆，把基数写在下标以示区分。例如，为了表示二进制数 1101，可采用 $(1101)_2$、1101B 等形式来表示。通常二进制数最左边数位称为最高位（Most Signification Bit，MSB），最右边数位称为最低位（Least Signification Bit，LSB）。4 位二进制数合在一起称为半字节（Nibble），8 位二进制数合在一起称为字节（Byte）。

由于二进制数的每个位置只有两个可能的取值 1 或 0，因此很容易用具有两个稳定状态的电路元件来表示，如利用晶体管的导通和截止状态、开关的断开和闭合来表示 1 和 0。另外，二进制数的基本运算规则简单。一位二进制数的基本运算规则如下。

加法规则：$0+0=0$，$0+1=1$，$1+0=1$，$1+1=10$

减法规则：$0-0=0$，$10-1=1$，$1-0=1$，$1-1=0$

乘法规则：$0\times0=0$，$0\times1=0$，$1\times0=0$，$1\times1=1$

除法规则：$0\div1=0$，$1\div1=1$

正是由于二进制数具有上述特点，使其在数字电路中具有不可替代的地位。

3．十六进制

一个任意的十六进制数（Hexadecimal Number）可以表示为

$$(N)_{16}=\left(a_{n-1}a_{n-2}\cdots a_1a_0\cdot a_{-1}a_{-2}\cdots a_{-m}\right)_{16}=\sum_{i=-m}^{n-1}a_i16^i$$

式中，a_i 可取 $0\sim9$ 及 A、B、C、D、E、F 这十六个数码中的任意一个。十六进制数遵循"逢十六进一"的计数规律，不同位置上的数码具有权 16^i。

采用十六进制比二进制数简短，易读易记，而且，十六进制数与 4 位二进制数对应，两者之间的转换十分方便，因此，十六进制在计算机和数字系统中使用十分普遍。在计算机编程语言中，通常用"0x"前缀或"H"后缀来表示十六进制数。

4．数制转换

（1）二进制数与十进制数的转换

由于数字电路中采用二进制数，而我们日常使用的是十进制数，因此必须掌握二进制数与十进制数之间的转化方法。

① 二进制数转换为十进制数。

将二进制数转换为十进制数的方法比较简单，二进制数按位权展开，用十进制运算法则求和，即可得到相应的十进制数。例如，可用下述方法将二进制数 $(1101.11)_2$ 转换为十进制数

$$(1101.11)_2=1\times2^3+1\times2^2+0\times2^1+1\times2^0+1\times2^{-1}+1\times2^{-2}=(13.75)_{10}$$

② 十进制数转换为二进制数。

将十进制数转换为二进制数的常用方法是先把十进制数的整数部分和小数部分分别进行转换，然后合成结果。十进制数整数部分的转换采用"除 2 取余、余数倒级联"的方法：把十进制整数反复除以 2 直到商为 0，并取出各次相除的余数；将余数倒向级联（最后出现的置于最高位，最先出现的置于最低位），即得到相应的二进制数。小数部分的转换采用"乘 2 取整法"：将十进制小数乘 2，在所得的积中取出整数部分（0 或 1）作为二进制数的最高位；去掉整数部分后留下的小数部分继续乘 2 取整，依次得到二进制数的第二位、第三位……直到积为 0 或满足给定的精度要求为止。

【例 1.2-1】 采用"除 2 取余法"将十进制整数 $(77)_{10}$ 转化为二进制数。

解：

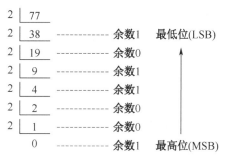

上述转换步骤可归纳为：十进制数 77 除 2 取余，至商为 0，并将余数自下而上倒级联，即得到相应的二进制数。因此 $(77)_{10}=(1001101)_2$。

在熟练的基础上，十进制数转化二进制数还可以采用以下方法：将十进制数表示成多个 2 的 n 次

方相加，然后在相应的位置上用 1 和 0 表示。如

$(380)_{10}=256+124=256+64+60=256+64+32+28=256+64+32+16+8+4$

$=1\times2^8+1\times2^6+1\times2^5+1\times2^4+1\times2^3+1\times2^2=(101111100)_2$

【例 1.2-2】 采用"乘 2 取整法"将十进制小数$(0.828125)_{10}$转化为二进制数（取 6 位有效数）。

解：

小数部分乘2	结果	取整数部分
0.828125×2 →	1.656250 →	1　MSB
0.656250×2 →	1.312500 →	1
0.312500×2 →	0.625000 →	0
0.625000×2 →	1.250000 →	1
0.250000×2 →	0.500000 →	0
0.500000×2 →	1.000000 →	1　LSB

通过乘 2 取整，至积为 0，并将保留的整数自上而下级联，即得到二进制数。因此

$$(0.828125)_{10} = (0.110101)_2$$

如果小数部分与 2 相乘，积一直不为 0，则取一定的有效位数即可。

（2）二进制数与十六进制数的转换

十六进制数的 16 个数码正好对应于 4 位二进制数的 16 种不同取值组合，如表 1.2-1 所示。

表 1.2-1　十六进制数与二进制数之间的对应关系

十六进制数	0	1	2	3	4	5	6	7
二进制数	0000	0001	0010	0011	0100	0101	0110	0111
十六进制数	8	9	A	B	C	D	E	F
二进制数	1000	1001	1010	1011	1100	1101	1110	1111

　　将二进制数转化为十六进制数的方法是：以小数点为基准，将二进制数的整数和小数部分每 4 位分为一组，不足 4 位的分别在整数的最高位前和小数的最低位后加 0 补足，然后每组用等值的十六进制码替代，即得十六进制数。

　　十六进制数转换为二进制数的过程正好与上述过程相反，将每位十六进制数用 4 位二进制数代替即可。

【例 1.2-3】 将二进制数 111011.10101B 转换为十六进制数。

解：

$$\begin{array}{cccc} 0011 & 1011 & .\ 1010 & 1000\ \text{B} \\ \uparrow & \uparrow & \uparrow & \uparrow \\ 3 & B & A & 8 \end{array}$$

因此，111011.10101B = 3B.A8H。

1.2.2　码制

　　由于数字系统是以二值数字逻辑为基础的，因此数字系统中的数值、文字、符号、控制命令等信息都采用二进制形式的代码来表示。所谓编码，就是用一串二进制代码表示某种信息的过程。如在道路交通灯控制系统中，绿灯亮表示"通行"，黄灯亮表示"注意"，红灯亮表示"停止"。对这三种状态可进行如表 1.2-2 所示的编码。

　　实际上，编码是人为地为不同的信息规定一种二进制形式的代码，因此编码过程是比较灵活的，对同一信息，可采

表 1.2-2　交通灯控制系统状态编码示例

状态	编码	含义
红灯亮	1　0　0	停止
黄灯亮	0　1　0	注意
绿灯亮	0　0　1	通行

用多种编码方案。本节主要介绍几种数字电路中的常用编码，包括 BCD 码、格雷码、ASCII 码和奇偶校验码等。

1．BCD 码

为了实现在数字电路中直接用十进制进行输入、输出和运算，需要将十进制数的 0～9 这十个数码分别用若干位二进制代码来表示。十进制数常用的编码方案就是采用所谓的二-十进制编码（Binary-Coded-Decimal，BCD）。由于十进制数的十个数码需用 4 位二进制码来表示，因此可以在 4 位二进制编码构成的 16 种组合中灵活地取 10 种来完成编码。例如，按自然顺序选择 0000～1001 来表示数码 0～9 的编码方案称为 8421 码，选择其中的 10 个组合 0011～1100 的编码方案称为余 3 码，除此之外还有 2421 码、5421 码、余 3 循环码等。表 1.2-3 列出了几种常见的 BCD 码。

表 1.2-3　几种常见的 BCD 码

十进制数	二进制	8421 码	2421 码	5421 码	余 3 码	余 3 循环码
位权	8421	8421	2421	5421	无权	无权
0	0000	0000	0000	0000	0011	0010
1	0001	0001	0001	0001	0100	0110
2	0010	0010	0010	0010	0101	0111
3	0011	0011	0011	0011	0110	0101
4	0100	0100	0100	0100	0111	0100
5	0101	0101	1011	1000	1000	1100
6	0110	0110	1100	1001	1001	1101
7	0111	0111	1101	1010	1010	1111
8	1000	1000	1110	1011	1011	1110
9	1001	1001	1111	1100	1100	1010

8421 码是最常用的 BCD 码，该编码方案具有如下特点：

① 8421 码中的每个码由 4 位二进制数组成，按自然顺序排列，前 10 种代码依次表示十进制数码 0～9。

② 8421 码是一种有权码，各位的权自左至右分别为 8（2^3）、4（2^2）、2（2^1）、1（2^0），其名称由此而来。

③ 8421 码只用 4 位二进制码构成的 16 种组合中的前 10 种，其余 6 种组合称为无效码。

④ 8421 码具有奇偶性，即十进制数为奇数时，所对应的 8421 码最低位为 1，否则最低位为 0，因此可利用 8421 码判别数的奇偶性。

【例 1.2-4】　将 $N = (9750)_{10}$ 转化为 8421 码。

解：$N = (\underline{1001\ 0111\ 0101\ 0000})_{8421}$

【例 1.2-5】　将 $N = (68)_{10}$ 转化为 5421 码、2421 码和余 3 码。

解：通过查阅表 1.2-3 可得

$(68)_{10} = (\underline{1001\ 1011})_{5421BCD} = (\underline{1100\ 1110})_{2421BCD} = (\underline{1001\ 1011})_{余3BCD}$

2．格雷码

格雷码（Gray Code）是按照"相邻性"原则编排的无权码，即相邻的两个编码之间只有 1 位不同，而且首尾两个码也具有相邻性，所以格雷码也称为循环码。表 1.2-4 列出了 4 位自然二进制码与 4 位格雷码之间的对应关系。

表 1.2-4　4 位自然二进制码与 4 位格雷码之间的对应关系

十进制数	二进制码	格雷码	十进制数	二进制码	格雷码
0	0000	0000	8	1000	1100
1	0001	0001	9	1001	1101
2	0010	0011	10	1010	1111
3	0011	0010	11	1011	1110
4	0100	0110	12	1100	1010
5	0101	0111	13	1101	1011
6	0110	0101	14	1110	1001
7	0111	0100	15	1111	1000

　　表 1.2-4 中的格雷码可由二进制码通过一定的规则得到。设 4 位二进制码为 $B_3B_2B_1B_0$，4 位格雷码为 $G_3G_2G_1G_0$，可以通过以下规则将二进制码转换为格雷码：

① 如果 B_0 和 B_1 相同，则 G_0 为 0，否则为 1。

② 如果 B_1 和 B_2 相同，则 G_1 为 0，否则为 1。

③ 如果 B_2 和 B_3 相同，则 G_2 为 0，否则为 1。

④ G_3 和 B_3 相同。

　　上述规律还可以用以下逻辑逻辑表达式描述

$$G_0 = B_1 \oplus B_0, \quad G_1 = B_2 \oplus B_1, \quad G_2 = B_3 \oplus B_2, \quad G_3 = B_3$$

式中，$\oplus$ 为异或逻辑运算符，其逻辑功能参见 1.3.2 节。

　　格雷码有什么优点呢？下面通过一个实例来说明。

【例 1.2-6】 某叉车数控调速系统，其速度分为 10 挡，试用 8421 码和格雷码分别对 10 挡速度进行编码，并说明格雷码有何优点。

　　解： 将这 10 挡速度分别用 8421 码和格雷码编码，如表 1.2-5 所示。需要说明的是，格雷码可以有多种编码方案，表 1.2-5 是其中的一种编码方案。本章习题 1 要求写出 3 种格雷码编码方案。

表 1.2-5　叉车数控调速系统挡位编码

速度挡	8421 码	格雷码	速度挡	8421 码	格雷码
0	0000	0000	5	0101	0111
1	0001	0001	6	0110	1111
2	0010	0011	7	0111	1110
3	0011	0010	8	1000	1100
4	0100	0110	9	1001	1000

　　如果速度用 8421 码来表示，则将 3 挡速度调到 4 挡速度就意味着将编码从 0011 变为 0100。显然，4 位编码中有 3 位发生了变化。由于 1 和 0 在数字电路中是用电路输出电压的高电平和低电平来表示的。实际电路中，由高电平变为低电平（1→0）的时间和由低电平变为高电平（0→1）的时间不可能完全一致。假设由低电平变为高电平的转换比高电平变为低电平的转换快，电路中会瞬间出现 0111（7 挡）这个中间状态，其示意图如图 1.2-1 所示。这一瞬间出现的错误挡位输出可能会引起叉车在换挡时的抖动。如果速度采用格雷码编码，由于相邻码间只有 1 位不同，一个过渡到相邻码时，不会瞬间出现别的码组，消除了挡位切换时的抖动。格雷码是错误最小化编码，属于一种可靠性编码，应用十分广泛。

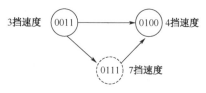

图 1.2-1　挡位切换情况

3. ASCII 码

人机通信中，十进制数字、英文字母、命令和一些专用符号必须先进行编码，才能被计算机识别和处理。美国信息交换标准代码（America Standard Code for International Interchange，ASCII）是目前国际上通用的计算机与外部设备交换信息的字符编码。它用 7 位二进制符号 $C_6C_5C_4C_3C_2C_1C_0$ 表示 128 个字符，其中包括 96 个图形字符和 32 个控制字符。7 位 ASCII 码编码表如表 1.2-6 所示。前两列的 32 个代码是控制码（不可打印），剩下的 96 个字符码是可打印字符。计算机进行数据通信时，通常以 8 位二进制编码为单位，因此，在传送 ASCII 编码时，可以将最高位 C_7 作为校验位。

表 1.2-6　7 位 ASCII 码编码表

$C_3C_2C_1C_0$	$C_6C_5C_4$							
	000	001	010	011	100	101	110	111
0000	NUL（空，无效）	DLE（数据键换码）	SP（空格）	0	@	P	`	p
0001	SOH（标题开始）	DC1（设备控制 1）	!	1	A	Q	a	q
0010	STX（正文开始）	DC2（设备控制 2）	"	2	B	R	b	r
0011	ETX（本文结束）	DC3（设备控制 3）	#	3	C	S	c	s
0100	EOT（传输结束）	DC4（设备控制 4）	$	4	D	T	d	t
0101	ENQ（询问）	NAK（否定）	%	5	E	U	e	u
0110	ACK（承认）	SYN（空转同步）	&	6	F	V	f	v
0111	BEL（报警铃响）	ETB（信息组传输结束）	'	7	G	W	g	w
1000	BS（退 1 格）	CAN（作废）	(	8	H	X	h	x
1001	HT（横向列表）	EM（纸尽）	)	9	I	Y	i	y
1010	LF（换行）	SUB（减）	*	:	J	Z	j	z
1011	VT（垂直列表）	ESC（换码）	+	;	K	[	k	{
1100	FF（走纸控制）	FS（文字分隔符）	,	<	L	\	l	|
1101	CR（回车）	GS（组分隔符）	−	=	M	]	m	}
1110	SO（移位输出）	RS（记录分隔符）	.	>	N	^	n	~
1111	SI（移位输入）	US（单元分割符）	/	?	O	—	o	DEL

【例 1.2-7】　用手机发送短信（Short Message，SMS），其信息是通过编码传送的，其中英文字母和阿拉伯数字采用 ASCII 码编码。请将语句"You are Welcome！"表示成 ASCII 码的形式。

解： 从表 1.2-6 可查出各字符的 ASCII 码如表 1.2-7 所示。

表 1.2-7　例 1.2-7 语句中各字符与 ASCII 码的对应关系

字符	ASCII 码	字符	ASCII 码	字符	ASCII 码	字符	ASCII 码
Y	1011001	a	1100001	W	1010111	o	1101111
o	1101111	r	1110010	e	1100101	m	1101101
u	1110101	e	1100101	l	1101100	e	1100101
空格	0100000	空格	0100000	c	1100011	！	1010001

表中 7 位 ASCII 码可用十六进制形式表示为 59H、6FH、75H、20H、61H、72H、65H、20H、57H、65H、6CH、63H、6FH、6DH、65H、51H，因此，平时在发送短信的时候，在空中传送的是由 0、1 组成的看似枯燥的信息。

1.3　逻辑代数基础

从广义来说，逻辑是指思维的规则。在数字电路中，逻辑是指二值逻辑。二值逻辑中，不论是事件发生的条件还是结果，都只能有两种对立而又相互依存的可能状态，如高和低、亮和灭、有和无、开和关等，而没有中间状态。如果将条件和结果的两种状态分别用 0 和 1 来表示，把条件视为逻辑自变量，而把结果视为逻辑因变量（即逻辑函数），即可把上述逻辑问题转化为代数问题。这种研究逻辑问题的方法就是逻辑代数方法。

逻辑代数又称为布尔代数，是由英国科学家乔治·布尔（George Boole）于 19 世纪中叶创立的。布尔在其著作《逻辑的数学分析》及《思维规律》中，首先阐述了逻辑代数的基本性质和概念。逻辑代数是现代数字技术的基础，已广泛地应用于数字逻辑电路的分析和设计中。本节主要讨论逻辑代数的基本运算、复合运算、基本公式和基本规则。

1.3.1　基本逻辑运算

逻辑代数和普通代数的共同之处就是研究变量和变量之间的运算。逻辑代数中也用字母表示变量，即逻辑变量。在二值逻辑中，逻辑变量的取值只有 0 和 1 两种可能。这两个值不是数量上的概念，而是表示两种不同的状态。例如，可以表示电路中电平的高和低、某开关元件的导通和截止、某事件结论的对和错等。逻辑代数的基本运算只有 3 种——与运算、或运算及非运算。所谓基本运算，其含义是，任何复杂的逻辑函数均可由与、或、非等 3 种基本逻辑运算来实现。

1.　与运算

所谓与运算，就是要使某事件的结论成立，决定事件的所有条件必须同时具备，缺一不可。与运算又称为逻辑乘，可用图1.3-1（a）所示的串联开关电路模型表示。由图1.3-1（a）可知，要使灯亮，开关 A、B 必须同时闭合，只要有一个开关没有闭合，灯就不亮，因此，开关 A、B 与灯 F 之间的逻辑关系就是逻辑与关系。F 与 A、B 之间的关系可用以下逻辑表达式来描述

$$F = A \cdot B = AB \tag{1.3-1}$$

式中，符号"·"为与运算符号，读作"与"或"乘"，在不致引起混淆的前提下，符号"·"可以省略。

能实现与运算的逻辑电路称为与门，其逻辑符号如图1.3-1（b）和（c）所示。图1.3-1（b）所示的符号为国标（GR/T 4728.12—2008）符号，也是本书所采用的符号；图1.3-1（c）所示为特异形符号，这种符号通常为一些 EDA 软件所采用。将 A、B 两个开关合上用 1 表示，断开用 0 表示；灯 F 亮用 1 表示，不亮用 0 表示，则可列出如图1.3-1（d）所示的真值表。

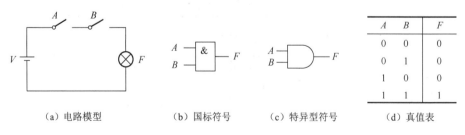

（a）电路模型　　　　　（b）国标符号　　　　　（c）特异型符号　　　　　（d）真值表

图 1.3-1　与运算

从图1.3-1（d）的真值表可知，当逻辑关系中有两个输入变量时，共有 4（2^2）种可能的取值情况。推而广之，当逻辑关系中有 n 个输入变量时，真值表中将出现 2^n 种情况。

上述提到的真值表、逻辑符号和逻辑表达式是表示逻辑关系的3种常用方法。这3种表示方法是可

以互相转换的，只要知道一种，就可推导出其余两种。

2．或运算

所谓或运算，是指只要有一个或一个以上的条件成立，则结论成立。换句话说，结论成立时条件有一即可，多也不限。或运算又称为逻辑加，可用如图1.3-2（a）所示的并联开关电路模型来表示。由图1.3-2（a）可知，开关 A、B 任意一个闭合，灯就能亮；只有所有开关全部断开时，灯才不亮。这里开关 A、B 与灯 F 之间的逻辑关系就是逻辑或关系，可表示为

$$F = A + B \tag{1.3-2}$$

式中，符号"+"为或运算符号，读作"或"或"加"。能实现或运算的逻辑电路称为或门，其逻辑符号如图 1.3-2（b）和（c）所示。或运算的真值表如图 1.3-2（d）所示。

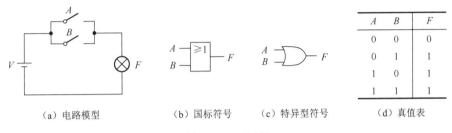

（a）电路模型　　　　（b）国标符号　　　（c）特异型符号　　　　（d）真值表

图 1.3-2　或运算

3．非运算

所谓非运算，是指结论成立与否仅取决于一个条件，条件和结论是对立的，条件成立则结论不成立，条件不成立则结论成立。非运算又称为逻辑非、反相运算或求反，可用如图 1.3-3（a）所示的单开关电路模型来表示。

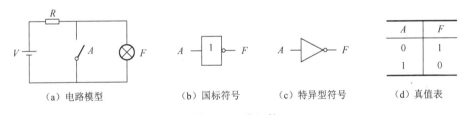

（a）电路模型　　　　（b）国标符号　　　（c）特异型符号　　　　（d）真值表

图 1.3-3　非运算

由图1.3-3（a）可知，开关 A 闭合灯就不亮，开关 A 断开灯就亮。这里开关 A 与灯 F 之间的逻辑关系就是逻辑非关系，可表示为

$$F = \overline{A} \tag{1.3-3}$$

其中，字母 A 上的短线"─"为非运算符号，读作"非"或"反"。能实现非运算的逻辑电路称为非门或反相器，非门的逻辑符号如图1.3-3（b）和（c）所示。非运算真值表如1.3-3（d）所示。

1.3.2　复合逻辑运算

除了与、或、非 3 种基本逻辑运算，还经常使用一些其他的逻辑运算，如与非、或非、与或非、异或、同或等。这些逻辑运算是由两种或两种以上的基本逻辑运算复合而成的，因此称为复合逻辑运算。

与非运算是由与运算和非运算组合而成的，其逻辑表达式可写为

$$F = \overline{AB} \tag{1.3-4}$$

与非运算的逻辑符号和真值表分别如图1.3-4所示。

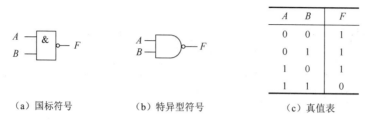

（a）国标符号   （b）特异型符号   （c）真值表

图 1.3-4   与非运算

或非运算是由或运算和非运算组合而成的，其逻辑表达式可写为

$$F = \overline{A + B} \tag{1.3-5}$$

或非运算的逻辑符号和真值表如图1.3-5所示。

与或非运算是由与运算、或运算和非运算组合而成的，其逻辑表达式可写为

$$F = \overline{AB + CD} \tag{1.3-6}$$

与或非运算的逻辑符号和真值表如图1.3-6所示。

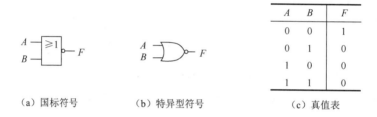

（a）国标符号   （b）特异型符号   （c）真值表

图 1.3-5   或非运算

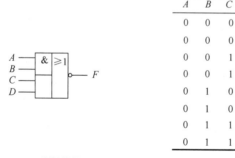

A	B	C	D	F	A	B	C	D	F
0	0	0	0	1	1	0	0	0	1
0	0	0	1	1	1	0	0	1	1
0	0	1	0	1	1	0	1	0	1
0	0	1	1	0	1	0	1	1	0
0	1	0	0	1	1	1	0	0	0
0	1	0	1	1	1	1	0	1	0
0	1	1	0	1	1	1	1	0	0
0	1	1	1	0	1	1	1	1	0

（a）逻辑符号   （b）真值表

图 1.3-6   与或非运算

异或运算的逻辑关系是：当两个输入 A、B 相同时，输出为 0；当两个输入 A、B 不同时，输出为 1。异或运算逻辑表达式可以写为

$$F = A\overline{B} + \overline{A}B = A \oplus B \tag{1.3-7}$$

异或运算的逻辑符号和真值表如图 1.3-7 所示。

同或运算和异或运算的逻辑关系刚好相反：当两个输入 A、B 相同时，输出为 1；当两个输入 A、B 不同时，输出为 0。同或运算逻辑表达式可以写为

$$F = \overline{A}\,\overline{B} + AB = A \odot B = \overline{A \oplus B} \tag{1.3-8}$$

同或运算的逻辑符号和真值表如图1.3-8所示。

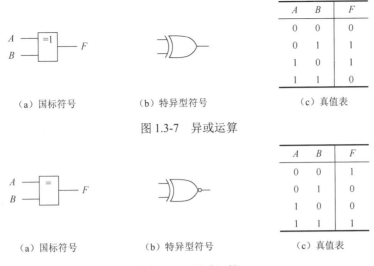

A	B	F
0	0	0
0	1	1
1	0	1
1	1	0

（a）国标符号   （b）特异型符号   （c）真值表

图 1.3-7　异或运算

A	B	F
0	0	1
0	1	0
1	0	0
1	1	1

（a）国标符号   （b）特异型符号   （c）真值表

图 1.3-8　同或运算

异或运算（以下简称异或门）在数字电路中有广泛的应用。例如，异或门可以构成第 3 章将要介绍的加法器（参考图 3.5-4），异或门是第 9 章介绍的可编程逻辑器件组成元件（参考图 9.2-7），异或门还可以构成其他逻辑电路，如奇偶校验电路。

奇偶校验是检查数据传送过程中数码 1 的个数的奇偶性是否正确。奇偶校验码由信息位和校验位两部分组成。信息位就是要传送的二进制信息本身，校验位则是附加的冗余位。在信息中添加校验位的作用是使得数据发送端的奇偶校验码具有统一的奇偶性，以便于数据接收端的验证。图 1.3-9 所示为一个由异或门构成的奇偶校验电路。假设采用由 1 个校验位 P 和 4 个数据位 $D_3 \sim D_0$ 构成的 5 位校验码，在信息传递过程中需对信息做偶校验，即要求 5 位校验码始终具有偶数个 1。例如，当 $D_3 \sim D_0$ 为 1100 时，校验位 P 应该为 0，即包含校验位的偶校验码为 01100；当 $D_3 \sim D_0$ 为 0111 时，校验位 P 应该为 1，包含校验位的偶校验码为 10111。校验位 P 的产生电路由 3 个异或门构成，即 $P = D_3 \oplus D_2 \oplus D_1 \oplus D_0$。在接收端，由 4 个异或门构成偶校验电路，如果 $E=0$，表示接收数据正确。如果在数据传送过程中，某一位受干扰由 0 变 1 或者由 1 变 0，那么接收端接收到的 5 位校验码变为奇数个 1，则 $E=1$，表示接收数据错误，这时，可请求重新发送。当然，如果在传输过程中有偶数位数据出错，接收端是无法发现传送错误的。由于出现两位以上错误的概率很低，采用奇偶校验码在通信中还是有实用价值的。

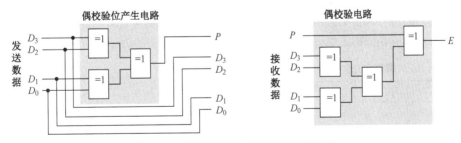

图 1.3-9　由异或门构成的奇偶校验电路

1.3.3　基本公式

逻辑代数的基本公式如表 1.3-1 所示。表中公式可以分为 3 组，第一组为公理，它是逻辑代数的基本假设，是其他基本公式成立的基础；第二组为单变量定理；第三组为两变量或三变量恒等式。需要指出的是，表中基本公式是成对出现的，这种性质称为对偶，在下一节中将详细介绍对偶的概念。

表 1.3-1　逻辑代数的基本公式

公理	$0 \cdot 0 = 0$ $0 \cdot 1 = 1 \cdot 0 = 0$ $1 \cdot 1 = 1$	$0 + 0 = 0$ $0 + 1 = 1 + 0 = 1$ $1 + 1 = 1$
0-1 律	$\overline{0} = 1$ $0 + A = A$ $1 + A = 1$	$\overline{1} = 0$ $1 \cdot A = A$ $0 \cdot A = 0$
互补律	$A + \overline{A} = 1$	$A \cdot \overline{A} = 0$
还原律	$\overline{\overline{A}} = A$	
重叠律	$A + A + A + \cdots = A$	$A \cdot A \cdot A \cdots = A$
交换律	$A + B = B + A$	$A \cdot B = B \cdot A$
结合律	$A + (B + C) = (A + B) + C$	$A \cdot (B \cdot C) = (A \cdot B) \cdot C$
分配律	$A \cdot (B + C) = A \cdot B + A \cdot C$	$A + B \cdot C = (A + B) \cdot (A + C)$
吸收律	$A + A \cdot B = A$	$A \cdot (A + B) = A$
合并律	$AB + A\overline{B} = A$	$(A + B)(A + \overline{B}) = A$
反演律（摩根定理）	$\overline{A + B} = \overline{A} \cdot \overline{B}$	$\overline{A \cdot B} = \overline{A} + \overline{B}$

在上述基本公式中，摩根定理（Demorgan's Theorems）是最为常用的一个公式，在平时的语言表达中，我们常常不知不觉地应用了摩根定理，例如以下两句话的含义是一致的。

语句一：如果我有时间而且天气好，明天就到你家玩。

语句二：如果我没时间或者天气不好，明天就不到你家玩。

假设有无时间用逻辑变量 A 表示，天气好坏用变量 B 表示，去不去玩用变量 Y 表示，则语句一可以用表达式 $Y = AB$ 表示，语句二可以用表达式 $\overline{Y} = \overline{A} + \overline{B}$ 表示，因此得到 $\overline{AB} = \overline{A} + \overline{B}$ 。

【例 1.3-1】 用真值表证明摩根定理 $\overline{A + B} = \overline{A}\,\overline{B}$ 和 $\overline{AB} = \overline{A} + \overline{B}$ 。

解： 摩根定理很容易用真值表加以证明：列出等式左边函数与右边函数的真值表，如果等式两边的真值表相同，说明等式成立。将等式两侧的逻辑表达式的真值表合在一起，根据 A、B 的不同取值分别计算两侧表达式的值。从表 1.3-2 可见，第 2 列和第 3 列、第 4 列和第 5 列的值在所有 A、B 取值情况下都相等，所以摩根定理的两个等式成立。

摩根定理经常用于对逻辑函数进行变换，它给我们的启示是：原变量的或运算和反变量的与运算等价，原变量的与运算和反变量的或运算等价。因此，图 1.3-10 所示的上下两组符号是等价的。在绘制逻辑图时，究竟采用哪一组符号，一般应根据输入信号的有效电平来选择。如果输入信号高电平有效，则采用上面一组符号，否则采用下面一组符号。图中最右侧两个符号为缓冲器（Buffer）的符号，缓冲器的输出与输入有相同的逻辑值，在数字电路中一般用于增加驱动能力。

表 1.3-2　摩根定理的证明

A	B	$\overline{AB}$	$\overline{A} + \overline{B}$	$\overline{A + B}$	$\overline{A}\,\overline{B}$
0	0	1	1	1	1
0	1	1	1	0	0
1	0	1	1	0	0
1	1	0	0	0	0

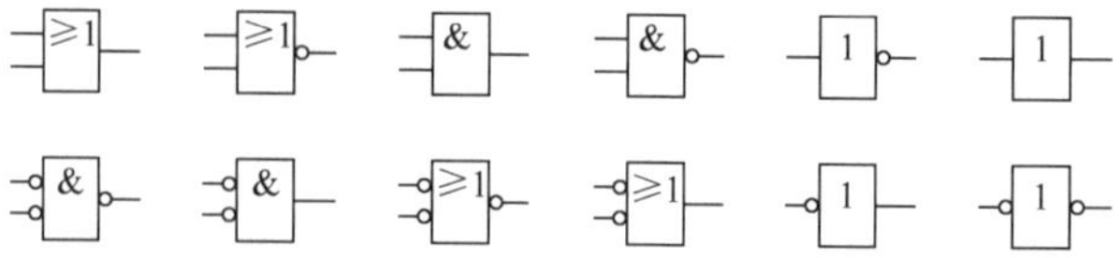

图 1.3-10　逻辑运算的等价符号

利用表 1.3-1 所列的基本公式，还可以推导出其他逻辑等式。下面通过例子来介绍两个常用公式。

【例 1.3-2】 证明常用公式一：$A + \overline{A}B = A + B$ 。

解：

方法一：$A + B = (A + B)(A + \overline{A}) = AA + A\overline{A} + BA + B\overline{A} = A(1 + B) + \overline{A}B = A + \overline{A}B$

方法二：$A + \overline{A}B = A(B + \overline{B}) + \overline{A}B = AB + A\overline{B} + \overline{A}B = AB + AB + A\overline{B} + \overline{A}B$

$$= A(B + \overline{B}) + B(A + \overline{A}) = A + B$$

方法三：$A + \overline{A}B = A(1 + B) + \overline{A}B = A + AB + \overline{A}B = A + B(A + \overline{A}) = A + B$

该等式可表述为：两项相加，一项含有另一项的非，则非因子多余。

【例 1.3-3】 证明常用公式二：$AB + \overline{A}C + BC = AB + \overline{A}C$。

解：

方法一：$AB + \overline{A}C = (AB + \overline{A})(AB + C) = (B + \overline{A})(AB + C) = AB + \overline{A}C + BC$

方法二：$AB + \overline{A}C + BC = AB + \overline{A}C + BC(A + \overline{A}) = AB + ABC + \overline{A}C + \overline{A}BC = AB + \overline{A}C$

该常用公式可表述为：第 1 项含有原变量，第 2 项含有该变量的反变量，这两项的其余部分都是第 3 项的因子，则第 3 项多余。该等式可以进一步推广为

$$AB + \overline{A}C + BCD \cdots = AB + \overline{A}C$$

上述两个例子给出的常用公式中，右边的表达式比左边的表达式简单，常用于逻辑函数的化简。

1.3.4 基本规则

1. 代入规则

在含有变量 A 的等式中，如果将等式中出现 A 的位置全部用一个逻辑表达式代替，则等式仍然成立，这个规则称为代入规则（Substitution Rule）。例如，若 $\overline{A \cdot B} = \overline{A} + \overline{B}$，令 $A = CD$，则有 $\overline{CD \cdot B} = \overline{CD} + \overline{B}$。

代入规则在公式的推导中有着重要的意义。我们很容易利用代入规则来获得一些公式、定理的新形式，从而扩大它们的应用范围。例如，二变量摩根定理 $\overline{A + B} = \overline{A}\overline{B}$、$\overline{AB} = \overline{A} + \overline{B}$ 中，如果分别用 $(B + C)$ 与 BC 代替两式中的变量 B，则可得

$$\overline{A + (B + C)} = \overline{A} \cdot \overline{B + C} = \overline{A}\overline{B}\overline{C}，\quad \overline{A(BC)} = \overline{A} + \overline{BC} = \overline{A} + \overline{B} + \overline{C}$$

这就证明了三变量的摩根定理也是成立的。依次类推，n 变量的摩根定理也是成立的，即

$$\overline{A_1 + A_2 + \cdots + A_n} = \overline{A_1}\overline{A_2}\cdots\overline{A_n}，\quad \overline{A_1 A_2 \cdots A_n} = \overline{A_1} + \overline{A_2} + \cdots + \overline{A_n}$$

2. 反演规则

对任何一个逻辑表达式 Y，如果将其中的"＋"变为"·"，"·"变为"＋"，1 变为 0，0 变为 1，"原变量"变为"反变量"，"反变量"变为"原变量"，并保持原来的逻辑优先级不变，则可得到 Y 的反函数 $\overline{Y}$。这个规则称为反演规则（Inversion Rule）。

利用反演规则，可以比较容易地从原函数表达式得到反函数表达式。

【例 1.3-4】 已知 $Y = A\overline{B} + \overline{(A + C)B} + \overline{ABC}$，求 $\overline{Y}$。

解：$\overline{Y} = (\overline{A} + B) \cdot \overline{\overline{AC} + \overline{B}} \cdot (A + B + C)$

应用反演定理求反函数时，注意以下几点。

① 保持原函数的运算次序，先与后或，必要时加入括号。

② 不属于单个变量上的大非号的处理方法为：大非号保留，而非号下面的函数式按反演规则变换；或者，将大非号下面的函数式当作一个变量，去掉大非号即可。

③ 在函数式中有"⊕"和"⊙"运算符时，要将"⊕"换成"⊙"，将"⊙"换成"⊕"。

3. 对偶规则

如果两个逻辑表达式相等，那么它们的对偶式也相等，这个规则称为对偶规则（Duality Rule）。所谓对偶式是指：对于任意一个逻辑表达式 Y，如果将其中的"＋"变为"·"，"·"变为"＋"，1 变为 0，

0 变为 1，并保持原来的运算次序不变，则得到一个新表达式 Y'，Y' 就称为 Y 的对偶式。

求对偶式时，应注意对偶规则与反演规则的区别：求对偶式时不需要将逻辑变量取反，而求反函数时需要将逻辑变量取反。

对偶规则可用于证明逻辑恒等式。要想证明两个逻辑式相等，通过证明其对偶式相等，有时会更方便。在例 1.3-2 和例 1.3-3 中我们已经证明了两个常用公式 $A + \overline{A}B = A + B$ 和 $AB + \overline{A}C + BC = AB + \overline{A}C$，根据对偶规则，下面两个等式也成立。

$$A(\overline{A} + B) = AB \tag{1.3-9}$$

$$(A + B)(\overline{A} + C)(B + C) = (A + B)(\overline{A} + C) \tag{1.3-10}$$

4．展开规则

设逻辑函数 $Y = F(A_1, A_2, \cdots, A_i, \cdots, A_n)$，则有

$$F(A_1, A_2, \cdots, A_i, \cdots, A_n) = A_i F(A_1, A_2, \cdots, 1, \cdots, A_n) + \overline{A}_i F(A_1, A_2, \cdots, 0, \cdots, A_n) \tag{1.3-11}$$

$$F(A_1, A_2, \cdots, A_i, \cdots, A_n) = [A_i + F(A_1, A_2, \cdots, 0, \cdots, A_n)] \cdot [\overline{A}_i + F(A_1, A_2, \cdots, 1, \cdots, A_n)] \tag{1.3-12}$$

以上二式称为展开规则（Factorization Rule）。

展开规则可简单证明如下：

① 对任何函数 F 有 $F = F + F$。

② F 中的任一变量 A_i 可以为 1 也可以为 0，等式 $F = F + F$ 仍然成立。

③ $A_i = 1$ 时，$A_i \cdot F = 1 \cdot F = F$，这就是式（1.3-11）等号右边的第 1 项；$A_i = 0$ 时，$\overline{A}_i \cdot F = 1 \cdot F = F$，这就是式（1.3-11）等号右边的第 2 项。

④ 式（1.3-12）可以用相同的方法证明。

展开规则很重要的一个应用是可以把一个具有很多变量的函数分解为几个具有较少变量的函数。例如，一个 6 变量逻辑函数可以分解成多个 4 变量逻辑函数来实现。

$$F(A, B, C, D, E, F) = \overline{A}\,\overline{B} \cdot F(0,0,C,D,E,F) + \overline{A}B \cdot F(0,1,C,D,E,F) + A\overline{B} \cdot F(1,0,C,D,E,F) +$$
$$AB \cdot F(1,1,C,D,E,F)$$

展开规则为分解任意函数提供了一个通用技术。这项技术在用 FPGA 的查找表（LUT）实现逻辑函数时显得特别重要。有关查找表的结构和工作原理将在 9.2.4 节介绍。

1.4　逻辑函数及其表示方法

1.4.1　逻辑函数的基本表示方法

在普通代数中，函数反映的是原变量和因变量之间的映射关系。类似地，逻辑函数反映的是逻辑问题中输入逻辑变量和输出逻辑变量之间的因果关系，其一般形式为

$$Y = F(A, B, C, \cdots)$$

式中，Y 为输出逻辑变量，A，B，C，$\cdots$ 为输入逻辑变量，F 表示逻辑映射关系。当输入取值确定后，输出函数值也被唯一地确定了。这里特别要注意逻辑变量的概念，凡是可用且只用两种相反的状态来描述的事物均可设为逻辑变量。两种相反的状态用 1 和 0 表示。例如，用逻辑变量 A 表示开关状态，则通常 $A = 1$ 表示开关闭合，$A = 0$ 表示开关断开；如果用逻辑变量 A 表示门电路的输出电压，则 $A = 1$ 表示输出高电平，$A = 0$ 表示输出低电平。

逻辑变量的取值只能是 0 或者 1；如果变量的值不是 0，那一定是 1；如果变量的值不是 1，那一

定是 0。

逻辑函数可以有多种表示方法。本节主要介绍真值表、逻辑函数表达式、逻辑图、时序图和硬件描述语言等几种基本的逻辑函数表示方法。

1. 真值表

真值表是由输入逻辑变量所有可能的取值组合及其对应的函数值构成的表格，即以表格枚举的方法描述逻辑函数。表示复杂组合逻辑的真值表也称为功能表。在前面介绍基本逻辑运算和复合逻辑运算时，我们已经接触到真值表的表示方法。这里我们用真值表来表示一个稍微复杂一些的逻辑函数。

3 只开关控制电灯的问题：假设有一个房间有 3 扇门，每一扇门的边上都有一个控制房间内电灯的开关，要求任意一个开关都能打开或者关闭房间内的电灯。

假设 3 只开关分别用 A、B、C 表示，0 表示开关断开，1 表示开关闭合。用 F 表示灯的状态，0 表示电灯熄灭，1 表示电灯点亮。则上述文字描述的逻辑问题可以用如表 1.4-1 所示的真值表来表示。

表 1.4-1　3 只开关控制电灯问题的真值表

A	B	C	F	A	B	C	F
0	0	0	0	1	0	0	1
0	0	1	1	1	0	1	0
0	1	0	1	1	1	0	0
0	1	1	0	1	1	1	1

从表 1.4-1 可以看出，3 个逻辑变量共有 2^3 种取值组合；当变量数为 n 时，将有 2^n 种取值组合。真值表适宜表示变量数少的逻辑函数。对于一个功能确定的逻辑函数，其真值表是唯一的，利用这一特点，真值表可以用来验证两个看上去不一样的逻辑表达式是否相等。

【例 1.4-1】判断下列等式是否成立：$(A+B+C)\overline{AB+AC+BC} = \overline{A}\,\overline{B}C + \overline{A}B\overline{C} + A\overline{B}\,\overline{C}$

解： 可以采用真值表证明，令

$$F_1 = (A+B+C)\overline{AB+AC+BC}\,,\quad F_2 = \overline{A}\,\overline{B}C + \overline{A}B\overline{C} + A\overline{B}\,\overline{C}$$

列出真值表如表 1.4-2 所示。

表 1.4-2　例 1.4-1 真值表

A	B	C	F_1	F_2	A	B	C	F_1	F_2
0	0	0	0	0	1	0	0	1	1
0	0	1	1	1	1	0	1	0	0
0	1	0	1	1	1	1	0	0	0
0	1	1	0	0	1	1	1	0	0

从表 1.4-2 可见，在所有 A、B、C 取值情况下，F_1 和 F_2 都相等，所以题中等式成立。

2. 逻辑函数表达式

用有限个与、或、非等逻辑运算符号将若干逻辑变量连接起来的表达式称为逻辑函数表达式。逻辑函数表达式可以根据真值表得到。以表 1.4-1 所示真值表为例，说明如何由真值表写出其逻辑表达式。

由表 1.4-1 可知，有 4 种输入组合对应的函数值为 1。当 $A=0$、$B=0$、$C=1$ 时，即 $\overline{A}\,\overline{B}C = 1$ 时，$F=1$；当 $A=0$、$B=1$、$C=0$ 时，即 $\overline{A}B\overline{C}=1$ 时，$F=1$；当 $A=1$、$B=0$、$C=0$ 时，即 $A\overline{B}\,\overline{C}=1$ 时，$F=1$；当 $A=1$、$B=1$、$C=1$ 时，即 $ABC=1$ 时，$F=1$。由此可得，F 的逻辑表达式为上述 4 个乘积

项的逻辑加：

$$F = \overline{A}\,\overline{B}C + \overline{A}BC + A\overline{B}\,\overline{C} + ABC \tag{1.4-1}$$

上述由真值表得到逻辑表达式的方法可归纳为：依次找出所有函数值等于 1 的输入组合；写出函数值为 1 的输入组合对应的乘积项，把变量值为 1 的写成原变量，变量值为 0 的写成反变量，然后将各个变量相与即得到乘积项；把这些乘积项进行逻辑加，就得到相应的逻辑函数表达式。式（1.4-1）以乘积项的和来表示逻辑函数，该逻辑函数表达式称为积之和（Sum of Product，SOP）表达式，也称为与-或表达式和与-或式。

逻辑函数表达式也可以用使函数值为 0 时的各项输入组合来表示。由真值表可知，当 $A=0$、$B=0$、$C=0$ 时，即 $A+B+C=0$ 时，$F=0$；当 $A=0$、$B=1$、$C=1$ 时，即 $A+\overline{B}+\overline{C}=0$ 时，$F=0$；当 $A=1$、$B=0$、$C=1$ 时，即 $\overline{A}+B+\overline{C}=0$ 时，$F=0$；当 $A=1$、$B=1$、$C=0$ 时，即 $\overline{A}+\overline{B}+C=0$ 时，$F=0$。由此可得，F 的表达式为上述 4 个和项的逻辑乘

$$F = (A+B+C)(A+\overline{B}+\overline{C})(\overline{A}+B+\overline{C})(\overline{A}+\overline{B}+C) \tag{1.4-2}$$

上述方法可归纳为：依次找出所有函数值等于 0 的输入组合；写出函数值为 0 的输入组合对应的和项，把变量值为 1 的写成反变量，变量值为 0 的写成原变量，然后将各个变量相加即得到和项；把这些和项进行逻辑乘，就得到逻辑函数表达式。式（1.4-2）以和项的积来表示逻辑函数，该逻辑函数表达式称为和之积（Product of Sum，POS）表达式，也称为或-与表达式和或-与式。

式（1.4-1）和式（1.4-2）称为逻辑函数的标准表达式，在 1.4.2 节中将对这两种表达式做更详细介绍。

如果把真值表中函数值为 0 的乘积项相加，则得到逻辑函数的反函数

$$\overline{F} = \overline{A}\,\overline{B}\,\overline{C} + \overline{A}BC + A\overline{B}C + AB\overline{C} \tag{1.4-3}$$

对式（1.4-3）进行取反，也可以得到式（1.4-2）

$$F = \overline{\overline{A}\,\overline{B}\,\overline{C} + \overline{A}BC + A\overline{B}C + AB\overline{C}} = (A+B+C)(A+\overline{B}+\overline{C})(\overline{A}+B+\overline{C})(\overline{A}+\overline{B}+C)$$

显然，对某一个逻辑函数，其逻辑表达式不是唯一的。除了上述两种表达式，后续会介绍最简与-或式、与非-与非式、或非-或非式等多种表达式。

3．逻辑图

将逻辑函数各变量之间的与、或、非等逻辑关系用图形符号表示出来，就可以得到逻辑函数的逻辑图。逻辑图通常用来表示逻辑设计的结果。逻辑图与数字电路器件有直观的对应关系，便于构成实际的数字电路。图1.4-1即为式（1.4-1）对应的逻辑图。

4．时序图

时序图是逻辑函数输入和输出之间对应关系的图形表示。图 1.4-2 为表 1.4-1 所示真值表对应的时序图。画时序图时，先画出输入信号的波形，ABC 从 000 依次增加到 111，0 用低电平表示，1 用高电平表示，然后根据真值表，画出输出信号的波形。时序图能够清晰、直观地反映出变量之间的映射规律和时间关系，常用于数字电路的分析和调试。使用逻辑分析仪、示波器等仪器对逻辑电路进行测试时，观察到的波形就是时序图。利用 EDA 软件对逻辑电路进行仿真，仿真结果也以时序图的形式给出。

图 1.4-2 所示时序图是一种理想化的波形图，其边沿垂直于时间轴。同时，当输入 A、B、C 发生变化时，输出 Y 的波形也随之立刻变化。这种理想化的时序图主要用于描述逻辑电路的功能。实际逻辑门电路由晶体管组成，当电路的输入值发生变化时，需要经过一定的延时，电路的输出才会发生相应变化，其时序图不会如此理想。本书在介绍逻辑电路动态特性的场合，将会采用含有时延的时序图。

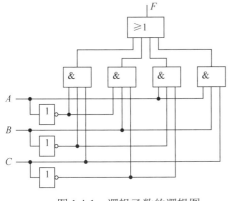

图 1.4-1　逻辑函数的逻辑图

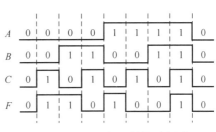

图 1.4-2　逻辑函数的时序图

5. 硬件描述语言

在 20 世纪 80 年代，集成电路的快速发展推动了数字电路设计标准化的开发。以 VHDL 和 Verilog HDL 为代表的硬件描述语言（Hardware Description Language，HDL）成为描述数字电路最通用的语言。例如，式 1.4-1 所示的逻辑函数可以用以下 Verilog HDL 代码来描述：

```
module ZHUHE1 (A,B,C,F);
   input  A,B,C;
   output F;
   assign F = (~A &~B&C) | (~A & B &~C) | (A&~B&~C) | (A&B&C);
endmodule
```

在上述 Verilog HDL 代码中，用一条 assign 连续赋值语句来描述逻辑功能，该语句由式（1.4-1）所示的逻辑函数表达式"翻译"而来。

本书在介绍每一种常用数字电路模块时，都会给出相应的 Verilog HDL 代码。本书 9.3 节将比较完整地介绍 Verilog HDL。

6. 逻辑函数不同表示方法之间的互相转化

上面介绍的逻辑函数表示方法各有特点，适用于不同场合。在逻辑电路的分析与设计中，经常需要在不同表示方法之间进行转化。例如，在逻辑电路设计时，首先需要根据逻辑问题列出真值表，然后根据真值表写出逻辑表达式，再根据逻辑表达式画出逻辑图。在逻辑电路分析时，首先需要根据已知的逻辑图写出逻辑表达式，然后根据表达式列出真值表，最后根据真值表描述逻辑功能。在前面介绍各种逻辑函数表示方法的时候，已经给出了逻辑函数不同表示方法之间的转换方法，这些方法在后续的内容中还会进一步介绍。

1.4.2　逻辑函数的标准表达式

在前一节中，式（1.4-1）和式（1.4-2）称为标准与-或式和标准或-与式。本节先介绍逻辑函数最小项和最大项的概念，然后给出这两种标准表达式的定义以及它们之间的关系。

1. 函数的最小项及其性质

设逻辑函数有 n 个逻辑变量，如果与项 P 中包含了所有 n 个逻辑变量，且每个变量都以原变量或反变量的形式出现且仅出现一次，则称 P 为逻辑函数的一个最小项。最小项有时也称为全积项或标准乘积项。对 n 变量的情况来说，总共有 2^n 个最小项。例如，当 $n=2$ 时，共有 $\overline{A}\overline{B}$、$\overline{A}B$、$A\overline{B}$ 与 AB 四个最小项；当 $n=3$ 时，共有 $\overline{A}\overline{B}\overline{C}$，$\overline{A}\overline{B}C$，$\cdots$，$ABC$ 八个最小项。

为简化表示方法，通常以 m_i 来表示最小项。其中，m 是最小项通用符号，下标 i 称为项号，其确定原则为：变量顺序确定后，最小项中原变量记为 1，反变量记为 0，由此得到的二进制数所对应的十进制数即为最小项的项号。为了说明最小项的性质，表 1.4-3 列出了三变量逻辑函数全部最小项的真值表。

表 1.4-3　三变量逻辑函数全部最小项的真值表

输入变量			每个最小项输出								和
A	B	C	$\overline{A}\,\overline{B}\,\overline{C}$ (m_0)	$\overline{A}\,\overline{B}C$ (m_1)	$\overline{A}B\overline{C}$ (m_2)	$\overline{A}BC$ (m_3)	$A\overline{B}\,\overline{C}$ (m_4)	$A\overline{B}C$ (m_5)	$AB\overline{C}$ (m_6)	ABC (m_7)	$\sum\limits_{i=0}^{7} m_i$
0	0	0	1	0	0	0	0	0	0	0	1
0	0	1	0	1	0	0	0	0	0	0	1
0	1	0	0	0	1	0	0	0	0	0	1
0	1	1	0	0	0	1	0	0	0	0	1
1	0	0	0	0	0	0	1	0	0	0	1
1	0	1	0	0	0	0	0	1	0	0	1
1	1	0	0	0	0	0	0	0	1	0	1
1	1	1	0	0	0	0	0	0	0	1	1

由表 1.4-3 可以归纳出最小项具有如下性质：

① 对任一最小项 m_i，有且仅有一组变量取值使该最小项的值为 1。例如，只有当 $ABC = 101$ 时，最小项 m_5（$A\overline{B}C$）的取值为 1，而其他取值 m_5 的值均为 0。最小项取值为 1 的概率很小，最小项的名称由此而来。

② 任意两个最小项的乘积恒为 0，即 $m_i m_j = 0$，$i \neq j$。性质②可以由性质①直接推导得出。

③ 全部最小项的逻辑和恒等于 1，即 $\sum\limits_{i=0}^{2^n-1} m_i = 1$。根据性质①，变量的任意一组取值可以使一个最小项的值为 1，因此对变量的任意一组取值来说，上述和式的运算结果恒为 1。

2．逻辑函数的标准与-或式

如果逻辑函数的与-或式中所有的乘积项均为最小项，则称该表达式为标准与-或式，或称为标准积之和（Sum of Product，SOP）表达式、最小项之和表达式。例如式（1.4-1）中的各乘积项均为最小项，因此为标准与-或式。标准与-或式可以有多种书写形式，如

$$F(A,B,C) = \overline{A}\,\overline{B}C + \overline{A}BC + A\overline{B}C + AB\overline{C} + ABC = m_1 + m_3 + m_5 + m_6 + m_7 = \sum m(1,3,5,6,7)$$

任何一个逻辑函数表达式都可以化成唯一的标准与-或式，转换方法如下：

① 若有公共非号，首先用摩根定律去掉非号，变成与-或式。

② 利用互补律 $A + \overline{A} = 1$ 补所缺的变量。

【例 1.4-2】 将逻辑函数 $L = AB + \overline{A}C$ 表示成最小项之和表达式。

解： $L = AB + \overline{A}C = AB(C + \overline{C}) + \overline{A}(B + \overline{B})C = ABC + AB\overline{C} + \overline{A}BC + \overline{A}\,\overline{B}C$

$$= m_1 + m_3 + m_6 + m_7 = \sum m(1,3,6,7)$$

3．反函数的标准与-或式

一个 n 变量的逻辑函数 F 与其反函数 $\overline{F}$ 之间具有 $F + \overline{F} = 1$ 的关系，根据最小项的性质③，可得到如下关系

$$F + \overline{F} = \sum\limits_{i=0}^{2^n-1} m_i \tag{1.4-4}$$

式（1.4-4）表明，全部最小项中去掉原函数包含的那些最小项，余下的最小项应该出现在反函数中。换句话说，没有出现在原函数中的最小项，一定出现在反函数中。若逻辑函数的标准与-或式为 $F = \sum\limits_{i} m_i$，则反函数的标准与-或式为

$$\overline{F} = \sum\limits_{k \neq i} m_k \tag{1.4-5}$$

反函数的最小项之和表达式可以根据原函数的最小项之和表达式直接写出。例如，某函数 $F(A, B, C) = \sum m(0, 4, 7)$，则其反函数为 $\overline{F(A, B, C)} = \sum m(1, 2, 3, 5, 6)$。

4．函数的最大项及其性质

设逻辑函数有 n 个变量，如果由这些变量组成的一个或项包含了全部 n 个变量，且每个变量都以原变量或反变量的形式出现且仅出现一次，则称该或项为最大项。最大项有时也称为全和项或标准和项。

对 n 变量的情况来说，应有 2^n 个最大项。与最小项类似，最大项通常以 M_i 的形式表示。其中，M 是最大项的通用符号，最大项的下标 i 称为最大项的编号。最大项编号的方法如下：把使最大项为 0 的变量取值组合当成二进制数，则该二进制数对应的十进制数就是该最大项的编号。例如，对三变量逻辑函数，使最大项 $(\overline{A} + \overline{B} + C)$ 为 0 的变量取值为 110，对应的十进制数为 6，因此，该最大项可表示为 M_6。表 1.4-4 列出了三变量逻辑函数的全部最大项及编号。

表 1.4-4　三变量逻辑函数的全部最大项及编号

最　大　项	$A\ \ B\ \ C$	编　　号	最　大　项	$A\ \ B\ \ C$	编　　号
$\overline{A} + \overline{B} + \overline{C}$	1　1　1	M_7	$A + \overline{B} + \overline{C}$	0　1　1	M_3
$\overline{A} + \overline{B} + C$	1　1　0	M_6	$A + \overline{B} + C$	0　1　0	M_2
$\overline{A} + B + \overline{C}$	1　0　1	M_5	$A + B + \overline{C}$	0　0　1	M_1
$\overline{A} + B + C$	1　0　0	M_4	$A + B + C$	0　0　0	M_0

最大项具有如下性质：

① 对任一最大项 M_i，有且仅有一组变量取值使该最大项的值为 0。例如，只有当 $ABC = 010$ 时，最大项 $(A + \overline{B} + C)$ 取值为 0。最大项取值为 1 的概率很大，最大项的名称由此而来。

② 任意两个不同的最大项的和恒为 1，即 $M_i + M_j = 1$，$i \neq j$。例如

$$M_5 + M_3 = (\overline{A} + B + \overline{C}) + (A + \overline{B} + \overline{C}) = 1$$

性质②可以由性质①直接推导得出。

③ 全部最大项的乘积恒等于 0，即 $\prod_{i=0}^{2^n-1} M_i = 0$。根据性质①，变量的任意一组取值可以使一个最大项的值为 0。因此对变量的任意一组取值来说，上述乘积式运算结果恒为 0。

④ 编号相同的最小项和最大项是互反的，即 $M_i = \overline{m}_i$。例如

$$M_2 = A + \overline{B} + C = \overline{\overline{A + \overline{B} + C}} = \overline{\overline{A}B\overline{C}} = \overline{m}_2$$

5．逻辑函数的标准或-与表达式

任何一个逻辑函数都可以化成唯一的最大项之积的形式，称为标准或-与式，或称为标准和之积（Product of Sum，POS）表达式、最大项之积表达式。例如式（1.4-2），式中各**或**项均为最大项，因此该表达式为标准或-与式。式（1.4-2）还可写成

$$F = (A + B + C)(A + \overline{B} + \overline{C})(\overline{A} + B + \overline{C})(\overline{A} + \overline{B} + C) = M_0 M_3 M_5 M_6 = \prod M(0, 3, 5, 6)$$

6．两种标准表达式之间的互相转化

根据式（1.4-5），再利用反演律和最大项性质④，可得

$$F = \overline{\sum_{k \neq i} m_k} = \prod_{k \neq i} \overline{m_k} = \prod_{k \neq i} M_k \qquad (1.4\text{-}6)$$

可见，若逻辑函数的标准与-或式为 $F = \sum_i m_i$，则逻辑函数的标准或-与式可写成编号为 k 的最大项的乘积形式，其中 k 为所有编号去掉编号 i 的那部分。

【例 1.4-3】 将逻辑函数 $Y = AB + \overline{B}C$ 化为标准或-与式。

解： 先将逻辑函数化成标准与-或表达式 $Y(A, B, C) = \sum m(1, 5, 6, 7)$，则其反函数为

$$\overline{Y} = \sum m(0, 2, 3, 4) = \overline{A}\,\overline{B}\,\overline{C} + \overline{A}B\overline{C} + \overline{A}BC + A\overline{B}\,\overline{C}$$

利用反演定理，得

$$Y = (A + B + C)(A + \overline{B} + C)(A + \overline{B} + \overline{C})(\overline{A} + B + C)$$

$$= M_0 M_2 M_3 M_4 = \prod M(0, 2, 3, 4)$$

从例 1.4-3 可以看到，同一个函数的两种标准形式所含最小项和最大项的编号互不重复，而又互补。如果已知逻辑函数标准与-或式，利用式（1.4-6）可直接写出逻辑函数的标准或-与式。

1.5　逻辑函数的化简

1.5.1　化简的意义

前面在介绍逻辑函数表达式时曾经提到，逻辑函数表达式不是唯一的。逻辑函数表达式可以是最小项之和的标准与-或式，也可以利用逻辑代数的基本公式，将标准与-或式可以转换成更简单的与-或式。例如，利用基本公式，最小项之和表达式可以转化成

$$F(A, B, C) = \overline{A}\,\overline{B}C + A\overline{B}\,\overline{C} + A\overline{B}C + AB\overline{C} = (\overline{A} + A)\overline{B}C + A\overline{C}(\overline{B} + B) = \overline{B}C + A\overline{C} \qquad (1.5\text{-}1)$$

式（1.5-1）称为最简与-或式，其特征是表达式中乘积项数量最少，每个乘积项中的变量数最少。将一个逻辑函数表达式转化为最简与-或式的过程称为逻辑函数的化简。通过逻辑函数化简，可以减少门的数量和减少门输入端数量，可有效减少数字集成电路的芯片面积，从而降低电路成本和功耗，提高可靠性。图 1.5-1 为式（1.5-1）化简前后对应的逻辑图。

图 1.5-1 所示的两个逻辑电路功能完全相同，但电路成本并不相同。如果用电路中门电路的个数加上所有门电路的输入引脚数得到的总数来定量表示逻辑电路成本，图 1.5-1（a）所示电路的成本是 27，图 1.5-1（b）所示电路成本为 13。逻辑电路设计的目标是不但要达到所要求的逻辑功能，而且要尽量降低所设计电路的成本。

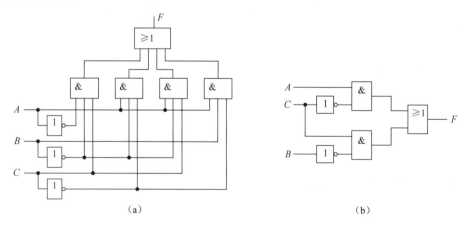

(a)　　　　　　　　　　　　　　　　(b)

图 1.5-1　式（1.5-1）化简前后对应的逻辑图

关于逻辑函数的化简，相关研究人员已经展开了大量研究工作，开发了多种实用的化简方法。有些化简技术适用于逻辑函数的手工化简，有些化简技术则适用于逻辑函数的计算机辅助化简。本节将要介绍的公式化简法和卡诺图化简法是两种最常用的逻辑函数手工化简方法。尽管在现代数字电路设

计中，逻辑函数的化简越来越多地采用 EDA 软件自动完成，但是公式化简法和卡诺图化简法所包含的一些基本知识和基本概念是数字电路设计人员所必须掌握的。

1.5.2 公式化简法

逻辑函数的公式化简法利用逻辑代数的基本公式和常用公式，对逻辑表达式进行适当的变换，以达到化简的目的。公式法化简逻辑函数的 4 种常用方法介绍如下。

方法 1：使用公式 $AB + A\bar{B} = A$ 合并两个项，例如

$$ABC\bar{D} + ABCD = ABC$$

采用这种方法合并项时，要合并的两个项必须含有相同的变量，并且其中一个变量互补。

方法 2：利用公式 $A + AB = A$ 或 $AB + \bar{A}C + BC = AB + \bar{A}C$ 消除冗余项。例如

$$\bar{A}B + \bar{A}BC = \bar{A}B$$

$$A\bar{B}\bar{C} + BCD + \bar{A}BD = B(\bar{A}\bar{C} + CD + \bar{A}D) = \bar{A}B\bar{C} + BCD$$

方法 3：利用公式 $A + \bar{A}B = A + B$ 消除因子。例如

$$AB + \bar{A}BC = B(A + \bar{A}C) = AB + BC$$

方法 4：添加冗余项，如加上 $A\bar{A}$、乘以 $A + \bar{A}$、给 $AB + \bar{A}C$ 加上 BC、给 A 加上 AB 等。

下面通过两个例子来说明公式化简法。

【例 1.5-1】 化简逻辑函数 $F = AC + AD + \bar{B}D + B\bar{C}$。

解： $F = AC + (\bar{A} + \bar{B})D + B\bar{C}$ （利用公式 $\bar{A} + \bar{B} = \overline{AB}$ ）

$\quad\quad = AC + \overline{AB}D + B\bar{C}$ （利用公式 $AB + \bar{A}C = AB + \bar{A}C + BC$ 增加冗余项 AB ）

$\quad\quad = AC + B\bar{C} + AB + \overline{AB}D$ （利用公式 $A + \bar{A}B = A + B$ 消去 $\overline{AB}$ ）

$\quad\quad = AC + B\bar{C} + AB + D$ （利用公式 $AB + \bar{A}C + BC = AB + \bar{A}C$ 消去 AB ）

$\quad\quad = AC + B\bar{C} + D$

【例 1.5-2】 化简函数 $F = AB + A\bar{B} + AD + \bar{A}C + BD + ACEF + \bar{B}EF + DEFG$。

解： $F = AB + A\bar{B} + AD + \bar{A}C + BD + ACEF + \bar{B}EF + DEFG$ （利用公式 $AB + A\bar{B} = A$ ）

$\quad\quad = A + AD + \bar{A}C + BD + ACEF + \bar{B}EF + DEFG$ （利用公式 $A + AB = A$ ）

$\quad\quad = A + \bar{A}C + BD + ACEF + \bar{B}EF + DEFG$ （利用公式 $A + \bar{A}B = A + B$ ）

$\quad\quad = A + C + BD + ACEF + \bar{B}EF + DEFG$ （利用公式 $A + AB = A$ ）

$\quad\quad = A + C + BD + \bar{B}EF + DEFG$ （利用公式 $AB + \bar{A}C + BC = AB + \bar{A}C$ ）

$\quad\quad = A + C + BD + \bar{B}EF$

从上述例子可以看到，公式法化简需要一定的技巧，必须熟练地综合运用多个公式，才能得到最简表达式。此外，化简后的表达式是否最简有时也较难判断。

1.5.3 卡诺图化简法

卡诺图由美国工程师卡诺（Karnaugh）于1953 年改进提出的。卡诺图是逻辑函数真值表的图形化表示，它与真值表、表达式、逻辑图一样，也可用来表示逻辑函数，但更多地是用来化简逻辑函数。卡诺图化简法比公式化简法更加简便、直观、规律性强，可以直接写出逻辑函数的最简与-或式。

1. 卡诺图的定义

卡诺图就是一长方形或正方形的方格图，每一小方格代表一最小项，各小方格按照特定的顺序排列。

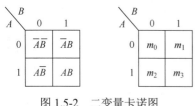

图 1.5-2　二变量卡诺图

（1）二变量卡诺图

二变量卡诺图如图1.5-2所示。其构成方法为：先将变量分为2组，A 放在行上，B 放在列上；卡诺图左边的数字 0 表示 $\overline{A}$，1 表示 A，卡诺图上边的数字 0 表示 $\overline{B}$，1 表示 B；按照行列相与的结果，将最小项填入相应的位置。4 个小方格分别对应 4 个最小项 $\overline{A}\,\overline{B}$、$\overline{A}B$、$A\overline{B}$ 和 AB。

（2）三变量卡诺图

三变量卡诺图包含 8 个小方格，分别对应变量 A、B、C 构成的 8 个最小项，如图1.5-3所示。其构成方法为：先将变量分为 2 组，A 放在行上，B、C 放在列上；卡诺图左边的数字 0 表示 $\overline{A}$，1 表示 A，卡诺图上边的数字 00 表示 $\overline{B}\,\overline{C}$，01 表示 $\overline{B}C$，11 表示 BC，10 表示 $B\overline{C}$；按照行列相与的结果，将最小项填入相应的位置。注意，BC 变量编码的编排顺序不是自然二进制码的顺序，而是两位格雷码的顺序，这正是卡诺图的独特之处。

（3）四变量卡诺图

四变量卡诺图包含 16 个小方格，分别对应变量 A、B、C、D 构成的 16 个最小项，如图 1.5-4 所示。其构成方法为：先将变量分为 2 组，A、B 放在行上，C、D 放在列上；卡诺图左边的数字 00 表示 $\overline{A}\,\overline{B}$，01 表示 $\overline{A}B$，11 表示 AB，10 表示 $A\overline{B}$；上边的数字 00 表示 $\overline{C}\,\overline{D}$，01 表示 $\overline{C}D$，11 表示 CD，10 表示 $C\overline{D}$；按照行列相与的结果，将最小项填入相应的位置。AB 变量、CD 变量的编排顺序都是两位格雷码的顺序。

AB＼CD	00	01	11	10
00	m_0	m_1	m_3	m_2
01	m_4	m_5	m_7	m_6
11	m_{12}	m_{13}	m_{15}	m_{14}
10	m_8	m_9	m_{11}	m_{10}

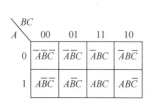

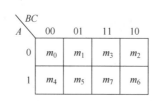

图 1.5-3　三变量卡诺图　　　　　图 1.5-4　四变量卡诺图

当逻辑函数变量超过 4 个以后，卡诺图就变得复杂，因此卡诺图很少用于表示四变量以上的逻辑函数。

2. 逻辑函数的卡诺图表示

如果将逻辑函数的真值表与卡诺图做一比较，就会发现真值表中的每一种输入组合与卡诺图的小方格一一对应。真值表可以看成是一维表格，而卡诺图可以看成是二维表格。如果已知一个逻辑函数的真值表，只要将真值表的输出值填入卡诺图中对应的方格即可获得该逻辑函数的卡诺图。

如果逻辑函数的最小项表达式是已知的，则其卡诺图可按照下述方法获得：在函数表达式中出现的最小项对应的方格内填 1，其余的方格内填 0。此时，方格内的数字 1 表示函数表达式中含有这个最小项，数字 0 则表示函数表达式中未包含这个最小项。

如果逻辑函数不是最小项表达式，可以先把逻辑函数化成最小项表达式，再画卡诺图。熟练的情况下，也可以由逻辑函数的一般与-或式直接画卡诺图，参见例 1.5-8。

如果逻辑函数用逻辑图表示，可根据逻辑图先写出逻辑函数表达式，然后再根据上述方法画出卡诺图。

【例 1.5-3】　已知三变量逻辑函数的真值表如表 1.5-1 所示，试画出其卡诺图。

解：从真值表可知，当 ABC 的输入组合为 010、011 和 100 时，函数输出值为 1。这三种组合对应的最小项为 m_2（$\overline{A}B\overline{C}$）、$m_3$（$\overline{A}BC$）和 m_4（$A\overline{B}\,\overline{C}$），只要在三变量卡诺图中与这三个最小项对应的

方格中填上 1，其余方格中填上 0 即可。卡诺图如图1.5-5所示。

表 1.5-1　例 1.5-3 真值表

A	B	C	F	A	B	C	F
0	0	0	0	1	0	0	1
0	0	1	0	1	0	1	0
0	1	0	1	1	1	0	0
0	1	1	1	1	1	1	0

【例 1.5-4】 函数 $F = \overline{A}\,\overline{B}CD + \overline{A}BCD + A\overline{B}CD = \sum m\,(3,\,7,\,11)$，画出其卡诺图。

解：根据逻辑函数的最小项之和表达式，在与函数包含的那些最小项相应的方格中填 1，其余填 0，就得到函数的卡诺图表示，如图1.5-6所示。

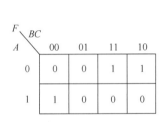

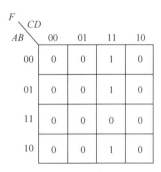

图 1.5-5　例 1.5-3 卡诺图　　　　　　　图 1.5-6　例 1.5-4 卡诺图

3. 用卡诺图化简逻辑函数

为了说明卡诺图化简逻辑函数的原理，这里先介绍逻辑相邻和几何相邻两个概念。

若两个最小项之间只有一个因子不同，则称这两个最小项逻辑相邻。例如，对于三变量逻辑函数，与最小项 ABC 逻辑相邻的最小项有 $\overline{A}BC$、$A\overline{B}C$ 和 $AB\overline{C}$。

若两个最小项在卡诺图中处于相邻的几何位置，则称这两个最小项几何相邻。几何相邻包括：有公共边的最小项几何相邻（直接相邻），对折以后有公共边的最小项几何相邻（上下相邻、左右相邻），卡诺图四角上的最小项作为整体几何相邻（四角相邻）。以图1.5-4所示的四变量卡诺图为例，m_5 和 m_7 为直接相邻，m_3 和 m_{11} 为上下相邻，m_{12} 和 m_{14} 为左右相邻，m_0、m_2、m_8 和 m_{10} 为四角相邻。

由于卡诺图中的逻辑函数输入变量采用格雷码编码，因此卡诺图中几何相邻的最小项必然是逻辑相邻的。由图1.5-4可见，与最小项 m_1（$\overline{A}\,\overline{B}\,\overline{C}D$）逻辑相邻的最小项 m_0（$\overline{A}\,\overline{B}\,\overline{C}\,\overline{D}$）、$m_3$（$\overline{A}\,\overline{B}CD$）、$m_5$（$\overline{A}B\overline{C}D$）和 m_9（$A\overline{B}\,\overline{C}D$）均出现在其相邻的几何位置上。

卡诺图化简逻辑函数的原理是：逻辑相邻的两个最小项只有一个变量的差异，其余变量都相同。因此，可以利用 $AB + A\overline{B} = A$、$ABC + AB\overline{C} = AB$ 等公式消去一个变量，达到化简的目的。同理，4 个最小项相邻，可以消掉两个变量；8 个最小项相邻，可以消掉 3 个变量；依次类推。由于几何相邻的最小项具有逻辑相邻的特点，因此，可以非常直观地判断哪些最小项是逻辑相邻的。

利用卡诺图化简逻辑函数的步骤介绍如下：

① 画出逻辑函数的卡诺图。

② 画相邻最小项的包围圈。画包围圈的原则：所有的 1 方格都必须进入包围圈；包围圈越大越好，包围圈个数越少越好；包围圈必须是矩形或正方形；同一个 1 方格可以多次参加画圈，但每个圈中要有不同于其他圈的新方格；包围圈内的 1 方格个数只能是 2^n（$n \geqslant 0$）个。

③ 写出各包围圈表示的与项。获得包围圈与项的方法是：圈内取值发生变化的变量被去掉，取值不变的变量留下构成与项，若变量取值为 0 则以反变量写入与项，若变量取值为 1 则以原变量写入与项。2 个 1 方格包围圈可消去一个变量，4 个 1 方格包围圈可消去 2 个变量，2^n 个 1 方格包围圈可消去 n 个变量。

④ 将代表各包围圈的与项相或，得到逻辑函数表达式。只要包围圈符合步骤②给出的原则，得到的结果必然最简。

【例 1.5-5】 用卡诺图化简逻辑函数 $L(A, B, C, D) = \sum m(0, 3, 4, 6, 7, 9, 12, 14, 15)$。

解： 画出逻辑函数的卡诺图，并根据规则画出包围圈，如图 1.5-7 所示。各包围圈表示的与项如下

$$L_1 = \sum m(6, 7, 14, 15) = BC \quad （消去两个变量）$$
$$L_2 = \sum m(4, 6, 14, 12) = B\bar{D} \quad （消去两个变量）$$
$$L_3 = \sum m(0, 4) = \bar{A}\,\bar{C}\,\bar{D} \quad （消去一个变量）$$
$$L_4 = \sum m(3, 7) = \bar{A}CD \quad （消去一个变量）$$
$$L_5 = \sum m_9 = A\bar{B}\,\bar{C}D$$

将上述与项相或，得到逻辑函数的最简与-或式为

$$L = L_1 + L_2 + L_3 + L_4 + L_5 = BC + B\bar{D} + \bar{A}\,\bar{C}\,\bar{D} + \bar{A}CD + A\bar{B}\,\bar{C}D$$

【例 1.5-6】 用卡诺图化简逻辑函数 $L(A, B, C, D) = \sum m(1, 5, 6, 7, 11, 12, 13, 15)$。

解： 画出逻辑函数的卡诺图，并根据规则画包围圈，如图 1.5-8 所示，最大的一个包围圈（用虚线表示）中所有的 1 方格均被其他包围圈所包围，因此是多余的。最简与-或式为

$$L = L_1 + L_2 + L_3 + L_4 = \bar{A}CD + AB\bar{C} + ACD + \bar{A}BC$$

【例 1.5-7】 用卡诺图化简函数 $L(A, B, C, D) = \sum m(1, 3, 4, 6, 7, 9, 11, 12, 13, 14, 15)$。

解： 如图 1.5-9 所示的卡诺图由于逻辑函数的最小项占了卡诺图的绝大部分方格，因此采用包围 1 方格的方法比较复杂。此时改用包围 0 方格化简比较方便，即先获得反函数 $\bar{L}$ 的最简式，再求得原函数的最简式。

$$\bar{L} = \sum m(0, 2, 8, 5, 10) = \bar{B}\,\bar{D} + \bar{A}B\bar{C}D$$
$$L = \overline{\bar{B}\,\bar{D} + \bar{A}B\bar{C}D} = (B + D)(A + \bar{B} + C + \bar{D})$$

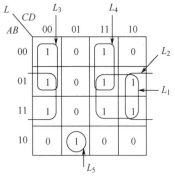

图 1.5-7 例 1.5-5 卡诺图

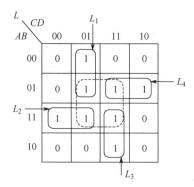

图 1.5-8 例 1.5-6 卡诺图

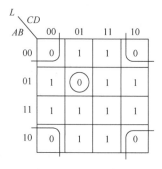

图 1.5-9 例 1.5-7 卡诺图

【例 1.5-8】 用卡诺图化简逻辑函数 $L(A, B, C, D) = \bar{A}B\bar{C}\,\bar{D} + BCD + \bar{A}C + A$。

解： 由于题中的逻辑函数表达式不是标准与-或式，在画卡诺图时通常应先化成标准与-或式，但这样做显得十分烦琐。在熟练的基础上，对于非标准的与-或式可以直接填写卡诺图。

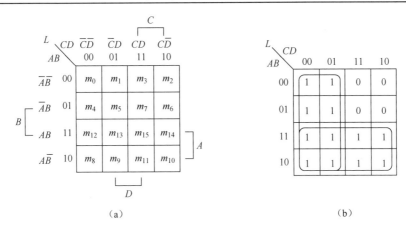

图 1.5-10　例 1.5-8 卡诺图

如图1.5-10（a）所示的卡诺图的规律如下：

① 对于变量 A、B、C、D，每一个变量对应一个 8 个方格的区域，它的非变量刚好在其余的 8 个方格区域，例如 A 的 8 个方格为 $8,9,\cdots,15$，$\overline{A}$ 的 8 个方格为 $0,1,\cdots,7$。

② 由 2 个变量组成的每一项也有一个区域，这就是这两个单独变量的公共区域，例如，AB 的区域为 12、13、15、14。

③ 由 3 个变量组成的区域必是这 3 个单独变量区域的公共区域，例如，ABC 的区域为 14、15。

根据以上规律，可以直接填写卡诺图，如与项 $\overline{A}\,\overline{B}\,\overline{C}\,\overline{D}$ 在 m_0 方格中填上 1，与项 $\overline{B}CD$ 在 m_5、m_{13} 两个方格中填上 1，与项 $\overline{A}\,\overline{C}$ 在 m_0、m_1、m_4、m_5 4 个方格中填上 1，与项 A 在 $m_8 \sim m_{15}$ 8 个方格中填上 1，从而得到如图1.5-10（b）所示卡诺图。根据规则画出包围圈，得到最简与-或式 $L(A,B,C,D)=A+\overline{C}$。

用卡诺图化简逻辑函数简单、直观，特别适合于 4 个变量以下的逻辑函数的化简。只要遵循画包围圈的原则，卡诺图化简所得的结果肯定是最简的。

1.5.4　具有无关项的逻辑函数的化简

前面介绍的逻辑函数所有的输入组合都有明确的定义，任何一种输入组合要么使逻辑函数值为 1，要么使逻辑函数值为 0。实际逻辑问题中并非总是这样。例如，某一函数输入 A、B、C、D 为 8421 码，那么从 1010 到 1111 这 6 种输入组合在正常情况下是不会出现的，这 6 种组合对应的最小项 $\overline{A}B\overline{C}\,\overline{D}$、$\overline{A}BC\overline{D}$、$\overline{A}BC\overline{D}$、$AB\overline{C}D$、$ABC\overline{D}$ 和 $ABCD$ 称为无关项（Don't Care Terms）。具有无关项的逻辑函数称为不完全确定逻辑函数（Incompletely Specified Function）。下面通过一个实例来进一步说明无关项的概念以及不完全确定逻辑函数的表示方法。

【例 1.5-9】 有一个水箱由大、小两台水泵 M_L 和 M_S 供水，如图1.5-11所示。在水箱中的 3 个水位点 A、B、C 设置检测元件。检测元件高于水面时，输出高电平；检测元件低于水面时，输出低电平。现要求当水位超过 C 点时，水泵停止工作；水位低于 C 点而高于 B 点时 M_S 单独工作，水位低于 B 点而高于 A 时 M_L 单独工作，水位低于 A 点时 M_L 和 M_S 同时工作。试设计水泵控制电路。

解：根据题意分析如下。

当 ABC 为 000 时，表明水位高于 C 点，这时水泵 M_S 和 M_L 均停止，所以 $M_S M_L = 00$。

当 ABC 为 001 时，表明水位在 C 点和 B 点之间，这时水泵 M_S 单独工作，所以 $M_S M_L = 10$。

当 ABC 为 010 时，表明水位在 B 点之下而在 A 点和 C 点之上，这种情况不可能出现。

当 ABC 为 011 时，表明水位在 B 点和 A 点之间，这时水泵 M_L 单独工作，所以 $M_S M_L = 01$。

当 ABC 为 100 时，表明水位在 A 点之下而在 B 点和 C 点之上，这种情况不可能出现。

当 ABC 为 101 时，表明水位在 A 点和 C 点之下而在 B 点之上，这种情况不可能出现。

当 ABC 为 110 时，表明水位在 A 点和 B 点之下而在 C 点之上，这种情况不可能出现。

当 ABC 为 111 时，表明水位在 A 点之下，这时，两台水泵同时工作，所以 $M_S M_L = 11$。

从以上分析可知，在 ABC 的取值中，010、100、101 与 110 这 4 种取值不可能出现，其对应的最小项 $\overline{A}B\overline{C}$、$A\overline{B}\,\overline{C}$、$A\overline{B}C$ 和 $AB\overline{C}$ 为无关项。由于无关项对应的输入取值不会出现，因此设计人员可以假定无关项对应的函数值是 1 或者 0，在真值表中用 "×" 表示。由此可得到如表 1.5-2 所示的水泵控制电路真值表。

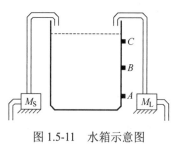

图 1.5-11　水箱示意图

表 1.5-2　水泵控制电路真值表

A	B	C	M_S	M_L	A	B	C	M_S	M_L
0	0	0	0	0	1	0	0	×	×
0	0	1	1	0	1	0	1	×	×
0	1	0	×	×	1	1	0	×	×
0	1	1	0	1	1	1	1	1	1

根据最小项的性质，任何一个最小项只有一组取值使它等于 1。对无关项来说，使它等于 1 的这组取值不可能出现，因此，无关项恒等于 0。反之，如果某一最小项恒等于 0，则该最小项就是无关项。本例中无关项可表示为

$$\overline{A}B\overline{C}=0,\quad A\overline{B}\,\overline{C}=0,\quad A\overline{B}C=0,\quad AB\overline{C}=0 \ 或 \ \overline{A}B\overline{C}+A\overline{B}\,\overline{C}+A\overline{B}C+AB\overline{C}=0$$

根据表 1.5-2 所示真值表和无关项的表示方法，水泵控制电路的逻辑函数表达式可以表示为

$$\begin{cases} M_S = \overline{A}\,\overline{B}C + ABC \\ \overline{A}B\overline{C}+A\overline{B}\,\overline{C}+A\overline{B}C+AB\overline{C}=0 \end{cases} \qquad \begin{cases} M_L = \overline{A}BC + ABC \\ \overline{A}B\overline{C}+A\overline{B}\,\overline{C}+A\overline{B}C+AB\overline{C}=0 \end{cases}$$

将最小项用 m 表示，无关项用 d 表示，上述两式可进一步可简化表示为

$$M_S(A,B,C) = \sum m\,(1,\,7) + \sum d\,(2,\,4,\,5,\,6)$$

$$M_L(A,B,C) = \sum m\,(3,\,7) + \sum d\,(2,\,4,\,5,\,6)$$

从表 1.5-2 所示的真值表可以得到如图 1.5-12 所示的卡诺图。对具有无关项的逻辑函数化简时，应充分利用无关项对应的函数值可以是 0 也可以是 1 的特点，尽量扩大包围圈，减少包围圈的个数，使逻辑函数最简。在 M_S 的卡诺图中，无关项 $\overline{A}B\overline{C}$ 没有被包围圈包围，意味着当 ABC 取 010 时对应的函数值为 0，而其余 3 个无关项被包围圈包围，意味着当 ABC 取 100、101、110 时对应的函数值为 1。

根据卡诺图得到最简与-或式为

$$M_S = A + \overline{B}C \qquad\qquad M_L = B$$

对应的逻辑图如图 1.5-13 所示。

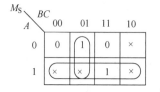

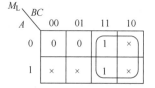

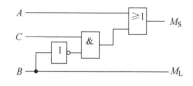

图 1.5-12　表 1.5-2 对应的卡诺图　　　　　　　　　图 1.5-13　水泵控制电路逻辑图

如果在卡诺图化简中不使用无关项（即将无关项对应的函数值当作 0），只是针对记为 1 的最小项化简，虽然逻辑功能依然正确，但得到的逻辑函数表达式将会变得复杂。

当然，事物总是一分为二的，虽然使用无关项可以使逻辑函数变得更为简单，但有时会降低电路可靠性。以水泵控制电路为例，假设水箱水位高于检测元件 C，则正常时检测元件 A、B、C 均应输出低电平，两个水泵停止工作。这时如果检测元件 B 出现故障而输出了高电平，则水泵控制电路的输入 ABC 为 010，这会产生什么结果呢？将 ABC=010 代入 M_S 和 M_L 的最简与-或式，得到 M_S=0、M_L=1，小水泵停止，大水泵工作，将导致水箱中水溢出。如果在 M_L 的卡诺图中不把 010 对应的无关项圈入包围圈，则虽然电路会复杂一些，但出现上述故障时大水泵也不会启动。

1.6　逻辑电路分析设计初步

逻辑电路的分析是指找出已知电路中输出与输入之间的逻辑函数关系，从而判断电路的逻辑功能。分析步骤就是根据已知的逻辑电路图，写出逻辑函数表达式，并列出真值表，根据真值表概括电路的逻辑功能。下面通过具体实例介绍逻辑电路的分析过程。

【例 1.6-1】 已知逻辑电路如图1.6-1所示，请分析其逻辑功能。

解： ① 由逻辑电路图逐级写出逻辑表达式，得到输入和输出之间的函数关系为

$$F = \overline{\overline{AB}\ \overline{AC}\ \overline{BC}} = AB + AC + BC$$

一般来说，逻辑函数表达式应转化成与-或式。

② 由逻辑函数表达式列出真值表，如表 1.6-1 所示。

图 1.6-1　例 1.6-1 逻辑电路

表 1.6-1　例 1.6-1 真值表

A	B	C	F	A	B	C	F
0	0	0	0	1	0	0	0
0	0	1	0	1	0	1	1
0	1	0	0	1	1	0	1
0	1	1	1	1	1	1	1

③ 由真值表分析电路的逻辑功能。

由真值表可知，当输入变量 A、B、C 中多数为 1 时，输出为 1；否则，输出为 0。因此该电路的逻辑功能可描述为"少数服从多数"电路，或称为三输入表决器。

逻辑电路的设计是根据给定的逻辑功能，求出可实现该逻辑功能的电路。其基本步骤是：首先对实际问题进行逻辑抽象，列出真值表，建立起逻辑模型；然后利用代数法或卡诺图法简化逻辑函数，找到最简或最合理的函数表达式；根据简化的逻辑表达式画出逻辑图。逻辑电路基本设计步骤可用图1.6-2来表示。

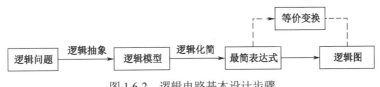

图 1.6-2　逻辑电路基本设计步骤

【例 1.6-2】 2 选 1 数据选择器示意图和符号如图1.6-3所示。其逻辑功能为，当 S=1 时，F 等于 A；当 S=0 时，F 等于 B。试用门电路实现该 2 选 1 数据选择器。

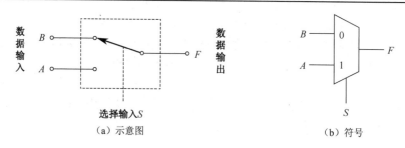

图 1.6-3　2 选 1 数据选择器示意图和符号

解： 2 选 1 数据选择器的真值表如表 1.6-2 所示。表中列出了 3 个逻辑变量 S、A、B 所有可能的取值组合 000～111，以及相应的函数值。

表 1.6-2　2 选 1 数据选择器真值表

S	A	B	F	S	A	B	F
0	0	0	0	1	0	0	0
0	0	1	1	1	0	1	0
0	1	0	0	1	1	0	1
0	1	1	1	1	1	1	1

由表 1.6-2 所示真值表可得到以下逻辑函数表达式

$$F = \overline{S}\,\overline{A}B + \overline{S}AB + SA\overline{B} + SAB = SA(\overline{B}+B) + \overline{S}B(\overline{A}+A) = SA + \overline{S}B \tag{1.6-1}$$

由于每片标准集成电路内部通常只有一种类型的门电路，如果 2 选 1 数据选择器采用标准集成电路来实现时，需要 3 片不同型号的标准集成电路来实现。图 1.6-4 所示为由 74HC04（反相器）、74HC08（2 输入与门）、74HC32（2 输入或门）实现的 2 选 1 数据选择器。

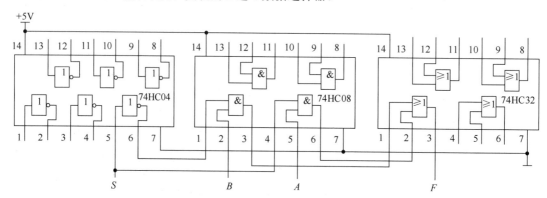

图 1.6-4　用与门、或门、非门实现的 2 选 1 数据选择器

如果将式（1.6-1）所示的最简与-或式转化为最简与非-与非式，则逻辑电路只需要一种与非门就可以实现。

$$F = SA + \overline{S}B = \overline{\overline{SA + \overline{S}B}} = \overline{\overline{SA}\,\overline{\overline{S}B}} \qquad 与非-与非式 \tag{1.6-2}$$

式（1.6-2）所示的表达式需要 4 个与非门，刚好可以用一片标准集成电路 74HC00 来实现，其连线图如图 1.6-5 所示。

将逻辑函数一种表达式转换为另一种表达式称为等价转换。表达式逻辑函数的等价转换大多可以直接通过摩根定理来实现，但是将与-或式转化为或-与式比较复杂。通常的方法是，先求反函数 $\overline{F}$ 的与-或式，再取反一次求得 F 的或-与式：

$$\overline{F} = \overline{\overline{SA} + S\overline{B}} = (\overline{S} + \overline{A})(S + \overline{B}) = \overline{S}\,\overline{B} + \overline{S}\,\overline{A} + \overline{A}\,\overline{B} = \overline{S}\,\overline{B} + S\overline{A}$$

或非-或非式　　　　　　　$$F = \overline{\overline{\overline{S}\,\overline{B} + S\overline{A}}} = \overline{(S + B)(\overline{S} + A)} = \overline{\overline{S + B} + \overline{\overline{S} + A}} \qquad (1.6\text{-}3)$$

该逻辑表达式需要 4 个或非门，刚好可以用一片标准集成电路 74HC02 来实现，其连线图如图1.6-6 所示。

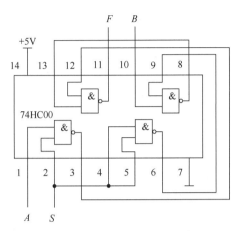
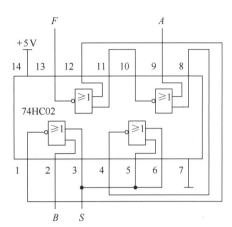

图 1.6-5　用与非门实现的 2 选 1 数据选择器　　　　图 1.6-6　用或非门实现的 2 选 1 数据选择器

通过本例可以得到以下结论：

① 74HC 系列属于常用的高速 CMOS 标准集成电路，具有品种多，成本低优点，常用的 EDA 软件也提供完整的 74HC 系列元件库。理解 74HC 系列集成电路的逻辑功能和使用方法，是数字系统设计的基础。本教材中将介绍多种典型的 74HC 系列集成电路。

② 逻辑电路可以有多种实现方案。采用与、或、非 3 种门电路可以实现任何复杂的数字电路。只用与非门也可以实现任何复杂的逻辑电路，同样，只用或非门也可以实现任何复杂的逻辑电路。

③ 在逻辑电路的设计中，经常需要将函数表达式进行等价转换。通过等价转换，逻辑函数就可以用特定的门电路来实现。与-或式可以转化成与非-与非式、或-与式、或非-或非式、与-或-非式等常用形式。

④ 逻辑函数的化简和等价变换是逻辑电路设计中必须掌握的两种重要方法。究竟采用哪种方法取决于逻辑电路采用何种器件来实现。当逻辑电路用门电路实现时，通常需要将逻辑函数化成最简与-或式。当逻辑电路用第 3 章介绍的数据选择器、译码器来实现时，则需要将逻辑函数表达式等价变换成标准表达式。当逻辑电路采用可编程逻辑器件来实现时，由于可编程逻辑器件具有预定义的基本结构，将逻辑函数化成最简与-或式并不一定能降低成本。在依靠 EDA 软件来完成逻辑电路设计的过程中，EDA 软件会自动完成适合目标器件的逻辑函数优化。

【例 1.6-3】 在举重比赛中一般有 3 名裁判，其中 1 名为主裁判。当有两名以上的裁判（其中必须包括主裁判）认为运动员举杠铃合格时，则本次试举成绩有效，否则成绩无效。请用与非门设计裁判表决器。

解：① 首先根据实际问题给出逻辑规定。

用逻辑变量 A、B、C 分别表示 3 名裁判，其中 A 为主裁判；用逻辑变量 Y 表示运动员试举成绩。裁判发出的信号合格为 1，不合格为 0；试举成绩有效为 1，无效为 0。

② 根据逻辑规定和功能要求，可列出真值表，如表 1.6-3 所示。

表 1.6-3　例 1.6-3 真值表

A	B	C	Y	A	B	C	Y
0	0	0	0	1	0	0	0
0	0	1	0	1	0	1	1
0	1	0	0	1	1	0	1
0	1	1	0	1	1	1	1

③ 用图 1.6-7 所示的卡诺图进行化简，得到简化的逻辑函数 $Y = AB + AC$ 。

④ 由于设计要求采用与非门，因此可将上式转化成与非-与非式，即

$$Y = AB + AC = \overline{\overline{AB} \cdot \overline{AC}}$$

⑤根据简化的逻辑表达式画出逻辑电路图，如图 1.6-8 所示。

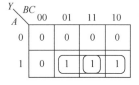

图 1.6-7　例 1.6-3 卡诺图

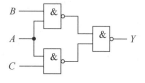

图 1.6-8　例 1.6-3 逻辑电路图

　　根据图 1.6-2 所示的设计步骤，逻辑电路的设计任务已经完成。但对于实际的工程项目来说，还需要两个重要的步骤。一是对电路进行仿真。仿真就是用 EDA 软件验证电路是否正确，仿真对于复杂的逻辑电路尤为重要。利用 Quartus II 软件进行逻辑电路的仿真步骤请扫描上方二维码在线学习。二是用实际的硬件电路来实现。对于硬件电路实现，则需要考虑一些工程问题。例如，按钮的信号如何输入？如何给出成绩有效信号？如何选择器件？如何提供电源？如何降低成本？图 1.6-9 给出了一个举重裁判表决器硬件电路图。虚框中逻辑电路可分别采用标准集成电路或可编程逻辑器件来实现。图 1.6-10 为采用标准集成电路 74LS00 实现的举重裁判表决器实物图。实物图中，用一只发光二极管来代替信号灯。

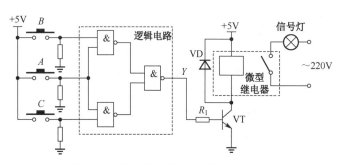

图 1.6-9　举重裁判表决器硬件电路图

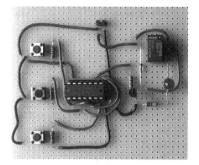

图 1.6-10　举重裁判表决器实物图

1.7　例题讲解

　　本章介绍的逻辑代数是数字电路分析和设计的基础，其中，公式化简法和卡诺图化简法是本章的重点和难点。本节内容通过举例的方法，帮助读者提高有关逻辑函数化简的解题能力。

【例 1.7-1】　用公式法将以下逻辑函数化为最简或-与式。

$$Y(A,B,C,D) = (A+B+D)(A+\overline{B}+D)(A+B+\overline{D})(\overline{A}+C+D)(\overline{A}+C+\overline{D})$$

　　解：该表达式为或-与式，可以直接化简，也可以间接化简。利用逻辑代数的基本公式和基本规则，

可以有 3 种化简方法。

方法一：直接化简。

利用表 1.3-1 中的重叠律 $A \cdot A = A$ 和合并律 $(A+B)(A+\overline{B}) = A$ 来化简。

$$Y(A,B,C,D) = (A+B+D)(A+\overline{B}+D)(A+B+\overline{D})(\overline{A}+C+D)(\overline{A}+C+\overline{D})$$
$$= (A+B+D)(A+\overline{B}+D)(A+B+D)(A+B+\overline{D})$$
$$(\overline{A}+C+D)(\overline{A}+C+\overline{D}) \quad （利用重叠律 A \cdot A = A，配项 A+B+D）$$
$$= (A+D)(A+B)(\overline{A}+C) \quad （利用合并律 (A+B)(A+\overline{B}) = A）$$

方法二：利用对偶规则间接化简。

一个最简逻辑函数表达式的对偶式也是最简，因此可以用对偶规则间接化简。

① 求函数 Y 的对偶式并化简。

$$Y' = ABD + A\overline{B}D + AB\overline{D} + \overline{A}CD + \overline{A}C\overline{D}$$
$$= (ABD + A\overline{B}D) + (ABD + AB\overline{D}) + (\overline{A}CD + \overline{A}C\overline{D}) \quad （配项 ABD，利用合并律 AB + A\overline{B} = A）$$
$$= AD + AB + \overline{A}C$$

② 求 Y' 的对偶式 $(Y')'$，即得到函数 Y 的最简或-与式：

$$Y = (Y')' = (A+D)(A+B)(\overline{A}+C)$$

方法三：利用反演规则化简。

一个最简逻辑函数的反函数也是最简，因此，可以用反演规则间接化简。

① 求函数 Y 的反函数。

$$\overline{Y} = \overline{A}\,\overline{B}\,\overline{D} + \overline{A}B\overline{D} + \overline{A}BD + A\overline{C}\,\overline{D} + A\overline{C}D$$
$$= \overline{A}\,\overline{B}\,\overline{D} + \overline{A}B\overline{D} + \overline{A}\,\overline{B}\,\overline{D} + \overline{A}BD + A\overline{C}\,\overline{D} + A\overline{C}D \quad （配项 \overline{A}\,\overline{B}\,\overline{D}，利用合并律 AB + A\overline{B} = A）$$
$$= \overline{A}\,\overline{D} + \overline{A}\,\overline{B} + A\overline{C}$$

② 求 $\overline{Y}$ 的反函数，即得到 Y 的最简或-与式

$$Y = \overline{\overline{A}\,\overline{D} + \overline{A}\,\overline{B} + A\overline{C}} = (A+D)(A+B)(\overline{A}+C)$$

【例 1.7-2】 用卡诺图化简逻辑函数 $Y = \overline{A}D + AB\overline{C} + A\overline{B}\,\overline{D} + \overline{A}B\overline{C}\,\overline{D}$，给定约束条件 $ABC + ABD + ACD + BCD = 0$。

解： 约束条件给出了逻辑函数中所包含的无关项。将题中的两个表达式化成最小项之和的表达式，合在一起，就得到完整的最小项之和表达式。

$$Y = \sum m(1,2,3,5,7,8,10,12,13) + \sum d(7,11,13,14,15)$$

上式中最小项 m_7 和无关项 d_7、最小项 m_{13} 和无关项 d_{13} 同时出现在表达式中，在这种情况下，应删除最小项 m_7、m_{13}，保留无关项 d_7 和 d_{13}，从而得到以下表达式

$$Y = \sum m(1,2,3,5,8,10,12) + \sum d(7,11,13,14,15)$$

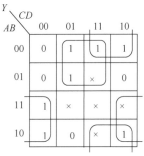

图 1.7-1　例 1.7-2 卡诺图

上式对应的卡诺图如图 1.7-1 所示。通过卡诺图得到最简与-或式

$$Y = \overline{A}D + A\overline{D} + \overline{B}C$$

【例 1.7-3】 用卡诺图化简逻辑函数

$$Y = (AB + \overline{A}C + \overline{B}D)(A\overline{B}\,\overline{C}D + \overline{A}CD + BCD + \overline{B}C)$$

解： $Y = (AB + \overline{A}C + \overline{B}D)(A\overline{B}\,\overline{C}D + \overline{A}CD + BCD + \overline{B}C)$
$$= \sum m(1,2,3,6,7,9,11,12,13,14,15) \cdot \sum m(2,3,7,9,10,11,15)$$

　　两个卡诺图在进行与或运算时，只要将图中编号相同的方块按如图 1.7-2 所示的运算规则进行运算，即可求得它们逻辑与、逻辑或后的等价卡诺图。

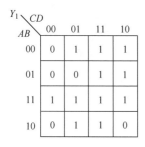

图 1.7-2　卡诺图的与或运算规则

　　先画出每个最小项之和表达式的卡诺图，再将两个卡诺图相与合成一个卡诺图，如图 1.7-3 所示。通过卡诺图得到最简与-或式 $Y = \overline{A}\,\overline{B}C + A\overline{B}D + CD$。

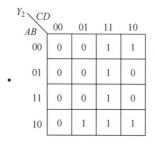

图 1.7-3　例 1.7-3 卡诺图

【例 1.7-4】　某四输入二输出逻辑电路，其标准表达式如下

$$Y_1(A,B,C,D) = \sum m\,(0,2,4,6,7,9) + \sum d\,(10,11)$$

$$Y_2(A,B,C,D) = \sum m\,(2,4,9,10,15) + \sum d\,(0,13,14)$$

请设计成本最低电路（可以直接使用原变量和反变量）。

　　解： 函数 Y_1 和 Y_2 成本最低实现卡诺图分别如图 1.7-4（a）和（b）所示，其最简与-或式如下

$$Y_1 = \overline{A}\,\overline{D} + \overline{A}BC + A\overline{B}D \qquad Y_2 = \overline{A}C\overline{D} + A\overline{C}D + ABC + \overline{B}C\overline{D}$$

　　Y_1 和 Y_2 的需要 7 个与门，两个或门，27 个输入引脚，成本总计为 36。

　　如果考虑使两个函数尽可能多地共享乘积项，可使电路成本进一步降低。如图 1.7-4（c）所示的卡诺图化简方法就可以得到整体最优（成本最低）。两个函数的化简后表达式为

$$Y_1 = \overline{A}\,\overline{C}\,\overline{D} + \overline{B}C\overline{D} + A\overline{B}\,CD + \overline{A}BC$$
$$Y_2 = \overline{A}\,\overline{C}\,\overline{D} + \overline{B}C\overline{D} + A\overline{B}\,CD + ABC$$

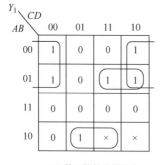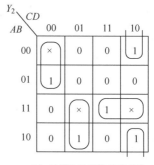

（a）函数 Y_1 的单独最优实现　　　　　　　（b）函数 Y_2 的单独最优实现

图 1.7-4　例 1.7-4 卡诺图

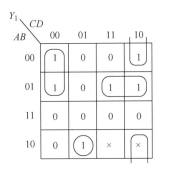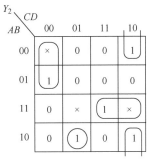

（c）函数Y_1和Y_2整体最优实现

图 1.7-4 例 1.7-4 卡诺图（续）

对应的逻辑图如图 1.7-5 所示。Y_1 和 Y_2 需要 5 个与门，两个或门，24 个输入引脚，成本总计为 31。

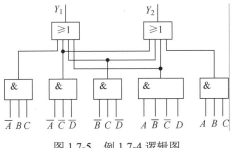

图 1.7-5 例 1.7-4 逻辑图

本 章 小 结

1．当数码用来表示数量的大小时，采用各种计数进位制规则称为数制。常用的数制有十进制、二进制、十六进制等。各种数制表示的数值可以互相转换。当数码用来表示不同的事物时，这些数码称为编码。常用编码有 BCD 码、格雷码、ASCII 码等。

2．分析数字逻辑电路的工具是逻辑代数。逻辑代数有 3 种基本运算，分别是与、或、非运算；常用的复合运算有与非、或非、与或非、异或、同或运算。

3．为了进行逻辑运算，必须熟练掌握表 1.3-1 列出的基本公式，另外，几个常用公式在逻辑函数公式化简法中十分有用。

4．逻辑代数有 4 个基本规则，分别是代入规则、反演规则、对偶规则和展开规则。使用反演规则可以求逻辑函数的反函数。使用对偶规则，可以进行对偶变换，实现从一个逻辑等式得到一个新的逻辑等式，有时也用于逻辑等式的证明。

5．逻辑函数有多种表示方法，常用的逻辑函数表示方法有真值表、逻辑表达式、逻辑图、波形图、卡诺图和硬件描述语言表示法。各种表示方法可以互相转换。

6．逻辑函数的化简是本章的重点。常用的逻辑函数化简方法有公式化简法和卡诺图化简法。公式化简法的优点是使用不受任何条件的限制，但这种方法没有固定的步骤可循，需要一定的技巧和经验。卡诺图化简法的优点是简单、直观，而且有一定的化简步骤可循。但是，当逻辑变量超过 5 个时，将失去简单、直观的优点，使卡诺图化简失去实际意义。

自我检测题

1．$(26.125)_{10}=($　　　$)_2=($　　　$)_{16}$

2．$(1011111.01101)_2$＝（　　　　）$_8$＝（　　　　）$_{10}$

3．$(1011)_2 \times (101)_2$＝（　　　　）$_2$

4．$(486)_{10}$＝（　　　　）$_{8421}$＝（　　　　）$_{余3}$

5．$(1001100.10)_2$＝（　　　　）$_{10}$＝（　　　　）$_{8421}$

6．基本逻辑运算有_____、或、非 3 种。

7．两输入与非门输入为 01 时，输出为_____；两输入或非门输入为 01 时，输出为_____。

8．逻辑变量和逻辑函数只有_____和_____两种取值，而且它们只是表示两种不同的逻辑状态。

9．判断以下说法是否正确。

（1）因为逻辑表达式 $A+B+AB=A+B$ 成立，所以 $AB=0$。（×，√）

（2）任何逻辑函数都可以用与非门实现。（×，√）

（3）对于任何一个逻辑函数来讲，其逻辑图都是唯一的。（×，√）

（4）对于一个 n 变量的逻辑函数，如果它的最小项表达式由 k 个最小项组成，则它的最大项表达式将由 2^n-k 个最大项组成。（×，√）

（5）最小项 m_{115} 与 m_{116} 可合并_____。（√，×）

10．当变量 ABC 为 100 时，$AB+BC$＝_____，$(A+B)(A+C)$＝_____。

11．描述逻辑函数各个变量取值组合和函数值对应关系的表格叫作_____。

12．用与、或、非等运算表示函数中各变量之间逻辑关系的代数式叫作_____。

13．根据反演规则，写出 $Z=\overline{A+B\cdot C}+\overline{A}(B+C)$ 的反函数为_____。

14．函数 $F(A,B,C,D)=AB+\overline{B}D$ 的最小项表达式为 F＝_____。

15．逻辑函数 $F(A,B,C)=\prod M(1,3,4,6,7)$，则 $F(A,B,C)=\sum m($　　　　$)$。

16．若 $Z(A,B,C,D)=AC+BD$，则有____个最小项使 Z 值为逻辑 1。

17．$Y=ABC+\overline{C}+ABDE$ 的最简与-或式为 Y＝_____。

18．无关项是_____的变量取值所对应的最小项，其值总是等于 0。

19．与二进制数 $(1100110111.001)_2$ 等值的十六进制数是_____。

　　A．$(337.2)_{16}$　　　B．$(637.1)_{16}$　　　C．$(1467.1)_{16}$　　　D．$C37.4$

20．下列数中的最大数是_____。

　　A．$(100101110)_2$　　B．$(12F)_{16}$　　C．$(301)_{10}$　　D．$(10010111)_{8421}$

21．和八进制数 $(166)_8$ 等值的十六进制数和十进制数分别为_____。

　　A．76H，118D　　B．76H，142D　　C．E6H，230D　　D．74H，116D

22．下列 4 个数中，与十进制数 $(10.44)_{10}$ 相等的是_____。

　　A．$(1010.1)_2$　　B．$(0A.8)_{16}$　　C．$(12.4)_8$　　D．$(20.21)_5$

23．用 0、1 两个符号对 100 个信息进行编码，则至少需要_____。

　　A．8 位　　　B．7 位　　　C．9 位　　　D．6 位

24．相邻两组编码只有一位不同的编码是_____。

　　A．2421 码　　B．8421 码　　C．余 3 码　　D．格雷码

25．下列几种说法中与 BCD 码的性质不符的是_____。

　　A．一组 4 位二进制数组成的码只能表示一位十进制数

　　B．BCD 码是一种人为选定的 0～9 十个数字的代码

　　C．BCD 码是一组 4 位二进制数，能表示 16 以内的任何一个十进制数

　　D．BCD 码有多种

26．余 3 码 10111011 对应的 2421 码为_____。

A．10001000　　　B．10111011　　　C．11101110　　　D．11101011

27．一个四输入端或非门，使其输出为 1 的输入变量取值组合有_____种。

A．15　　　　　　B．8　　　　　　C．7　　　　　　D．1

28．若将一个异或门（设输入端为 A、B）当作反相器使用，则 A、B 端应_____连接。

A．A 或 B 中有一个接高电平　　　　B．A 或 B 中有一个接低电平

C．A 和 B 并联使用　　　　　　　　D．不能实现

29．$A \oplus 1 \oplus 0 \oplus 1 \oplus 1 \oplus 0 \oplus 1 =$_____。

A．A　　　　　　B．$\overline{A}$　　　　　　C．0　　　　　　D．1

30．下列逻辑代数式中值为 0 的是_____。

A．$A \oplus A$　　　　B．$A \oplus 1$　　　　C．$A \oplus 0$　　　　D．$A \oplus \overline{A}$

31．与逻辑式 $\overline{A} + ABC$ 相等的式子是_____。

A．ABC　　　　B．$1 + BC$　　　　C．A　　　　D．$\overline{A} + BC$

32．下列逻辑等式中不成立的有_____。

A．$A + BC = (A + B)(A + C)$　　　　B．$AB + A\overline{B} + \overline{A}B = 1$

C．$\overline{A} + \overline{B} + AB = 1$　　　　　　D．$A\,\overline{ABD} = A\overline{BD}$

33．若已知 $XY + Y\overline{Z} + YZ = XY + Y$，判断等式 $(X + Y)(Y + \overline{Z})(Y + Z) = (X + Y)Y$ 成立的最简单的方法是依据_____。

A．代入规则　　　B．对偶规则　　　C．反演规则　　　D．反演定理

34．根据反演规则，逻辑函数 $F = \overline{A}\,\overline{B} + CD$ 的反函数 $\overline{F} =$_____。

A．$\overline{\overline{AB} + \overline{C}\,\overline{D}}$　　　　　　　B．$\overline{(A + B)(\overline{C} + \overline{D})}$

C．$(A + B) + (\overline{C} + \overline{D})$　　　　D．$\overline{A + B\overline{C} + \overline{D}}$

35．逻辑函数 $F = AB + B\overline{C}$ 的对偶式 $F' =$_____。

A．$(\overline{A} + \overline{B})(\overline{B} + C)$　　　　　B．$(A + B)(B + \overline{C})$

C．$\overline{A} + \overline{B} + C$　　　　　　　　D．$\overline{A}\,\overline{B} + \overline{B}C$

36．函数 $F = AB + BC$，下列组合中，_____使 $F = 1$。

A．$ABC = 000$　　B．$ABC = 010$　　C．$ABC = 101$　　D．$ABC = 110$

37．已知 $F = \overline{ABC + CD}$，下列组合中，_____可以肯定使 $F = 0$。

A．$A = 0$，$BC = 1$　　　　　　B．$B = 1$，$C = 1$

C．$C = 1$，$D = 0$　　　　　　D．$BC = 1$，$D = 1$

38．以下说法中，_____是正确的。

A．一个逻辑函数全部最小项之和恒等于 0

B．一个逻辑函数全部最大项之和恒等于 0

C．一个逻辑函数全部最小项之积恒等于 1

D．一个逻辑函数全部最大项之积恒等于 1

39．标准或-与式是由_____构成的逻辑表达式。

A．与项相或　　　B．最小项相或　　　C．最大项相与　　　D．或项相与

习　　题

1．用 4 位格雷码表示 0、1、2、…、8、9 十个数，其中规定用 0000 四位代码表示数 0，试写出

3 种格雷码表示形式。

2．试述余 3 循环码的特点，并说明它与余 3 码有何关系？

3．如果存在某组基本运算，使任意逻辑函数 $F(X_1, X_2, \cdots, X_n)$ 均可用它们表示，则称该组基本运算组成完备集。已知与、或、非 3 种运算组成完备集，试证明与、异或运算组成完备集。

4．某寝室有 A、B、C、D、E、F 六名同学，现要选择若干名同学参加座谈会，选择规则如下：

（1）A、B 二人中至少去 1 人。

（2）A、D 不能一起去。

（3）A、E、F 三人中，只派二人去。

（4）B、C 两人中都去或都不去。

（5）C、D 两人中必须去一人而且只能去一人。

（6）若 D 不去，则 E 也不去。

应该选哪几名同学？写出逻辑问题的表达式。

5．根据图 P1.5 所示时序图，列出逻辑函数 $Z = F(A, B, C)$ 的真值表，并写出其标准积之和表达式。

6．列出逻辑函数 $Y = \overline{A\overline{B} + BC}$ 的真值表。

7．写出如图 P1.7 所示逻辑电路的表达式，列出真值表。

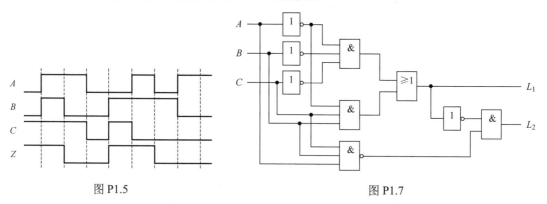

图 P1.5　　　　　　　　　　　　　　　图 P1.7

8．试用 4 个二输入与非门实现逻辑函数 $L = A\overline{B} + \overline{A}B$。

9．利用真值表证明不等式 $\overline{A}C + BC + A\overline{B} + D \neq \overline{BC} + \overline{A}B + AC + D$。

10．已知逻辑函数 $F = A\overline{B}C + A\overline{B}\,\overline{C} + B\overline{C}$，求：最简与-或式、最简或非-或非式、最小项之和、最大项之积表达式。

11．某组合逻辑电路如图 P1.11 所示。

（1）写出函数 Y 的最简与-或式。

（2）用与非门画出其简化后的电路。

12．若两个逻辑变量 X、Y 同时满足 $X+Y=1$ 和 $XY = 0$，则有 $X = \overline{Y}$。利用该公理证明：
$ABCD + \overline{A}\,\overline{B}\,\overline{C}\,\overline{D} = \overline{\overline{A}\overline{B} + \overline{B}\overline{C} + \overline{C}\overline{D} + \overline{D}\overline{A}}$。

13．用公式法证明：$A\overline{B} + B\overline{C} + C\overline{A} = \overline{A}B + \overline{B}C + \overline{C}A$。

14．用公式法证明：$ABC + \overline{A}\,\overline{B}\,\overline{C} = \overline{\overline{A}B + \overline{B}C + \overline{A}C}$。

15．用公式法化简逻辑函数：

（1）$F = AB + \overline{A}C + \overline{B}C + \overline{A}BCD$

（2）$F = AB + \overline{A}C + \overline{B}C + \overline{C}D + \overline{D}$

（3）$F = \overline{A}\overline{B} + AC + \overline{C}D + \overline{B}\,\overline{C}D + B\overline{C}E + \overline{B}CE + \overline{B}CDFG$

16．试用卡诺图法化简逻辑函数：

（1）$F(A, B, C) = \sum m(0, 1, 2, 4, 5, 7)$

（2）$F(A, B, C, D) = \sum m(4, 5, 6, 7, 8, 9, 10, 11, 12, 13)$

（3）$F(A, B, C, D) = \sum m(1, 3, 5, 7, 9) + \sum d(10, 11, 12, 13, 14, 15)$

（4）$F(A, B, C, D) = \sum m(5, 7, 13, 14) + \sum d(3, 9, 10, 11, 15)$

（5）$F = B\overline{C}D + \overline{A}BCD + A\overline{B}\,\overline{C}D$，给定约束条件为：$CD + \overline{C}\,\overline{D} = 0$

17. 求下面函数表达式的最简或-与式。

（1）$F(A, B, C, D) = \sum m(0, 6, 9, 10, 12, 15) + \sum d(2, 7, 8, 11, 13, 14)$

（2）$F(A, B, C, D) = \sum m(0, 1, 4, 7, 9, 10, 13) + \sum d(2, 5, 8, 12, 15)$

（3）$F = (\overline{A} + B + C + D)(A + \overline{B})(A + B + D)(\overline{B} + C)(\overline{B} + \overline{C} + \overline{D})$

18. 已知逻辑电路如图 P1.18 所示，试分析其逻辑功能。

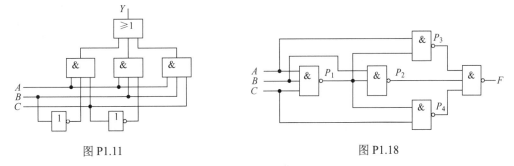

图 P1.11   图 P1.18

19. 分析图 P1.19 所示组合逻辑电路的功能，要求写出与-或式，列出其真值表，并说明电路的逻辑功能。

20. 试用与非门设计一逻辑电路，其输入为 3 位二进制数，当输入中有奇数个 1 时输出为 1，否则输出为 0。

21. 4 位无符号二进制数 A（$A_3A_2A_1A_0$），请设计一个逻辑电路实现：当 $0 \leqslant A < 8$ 或 $12 \leqslant A < 15$ 时，F 输出 1，否则，F 输出 0。

22. 某电路共有 4 个数输入：A、B、C 和 D，两个输出：F_1 和 F_2。如果 A 和 B 中至少有一个等于 1，而且 C 和 D 都等于 1，那么输出 F_1 的值为 1；如果 A 和 B 都等于 0，而且 C 和 D 中至少有一个等于 1，那么输出 F_1 的值仍然为 1；在其他情况下，F_1 都等于 0。若 A 和 B 都等于 0，或者 C 和 D 都等于 0，

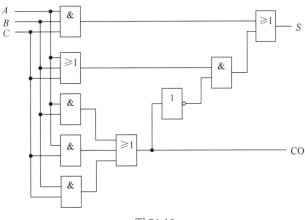

图 P1.19

那么 F_2 等于 0；在其他情况下，F_2 都等于 1。根据文字描述，直接写出 F_1 和 F_2 的逻辑函数表达式。

23. 设计一个水位报警器。水位高度用 4 位二进制数 $A_3A_2A_1A_0$ 表示。当水位上升至 7m 时只有绿灯 G 亮；当水位上升至 9m 时只有黄灯 Y 亮；当水位上升至 11m 时只有红灯 R 亮。水位不可能达到 14m。

24. 某多输入多输出逻辑电路，输入变量为 A、B、C、D，输出变量为 L_1 和 L_2。其函数表达式为

$$L_1 = F_1(A, B, C, D) = \sum m(4, 5, 7, 12, 13, 15)$$

$$L_2 = F_2(A, B, C, D) = \sum m(4, 6, 7, 12, 14, 15)$$

试用与非门实现成本最低电路。

第 2 章　集成门电路

2.1　概述

电子系统通常由硬件和软件两部分组成，硬件部分又可分为模拟电路和数字电路，软件部分可分为操作系统和应用软件。为了管理电子系统的复杂性，通常将电子系统划分为不同的抽象（Abstraction）层次，如图 2.1-1 所示。最底层的抽象层为物理层，关注器件内部的载流子运动。高一级的抽象层为器件，包括模拟和数字集成器件，也包括电阻、电容、电感、晶体管等分立元件。在模拟电路这一层次，主要研究如何采用模拟集成电路来构成放大电路、滤波电路、电源等。在数字电路层次，主要研究基于硬件描述语言和 FPGA/CPLD 设计数字系统。在单片机层次，主要研究如何选择合适的单片机型号，如何进行系统扩展，如何使用单片机的片内和片外资源。进入软件层面后，操作系统负责底层的抽象，应用软件使用操作系统提供的功能解决用户的问题。一般来说，不同的抽象层次通常由不同的设计者来完成设计。与本章内容对应的层次是器件层，介绍分立元件构成的门电路和集成门电路。

应用软件	程序设计
操作系统	设备驱动程序
单片机	结构、内部资源、接口
数字电路	FPGA/CPLD
模拟电路	放大器、滤波器、电源
器件	分立元件、集成芯片
物理学	电子

图 2.1-1　电子系统的抽象层次划分

以图 2.1-2 为例来进一步说明本章要介绍的主要内容。图 2.1-2（a）为一块嵌入式系统开发板，板上含有多片大规模集成电路。图 2.1-2（b）就是其中一片集成电路的框图，该集成电路由多个子系统构成。图 2.1-2（c）是由门电路构成的子系统，它就是典型的逻辑电路，用第 1 章介绍的逻辑代数就可以分析其功能。图 2.1-2（d）就是本章要介绍的门电路的内部电路，图 2.1-2（e）就是构成门电路的晶体管。

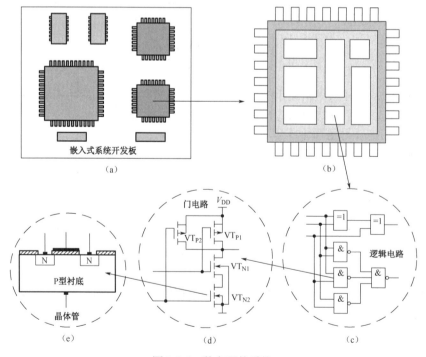

图 2.1-2　数字硬件系统

门电路是最简单的逻辑电路，是构成复杂逻辑电路的基本单元。早期的门电路由若干分立的二极管、三极管和电阻连接而成，体积大、功耗大、可靠性低。随着微电子技术的发展，集成门电路逐渐代替分立元件门电路。集成门电路具有体积小、功耗低、可靠性高的特点，为数字集成电路的快速发展奠定了基础。

集成门电路可以由双极型晶体管构成，也可以由 MOS 场效应管构成，或者同时由双极型晶体管和 MOS 场效应管两种类型的晶体管构成。TTL（Transistor-Transistor Logic）门电路和 ECL（Emitter-Coupled Logic）门电路就是由双极型晶体管构成的。TTL 门电路是 20 世纪 80 年代以前的主流产品，具有速度快、驱动能力强的优点。TTL 门电路的主要缺点是电路功耗较大和集成度较低，不适合制成大规模集成电路或超大规模集成电路。ECL 门电路由于晶体三极管不工作在饱和区，工作速度极快，但由于功耗大、抗干扰能力差，仅用于高速或超高速数字电路。CMOS（Complementary MOS）门电路由 NMOS 管和 PMOS 管构成，其突出的优点是功耗极低，集成度高，非常适合用于制造大规模集成电路。早期的 CMOS 门电路比 TTL 门电路速度慢得多，随着 CMOS 工艺的进步，CMOS 门电路性能得到了很大提高，其速度和驱动能力已完全可以与 TTL 门电路相媲美。目前，大规模集成电路如微处理器、存储器等均采用 CMOS 工艺，即使在中、小规模的集成电路中，CMOS 工艺也已逐步替代了 TTL 工艺。CMOS 集成电路已经在集成电路市场中占有越来越大的份额。BiCMOS 门电路结合了 TTL 门电路的高速、高驱动性能与 CMOS 门电路的高集成度、低功耗的优点，是继 CMOS 门电路后的新一代高性能集成电路。

随着集成电路制造工艺的进步和微电子技术的发展，逻辑电路品种不断丰富，已经形成多个系列。每个系列有数百个品种，包括从基本门电路到各种功能的组合逻辑电路和时序逻辑电路。同一系列的逻辑电路除了逻辑功能差异，其结构特点和电气特性都是相同的。本章将重点介绍 CMOS 集成门电路和 TTL 集成门电路的结构和电气特性，为数字电路的分析设计打下硬件基础。

2.2　半导体器件基础

2.2.1　半导体基础知识

1. 物质的分类

按导电能力强弱，物质可分为 3 类：导体（如铜、铝等金属）、半导体（如硅 Si、锗 Ge 等）、绝缘体（如橡胶、塑料、陶瓷等）。导体、半导体、绝缘体的导电能力差别很大。导体原子最外层轨道上的电子并不能被特定的原子所束缚，能在原子间自由移动，因此，导体内部存在着大量的自由电子。自由电子在电场的作用下移动形成电流。而绝缘体的原子核与电子之间的束缚力非常强，电子不能逃离轨道，几乎不存在自由电子，故不能导电。半导体的导电能力介于导体和绝缘体之间。

2. 半导体的性质

最常见的半导体材料为硅。由于硅是信息产业最基础的材料，所以通常把信息产业的集聚地称为"硅谷"。硅原子的特点是最外层的电子都是 4 个，外层电子称为价电子，所以硅为四价元素。原材料的硅为多晶体，原子的排列是无规律和不整齐的，不能用来制成半导体器件，必须采用一种特殊的工艺把多晶体"拉"成单晶体，使原子排列由无规律和不整齐状态变成有规律和整齐状态。图 2.2-1 所示为硅晶体的三维结构，单晶硅中原子的排列是非常整齐的，很像阅兵式中的步兵方阵。

半导体之所以能得到广泛的应用，是因为它具有以下特性：

① 通过掺入杂质可明显地改变半导体的电导率。例如，室温 30℃时，在纯净半导体中掺入 1 亿分之一的杂质，其电导率就会增加几百倍。正是因为掺杂可改变和控制半导体的电导率，才能利用它

制造出各种不同的半导体器件。

② 温度可明显地改变半导体的电导率。这既是优点，也是缺点。优点体现在利用半导体的热敏效应可制成热敏器件，如半导体温度传感器。缺点是热敏效应使半导体的热稳定性下降。

③ 光照不仅可以改变半导体的电导率，还可以产生电动势，这就是半导体的光电效应。利用光电效应，半导体可制成光敏电阻、光电晶体管等器件。

3. 本征半导体

纯净的半导体称为本征半导体。硅和锗都是 4 价元素，它们都是由同一种原子构成的单晶体，属于本征半导体。硅原子拥有 4 个价电子，各原子之间通过共价键结合在一起。共价键对电子是一种束缚，因此，半导体硅中很少有自由电子。当硅晶体受到热、光、电场等外界因素作用时，晶体中的少数价电子脱离原子核的束缚，成为自由电子，原子的价电子脱落可看作产生了带有正电荷的空穴，这一过程称为本征激发，把半导体中的电子和空穴称为载流子，如图 2.2-2 所示。空穴可以吸引附近的价电子，而被吸引了价电子的原子又会产生别的空穴。因而引起连锁反应。这时，空穴看上去也像自由电子一样在移动，宛如带正电荷的粒子在向电子运动的反方向行进。与电子相对应，空穴可以看成带正电的粒子。

图 2.2-1　硅晶体的三维结构

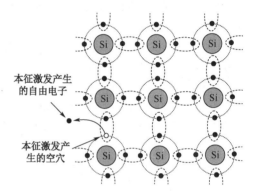

本征激发产生的自由电子

本征激发产生的空穴

图 2.2-2　本征激发产生的载流子

在本征半导体中，电子和空穴总是成对出现的。随着温度的升高，载流子的浓度将按指数规律增加。本征半导体有以下特征：

① 在热力学温度 T=0K 时，呈绝缘体特征；

② 受外界光和热激发（本征激发）时，产生电子-空穴对。

③ 有两种载流子电子和空穴参与导电。

4. 杂质半导体

本征半导体中，本征激发产生的电子-空穴对数量很少，导电能力很差，因此，本征半导体用处不大。但是在本征半导体中掺入微量杂质，它的导电性能就会得到改善，因而获得重要用途。根据掺入杂质的性质不同，杂质半导体可分为 N（Negative）型半导体和 P（Positive）型半导体。

P 型半导体由在本征半导体中加入少量硼、砷或镓等 3 价元素得到。由于硼原子数目比硅原子要少得多，因此，整个晶体结构不变，只是某些位置上的硅原子被硼原子代替了。

由于硼为 3 价元素，外层只有 3 个电子，所以当其与硅原子组成共价键时，就形成了一个空穴，从而使 P 型半导体中空穴载流子浓度大大上升。当然，P 型半导体还存在着本征激发，也产生了少数空穴和电子。本征激发产生的空穴和电子成对出现，与杂质浓度相比低得多。P 型半导体中，空穴为多数载流子，电子为少数载流子。

N 型半导体由在本征半导体中掺入少量 5 价元素，如磷元素得到。由于 5 价杂质原子中只有 4 个价电子能与周围 4 个半导体原子中的价电子形成共价键。多余的 1 个电子不受共价键束缚，形成自由电子。N 型半导体中，电子为多数载流子，空穴为少数载流子。

杂质半导体的结构如图 2.2-3 所示。

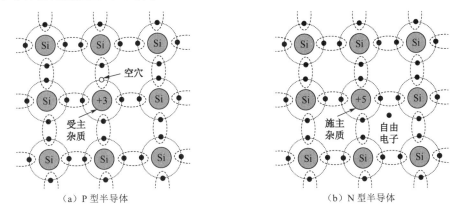

（a）P 型半导体　　　　　　　　　　　　（b）N 型半导体

图 2.2-3　杂质半导体的结构

2.2.2　PN 结的形成及单向导电性

1. 半导体中载流子的漂移和扩散

半导体内部载流子（自由电子和空穴）在电场作用下，有规则的运动称为漂移运动，所形成的电流称为漂移电流。

半导体内部载流子从浓度大的地方到浓度小的地方进行的无规则热运动称为扩散运动，由扩散运动形成的电流称为扩散电流。

2. PN 结的形成

在同一块半导体中，一边掺杂成 N 型，另一边掺杂成 P 型，在两边的交界面就会形成 PN 结，如图 2.2-4 所示。

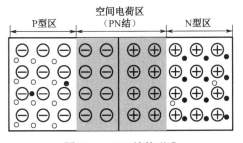

图 2.2-4　PN 结的形成

在 P 型半导体和 N 型半导体结合后，在它们的交界处就出现了电子和空穴的浓度差别。N 型区内电子很多而空穴很少，P 型区内则相反，空穴很多而电子很少。这样，电子和空穴都要从浓度高的地方向浓度低的地方扩散。在扩散过程中，电子和空穴就复合掉了，或者说耗尽了。因为杂质离子不能移动，所以 P 区失去空穴，留下带负电的杂质离子，N 区失去电子，留下带正电的杂质离子。这些不能移动的带电粒子通常称为空间电荷。

出现了空间电荷区后，由于正负电荷之间的相互作用，在空间电荷区中就形成了一个电场，其方向是从带正电的 N 区指向带负电的 P 区。由于这个电场是由载流子扩散形成的，而不是外加电压形成的，故称内电场。内电场一方面阻止扩散，另一方面促进 N 区的少数载流子空穴向 P 区漂移，P 区的少数载流子电子向 N 区漂移。

扩散运动和漂移运动相互矛盾，扩散运动使空间电荷区加宽，而漂移运动使空间电荷区变窄。当漂移运动和扩散运动达到平衡时，交界面上形成稳定的空间电荷区。

PN 结中有两种电流：在电场作用下，自由电子（空穴）逆（顺）电场方向的定向运动形成的漂移电流；由于同一种载流子有浓度差别，载流子由浓度高处向浓度低处扩散形成的扩散电流。

3. PN 结单向导电性

如图 2.2-5（a）所示，对 PN 结外加正向电压 V_F，即 P 区接正极，N 区接负极，外加电场方向与

PN 结内电场方向相反。在外电场的作用下，PN 结的平衡状态被打破，P 区中的多数载流子空穴和 N 区中的多数载流子电子都要向 PN 结移动，结果空间电荷区变窄，扩散运动大于漂移运动。PN 结内部的扩散电流在外电路上形成一个从 P 区流入、N 区流出的正向电流 I_F。在正常工作范围，只要正向电压 V_F 稍有变化，就能引起正向电流很大的变化。

如图 2.2-5（b）所示，对 PN 结外加反向电压 V_R，即 N 区接正极，P 区接负极，空间电荷区变宽，内电场增强，漂移大于扩散，反向电流小（因为是少子漂移形成的）。在一定的温度条件下，由本征激发产生的少子浓度是一定的，故少子形成的漂移电流是恒定的，基本上与所加反向电压的大小无关，这个电流也称为反向饱和电流。因此，PN 结加反向电压时，只有极小的反向饱和电流，体现了高电阻特性。

综上所述，PN 结加正向电压时，电阻值很小，PN 结导通；加入反向电压时，电阻值很大，PN 结截止，因此，PN 结具有单向导电性。

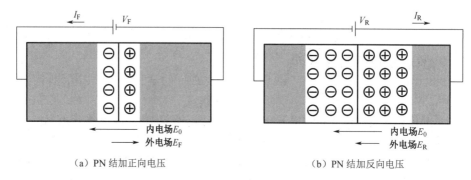

（a）PN 结加正向电压　　　　　　　　　（b）PN 结加反向电压

图 2.2-5　PN 结的单向导电性

2.2.3　二极管

二极管由一个 PN 结构成，其电路符号如图 2.2-6（a）所示。二极管的主要特性是单向导电性，其外部特性一般采用伏安特性曲线来表示，如图 2.2-6（b）所示。从伏安特性可以看到，当正向电压小于 V_{th} 时，正向电流几乎为 0。V_{th} 称为二极管的开启电压（又称为死区电压或门坎电压）。当正向电压大于 V_{th} 时，流过二极管的电流迅速增大，导通电压 V_{ON} 基本维持不变。当二极管加反向电压时，处于截止状态，只有很小的反向饱和电流 I_S 流过。

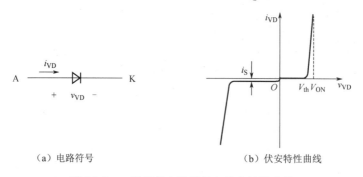

（a）电路符号　　　　　　　　　　（b）伏安特性曲线

图 2.2-6　二极管的电路符号与伏安特性曲线

二极管的伏安特性曲线还可以描述如下：

$$i_{VD} = I_S(e^{\frac{v_{VD}}{V_T}} - 1) \tag{2.2-1}$$

二极管的主要参数有开启电压 V_{th} 和导通电压 V_{ON}，硅二极管的开启电压 V_{th} 约为 0.5V，导通电压

V_{ON} 约为 0.7V。

由于二极管的伏安特性曲线是非线性的，在分析计算中，一般采用线性化的近似模型。根据应用场合不同，二极管有多种近似模型，如理想模型、恒压降模型、折线模型、小信号模型等。图 2.2-7（a）所示为二极管的理想模型，其特点是二极管正偏时，二极管压降为 0，电阻也为 0；二极管反偏时，电流为 0，电阻为 ∞。图 2.2-7（b）所示为二极管的恒压降模型，其特点是二极管正偏时，二极管压降为 0.7V（硅管）或 0.2V（锗管），电阻为 0；二极管反偏时，电流为 0，电阻为 ∞。图 2.2-7（c）所示为折线模型，其特点是二极管正偏时，二极管电压为 $v_{\text{VD}} = V_{\text{th}} + i_{\text{VD}} r_{\text{VD}}$，二极管反偏时，电流为 0，电阻为 ∞。

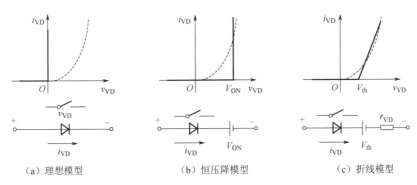

（a）理想模型　　　　　　（b）恒压降模型　　　　　　（c）折线模型

图 2.2-7　二极管的 3 种近似模型

二极管利用其单向导电性在电路中得到了广泛的应用。在本章中，二极管主要用于构成逻辑门电路，在分析二极管构成的门电路时，二极管采用如图 2.2-7（b）所示的恒压降模型。

2.2.4 双极型三极管

1. 三极管的结构和符号

双极型三极管（Bipolar Junction Transistor，BJT，简称三极管）是一种三端器件，内含两个背靠背的 PN 结（集电结和发射结）。在模拟电路中，BJT 是构成放大电路的核心器件；在逻辑门电路中，BJT 是构成 TTL 门电路的主要器件。

BJT 的结构示意图及符号如图 2.2-8 所示。BJT 有两种类型：NPN 型和 PNP 型，两者在结构上具有对偶的关系，工作原理相同。下面以 NPN 型为例，介绍 BJT 的结构特点。NPN 型 BJT 是在一个硅片上生成三个杂质半导体区域，一个 P 区夹在两个 N 区中间。从三个杂质区各自引出一个电极，分别为基极 b、集电极 c、发射极 e，它们对应的杂质区为基区、集电区、发射区。BJT 的结构有以下特点：基区很薄，而且掺杂浓度很低；发射区和集电区虽然是同类型的杂质半导体，但是，发射区的掺杂浓度比集电区高很多，说明集电极和发射极是不可以互换的。

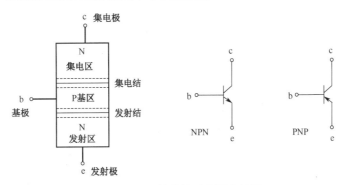

图 2.2-8　BJT 的结构示意图和符号

2．三极管的工作原理

BJT 在电路中有 3 种工作状态：截止状态、放大状态和饱和状态。在模拟电路中，三极管工作在放大状态，在逻辑门电路中，三极管主要工作在截止状态（关的状态）和饱和状态（开的状态）。下面先介绍 BJT 在放大状态下的工作原理。

当 BJT 用作放大器件时，必须满足发射结加正向电压，集电结加反向电压。图 2.2-9 给出了 NPN 型 BJT 处于放大状态时，内部载流子的传输过程。①发射结加正向电压，形成电子扩散电流 I_{EN} 和空穴扩散电流 I_{EP}。由于基区掺杂浓度很低，I_{EP} 很小，发射极电流 $I_E = I_{EN} + I_{EP} \approx I_{EN}$。②集电结加反向电压，收集扩散过来的电子，形成 I_{CN}，另外，基区和集电区本身存在的少数载流子在集电结上存在漂移运动，由此形成电流 I_{CBO}，集电极电流 $I_C = I_{CN} + I_{CBO} \approx I_{CN}$。③电子在基区的扩散和复合形成 I_{BN}。

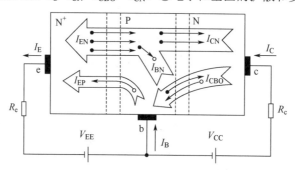

图 2.2-9　放大状态下 BJT 内部载流子的传输过程

由于 BJT 结构上的特点，由发射区扩散到基区的载流子绝大部分能够被集电区收集，形成电流 I_{CN}，小部分在基区复合，形成电流 I_{BN}，而且，BJT 的 I_{CN} 和 I_{BN} 具有基本不变的比例关系。忽略图 2.2-9 中 I_{EP} 和 I_{CBO} 两个小电流，BJT 的电流具有以下关系：

$$I_E = I_C + I_B \tag{2.2-2}$$

$$I_C \approx \beta I_B \tag{2.2-3}$$

式（2.2-3）中的 β 为 BJT 的电流放大倍数，β 值通常为 50～200。从式（2.2-3）可知，只要能控制基电流 I_B，就可以控制集电极电流 I_C，因此，BJT 常称为电流控制器件。

BJT 作为三端元件，在构成电路时有共基极连接、共集电极连接、共射极连接三种方式。不管是哪种连接方式，都可以把 BJT 视作一个二端口网络。图 2.2-10 给出了共射极连接时 BJT 的输入/输出特性曲线。

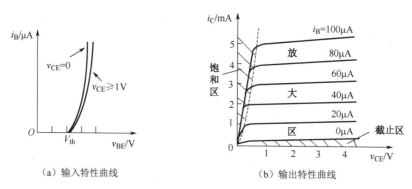

（a）输入特性曲线　　　　　　　　　（b）输出特性曲线

图 2.2-10　共射极连接时 BJT 的输入/输出特性曲线

从图 2.2-10（a）可知，由于发射结正偏，BJT 的输入特性曲线与二极管特性曲线相似。随着 v_{CE} 的增加，特性曲线向右移动，当 $v_{CE} > 1V$ 后，可以近似认为所有输入特性曲线基本是重合的。

从图 2.2-10（b）可知，BJT 有 3 个工作区域：放大区、饱和区、截止区。在放大区，各条曲线几乎与横坐标轴平行的，i_C 主要受 i_B 控制，两者之间的关系为 $i_C \approx \beta i_B$。在饱和区，BJT 的发射结和集电结均处于正向偏置，v_{CE} 很小，典型值在 0.3V 左右，这个值称为 BJT 的饱和压降，用 v_{CES} 表示。在饱和区，$i_C \neq \beta i_B$，已经失去了放大能力。在 BJT 截止区，$i_B = 0$，$i_C \approx 0$。

3. 三极管的开关特性

三极管在电路中有 3 种工作状态：截止状态、放大状态和饱和状态。这里以图 2.2-11 所示电路为例，给出判断三极管工作状态的方法。

（1）三极管截止的条件

当输入信号 v_I 使三极管 $v_{BE} < V_{th}$ 时，$i_B \approx 0$，$i_C \approx 0$，$v_O = v_{CE} \approx V_{CC}$，三极管处于截止状态。当三极管处于截止状态时，发射结零偏或反偏，集电极反偏。

（2）三极管处于放大状态的条件

当 $v_I \geq 0.7V$ 时，$i_B = \dfrac{v_I - V_{BE}}{R_B}$，$i_C = \beta i_B$，$v_O = V_{CC} - i_C R_C \geq 0.7V$，三极管处于放大状态。当三极管处于放大状态时，发射结正偏，集电极反偏，i_B 和 i_C 成正比。

（3）三极管饱和的条件

当 $v_I \geq 0.7V$ 时，$i_B = \dfrac{v_I - V_{BE}}{R_B}$，如果满足 $i_B > I_{BS} = \dfrac{I_{CS}}{\beta} = \dfrac{V_{CC} - V_{CES}}{\beta R_C}$，则三极管处于饱和状态。$V_{CES}$ 称为三极管的饱和压降，为 0.2～0.3V，它基本不随 i_B 的增加而改变。当三极管处于饱和状态时，发射结正偏，集电结正偏，i_B 和 i_C 不再满足 $i_C = \beta i_B$ 关系。

【例 2.2-1】 三极管构成的电路如图 2.2-12 所示。已知 $V_{CC} = 5V$，$V_{BB} = -8V$，$R_C = 1k\Omega$，$R_1 = 3.3k\Omega$，$R_2 = 10k\Omega$，三极管放大倍数 $\beta = 20$，饱和压降 $V_{CES} = 0.3V$，试判断当输入电平分别为 5V 和 0 时，三极管的工作状态。

解：（1）$v_I = 5V$ 时，假设三极管截止，则

$$v_B = \frac{v_I - V_{BB}}{R_1 + R_2} \cdot R_2 + V_{BB} = \frac{5 - (-8)}{3.3 + 10} \times 10 + (-8) = 1.8V > 0.7V$$

可见，三极管处于导通状态，$v_{BE} = 0.7V$。

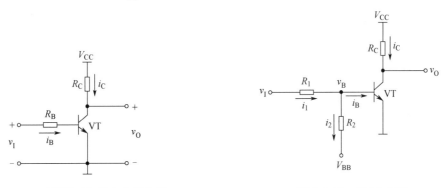

图 2.2-11　三极管工作状态分析电路　　　　　图 2.2-12　例 2.2-1 图

$$i_B = i_1 - i_2 = \frac{v_I - 0.7}{R_1} - \frac{0.7 - V_{BB}}{R_2} = \frac{5 - 0.7}{3.3} - \frac{0.7 - (-8)}{10} = 1.3 - 0.87 = 0.43 \text{mA}$$

$$i_{BS} = \frac{i_{CS}}{\beta} = \frac{V_{CC} - V_{CES}}{\beta \cdot R_C} = \frac{5 - 0.3}{20 \times 1} = 0.235 \text{mA}$$

$i_B > i_{BS}$，所以三极管处于饱和状态，$v_O = V_{CES} = 0.3V$。

（2）$v_I = 0$ 时，$v_B = \dfrac{v_I - V_{BB}}{R_1 + R_2} \cdot R_2 + V_{BB} = \dfrac{0 - (-8)}{3.3 + 10} \times 10 + (-8) = -2V < 0.7V$

所以三极管截止，$v_O \approx 5V$。

图 2.2-12 所示电路实际上是一个反相器电路，因为输入高电平时，输出为低电平；输入低电平时，输出为高电平。反相器电路与模拟电路中的单管放大电路结构上十分相似，但它们之间有本质的不同。单管放大电路中三极管工作时处于放大状态，而反相器中的三极管工作时处于开关状态，这也是模拟电路和数字电路之间的重要区别之一。数字门电路中元件参数（如电阻值、三极管的 β 值等）一般都允许一定的变化范围，精度不要求很高，只要能保证电路中三极管工作在开关状态即可。

2.2.5　MOS 场效应晶体管

MOS 场效应晶体管，简称 MOS 管，又称绝缘栅型场效应三极管（Metal-Oxide-Semiconductor Field Effect Transistor，MOSFET）。MOS 管分为 N 沟道和 P 沟道两类，每一类又分为增强和耗尽型两种，因此总共有 4 种类型的 MOS 管：N 沟道增强型、N 沟道耗尽型、P 沟道增强型和 P 沟道耗尽型。CMOS 门电路由 N 沟道增强型 MOS 管和 P 沟道增强型 MOS 管构成。为了便于理解 CMOS 门电路的工作原理和电气特性，本节将对增强型 MOS 管的结构和开关特性进行分析。为了叙述方便，在后续内容中，N 沟道增强型 MOS 管和 P 沟道增强型 MOS 管分别简称为 NMOS 管和 PMOS 管。

NMOS 管的结构如图 2.2-13 所示。NMOS 管在结构上以一块低掺杂的 P 型硅片为衬底，在上面用氧化工艺生成 SiO_2 薄膜绝缘层，用光刻工艺在 SiO_2 上刻两个孔，然后在孔的位置利用扩散工艺制作两个高掺杂的 N 型区。从两个 N 型区分别引出金属电极，一个为漏极 D（Drain），一个为源极 S（Source）。在源极和漏极之间的绝缘层上镀一层金属铝作为栅极 G（Gate）。在 P 型衬底上引出一衬底电极 B（Body）。在大多数情况下，NMOS 管的衬底电极 B 和源极 S 是连在一起的。由于在栅极和衬底之间存在一层 SiO_2 绝缘层，因此，栅极与 NMOS 管的其他部分是绝缘的。NMOS 管在门电路中可以看成是一个由电压控制的开关器件。通过在 NMOS 管的栅极外加电压，可以控制 NMOS 管的导通或截止。

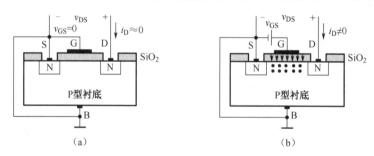

图 2.2-13　NMOS 管的结构

当 $v_{GS} = 0$ 时，其示意图如图 2.2-13（a）所示。漏源之间存在两个背靠背的 PN 结，D 和 S 之间加漏源电压 v_{DS}，不管 v_{DS} 极性如何，总有一个 PN 结是反向截止的，因此漏源之间没有导电沟道，漏极电流 $i_D \approx 0$。

当在栅源之间加正向电压，即 $v_{GS} > 0$ 时，其示意图如图 2.2-13（b）所示。在 v_{GS} 的作用下，栅极和衬底之间的绝缘层中形成一个电场。该电场垂直于半导体表面，由栅极指向衬底，排斥空穴、吸引电子。由于 SiO_2 绝缘层很薄，几伏的 v_{GS} 就可产生很高的电场（$10^5 \sim 10^6$ V/cm），v_{GS} 越大，电场越强。在电场的作用下，P 型衬底中的少数载流子电子（图 2.2-13（b）中用圆形黑点表示）吸引到栅极下方的衬底表面。当栅源电压 v_{GS} 达到一定数值时，这些电子便在栅极下方的衬底表面形成了一个 N 型薄层。由于该 N 型薄层由 P 型衬底转化而来，因此也称为反型层。这个反型层实际上成了源极和漏极的导电沟道。NMOS 管开始形成导电沟道的栅源电压称为开启电压，对 NMOS 管来说，用 V_{TN} 表示。NMOS 管一旦出现了导电沟道，原来被 P 型衬底隔开的两个 N 型区就被连在一起。这时，在漏源电压 v_{DS} 作用下，将有漏极电流 i_D 产生。

可见，当 $v_{GS} = 0$ 时，NMOS 管的漏源之间不存在导电沟道，NMOS 管处于截止状态；当 $v_{GS} > V_{TN}$ 时，漏源之间导电沟道形成，NMOS 管处于导通状态。

PMOS 管的结构及开关特性与 NMOS 管的类似，读者可以自行分析。表 2.2-1 给出了 NMOS 管和 PMOS 管的开关特性和符号。

表 2.2-1　NMOS 管和 PMOS 管的开关特性和符号

MOS 管类型	标准符号	简化符号	开关特性
NMOS			当 $v_{GS} > V_{TN}$ 时导通 当 $v_{GS} < V_{TN}$ 时截止
PMOS			当 $\lvert v_{GS} \rvert > \lvert V_{TP} \rvert$ 时导通 当 $\lvert v_{GS} \rvert < \lvert V_{TP} \rvert$ 时截止

2.3　NMOS 门电路

使用 NMOS 管构成的门电路称为 NMOS 门电路。虽然 NMOS 门电路已经很少见了，但本节还是简要介绍一下 NMOS 门电路，原因之一是用 NMOS 管构成的门电路比较容易理解，原因之二是通过分析 NMOS 门电路的缺点来体现 CMOS 门电路的优点。

1. NMOS 门电路的结构与功能

如图 2.3-1（a）所示 NMOS 反相器（非门）。当输入 A 为高电平时，NMOS 管导通，这时 NMOS 管相当于一只阻值很小的电阻，与电阻 R 分压后输出 Y 为低电平。当输入 A 为低电平时，NMOS 不能形成导电沟道，处于截止状态，NMOS 管相当于一只大电阻（比 R 要大得多），输出 Y 为高电平。因此，$Y = \overline{A}$。

如图 2.3-1（b）所示 NMOS 与非门。如果 A 和 B 同时加高电平，那么两个 NMOS 管都处于导通状态，输出 Y 为低电平；但是，如果 A 或 B 有一个输入低电平，那么不会有电流流过串联的 NMOS 管，Y 被电阻 R 上拉成高电平。因此，$Y = \overline{AB}$。

如图 2.3-1（c）所示 NMOS 或非门。如果 A 或 B 加高电平，那么有一只 NMOS 管处于导通状态，输出 Y 为低电平；只有 A 和 B 同时加低电平，两只 NMOS 管均截止，Y 被电阻 R 上拉成高电平。因此，$Y = \overline{A + B}$。

如图 2.3-1（d）所示 NMOS 或门，由一个或非门和一个非门级联而成。

2. NMOS 门电路不足之处

以 NMOS 反相器为例，当 NMOS 反相器负载时，负载用电阻 R_L 表示。当 A 输入低电平时，如图 2.3-2（a）所示，NMOS 管截止，反相器输出高电平，负载电流从 V_{DD} 流经上拉电阻 R，再从负载电阻 R_L 流到地。当负载电流 i_L 流过 R 时，将在 R 上产生压降，导致门电路高电平输出电压下降。当 A 输入高电平时，如图 2.3-2（b）所示，NMOS 管导通，反相器输出低电平，流过上拉电阻 R 的电流 i_D 和负载电流 i_L 同时流入 NMOS 管，显然由于 NMOS 管的导通电阻并不等于 0，因此，随着流入 NMOS

管电流的增大，门电路低电平输出电压上升。

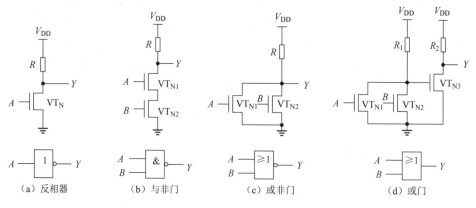

图 2.3-1　NMOS 门电路

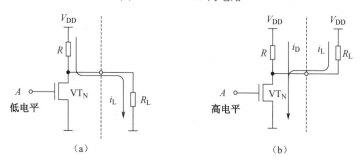

图 2.3-2　NMOS 反相器带负载时的电路模型

为了获得良好的输出特性，对 NMOS 门电路来说，当输出高电平时，R 越小越好；当输出低电平时，R 越大越好。由于 R 为固定电阻，因此，NMOS 门电路很难获得理想的输出特性。

2.4　CMOS 门电路

2.4.1　CMOS 门电路的结构和工作原理

1. CMOS 反相器

CMOS 反相器是最简单的逻辑门电路，由一只 NMOS 管和一只 PMOS 管构成，其原理图如图2.4-1所示。VT_N 为 NMOS 管，VT_P 为 PMOS 管，两管的栅极相连构成门电路的输入端，两管的漏极相连构成门电路的输出端。为了使衬底和漏源之间的 PN 结始终处于反偏状态，将 NMOS 管的衬底接到电路的最低电位（接地），将 PMOS 管的衬底接到电路的最高电位（接电源）。习惯上，CMOS 门电路的电源电压用 V_{DD} 表示，而后续要介绍的 TTL 门电路的电源电压用 V_{CC} 表示。

CMOS 反相器的工作原理分析如下：

① 当 $v_I = 0$ 时，因为 VT_N 的栅源电压 $v_{GSN} = 0 < V_{TN}$，所以 VT_N 截止，而 VT_P 的栅源电压 $|v_{GSP}| = V_{DD} > |V_{TP}|$，$VT_P$ 导通。此时，VT_N 相当于一只很大的电阻（约 $10^6\Omega$），VT_P 相当于一只很小的电阻（约 100Ω），因此输出电压 $v_O \approx V_{DD}$。

② 当 $v_I = V_{DD}$ 时，VT_N 的栅源电压 $v_{GSN} = V_{DD}$，VT_N 导通，VT_P 的栅源电压 $|v_{GSP}| = 0$，VT_P 截止。此时，VT_P 相当于一个很大的电阻，VT_N 相当于一个很小的电阻，因此输出电压 $v_O \approx 0$。

从以上分析可知，当 CMOS 反相器输入电压为低电平时，输出电压为高电平；当输入电压为高平时，输出电压为低电平，实现了反相器的逻辑功能。

　　CMOS 反相器中的 VT_N 和 VT_P 都工作在开关状态，可以用如图2.4-2所示的互补开关电路模型来更直观地表示 CMOS 反相器的工作原理。两只开关虽然受同一输入信号 v_I 控制，但它们的开关状态总是相反的。当 S_P 接通时，S_N 断开，输出高电平；当 S_P 断开时，S_N 接通，输出低电平。当输入电平保持不变时，图 2.4-2 所示电路模型中总有一只开关是断开的，因此电源电流可视为零，表明 CMOS 反相器的静态功耗非常低，这也是 CMOS 集成电路的重要特点之一。从 CMOS 反相器的输出端来看，VT_N 和 VT_P 在工作时轮流导通，这种结构称为推拉式（Push-Pull）输出结构，是逻辑门电路中最常见的一种输出结构，具有工作速度快、带负载能力强的特点。

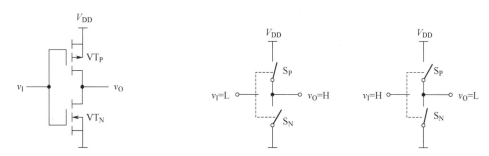

图 2.4-1　CMOS 反相器原理图　　　　　图 2.4-2　CMOS 反相器的开关模型

2. CMOS 与非门

　　一个二输入的 CMOS 与非门电路结构如图2.4-3（a）所示。在不同输入电平组合下，门电路中各管的导通截止情况如图2.4-3（b）所示。表中"off"表示管子截止，"on"表示管子导通。注意，管子导通的含义只表示该管在输入电压的作用下导电沟道形成，并不表示一定有电流流过。例如，VT_{N1} 和 VT_{N2} 是串联的关系，只有一只导通时，是不可能有电流流过的。从图2.4-3（b）所示的表格可知，当 A、B 中有一个或两个同时为低电平时，VT_{N1} 和 VT_{N2} 中至少有一只截止，VT_{P1} 和 VT_{P2} 中至少有一只导通，因此输出 Y 为高电平；只有当 A、B 同时为高电平时，VT_{N1} 和 VT_{N2} 同时导通，而 VT_{P1} 和 VT_{P2} 同时截止，输出 Y 为低电平。显然，输入和输出之间存在与非逻辑关系，即

$$Y = \overline{AB}$$

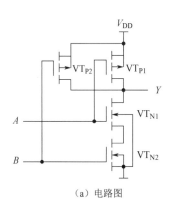

A	B	VT_{N1}	VT_{N2}	VT_{P1}	VT_{P2}	Y
L	L	off	off	on	on	H
L	H	off	on	on	off	H
H	L	on	off	off	on	H
H	H	on	on	off	off	L

（a）电路图　　　　　　　　　　　　（b）功能表

图 2.4-3　二输入 CMOS 与非门

3. CMOS 或非门

　　一个二输入的 CMOS 或非门电路结构如图 2.4-4（a）所示。在不同输入电平组合下，各管的导通截止情况如图 2.4-4（b）所示。当 A、B 中有一个或两个同时为高电平时，VT_{N1} 和 VT_{N2} 中至少有一只导通，VT_{P1} 和 VT_{P2} 中至少有一只截止，输出 Y 为低电平。只有当 A、B 同时为低电平时，VT_{N1} 和 VT_{N2} 同时截止，而 VT_{P1} 和 VT_{P2} 同时导通，输出 Y 为高电平。显然，输入和输出之间存在或非逻辑关系，即

$$Y = \overline{A+B}$$

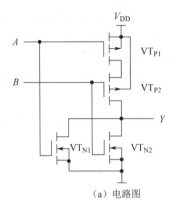

A	B	VT_{N1}	VT_{N2}	VT_{P1}	VT_{P2}	Y
L	L	off	off	on	on	H
L	H	off	on	on	off	L
H	L	on	off	off	on	L
H	H	on	on	off	off	L

（a）电路图　　　　　　　　　　（b）功能表

图 2.4-4　二输入 CMOS 或非门

4．带缓冲器的 CMOS 门电路

在上述介绍的 CMOS 门电路中，除了 CMOS 反相器，其余的 CMOS 门电路输出特性存在着不足之处。以图2.4-3所示的与非门为例，假设 MOS 管的导通电阻为 R_{ON}，截止时电阻为∞，则其输出电阻分析如下：

- 当 $A=B=1$ 时，输出电阻为 VT_{N1} 和 VT_{N2} 的导通电阻串联，其值为 $2R_{ON}$。
- 当 $A=B=0$ 时，输出电阻为 VT_{P1} 和 VT_{P2} 的导通电阻并联，其值为 $R_{ON}/2$。
- 当 $A=1$、$B=0$ 时，输出电阻为 VT_{P2} 的导通电阻，其值为 R_{ON}。
- 当 $A=0$、$B=1$ 时，输出电阻为 VT_{P1} 的导通电阻，其值为 R_{ON}。

可见，输入电平状态不同，输出电阻可相差 4 倍之多。随着门电路的输入端增加，输出电阻的差异会更大。输出电阻的大小，将直接影响门电路的输出特性。

为了避免输入电平状态不同时输出电阻的变化，实际的 CMOS 门电路通常在输出端加一级反相器作为缓冲器，同时根据逻辑功能的需要来确定是否需要在输入端加反相缓冲器。如图2.4-5 所示就是由 3 个反相器和 1 个或非门组成的二输入 CMOS 与非门电路。如果去掉输入端的缓冲器，图 2.4-5 所示电路就成为二输入或门电路。

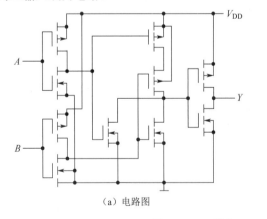

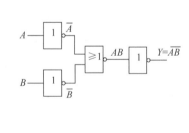

（a）电路图　　　　　　　　　　（b）等效逻辑图

图 2.4-5　二输入 COMS 与非门电路

2.4.2　晶体管级 CMOS 逻辑电路设计

通过对 CMOS 反相器、与非门、或非门电路结构和工作原理的分析，可以归纳出 CMOS 门电路的构成规律。CMOS 门电路可以分为下拉网络和上拉网络两部分，如图 2.4-6 所示。下拉网络由 NMOS

管构成，上拉网络由 PMOS 管构成。上拉网络和下拉网络相互对偶，即下拉网络的 NMOS 管串联时，上拉网络相应的 PMOS 管一定并联；下拉网络 NMOS 管并联时，上拉网络相应的 PMOS 管一定串联。门电路的每个输入端同时加到一个 NMOS 管和一个 PMOS 管的栅极上。NMOS 管串联可实现与操作，并联可实现或操作，其输出是该操作的反。

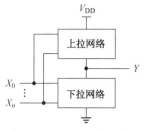

图 2.4-6　CMOS 门电路

根据 CMOS 门电路构成规律，可以更加便捷地分析或构造逻辑功能更复杂的 CMOS 电路。

【例 2.4-1】 分析如图 2.4-7（a）所示 CMOS 门电路，写出其逻辑表达式。

解： 该门电路有 4 个输入 A、B、C、D，有 16 种不同的输入组合。如果对每一种输入组合的电路状态进行分析，显然是一件比较繁琐的事情，而且容易搞错。根据 CMOS 门电路构成规律，可以得到如图 2.4-7（b）所示的等效电路。不难得到如下逻辑表达式：

$$Y = \overline{AB + CD}$$

可见，图 2.4-7（a）所示的 CMOS 门电路为与或非门。

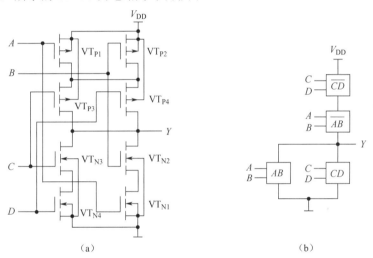

图 2.4-7　CMOS 与或非门

【例 2.4-2】 设计实现逻辑函数 $Y = \overline{ABC + CD}$ 的 CMOS 门电路。

解： 如果直接使用前面介绍的 CMOS 反相器、与非门、或非门来实现逻辑函数 $Y = \overline{ABC + CD}$，其逻辑图如图 2.4-8（a）所示。该逻辑电路需要 18 只 MOS 晶体管。

现在利用 CMOS 门电路的构成规律来实现逻辑函数 Y。先将逻辑函数 Y 化为以下形式：

$$Y = \overline{C(AB + D)}$$

先确定下拉网络的电路结构：由 A 和 B 控制的 NMOS 管串联，然后与 D 控制的 NMOS 管并联，再与 C 控制的 NMOS 管串联。根据对偶的原则，确定上拉网络的电路结构。总体电路图如图 2.4-8（b）所示，该电路图共需 8 只 MOS 管。显然，在实现同样逻辑功能的基础上，图 2.4-8（b）所示电路比图 2.4-8（a）所示电路所需的 MOS 晶体管数量少得多。

【例 2.4-3】 设计 CMOS 逻辑电路，实现以下逻辑函数：$F_1 = AB + AC + BC$，$F_2 = \overline{A}\overline{B}C + \overline{A}B\overline{C} + A\overline{B}\overline{C} + ABC$。

解： F_1 和 F_2 是 3.5 节将要介绍的 1 位全加器的逻辑表达式。如果用门电路来实现，是一个很简单的问题，读者可以参考图 3.5-4（a）。本例的目标是采用 CMOS 门电路的构成规律用 NMOS 管和 PMOS 管直接实现 F_1 和 F_2。为了减少 MOS 管的数量，需要对 F_1 和 F_2 的逻辑函数表达式作适当变换，找出 F_1 和 F_2 两者之间的联系。

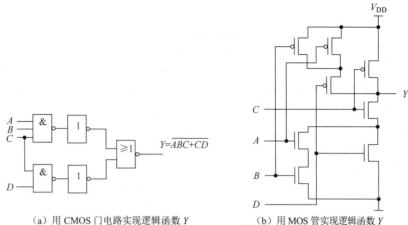

（a）用 CMOS 门电路实现逻辑函数 Y　　　　　　　　　（b）用 MOS 管实现逻辑函数 Y

图 2.4-8　　例 2.4-2 图

在例 1.4-1 中已经证明：　　　　　$\overline{A}\,\overline{B}C + \overline{A}B\overline{C} + A\overline{B}\,\overline{C} = (A+B+C)\overline{AB+AC+BC}$

因此，　　　　　　　　　　　$F_2 = ABC + (A+B+C)\overline{F_1} = \overline{\overline{ABC + (A+B+C)\overline{F_1}}}$

同时，　　　　　　　　　　$F_1 = AB + AC + BC = (A+B)C + AB = \overline{\overline{(A+B)C + AB}}$

根据变换后的 F_1 和 F_2 表达式，可得到如图 2.4-9 所示的 F_1 和 F_2 的实现框图。

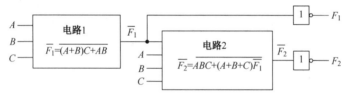

图 2.4-9　　F_1 和 F_2 的实现框图

根据 CMOS 门电路的构成规律，画出图 2.4-9 中电路 1 和电路 2 的原理图，就可以得到如图 2.4-10 所示的逻辑电路图。

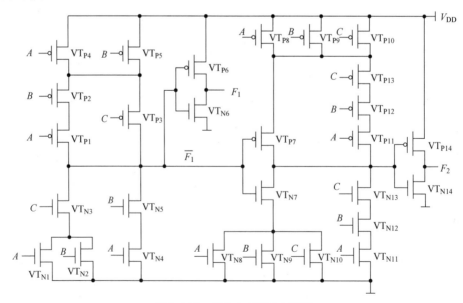

图 2.4-10　　例 2.4-3 逻辑电路图

从本例可以看到，逻辑电路可以直接从晶体管级来进行设计，可以获得比用门电路设计更低的成本。

2.4.3 CMOS 门电路的静态特性

在使用 CMOS 门电路设计数字电路时，除了熟悉 CMOS 门电路的逻辑功能，还需要了解 CMOS 门电路的电气特性，以确保所设计的电路即使在最差的情况下也可以正常工作。CMOS 门电路的电气特性分为静态特性和动态特性。静态特性也称直流特性，是指门电路输入端和输出端电平保持不变时所体现的特性，包括电压传输特性、输入特性和输出特性。在介绍静态特性时，将引出逻辑电平、噪声容限、扇出系数等一些重要的概念。有关门电路速度和功耗的动态特性将在下一节介绍。

1. 电压传输特性

所谓电压传输特性，是指门电路的输出电压 v_O 随输入电压 v_I 变化的特性。前面在分析 CMOS 反相器工作原理的时候，输入电压只考虑了两个离散值 0 和 V_{DD}。当输入电压在 0～V_{DD} 之间变化时，CMOS 反相器的输出电压将如何变化呢？这时就需要用门电路的电压传输特性来描述。

电压传输特性可以用实验方法来获得，图2.4-11所示为测试电压传输特性的实验电路。当 v_I 在 0～V_{DD} 之间变化时，用电压表测量一系列的输入电压和输出电压值，列成表格，然后描绘出对应的曲线，就可得到门电路的电压传输特性曲线。

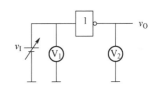

电压传输特性也可以用定性分析的方法来获得。假设图 2.4-12（a）所示 CMOS 反相器的电源电压为 V_{DD}=5V，VT_N 的开启电压 V_{TN} 为 1.5V、VT_P 的开启电压 V_{TP} 为–1.5V，则 CMOS 反相器的电压传输特性曲线可用图2.4-12（b）来表示。

图 2.4-11 电压传输特性测试实验电路

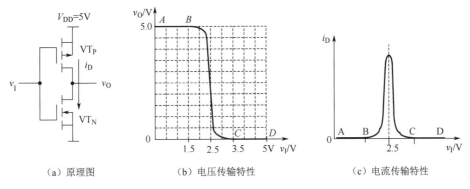

(a) 原理图　　　(b) 电压传输特性　　　(c) 电流传输特性

图 2.4-12 CMOS 反相器的电压传输特性曲线和电流传输特性曲线

CMOS 反相器电压传输特性的定性分析如下。

AB 段：v_I<1.5V 时，CMOS 反相器中的 VT_P 导通，VT_N 截止，输出高电平 $v_O \approx$ 5V。

CD 段：v_I > 3.5V 时，CMOS 反相器中的 VT_P 截止，VT_N 导通，输出低电平 $v_O \approx$ 0。

BC 段：　1.5V≤v_I≤3.5V，CMOS 反相器中的 VT_P 和 VT_N 均导通，但导通程度不一样。当 v_I 较小时，VT_P 导通程度大，$r_{DSP} < r_{DSN}$，输出电压较高；当 v_I 较大时，VT_N 导通程度大，$r_{DSP} > r_{DSN}$，输出电压较低。随着 v_I 增大，v_O 减小。当 v_I = $1/2V_{DD}$=2.5V 时，VT_N 和 VT_P 导通程度相当，此时的 v_I 值称为反相器的阈值电压（转折电压），用 V_T 来表示。在 *BC* 段，VT_P 和 VT_N 均处于放大状态，v_I 的微小变化都将引起 v_O 的急剧变化。

对电压传输特性的分析可知，当 CMOS 反相器的输入电压由低电平向高电平，或由高电平向低电平变化时，NMOS 管和 PMOS 管会有一瞬间处于同时导通的状态，这时，电源到地之间会产生一个较大的电流。反相器电源电流与输入电压的关系可用如图 2.4-12（c）所示的电流传输特性来描述。在 AB 段和 CD 段，VT_N 或 VT_P 截止，所以流过 VT_N 和 VT_P 的漏极电流几乎为 0。在 BC 段，VT_N 和 VT_P 同时导通，有电流 i_D 流过 VT_N 和 VT_P，该电流称为动态尖峰电流（亦称短路电流）。在 $v_I = V_{DD}/2=2.5V$ 时，i_D 最大。门电路的输入电压和输出电压有高电平和低电平之分。如果采用正逻辑约定，高电平代表逻辑 1，低电平代表逻辑 0。需要指出是，门电路的高电平和低电平不是指某个电压值，而是指一个特定的电压范围，图2.4-13表示 CMOS 反相器输入端和输出端高低电平电压范围。由于高电平的上限总是电源电压 V_{DD}，低电平的下限总是地电位 0，因此，通常用以下 4 个极限参数来表示 CMOS 门电路高低电平的电压范围。

$V_{IH(min)}$：保证能被识别为高电平的最小输入电压。

$V_{IL(max)}$：保证能被识别为低电平的最大输入电压。

$V_{OH(min)}$：输出为高电平时的最小输出电压。

$V_{OL(max)}$：输出为低电平时的最大输出电压。

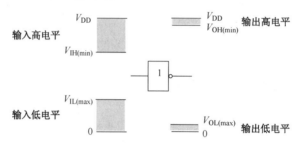

图 2.4-13　CMOS 反相器的高低电平

从图2.4-12（b）所示的电压传输特性曲线可以看到，CMOS 反相器的阈值电压为 $V_{DD}/2$，输入高电平和低电平应避开 $V_{DD}/2$ 附近的区域。在实际的集成电路产品中，CMOS 门电路输入低电平的极限值 $V_{IL(max)}$ 通常设定为 $30\%V_{DD}$，高电平的极限值 $V_{IH(min)}$ 设定为 $70\%V_{DD}$。当输入电压处于 $V_{IL(max)}\sim V_{IH(min)}$ 之间时，CMOS 反相器处于高低电平转换的过渡状态，输出既不是高电平，也不是低电平，因此，该输入电压范围没有定义。随着电源电压、温度和输出负载条件的变化，输出高电平电压和输出低电平电压也会发生变化，因此，CMOS 反相器输出高电平和低电平也有一定的电压范围。

图 2.4-13 中的极限参数由器件生产商提供的数据手册给出。表 2.4-1 所示为 CMOS 集成电路 74HC04 数据手册中提供的相关参数。

表 2.4-1　74HC04 高低电平参数（T_A = +25℃）

符号	参数	测试条件	最小值/V	最大值/V
V_{IH}	输入高电平电压	$V_{DD} = 4.5V$	3.15	—
V_{IL}	输入低电平电压	$V_{DD} = 4.5V$	—	1.35
V_{OH}	输出高电平电压	$V_{DD} = 4.5V$, $I_{OH} = -20\mu A$	4.4	—
		$V_{DD} = 4.5V$, $I_{OH} = -4mA$	3.84	—
V_{OL}	输出低电平电压	$V_{DD} = 4.5V$, $I_{OL} = 20\mu A$	—	0.1
		$V_{DD} = 4.5V$, $I_{OL} = 4mA$		0.33

需要指出的是，表 2.4-1 中的参数是在一定的测试条件下测得的。例如，CMOS 门电路通常采用 5V 的电源电压，但实际电源电压可能有 10%的波动。考虑最坏的情况，将电源下降 10%时即 $V_{DD} = 4.5V$ 作为测试条件。当 $V_{DD} = 4.5V$ 时，74HC04 的 $V_{IH(min)}$ 为 3.15V（$70\%V_{DD}$），$V_{IL(max)}$ 为 1.35V（$30\%V_{DD}$）。$V_{OH(min)}$ 和 $V_{OL(max)}$ 除了与电源电压有关，还与输出电流有关。在表 2.4-3 中给出了两种不同输出电流下的 $V_{OH(min)}$ 和 $V_{OL(max)}$ 值。当输出电流为 20μA 时，$V_{OH(min)}$ 和 $V_{OL(max)}$ 的值分别为 4.4V（$V_{DD}-0.1V$）和 0.1V；

当输出电流为 4mA 时，$V_{OH(min)}$ 和 $V_{OL(max)}$ 的值分别为 3.84V 和 0.33V。由于门电路的输入电流和输出电流的参考方向皆指向门电路内部，因此表 2.4-1 中电流值前面的 "-" 号表示电流实际方向从门电路内部流向外部。

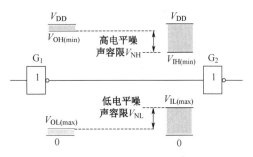

图 2.4-14　CMOS 反相器的噪声容限

从图2.4-13可以看到，CMOS 门电路输出端的高电平和低电平的电压范围比较窄，而输入端的高电平和低电平的电压范围比较宽，也就是说，$V_{OH(min)}$ 总是大于 $V_{IH(min)}$，$V_{OL(max)}$ 总是小于 $V_{IL(max)}$。正是由于这一特点，使得 CMOS 门电路具有一定的抗干扰能力。下面以图 2.4-14 所示的简单电路来说明噪声容限（Noise Margins）的概念。

图中 G_1 和 G_2 均为 CMOS 反相器。G_1 门的输出电压就是 G_2 门的输入电压。G_1 为驱动门，G_2 为负载门。当 G_1 输出低电平时，如果在信号上叠加一个正向噪声干扰（负向干扰没有影响），只要幅度不要太大，就不会影响 G_2 的输出状态；同样，当 G_1 输出高电平时，如果在信号上叠加一个负向噪声干扰（正向干扰没有影响），只要幅度不要太大，就不会影响 G_2 门电路的输出状态。因此，数字信号受到噪声干扰只要不超出一定的范围是允许的。所谓噪声容限，是指数字信号中允许叠加噪声的最大幅值，分低电平噪声容限和高电平噪声容限。

低电平噪声容限：
$$V_{NL} = V_{IL(max)} - V_{OL(max)} \qquad (2.4\text{-}1)$$

高电平噪声容限：
$$V_{NH} = V_{OH(min)} - V_{IH(min)} \qquad (2.4\text{-}2)$$

低电平噪声容限和高电平噪声容限并不一定相等，通常以较小的值作为门电路的噪声容限。

【例 2.4-4】　参考表 2.4-1 和图 2.4-14，计算 74HC04 在 $V_{DD} = 6V$ 时的低电平噪声容限 V_{NL} 和高电平噪声容限 V_{NH}。

解：　由于 CMOS 门电路输入阻抗非常大，G_1 输出端的电流 I_{OL} 和 I_{OH} 总是小于 20μA。因此，G_1 输出端高低电平极限值为

$$V_{OL(max)} = 0.1V$$

$$V_{OH(min)} = V_{DD} - 0.1 = 6 - 0.1 = 5.9V$$

G_2 输入端高低电平极限值为

$$V_{IH(min)} = 70\%V_{DD} = 4.2V$$

$$V_{IL(max)} = 30\%V_{DD} = 1.8V$$

根据式（2.4-1），低电平噪声容限为

$$V_{NL} = V_{IL(max)} - V_{OL(max)} = 1.8 - 0.1 = 1.7V$$

根据式（2.4-2），高电平噪声容限为

$$V_{NH} = V_{OH(min)} - V_{IH(min)} = 5.9 - 4.2 = 1.7V$$

从例 2.4-4 可知，噪声容限与电源电压有关，电源电压越高，噪声容限越大。噪声容限也与驱动门的输出电流有关。从表 2.4-1 可知，当输出电流从 20μA 增加到 4mA 时，对应的 $V_{OL(max)}$ 将增大，$V_{OH(min)}$ 将减小，使噪声容限减小。

2. 输入特性

所谓输入特性，是指门电路输入电压和输入电流的关系。从 CMOS 门电路结构可知，每一个输入端与 VT_N 和 VT_P 的栅极相连。因为 MOS 管的栅极和衬底之间隔了一层 SiO_2 绝缘层，因此 CMOS 门电路的输入阻抗非常大。无论是输入高电平还是低电平，在 CMOS 门电路的输入端只存在非常小的漏电流。CMOS 门电路输入特性的主要参数用高电平输入电流 I_{IH} 和低电平输入电流 I_{IL} 来描述。以 CMOS 集成电路 74HC04 为例，$I_{IH(max)} = 0.1\mu A$，$I_{IL(max)} = -0.1\mu A$。

外部的干扰源（如人体表面产生的静电干扰）通常可视为内阻很大的电压源。由于 CMOS 门电路输入阻抗非常大，如果不加保护措施，施加在输入端的外部干扰源很容易将 MOS 管栅极的 SiO_2 绝缘层击穿，从而损坏 CMOS 门电路。实际的 CMOS 集成电路输入级都加了保护电路，如图2.4-15所示。图中 VD_1、VD_2 为保护二极管，正向导通压降 $V_{DF} = 0.5\sim0.7V$。VD_1 属于分布式二极管，是在输入端的 N 型扩散电阻区和 P 型衬底间自然形成的。当门电路的输入电压在正常范围（$0\leqslant v_I\leqslant V_{DD}$）时，$VD_1$、$VD_2$ 截止，输入保护电路不起作用。当输入电压高于 $V_{DD} + V_{DF}$ 时，VD_1 导通，VD_2 截止，栅极电位钳位在 $V_{DD} + V_{DF}$。当输入电压低于 $-V_{DF}$ 时，VD_1 截止，VD_2 导通，栅极电位钳位在 $-V_{DF}$。输入保护电路使栅极电压不会超过允许的耐压极限。当然，这种保护措施是有一定限度的。当通过 VD_1 和 VD_2 的正向电流过大时，也会损坏输入保护电路，因此，在使用 CMOS 门电路时，有时需要在输入引脚后串联一个 100Ω 左右的限流电阻。

含有输入保护电路的 CMOS 门电路的输入特性曲线如图 2.4-16 所示。从输入特性曲线上可以看到，当门电路的输入电压在正常范围内时，输入端的电流几乎为零，当输入电压超出正常电压范围时，VD_1 或 VD_2 导通，输入特性呈现为二极管伏安特性。

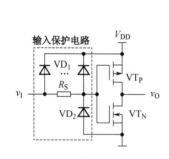

图 2.4-15　CMOS 门电路输入保护电路

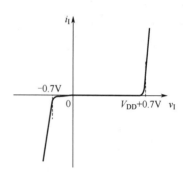

图 2.4-16　CMOS 反相器的输入特性

根据 CMOS 门电路的输入特性，可以得到以下结论：

① 当输入电压处于正常范围内时，门电路的输入阻抗非常大，输入电流几乎为零。

② 由于 CMOS 门电路输入阻抗高，容易接收干扰，在使用中多余的输入端不能悬空，否则将会由于输入端电平的不确定而造成逻辑错误。CMOS 与门多余输入端应接电源，CMOS 或门多余输入端应接地，也可将多余输入端和有用的信号端并联使用。

③ CMOS门电路输入端接一电阻到地，由于流过电阻的电流可视为零，因此不管其阻值多大，相当于输入低电平。

【例 2.4-5】 将二输入的 CMOS 逻辑门转换成 CMOS 反相器，其中的一个引脚多余，请分析图 2.4-17 所示 4 种连接方法的合理性。

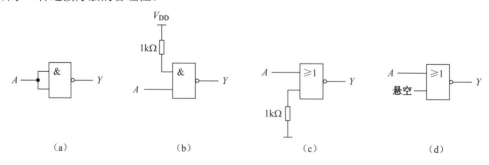

图 2.4-17　CMOS 门电路多余输入端处理

解：图 2.4-17（a）将多余输入端与信号端并联，根据 $Y = \overline{A \cdot A} = \overline{A}$，图 2.4-17（a）接法合理。

图 2.4-17（b）将多余输入端接高电平，根据 $Y = \overline{A \cdot 1} = \overline{A}$，图 2.4-17（b）接法合理。

由于 CMOS 门电路接一个电阻到地相当于低电平，根据 $Y = \overline{A+0} = \overline{A}$，图 2.4-17（c）接法合理。由于 CMOS 门电路输入引脚不能悬空，所以图 2.4-17（d）接法不合理。

3. 输出特性

CMOS 门电路在使用时输出端通常要接负载。负载可以是同类型的 CMOS 门电路或其他类型的门电路，也可以是电阻、三极管等元件构成的驱动电路。CMOS 门电路输出端接了负载以后就要向负载提供电流。当 CMOS 门电路向负载提供电流时，将会引起输出电压的变化。所谓 CMOS 门电路输出特性，是指输出电压和输出电流的关系。

如图 2.4-18 所示的电路模型可以用来分析 CMOS 门电路的输出特性。图中用电阻 R_L 来表示门电路的负载。当门电路输出低电平时，VT_N 导通，负载电流经过 R_L 流入门电路，该电流称为低电平输出电流，用 I_{OL} 表示。由于 I_{OL} 是从负载流入门电路的，所以也称为灌电流（Sinking Current）。当门电路输出高电平时，VT_P 导通，负载电流从门电路流出经过 R_L 到地，该电流称为高电平输出电流，用 I_{OH} 表示。由于 I_{OH} 从门电路流出，所以也称为拉电流（Sourcing Current）。

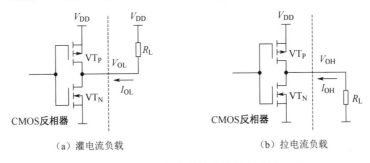

（a）灌电流负载　　　　　　　　　　（b）拉电流负载

图 2.4-18　CMOS 门电路输出特性的电路模型

下面分析输出电流大小对门电路输出电压的影响，分为以下两种情况。

① 当门电路输出低电平时，VT_N 导通，相当于一个小电阻（以 100Ω 电阻代替），VT_P 截止，相当于一个大电阻（大于 1MΩ），因此，可以采用如图 2.4-19（a）所示的电路模型来分析。

$$I_{OL} \approx \frac{V_{DD}}{R_L + r_{DSN}} = \frac{5}{1000+100} \approx 4.5\text{mA}$$

$$V_{OL} = I_{OL} \cdot r_{DSN} = 4.5\text{mA} \times 100\Omega = 0.45\text{V}$$

由于 VT_N 导通时等效电阻 r_{DSN} 不等于零，CMOS 门电路的低电平输出电压 V_{OL} 随着 I_{OL} 的增加而升高。

② 当门电路输出高电平时，VT_N 截止，相当于一个大电阻，VT_P 导通，相当于一个小电阻，因此，可以采用如图 2.4-19（b）所示的电路模型来分析。

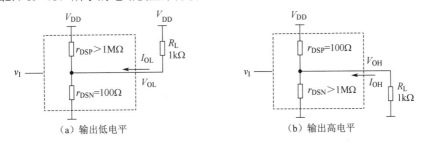

（a）输出低电平　　　　　　　　　　（b）输出高电平

图 2.4-19　CMOS 门电路输出特性电路模型

$$I_{OH} = -\frac{V_{DD}}{R_L + r_{DSP}} = -\frac{5}{1000+100} \approx -4.5\text{mA}$$

$$V_{\text{OH}} = V_{\text{DD}} + I_{\text{OH}} \times r_{\text{DSP}} = 5\text{V} - 4.5\text{mA} \times 100\Omega = 4.55\text{V}$$

由于 VT_P 导通时等效电阻 r_{DSP} 不等于零，CMOS 门电路的高电平输出电压 V_{OH} 随着 I_{OH} 的增加而降低。

图 2.4-20 所示输出特性曲线更加直观地表示了 CMOS 门电路的输出特性。特性曲线的斜率取决于门电路的输出电阻，输出电阻越小，输出电压随输出电流的变化越小，说明门电路负载特性越好。

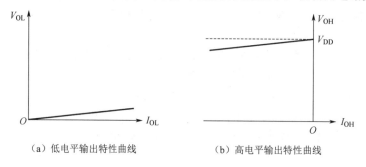

（a）低电平输出特性曲线　　　　　（b）高电平输出特性曲线

图 2.4-20　CMOS 门电路输出特性曲线

在厂商提供的数据手册中，通常将 CMOS 门电路的 I_{OH} 与 V_{OH}、I_{OL} 与 V_{OL} 一起给出，如表 2.4-1 所示。从表中可知，当 $I_{\text{OH}} = -4\text{mA}$ 时，V_{OH} 最小值为 3.84V。这表明当门电路输出 4mA 的拉电流时，可以保证高电平输出电压 V_{OH} 不低于 3.84V。如果将 3.84V 视为输出高电平电压的极限值 $V_{\text{OH(min)}}$，则 4mA 就是高电平输出电流极限值 $I_{\text{OH(max)}}$。同样，如果将 0.33V 视为输出低电平电压的极限值 $V_{\text{OL(max)}}$，则 4mA 就是低电平输出电流极限值 $I_{\text{OL(max)}}$。根据表 2.4-1 提供的参数，可以估算 CMOS 反相器 74HC04 的 r_{DSP} 和 r_{DSN}。

$$r_{\text{DSP}} = \frac{V_{\text{DD}} - V_{\text{OH(min)}}}{|I_{\text{OH(max)}}|} = \frac{(4.5 - 3.84)\text{V}}{4\text{mA}} = 165\Omega \qquad (2.4\text{-}3)$$

$$r_{\text{DSN}} = \frac{V_{\text{OL(max)}}}{I_{\text{OL(max)}}} = \frac{0.33\text{V}}{4\text{mA}} = 82.5\Omega \qquad (2.4\text{-}4)$$

为了表示门电路的带负载能力，通常采用扇出（Fanout）系数的概念。所谓扇出系数，是指一个逻辑门可以驱动同类门输入端的数目。扇出系数根据门电路输入/输出特性参数确定。

低电平时扇出系数：
$$N_{\text{L}} = \frac{I_{\text{OL(max)}}}{|I_{\text{IL(max)}}|} \qquad (2.4\text{-}5)$$

高电平时扇出系数：
$$N_{\text{H}} = \frac{|I_{\text{OH(max)}}|}{I_{\text{IH(max)}}} \qquad (2.4\text{-}6)$$

使用上述两个公式时要注意两点：一是 N_{L} 和 N_{H} 不一定相等，这时以较小者作为扇出系数；二是当每个负载门仅有一个输入端与驱动门相连时，则扇出系数也可表示一个逻辑门可以驱动同类门的数量。

【例 2.4-6】 某 CMOS 反相器的低电平输入电流为 $-0.1\mu\text{A}$，高电平输入电流为 $0.1\mu\text{A}$，最大灌电流为 4mA，最大拉电流为 -4mA，问其扇出系数为 N 为多少？

解：根据扇出系数的计算公式（2.4-5）和式（2.4-6），可分别求出高低电平的扇出系数：

$$N_{\text{L}} = \frac{I_{\text{OL(max)}}}{|I_{\text{IL(max)}}|} = \frac{4000\mu\text{A}}{0.1\mu\text{A}} = 40\ 000$$

$$N_{\text{H}} = \frac{|I_{\text{OH(max)}}|}{I_{\text{IH(max)}}} = \frac{4000\mu\text{A}}{0.1\mu\text{A}} = 40\ 000$$

CMOS 反相器总的扇出系数为 40 000。

在例 2.4-6 中，扇出系数是在静态的基础上分析得到的，称为直流扇出系数。CMOS 门电路的输入阻抗很高，静态时输入电流非常小，因此直流扇出系数非常大。

2.4.4　CMOS 门电路的动态特性

CMOS 门电路的动态特性也指交流特性，是指电路输出状态发生变化时所体现出来的特性。门电路的输入端、输出端和门电路之间的连接线均存在寄生电容（Stray Capacitance）。对 CMOS 门电路来说，输出端的寄生电容通常在 2～10pF 之间，每个输入端的寄生电容通常在 2～15pF 之间，门电路之间连接线的寄生电容大于 2pF/cm。这些寄生电容成为 CMOS 门电路的交流负载，因此，也常称为负载电容。描述 CMOS 门电路动态特性的参数有传输时间、延迟时间和动态功耗。这些参数均与门电路的交流负载有关。

1. 传输时间（Transition Delay）

考虑交流负载，可以用图 2.4-21 所示的模型表示。图中 C_L 表示考虑门电路输入端、输出端和连接线寄生电容得到的负载电容，R_L 为负载门 G_2 输入端直流电阻。

G_1 的输入/输出波形如图 2.4-22 所示。当 G_1 输出电压 v_O 从低电平转换成高电平时，G_1 输出端对 C_L 充电；当 v_O 从高电平转换成低电平时，C_L 通过 G_1 输出端放电。v_O 从 10% 变化到 90% 所需要的时间称为上升时间 t_r；v_O 从 90% 变化到 10% 所需要的时间称为下降时间 t_f，两者统称为传输时间 t_t。由于 R_L 非常大，对分析充放电的影响可以忽略不计，因此传输时间主要取决于 G_1 内部 MOS 管的导通电阻和负载电容的大小。

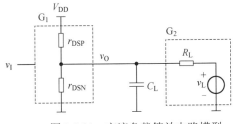

图 2.4-21　交流负载等效电路模型

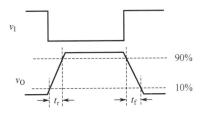

图 2.4-22　G_1 的输入/输出波形

传输时间直接影响 CMOS 门电路的工作速度。由于 G_2 的阈值电压为 $V_{DD}/2$，v_O 只有从低电平上升到 $V_{DD}/2$ 或从高电平下降到 $V_{DD}/2$，G_2 的输出才会发生改变。可见，传输时间越长，CMOS 门电路的工作速度越低。

利用传输时间概念，进一步分析图 2.4-17 所示连接方法的区别。图 2.4-17（a）将多余输入端与信号端并联，输入端的寄生电容为两输入端寄生电容之和，因此增大了传输时间。图 2.4-17（b）将多余输入端接电源，输入端的寄生电容为一个输入端寄生电容，有利于减少传输时间。

例 2.4-6 在计算 CMOS 门电路直流扇出系数时，没有考虑寄生电容产生的交流负载。如果一个门电路带了很多门，则总寄生电容就会变得相当大，传输时间会大大增加。因此，在高速电路中，CMOS 门电路带同类门的数量就会受到限制。

2. 延迟时间（Popagation Delay）

由于寄生电容的影响，当输入信号发生跳变时，输出电压不但存在传输时间，而且其变化会与输入电压的变化存在延迟时间。图 2.4-23 所示为定义反相器延迟时间的时序图。延迟时间是指输入信号发生变化到输出信号发生变化所需要的时间。当输出由高电平跳变为低电平时，其延迟时间记为 t_{PHL}，当输出由低电平跳变为高电平时，其延迟时间记为 t_{PLH}，两者之间的平均值称为平均延迟时间，即

$$t_{PD} = \frac{1}{2}(t_{PHL} + t_{PLH}) \qquad (2.4\text{-}7)$$

与传输时间一样，延迟时间也是表示门电路工作速度的重要参数。不同系列的 CMOS 门电路，其延迟时间值相差很大。如 4000 系列 CMOS 反相器 CD4069 的平均延迟时间 t_{PD} 超过 100ns，74HC 系列 CMOS 反相器 74HC04 的 t_{PD} 只有 9ns，而改进型系列的 74AHC04 的 t_{PD} 只有 5ns。

3. 动态功耗

前面已经分析，CMOS 门电路静态时，功耗很低。当门电路输入端加了以一定频率变化的输入信号以后，就会产生动态功耗。动态功耗由两部分组成，一部分是对负载电容充放电所消耗的功率，用 P_C 表示，另一部分是门电路内部 NMOS 管和 PMOS 管瞬间同时导通所消耗的瞬时导通功耗，用 P_T 表示。

CMOS 门电路输出电平发生切换时，必然会对负载电容充放电。CMOS 门电路对负载电容充放电的原理图如图 2.4-24 所示。

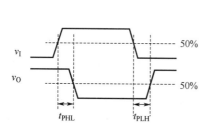

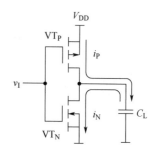

图 2.4-23 定义反相器延迟时间的时序图　　图 2.4-24 CMOS 门电路对负载电容充放电原理图

当 VT_P 导通、VT_N 截止时，门电路对电容 C_L 充电。充电时，电源提供的能量一部分消耗在 VT_P 上，一部分存储在电容中。设电容电压为 $v_C(t)$，充电电流为 $i_C(t)$，则 $i_C(t) = C_L \dfrac{dv_C}{dt}$。当电容电压从 0 上升到 V_{DD} 时，存储在电容 C_L 中的能量 E_C 为

$$E_C = \int_0^{+\infty} i_C(t) v_C \, dt = \int_0^{+\infty} C_L \frac{dv_C}{dt} v_C \, dt = \int_0^{V_{DD}} C_L v_C \, dv_C = \frac{1}{2} C_L V_{DD}^{\;2}$$

电源在充电过程中提供的能量为

$$E = \int_0^{+\infty} i_C(t) V_{DD} \, dt = \int_0^{+\infty} C_L \frac{dv_C}{dt} V_{DD} \, dt = \int_0^{V_{DD}} C_L V_{DD} \, dv_C = C_L V_{DD}^{\;2}$$

可见，在充电过程中，有一半的能量存储在电容 C_L 上，一半能量消耗在 VT_P 上。

当 VT_P 截止，VT_N 导通时，电容 C_L 通过 VT_N 放电，存储在电容上的能量全部消耗在 VT_N 上。

根据上述分析，一个充放电周期消耗的能量为 $C_L V_{DD}^{\;2}$。设充放电的频率为 f，则由于负载电容产生的动态功耗为

$$P_C = C_L V_{DD}^{\;2} f \qquad (2.4\text{-}8)$$

CMOS 门电路对负载电容充放电所产生的功耗与负载电容的电容量、信号重复频率及电源电压的平方成正比。

瞬时导通功耗 P_T 由动态尖峰电流产生。即使在 CMOS 门电路空载的情况下，当门电路输出状态切换时，NMOS 管和 PMOS 管会瞬间同时导通而产生动态尖峰电流，如图2.4-25 所示。

与 P_C 的计算一样，P_T 与电源电压 V_{DD}、输入信号 v_I 的重复频率 f 及电路内部参数有关，即

$$P_T = C_{PD} V_{DD}^2 \cdot f \qquad (2.4\text{-}9)$$

式中，C_{PD} 称为功耗电容，它并不是一个实际的电容，而是一个等效参数电容，具体数值由芯片生产厂

家提供。

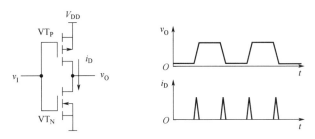

图 2.4-25　CMOS 反相器的动态尖峰电流

门电路总的动态功耗 P_D 为 P_C 与 P_T 之和

$$P_D = P_C + P_T = (C_L + C_{PD}) V_{DD}^2 \cdot f \qquad (2.4\text{-}10)$$

从式（2.4-10）可以看出，动态功耗 P_D 与输入信号的频率成正比，说明了数字集成电路随工作速度的增加，功耗也增加，功耗和速度是两个互为制约的参数。从式（2.4-10）还可以看出，动态功耗 P_D 与电源电压的平方成正比，只要降低电源电压，就可以显著降低功耗，这也说明了为什么现在大规模集成电路所采用的电源电压越来越低。

【例 2.4-7】　有一个 CMOS 反相器，已知电源电压 $V_{DD} = 5V$，静态电源电流 $I_{DD} = 1\mu A$，负载电容 $C_L = 70pF$，功耗电容 $C_{PD} = 14pF$。输入信号加入标准方波信号，频率为 200kHz，试计算其静态功耗和动态功耗。

解：静态功耗为

$$P_S = I_{DD}V_{DD} = 10^{-6} \times 5W = 0.005mW$$

动态功耗 P_D 可计算得到

$$P_D = P_C + P_T = (C_L + C_{PD}) V_{DD}^2 \cdot f = 84 \times 10^{-12} \times 5^2 \times 200 \times 10^3 = 0.42mW$$

从本例中可以看出，在工作频率较高的情况下，CMOS 反相器的动态功耗要比静态功耗大得多，静态功耗常常可以忽略不计。

动态尖峰电流除了增加动态功耗，还会产生电源噪声。以图2.4-26（a）所示电路为例，CMOS 集成电路采用+5V 电源供电，R_S 为电源供电线路上的寄生电阻。CMOS 集成电路工作时，其电源电流上会产生许多尖峰电流。尖峰电流流过寄生电阻产生压降，从而在集成电路的电源输入端产生噪声，其噪声波形如图2.4-26（b）所示。尖峰电流的存在使得电源滤波变得十分重要。一般在靠近集成电路的电源输入端加一个 $0.01\sim0.1\mu F$ 的瓷片电容 C，以消除电源噪声，该电容通常称为旁路电容。

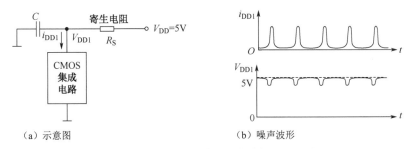

（a）示意图　　　　　　　　　（b）噪声波形

图 2.4-26　由动态尖峰电流产生的电源噪声

2.4.5　CMOS 漏极开路门

1. 线与的概念

将门电路的输出端直接连接以实现与的逻辑功能，称为线与（Wired-AND）。采用推拉式输出结构

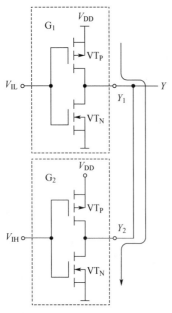

图 2.4-27　线与后产生大电流

的 CMOS 门电路不能线与。例如，将两个 CMOS 反相器输出端线与，如图 2.4-27 所示。当 Y_1 输出高电平而 Y_2 输出低电平时，自 G_1 的 V_{DD}→G_1 的 VT_P→G_2 的 VT_N→G_2 的地形成低阻通路，产生很大电流，使线与后的输出电平既非高电平也非低电平，引起逻辑错误。这种状态如果持续几秒种，将会使器件温度上升，容易导致器件损坏。

2. OD 门的电路结构和工作原理

为了实现线与功能，可以采用 CMOS 漏极开路（Open-Drain，OD）门。所谓漏极开路门，是指 CMOS 门的输出电路只有 NMOS 管，并且它的漏极是开路的。图 2.4-28 所示就是 OD 与非门的电路结构和逻辑符号。与图2.4-5 所示的 CMOS 与非门相比，OD 与非门的输出级反相器中去掉了 VT_P，VT_N 处于漏极开路的状态。

当 OD 与非门的两个输入端 A、B 均输入高电平时，VT_N 导通，OD 与非门输出低电平；当 OD 与非门的两个输入端 A、B 至少有一个输入低电平时，VT_N 截止，输出端 Y 相当于悬空状态。为了在 VT_N 截止时 Y 输出高电平，OD 门输出端必须外接上拉电阻 R。输出高电平电压为

$$V_{OH} = V'_{DD} - i_L R \tag{2.4-11}$$

式中，i_L 为流过 R 的负载电流，V'_{DD} 是上拉电阻的外接电源，它可以是独立的电源，也可以与 V_{DD} 同一电源。当 i_L 很小时，$V_{OH} \approx V'_{DD}$。

3. OD 门的应用

OD 门具有一些推拉式输出门电路不具备的特点，因此在一些场合获得广泛的应用。

（1）OD 门可实现线与

将两个 OD 门输出端直接相连，然后加上拉电阻 R，就可以实现线与，如图2.4-29 所示。只有当两个漏极开路门均输出高电平（输出级 VT_N 截止）时，线与后的输出才为高电平（实际上被外接电阻 R 上拉成高电平）。只要有一个 OD 门的输出为低电平，线与后的输出就为低电平。由于电阻 R 起到限流的作用，不管 Y_1、Y_2 是什么状态，都不会出现低阻通路。线与电路的逻辑表达式为

$$Y = \overline{AB} \cdot \overline{CD} = \overline{AB+CD} \tag{2.4-12}$$

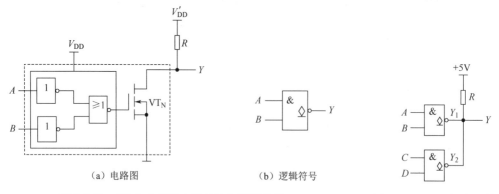

图 2.4-28　OD 与非门的电路结构和逻辑符号　　图 2.4-29　OD 门实现的线与

OD 门具有线与的功能，可简化硬件电路设计。在线与电路中，上拉电阻 R 的阻值应选取合适的值。尽管 R 的阻值可以在一个比较大的范围内选取，但是，理解其阻值大小对线与电路性能的影响是

很有必要的。下面通过一个例子来说明上拉电阻 R 的估算方法。

【例 2.4-8】　图 2.4-30 所示的门电路均为 CMOS 门电路。OD 与非门输出端高电平时，输出端漏电流 $I_{OZ} = 10\mu A$，输出低电平时，$V_{OL} \leqslant 0.4V$（$I_{OL} = 4mA$）。负载门的低电平输入电流 I_{IL} 和高电平输入电流 I_{IH} 均为 $1\mu A$。如果要求 X 节点高电平时 $V_X \geqslant 4V$，低电平时 $V_X \leqslant 0.4V$，请计算上拉电阻 R 的选择范围。

解：定性分析：当 X 节点为高电平时，R 的电阻值不能超过某个最大值，以避免 R 上的压降过大使 X 节点的电压小于 4V；当 X 节点为低电平时，电阻 R 上的电流将流入 OD 门，R 的电阻值不能小于某个最小值，以免流入 OD 门的电流过大使 X 节点的电压超过 0.4V。因此，电阻 R 有一个最大值和最小值。

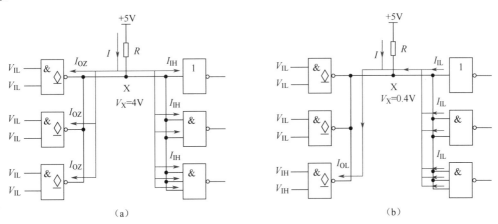

图 2.4-30　例 2.4-8 图

① 当 3 个 OD 与非门输出级 VT_N 截止时，X 节点被电阻 R 上拉成高电平，电流的分布如图 2.4-30（a）所示。流过 R 的总电流为

$$I = 3 \times I_{OZ} + 6 \times I_{IH} = 3 \times 0.01 + 6 \times 0.001 = 0.036mA$$

X 节点的电平为

$$V_X = 5V - I \times R = 5V - 0.036 \times R \geqslant 4V$$

得

$$R_{max} = \frac{5-4}{0.036} = 27.8k\Omega$$

② 当 X 节点为低电平时，必然有一个或一个以上的 OD 与非门输出低电平。考虑最为不利情况，假设只有一个 OD 门输出低电平，其电流的分布如图 2.4-30（b）所示。为了使 $V_X \leqslant 0.4V$，I_{OL} 应不大于 4mA。流进 OD 门的电流为

$$I_{OL} = \frac{V_{DD} - V_{OL}}{R} + I_{IL} \times 6 = \frac{5 - 0.4}{R} + 0.001 \times 6 \leqslant 4mA$$

得

$$R_{min} = 1.15k\Omega \text{ 。}$$

根据上述分析，R 的取值范围为 $1.15k\Omega \leqslant R \leqslant 27.8k\Omega$。可见，上拉电阻 R 的取值范围很宽。如果对工作速度没有特别的要求，R 可以取中间值，如 $10k\Omega$。从提高工作速度的角度考虑，R 应取接近于 R_{min} 值。

图 2.4-31 所示的电路是由数字式光电传感器构成的光电探测系统。由于传感器输出级电路采用 OD 门输出，因此只需将所有传感器的输出端连接在一起，再加一只上拉电阻即可。当有物体靠近某传感器时，该传感器就输出低电平。当系统中任何一只传感器检测到物体

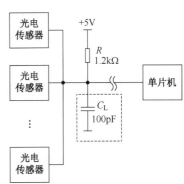

图 2.4-31　光电探测系统示意图

靠近时，单片机就能检测到由高到低跳变的中断请求信号，通过执行相关中断服务程序发出报警信号。

由于单片机和传感器之间的连线较长，因此需要考虑负载电容的影响。图2.4-31 中 C_L 为负载电容，假设其电容值为 100pF。当传感器输出级的 OD 门由高电平变为低电平时，OD 门的 NMOS 管导通，负载电容 C_L 通过 NMOS 管放电。假设 NMOS 管导通时的等效电阻约为 100Ω，则负载电容的放电时间常数为 $100Ω \times 100pF = 10ns$。当 OD 门由低电平变为高电平时，OD 门的 NMOS 管截止，电源通过 R 向负载电容 C_L 充电，其充电时间常数为 $1200Ω \times 100pF = 120ns$。由于 C_L 的充电时间比放电时间长得多，OD 门输出信号波形的上升时间比下降时间要长得多，使信号的上升沿变差。与推拉式输出门电路相比，OD 门的高电平驱动能力和低电平驱动能力是不对称的，这也是 OD 门的缺点之一。如果 OD 门的后级电路对信号上升沿要求较高，可以采用以下措施：①在允许的范围内尽量减小上拉电阻的阻值；②将 OD 门输出的信号整形（如采用施密特触发器整形）后再送后级电路。

（2）可实现电平转换

OD 门上拉电阻的外接电源 V'_{DD} 可以采用不同的电压值，从而获得不同的高电平输出电压值，因此，OD 门可以用来实现电平转换。例如，假设两个 CMOS 门 G_1 和 G_2 采用不同的电源电压，G_1 采用+3.3V 电源电压，G_2 采用+5V 电源电压。如果 G_1 采用推拉式输出结构，其输出高电平电压最大值为 3.3V，而 G_2 要求高电平输入电压最小值 $V_{IH(min)}$ 为3.5V（$70\%V_{DD}$），因此，G_1 不能直接驱动 G_2。如果 G_1 采用OD 门，并且将外部上拉电阻与+5V 电源连接，则 G_1 的高电平输出电压可接近 5V，就可以实现两者之间的连接，如图 2.4-32 所示。

（3）驱动大电流高电压负载

有时需要用数字电路驱动较大电流或较高电压的负载，如 LED 发光管、微型继电器等。图2.4-33 所示为 OD 门驱动 LED 发光管和微型继电器的原理图。当 OD 门输出低电平时，发光二极管点亮，或者继电器线圈通电。在图 2.4-33 所示的电路中，OD 门只需要低电平时提供一定的灌电流即可，高电平时无须提供电流。74AC 或 74ACT 系列的 CMOS OD 门电路，其灌电流可达 24mA，完全可以满足图 2.4-33 所示电路的要求。

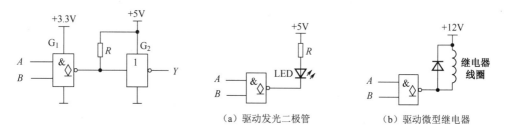

图 2.4-32   采用 OD 门实现电平转换   图 2.4-33   OD 门驱动 LED 发光管和微型继电器的原理图

2.4.6   CMOS 三态门

1. CMOS 三态门的电路结构和工作原理

普通的 CMOS 门电路只有两种输出状态：高电平状态和低电平状态，分别对应逻辑 1 和逻辑 0。三态输出逻辑门（Three-State Logic，TSL）则有第三种状态：高阻态。

图2.4-34给出了一种 CMOS 三态反相器的电路图和逻辑符号。该三态门有两个输入逻辑变量 A 和 EN。A 为反相器的输入变量，EN 为三态门的使能控制信号。

当 EN = 0 时，不管输入 A 是高电平还是低电平，图中或非门输出低电平，与非门输出高电平，使 VT_N 和 VT_P 同时截止，这时门电路的输出 Y 为高阻态。处于高阻态时，门电路的输出端处于浮置的状态，在电气上等效于断开状态。

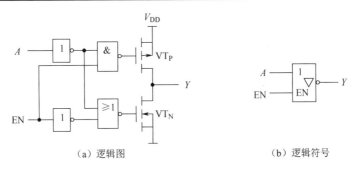

（a）逻辑图　　　　　　　　　（b）逻辑符号

图 2.4-34　CMOS 三态反相器电路图与逻辑符号

当 EN = 1 时，图中的与非门和或非门相当于反相器，VT_N 和 VT_P 的导通和截止取决于输入 A 的电平，即 $Y=\overline{A}$，三态反相器处于正常逻辑工作状态，简称工作态。

三态反相器有时也称为三态反相缓冲器，广泛应用于标准数字集成电路和可编程逻辑器件中。图 2.4-35 给出了 4 种类型的三态缓冲器。图 2.4-35（a）和（b）三态缓冲器的使能信号为高电平有效，当 EN=1 时，三态缓冲器处于工作态，当 EN=0 时，三态缓冲器输出高阻态。图 2.4-35（c）和（d）所示三态缓冲器的使能信号为低电平有效，当 $\overline{EN}$=0 时，三态缓冲器处于工作态，当 $\overline{EN}$=1 时，三态缓冲器输出高阻态。图 2.4-35（a）和（c）称为同相三态缓冲器，图 2.4-35（b）和（d）称为反相三态缓冲器。

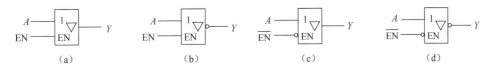

（a）　　　　　　（b）　　　　　　（c）　　　　　　（d）

图 2.4-35　4 种类型的三态缓冲器

2. 三态门的应用

（1）构成 2 选 1 数据选择器

图2.4-36所示为由两个三态缓冲器构成的 2 选 1 数据选择器。当 $S = 0$ 时，G_1 处于工作状态，G_2 处于高阻状态，$Y=A$；当 $S = 1$ 时，G_2 处于工作状态，G_1 输出高阻状态，$Y=B$。可以得到 Y 的逻辑表达式为

$$Y = \overline{S}A + SB \qquad (2.4\text{-}13)$$

2 选 1 数据选择器是应用十分广泛的基本逻辑电路。2.4.7 节将给出由传输门构成的 2 选 1 数据选择器，第 3.3 节将介绍更为复杂的数据选择器。

在图 2.4-36 所示的电路中，两个三态缓冲器输出端直接相连。由于两个三态门使能端有效电平相反，因此，无论 S 为高电平还是低电平，都只有一个三态门被使能。这一点非常重要，因为如果两只缓冲器同时使能，将可能出现过流现象。

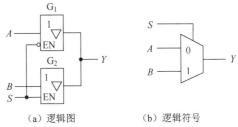

（a）逻辑图　　　　（b）逻辑符号

图 2.4-36　三态缓冲器构成的 2 选 1 数据选择器

（2）实现数据的总线传输

在计算机系统中，微处理器经常需要与各外部设备之间交换数据。为了减少连线，微处理器和外部设备之间采用总线（BUS）连接。总线就是公用的信号线。图 2.4-37 所示为简化的总线系统。三态门 G_1 和 G_2 表示需要向总线发送数据的外部设备。在任何给定时刻，只允许一个外部设备将数据传送到总线上，这是总线系统最基本的要求。G_1 和 G_2 由使能信号 $\overline{E_0}$ 和 $\overline{E_1}$ 控制，其时序如图 2.4-38 所示。为了避免总线冲突，在任何时刻，$\overline{E_0}$ 和 $\overline{E_1}$ 只能有一个信号处于低电平。

（3）实现数据的双向传输

利用三态门还可以实现双向数据传送，如图 2.4-39 所示。当 EN = 0 时，G_1 处于工作态，G_2 处于高阻态，数据从 A 传到 B；当 EN = 1 时，G_1 处于高阻态，G_2 处于工作态，数据从 B 传到 A。

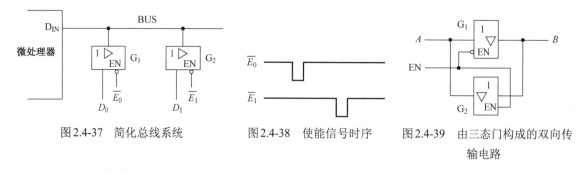

图 2.4-37 简化总线系统　　　图 2.4-38 使能信号时序　　　图 2.4-39 由三态门构成的双向传输电路

2.4.7 CMOS 传输门

1. CMOS 传输门的电路结构和工作原理

CMOS 传输门由一只 NMOS 管和 PMOS 管构成，其电路结构和逻辑符号如图 2.4-40 所示。

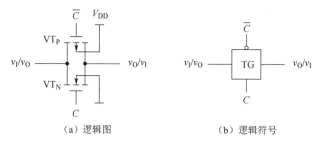

（a）逻辑图　　　　　　　（b）逻辑符号

图 2.4-40 CMOS 传输门的电路结构和符号

图中 C、$\overline{C}$ 是互补的数字信号，高电平时为 V_{DD}，低电平时为 0。由于 MOS 管的结构对称，源极和漏极可以互换，电流可以从两个方向流通，因此 CMOS 传输门属于双向传输门。工作原理分析如下：

① 当 $C = 0$（0V）、$\overline{C} = 1$（V_{DD}）时，VT_P 和 VT_N 的衬底和栅极电位相等，无法形成导电沟道，在 $0 < v_I < V_{DD}$ 的范围内，VT_P 和 VT_N 均截止，输入和输出呈高阻，相当于传输门断开。

② 当 $C = 1$（V_{DD}）、$\overline{C} = 0$（0V）时，采用如图 2.4-41 所示的原理图来分析。假设传输门输出端接高输入阻抗的电压跟随器时，由于传输门的导通电阻比较小，其压降可以忽略不计。由此可以得到以下结论：节点 A 与节点 B 的电位相等，NMOS 管和 PMOS 管的导电沟道的电位与输入电压相同。在 $0 < v_I < V_{DD} - V_{TN}$ 的范围内，VT_N 衬底和栅极之间的电位差大于 V_{TN}，VT_N 导通；当 $v_I > V_{DD} - V_{TN}$ 时，VT_N 衬底和栅极之间的电位差小于 V_{TN}，导电沟道无法形成，VT_N 截止。同理，在 $|V_{TP}| < v_I < V_{DD}$ 的范围内，VT_P 的衬底和栅极电位差绝对值大于 $|V_{TP}|$，导电沟道形成，VT_P 导通；当 $v_I < |V_{TP}|$时，VT_P 截止。

上述分析表明，在传输门中，MOS 管导通与否不但与栅极电压有关，还与传输信号的电压大小有关。NMOS 管适合传输低电压信号，PMOS 管适合传输高电压信号。将 NMOS 管和 PMOS 管并联使用，v_I 在 $0 \sim V_{DD}$ 范围内，VT_P 和 VT_N 至少有一只管子导通，保证了传输门处于导通状态。

由以上分析可知，当传输信号电压范围满足 $0 < v_I < V_{DD}$ 时，CMOS 传输门的导通和断开受控制端电平控制，即当 $C = 0$，$\overline{C} = 1$ 时，传输门断开；当 $C = 1$，$\overline{C} = 0$ 时，传输门导通。

2. CMOS 传输门的应用

CMOS 传输门可用于传输模拟信号或数字信号，也是构成数字电路的基本单元。下面给出 CMOS

传输门的典型应用。

（1）构成逻辑电路

与 CMOS 反相器一样，CMOS 传输门也是构成逻辑电路的基本单元。利用 CMOS 传输门和 CMOS 反相器可以构成各种逻辑电路，如异或门、三态门、数据选择器、锁存器、触发器等。图2.4-42所示为由 CMOS 反相器和传输门构成的 2 选 1 数据选择器。当 $S = 0$ 时，TG_1 导通，TG_2 截止，$Y = A$；当 $S = 1$ 时，TG_1 截止，TG_2 导通，$Y = B$，所以该电路为 2 选 1 数据选择器。

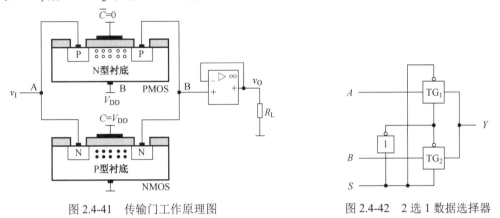

图 2.4-41　传输门工作原理图　　　　　　图 2.4-42　2 选 1 数据选择器

（2）构成模拟开关

CMOS 传输门加上一个反相器就构成了模拟开关。其逻辑电路、电路符号和等效电路如图 2.4-43 所示。

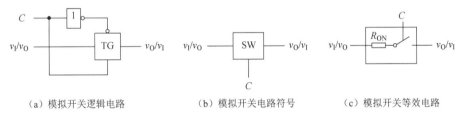

（a）模拟开关逻辑电路　　　　　（b）模拟开关电路符号　　　　　（c）模拟开关等效电路

图 2.4-43　由传输门构成的模拟开关

模拟开关具有以下特点：

① 由于 MOS 管在结构上是漏源对称的，模拟开关可以双向传输信号。

② 模拟开关既可以传输模拟信号，也可以传输数字信号，信号的电压范围为 $0 \sim V_{DD}$。

③ 模拟开关断开状态下的等效电阻大于 $10^9 \Omega$，导通状态下的等效电阻小于 $1k\Omega$。由于模拟开关导通电阻不为零，使用时应注意导通电阻对电路性能的影响。当模拟开关的输出端接高输入阻抗的 MOS 电路或电压跟随器时，信号在模拟开关等效电阻上的传输衰减可忽略不计。

2.5　TTL 门电路

2.5.1　分立元件门电路

虽然现在已广泛使用集成门电路，但分立元件门电路还在一定的场合使用，而且是理解集成门电路的基础。这里介绍与、或、非 3 种分立元件门电路。

1. 与门

由二极管和电阻构成的二输入与门电路如图 2.5-1所示。

为了分析其逻辑功能，先对高低电平做如下定义：低电平电压范围 0～2V；高电平电压范围 3～5V。分析时，输入低电平取中间值 1V，输入高电平取中间值 4V，可得二输入与门的电平和真值表如表 2.5-1 所示。

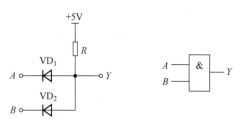

图 2.5-1　二输入与门电路

表 2.5-1　二输入与门的电平和真值表

A	B	Y	A	B	Y
1V	1V	1.7V	0	0	0
1V	4V	1.7V	0	1	0
4V	1V	1.7V	1	0	0
4V	4V	4.7V	1	1	1

从真值表可知，图2.5-1所示电路完成与逻辑功能。

图2.5-1 所示的与门电路虽然简单，但一般只能单独使用。如果多个门级联就会出现问题。如图2.5-2所示为两个与门级联电路。从逻辑功能上分析，当 A 输入低电平，B、C 输入高电平时，Y 应输出低电平。由于二极管与门的输入和输出电压之间有 0.7V 的偏移。当两级与门电路级联时，Y 的输出电压为 2.4V，从而使 Y 输出电压超出规定的低电平电压范围。如果更多的与门级联，Y 的输出电压将进入高电平范围。

2. 或门

由二极管和电阻构成的二输入或门电路如图2.5-3所示。

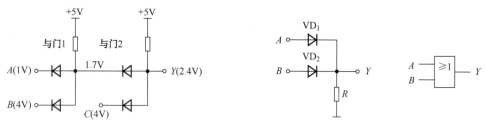

图 2.5-2　两个与门级联电路　　　　　图 2.5-3　二输入或门电路

采用二输入与门同样的分析方法，可以得到表 2.5-2 所示的二输入或门电平和真值表。

从真值表可知，图2.5-3所示电路完成或逻辑功能。

3. 非门（反相器）

分立元件反相器电路如图2.5-4（a）所示。当 A 为高电平时，三极管 VT 饱和，Y 输出低电平0.3V，当 A 为低电平时，三极管 VT 截止，Y 输出高电平 5V，从而实现反相器的逻辑功能。图2.5-4（b）所示为反相器的等效电路，V_{CES} 为三极管 VT 饱和时集电极和发射极之间的电压，典型值为 0.3V。R_{CE} 为三极管 VT 饱和时集电极和发射极之间的等效电阻，其阻值很小。

表 2.5-2　二输入或门电平和真值表

A	B	Y	A	B	Y
1V	1V	0.3V	0	0	0
1V	4V	3.3V	0	1	1
4V	1V	3.3V	1	0	1
4V	4V	3.3V	1	1	1

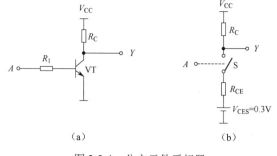

（a）　　　　　　　（b）

图 2.5-4　分立元件反相器

图 2.5-4 所示反相器电路中，R_C 为一固定电阻。当反相器输出高电平时，R_C 越小，高电平输出特性越好。当反相器输出低电平时，R_C 越大，低电平输出特性越好。由于反相器电路中R_C 为一固定电阻，反相器输出高电平和输出低电平时难以同时获得理想的输出特性。

2.5.2　LSTTL 与非门

TTL 集成门电路的发展先后出现了 74、74H、74S、74LS 四个系列。其中 74 系列也称为标准系列，后面三个系列是在 74 系列的基础上对电路改进后得到的，目的是降低功耗、提高速度。前三个系列已经先后淘汰，目前仍在使用的是 74LS 系列。由于 74 系列 TTL 与非门（以下简称标准 TTL 与非门）电路比较简单，原理容易理解，因此本节先介绍标准 TTL 与非门的电路结构和工作原理，然后再过渡到 74LS 系列 TTL 与非门（以下简称 LSTTL 与非门）。

标准 TTL 与非门电路原理如图 2.5-5 所示。由于其输入级和输出级均为三极管，因此称为 TTL（Transistor-Transistor Logic）门电路。标准 TTL 与非电路的输入级采用了多发射极的三极管 VT_1，分析时，可将其发射结和集电结都视为二极管，得到如图2.5-6 所示的形式。

标准 TTL 与非门工作原理分析如下。

① 当 A、B 中有一低电平（0.3V）时，电路中 $V_{B1} = 0.3 + 0.7 = 1.0V$。由于只有 $V_{B1} \geq 2.1V$ 才能使 VT_1 的集电极以及 VT_2、VT_5 的发射极同时处于正向导通状态，因此 VT_2、VT_5 截止。由于 VT_2 截止，V_{C2} 为高电平，使 VT_4 导通，Y 输出高电平。高电平的电压值可估算如下

$$V_{OH} = V_{CC} - V_{R2} - V_{BE4} - V_{D3} \approx 5.0 - 0 - 0.7 - 0.7 = 3.6V$$

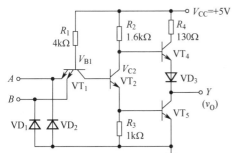

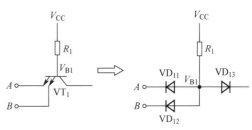

图 2.5-5　标准 TTL 与非门电路原理　　　　　图 2.5-6　多发射极三极管等效电路

② 当 A、B 同时为高电平（3.6V）时，VT_2、VT_5 饱和导通，V_{B1} 钳位在 2.1V。由于 VT_2 饱和导通，$V_{C2} = V_{CES2} + V_{BE5} \approx 1V$，该电压加到 VT_4 基极，由于 VD_3 的存在，不足以使 VT_4 导通，所以 VT_4 截止，Y 输出低电平，$v_O = V_{CES5} = 0.3V$。

当标准 TTL 与非门输入端全部为高电平时，输出低电平；当输入端至少有一个为低电平时，输出高电平，从而实现了与非门逻辑功能。

标准 TTL 与非门输出级中的 VT_4 和 VT_5 轮流导通，属于推拉式输出结构。当门电路输出高电平时，VT_4 导通，构成射极跟随器，输出电阻很低；当门电路输出低电平时，VT_5 饱和导通，输出电阻也很低，因此，无论电路输出是高电平还是低电平，都能获得较为理想的输出特性。

标准 TTL 与非门的输出级加了一只 130Ω 电阻 R_4。当门电路输出高电平时，输出电流流过 R_4 将会产生压降，从改善高电平输出特性的角度来看，该电阻是多余的。但是，由于门电路的输出状态发生改变时，VT_4 和 VT_5 会有一瞬间同时导通，R_4 可以起到限流的作用。

输入级的 VD_1、VD_2 为保护二极管，用于防止输入电压为负时 VT_1 发射极电流过大。在正常情况下 VD_1、VD_2 反向截止，不起作用。

LSTTL 与非门是在标准 TTL 与非电路的基础上采取了多项改进措施得到的，如图2.5-7 所示。

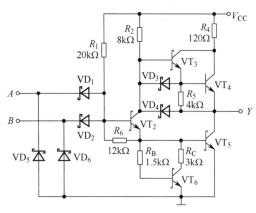

图 2.5-7　LSTTL 与非门电路

LSTTL 与非门的电路结构和工作原理与标准 TTL 与非门类似，这里不再展开分析。以下主要介绍 LSTTL 与非门在提高工作速度、降低功耗方面所采取的几项措施。

降低功耗的主要措施就是大幅提高电路中各电阻的阻值。将 LSTTL 与非门电路与标准 TTL 与非门电路比较，电路中各电阻值都增加了几倍。LSTTL 与非门的功耗只有标准 TTL 与非门功耗的 1/5。

为了提高工作速度，LSTTL 与非门采取了以下改进措施。

① 措施一：将门电路中所有可能饱和的三极管用肖特基三极管代替。

三极管从饱和状态到截止状态的转变需要一定时间（通常称为存储时间）。特别是当三极管处于深度饱和时，存储时间将更长。存储时间是影响门电路工作速度的主要因素，为了加快三极管的开关速度，应防止三极管工作在深度饱和状态。三极管在深度饱和时，$V_{CE} = 0.1 \sim 0.2\text{V}$，这时，$V_{BC} = V_{BE} - V_{CE} = 0.6 \sim 0.5\text{V}$。只要使 V_{BC} 小于 0.5V，就可使 V_{CE} 大于 0.2V。利用肖特基二极管（Schottky Barrier Diode，SBD）的正向导通压降为 0.3~0.4V 的特性，在普通三极管的基极和集电极之间并联一只肖特基二极管，就可以防止三极管处于深度饱和。肖特基三极管的电路和符号如图2.5-8 所示。肖特基三极管也称为抗饱和三极管。

② 措施二：增加了由 R_B、R_C、VT_6 构成的 VT_5 基极有源泄放回路，如图2.5-9 所示。

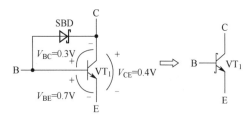

图 2.5-8　肖特基三极管的电路和符号

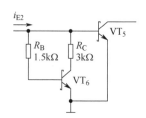

图 2.5-9　有源泄放回路

有源泄放回路的工作原理分析如下：

● 在 VT_6、VT_5 的开通过程中，由于 VT_6 基极接有电阻 R_B，因此 VT_5 比 VT_6 先导通，此时 i_{E2} 全部流入 VT_5 基极，加快了 VT_5 的开通，随后 VT_6 导通，使 VT_5 基极的过驱动电流通过 VT_6 泄放到地，防止 VT_5 过饱和。

● 在 VT_6、VT_5 的截止过程中，由于 VT_6 基极接有电阻 R_B，VT_5 比 VT_6 先截止，这样 VT_5 的基极电流可通过 VT_6 很快泄放掉，加快了 VT_5 的截止。

③ 措施三：为使 VT_2 能迅速关断，加电阻 R_6，给 VT_2 的基极电荷提供泄放回路。

为给 VT_4 的基极电荷提供泄放回路，加电阻 R_5。加入 VD_3 有利于 VT_4 基极电荷经 VD_3 和导通的 VT_2 泄放到地。加入 VD_4 则有利于负载电容 C_L 通过 VD_4、VT_2 和 VT_5 的基极迅速放电，而该放电电流又加速了 VT_5 的导通。

由于功耗低、速度快，在过去相当长的一段时间里，以 LSTTL 与非门为代表的 74LS 系列一直是集成电路的主流系列。除了 LSTTL 系列之外，近年来还出现了几种新型的 TTL 集成电路系列，如 74AS（Advanced Schotty TTL）系列、74ALS 系列（Advanced Low-Power Schotty TTL）等。

2.5.3　LSTTL 门电路的电气特性

与 CMOS 门电路一样，LSTTL 门电路的电气特性包括电压传输特性、输入特性、输出特性和动态特性。

1. 电压传输特性

根据图 2.5-7 所示的 LSTTL 与非门电路，将 A 输入端与电源相接，B 输入端加一可变的输入电压 v_I，可得到如图 2.5-10 所示的 LSTTL 与非门电压传输特性曲线。

① 当输入电压 $v_I < 0.3$V 时，输入二极管 VD_1 导通，VT_2 的基极电位被钳位在 0.7V 以下，VT_2、VT_5 截止。由于 VT_2 截止，VT_3 的基极电压被 R_2 上拉成高电平，因此 VT_3 导通。VT_4 的工作状态与门电路的负载大小有关。当门电路空载（输出端电流为零）时，流过 R_5 的电流为零，R_5 上的压降也为零，VT_4 因 v_{BE4} 小于晶体管的开启电压而截止。当门电路加上一定的负载时，部分负载电流流过 R_5，R_5 上的压降不再为零，高电平输出电压将会下降。随着负载电流继续增加，VT_4 将导通。空载时高电平输出电压 V_{OH} 值可以估算如下

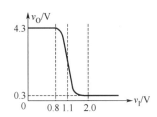

图 2.5-10　电压传输特性曲线

$$V_{OH} = V_{CC} - V_{R2} - V_{BE3} - V_{R5} \approx 5 - 0 - 0.7 - 0 = 4.3 \text{ V} \tag{2.5-1}$$

② $v_I = 0.3 \sim 0.8$V 时，VT_2 的基极电位被钳位在 $0.7 \sim 1.2$V 之间，VT_5 由 R_6 供电开始导通，VT_2 因 v_{BE2} 小于晶体管的开启电压而截止。门电路的输出仍为高电平，但输出电压开始降低。

③ $v_I > 0.8$V 时，VT_2 开始导通，随着 v_I 的升高，输出高电平下降越来越大；当输入电压 $v_I = 1.1$V 时，VT_2、VT_6、VT_5 同时导通，电路处于放大状态，v_I 稍许升高都将引起输出电压的急剧下降。$v_I = 1.1$V 称为 LSTTL 与非门的阈值电压，用 V_T 表示。

④ $v_I \geq 1.1$V 以后，VT_2、VT_6、VT_5 进入饱和状态，门电路输出低电平 $V_{OL} \approx 0.3$V。

LSTTL 门电路的输入输出高低电平都有一定的电压范围。实际 TTL 集成电路产品的数据手册一般给出高低电平的极限参数来表示高低电平电压范围。表 2.5-3 为 74LS 系列与非门集成电路 74LS00 的高低电平参数表。

表 2.5-3　74LS00 高低电平参数表

符号	测试条件	最小值	典型值	最大值	单位
V_{IH}	$V_{CC} = 5$V	2.0	—	—	V
V_{IL}	$V_{CC} = 5$V	—	—	0.8	V
V_{OH}	$V_{CC} = 5$V，$I_{OH} = -0.4$mA	2.7	3.4	—	V
V_{OL}	$V_{CC} = 5$V，$I_{OL} = 8$mA	—	0.35	0.5	V

根据表 2.5-3 中给出的极限值，可以得到 74LS00 输出为高电平和低电平时的噪声容限

$$V_{NH} = V_{OH(\min)} - V_{IH(\min)} = 2.7 - 2.0 = 0.7\text{V} \tag{2.5-2}$$

$$V_{NL} = V_{IL(\max)} - V_{OL(\max)} = 0.8 - 0.5 = 0.3\text{V} \tag{2.5-3}$$

LSTTL 门电路高电平和低电平的噪声容限并不相同，高电平时噪声容限大，因此高电平时抗干扰能力较强。

2. 输入特性

输入特性是指门电路输入电压 v_I 和输入电流 i_I 之间的关系，其分析电路如图 2.5-11 所示。图中用两个二极管符号 be_2、be_5 表示 LSTTL 与非门电路中 VT_2 和 VT_5 的发射结。

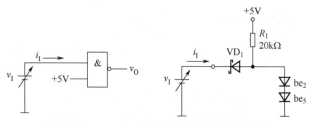

图 2.5-11   LSTTL 与非门输入特性分析电路

当 $v_I = 0$ 时，输入电流称为短路输入电流，用 I_{IS} 表示。由于 VT_2、VT_5 截止，I_{IS} 可以求得

$$I_{IS} = -\frac{V_{CC} - V_{D1}}{R_1} = -\frac{(5 - 0.3)V}{20k\Omega} = -0.235\text{mA} \tag{2.5-4}$$

当 $v_I = 0.3V$ 时，输入电流称为低电平输入电流 I_{IL}。此时 VT_2、VT_5 仍然截止，I_{IL} 可以求得

$$I_{IL} = -\frac{V_{CC} - V_{D1} - V_{IL}}{R_1} = \frac{(5 - 0.3 - 0.3)V}{20k\Omega} = -0.22\text{mA} \tag{2.5-5}$$

当 $v_I > 1.1V$ 时，输入电流称为高电平输入电流，由于此时输入二极管 VD_1 反向截止，高电平输入电流实际上是 VD_1 的反向漏电流

$$I_{IH} \leqslant 20\mu A$$

从以上分析可知，当 LSTTL 与非门电路输入高电平时，输入电流流入门电路，但数值很小；当 TTL 门电路输入低电平时，输入电流流出门电路。

当输入电压 v_I 在 $0 \sim V_{CC}$ 之间变化时，可得到 LSTTL 与非门输入特性曲线如图 2.5-12 所示。

实际集成电路产品数据表中一般只给出高电平输入电流和低电平输入电流的极限参数。

$I_{IL(max)}$：最大低电平输入电流，对大部分 LSTTL 门电路，$I_{IL(max)} = -0.4\text{mA}$，通常将该电流称为一个单位 LSTTL 低电平负载。

$I_{IH(max)}$：最大高电平输入电流，对大部分 LSTTL 门电路，

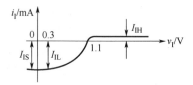

图 2.5-12   LSTTL 与非门的输入特性曲线

$I_{IH(max)} = 20\mu A$，通常将该电流称为一个单位 LSTTL 高电平负载。

对于 CMOS 门电路来说，由于输入阻抗非常大，输入端接一个电阻到地，不管阻值多大，都相当于输入低电平。但对 LSTTL 门电路来说，输入端接一电阻到地，其阻值对门电路的状态有很大影响，因此有必要分析 LSTTL 与非门输入端接电阻时的特性。

输入端接电阻时的等效电路如图 2.5-13（a）所示。当输入电流流过 R_I 时，必然会在 R_I 上产生压降，从而形成输入电压 v_I。当电阻 R_I 较小时，v_I 也较小，相当于输入低电平。随着 R_I 的增加，v_I 也增加，当 v_I 增加到 $V_{IL(max)}$ 时，对应的电阻值称为关门电阻 R_{OFF}。当 R_I 继续增大时，v_I 进一步增加，当 v_I 增大到 1.1V 时，VT_2 和 VT_5 导通，与非门输出低电平，此时对应的输入电阻称为开门电阻 R_{ON}。由于 VT_2 和 VT_5 导通时 V_{B1} 钳位在 1.4V，使 v_I 不会超过 1.1V。LSTTL 输入端负载特性曲线如图 2.5-13（b）所示。

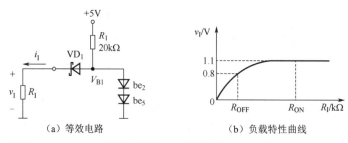

（a）等效电路   （b）负载特性曲线

图 2.5-13   LSTTL 输入端接电阻时的等效电路和输入端负载特性

当 R_I 较小时，v_I 较小，VT_2 和 VT_5 截止，可得到 v_I 计算公式为

$$v_\text{I} = \frac{R_\text{I}}{R_1 + R_\text{I}}(V_\text{CC} - V_\text{D1})$$

为了保证输入电压为低电平，$v_\text{I} \leqslant V_\text{IL(max)}$，即

$$v_\text{I} = \frac{R_\text{I}}{R_1 + R_\text{I}}(V_\text{CC} - V_\text{D1}) \leqslant V_\text{IL(max)}$$

$$R_\text{I} \leqslant \frac{V_\text{IL(max)} R_1}{V_\text{CC} - V_\text{D1} - V_\text{IL(max)}}$$

将 $R_1 = 20\text{k}\Omega$，$V_\text{CC} = +5\text{V}$，$V_\text{D1} = 0.3\text{V}$，$V_\text{IL(max)} = 0.8\text{V}$ 代入上式，求得的电阻值即为关门电阻 $R_\text{OFF} \approx 4.1\text{k}\Omega$。

当 VT_2 导通时，VT_2 的基极电流不为零，上述 v_I 的计算公式不再成立，因此，开门电阻 R_ON 无法通过计算获得。通过实验的方法可测得 R_ON 的值在 $10\text{k}\Omega$ 左右。

关门电阻 R_OFF 和开门电阻 R_ON 的大小与门电路内部参数有关，考虑到内部参数的分散性，在实际使用中，R_OFF 通常选为 $1\text{k}\Omega$，R_ON 通常选为 $10\text{k}\Omega$。

结论：

① 当 $R_\text{I} \leqslant R_\text{OFF}$ 时，相当于输入低电平；当 $R_\text{I} \geqslant R_\text{ON}$ 时，相当于输入高电平。

② 悬空相当于接高电平。

3．输出特性

LSTTL 门电路的输出特性与 CMOS 门电路相似，即输出高电平时能提供一定的拉电流，输出低电平时能提供一定的灌电流。门电路的低电平输出电压 V_OL 随着 I_OL 的增加而提高，高电平输出电压 V_OH 随着 I_OH 的增加而降低。输出特性的主要参数如下。

$I_\text{OH(max)}$：高电平状态的最大输出电流，该电流从门电路输出端流出，对 LSTTL 门电路来说，其值一般为 $-400\mu\text{A}$。

$I_\text{OL(max)}$：低电平状态的最大输出电流，该电流从门电路输出端流入，对 LSTTL 门电路来说，其值一般为 8mA。

LSTTL 门电路的灌电流负载能力远远大于拉电流负载能力。因此，LSTTL 门电路的输出负载能力是不对称的，这一点与 CMOS 门电路有明显区别。由于 LSTTL 门电路的输入电流也不对称，即高电平输入电流小，低电平输入电流大，当 LSTTL 门电路驱动同类型门电路时，高电平扇出系数和低电平扇出系数基本相等。下面通过对 LSTTL 门电路的扇出系数的计算就可以看到这一点。

低电平扇出系数：
$$N_\text{L} = \frac{I_\text{OL(max)}}{\left|I_\text{IL(max)}\right|} = \frac{8\text{mA}}{0.4\text{mA}} = 20 \tag{2.5-6}$$

高电平扇出系数：
$$N_\text{H} = \frac{\left|I_\text{OH(max)}\right|}{I_\text{IH(max)}} = \frac{0.4\text{mA}}{20\mu\text{A}} = 20 \tag{2.5-7}$$

由于低电平扇出系数和高电平扇出系数一致，门电路总的扇出系数也为 20。

当用 LSTTL 门电路驱动其他负载如 LED 发光管、继电器等器件时，就要考虑这种驱动能力不对称的影响。图 2.5-14 给出了 LSTTL 门电路驱动 LED 发光管时的两种接法。由于 LSTTL 门电路灌电流比拉电流大，因此图 2.5-14（a）所示的连接方案是合理的。

【例 2.5-1】二输入 LSTTL 与非门接成如图 2.5-15 所示电路。已知与非门的 $V_\text{OH(min)} = 3.4\text{V}$，$V_\text{OL(max)} = 0.35\text{V}$，$I_\text{OH(max)} = 0.4\text{mA}$，$I_\text{OL(max)} = 8.0\text{mA}$，$R_\text{C} = 1\text{k}\Omega$，$V_\text{CC} = +10\text{V}$，$\beta = 40$，$V_\text{CES} = 0.3\text{V}$。若要实现 $Y = AB$，试确定电阻 R_B 的取值范围。

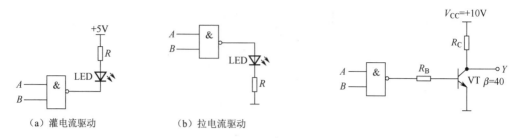

（a）灌电流驱动　　　　（b）拉电流驱动

图 2.5-14　LSTTL 门电路驱动 LED 的两种接法　　　图 2.5-15　例 2.5-1 图

解： 当门输出为低电平时，不可能有电流灌入，故这时电阻 R_B 的取值不受任何约束。当门输出高电平时，首先要求与非门输出的电流要小于 $I_{OH(max)}$，即

$$\frac{V_{OH(min)} - V_{BE}}{R_B} \leq 0.4\text{mA}$$

$$R_B \geq \frac{3.4 - 0.7}{0.4} = 6.75\text{k}\Omega$$

其次，为了使 VT 饱和，要求流入 VT 基极的电流 $I_B \geq I_{BS}$，即

$$\frac{V_{OH(min)} - V_{BE}}{R_B} \geq \frac{V_{CC} - V_{CES}}{\beta R_C}$$

$$R_B \leq \frac{V_{OH(min)} - V_{BE}}{V_{CC} - V_{CES}} \beta R_C = \frac{3.4 - 0.7}{10 - 0.3} \times 40 \times 1 \approx 11.1\text{k}\Omega$$

因此，$6.75\text{k}\Omega \leq R_B \leq 11.1\text{k}\Omega$，可取标称值 $10\text{k}\Omega$。

4．动态特性

LSTTL 门电路的动态特性与 CMOS 门电路一样，主要参数包括传输时间、延迟时间和动态功耗。各参数的定义与 CMOS 门电路没有本质不同，这里不再赘述。

2.6　例题讲解

【例 2.6-1】 有一 TTL 门电路内部电路如图 2.6-1 所示，说明其逻辑功能。

解： 当 EN = 1（5V）时，二极管 VD 截止，多发射极三极管 VT$_1$ 中与 EN 相连的发射结反向截止，此时，该电路等同于图2.5-5 所示的标准与非门，实现与非逻辑功能。

当 EN = 0（0.3V）时，VD 导通，$V_{C2} \approx 1\text{V}$，VT$_4$ 截止，同时，$V_{B1} \approx 1\text{V}$，VT$_2$、VT$_5$ 截止。门电路输出级的 VT$_4$ 和 VT$_5$ 同时截止，输出高阻态。

因此，图 2.6-1 所示电路为三态与非门。该三态门有两个输入逻辑变量 A 和 B，EN 为三态门的使能控制端。

【例 2.6-2】 分析如图 2.6-2 所示 BiCMOS 门电路逻辑功能。

解： 该电路由双极型三极管和 MOS 场效应管构成，属于 BiCMOS（Bipolar CMOS）门电路。BiCMOS 门电路的逻辑功能实现采用 CMOS 电路，而输出级则采用驱动能力强的双极型电路。BiCMOS 门电路不但具有 CMOS 电路功耗低、集成密度大的特点，还具有双极型电路速度高、带负载能力强的特点。图 2.6-2 所示 BiCMOS 门电路逻辑功能分析如下。

当 A 输入高电平时，VT$_{N1}$、VT$_{N2}$ 和 VT$_2$ 导通，VT$_P$、VT$_{N3}$ 和 VT$_1$ 截止，Y 输出低电平。当 A 输入低电平时，VT$_{P1}$、VT$_{N3}$ 和 VT$_1$ 导通，VT$_{N1}$、VT$_{N2}$ 和 VT$_2$ 截止，Y 输出高电平。输入和输出实现非逻辑。

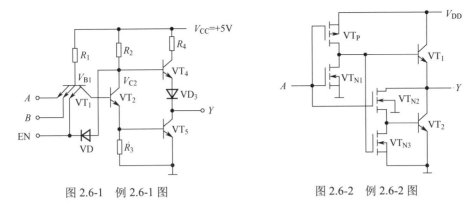

图 2.6-1 例 2.6-1 图   图 2.6-2 例 2.6-2 图

【例 2.6-3】 由 LSTTL 门电路组成的电路如图 2.6-3 所示。试写出 $Y_1 \sim Y_3$ 的逻辑表达式。

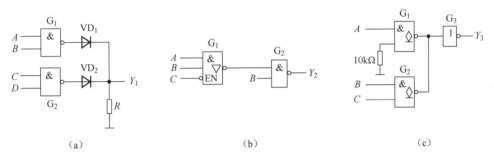

（a）   （b）   （c）

图 2.6-3 例 2.6-3 图

解：图 2.6-3（a）中 VD_1、VD_2 和 R 构成或门，因此，$Y_1 = \overline{AB} + \overline{CD}$

图 2.6-3（b）中 G_1 为三态门，当 $C=0$ 时，G_1 处于工作态，相当于一个二输入与非门，$Y_2 = \overline{AB \cdot B}$；当 $C=1$ 时，G_1 输出高阻态，G_2 与 G_1 相连的引脚相当于悬空。由于 G_2 为 LSTTL 与非门，因此该引脚相当于输入高电平，$Y_2 = \overline{B}$。将上述两个表达式合二为一得到

$$Y_2 = \overline{C} \cdot \overline{\overline{AB} \cdot B} + C \cdot \overline{B} = \overline{C}(AB + \overline{B}) + C \cdot \overline{B} = AB\overline{C} + \overline{B}\,\overline{C} + C\overline{B} = AB\overline{C} + \overline{B} = A\overline{C} + \overline{B}$$

图 2.6-3（c）中两个 OC 门 G_1 和 G_2 线与后驱动 G_3 门。虽然电路中没有上拉电阻，但仍然可以正常工作。这是因为 G_3 为 LSTTL 门电路，输入端内部的电阻起到了上拉电阻的作用。G_1 的一个输入端接 $10k\Omega$ 电阻接地，相当于输入高电平。根据上述分析，Y_3 的表达式为

$$Y_3 = \overline{\overline{A} \cdot \overline{BC}} = A + BC$$

【例 2.6-4】 三态门构成的电路如图 2.6-4（a）所示。A 端输入 8Hz 方波信号，B 端输入 4Hz 方波信号。在 $\overline{E_1}$、$\overline{E_2}$ 四种不同取值下，画出 BUS 上的信号波形。

解：三态门 G_1 和 G_2 的使能端是低电平有效。

（1）$\overline{E_1}$ 加高电平，$\overline{E_2}$ 加高电平，G_1 和 G_2 输出高阻，BUS 处于高阻态，无信号输出。

（2）$\overline{E_1}$ 加低电平，$\overline{E_2}$ 加高电平，G_1 处于工作态，G_2 输出高阻态，BUS 输出 8Hz 方波。

（3）$\overline{E_1}$ 加高电平，$\overline{E_2}$ 加低电平，G_1 输出高阻态，G_2 处于工作态，BUS 输出 4Hz 方波。

（4）$\overline{E_1}$ 加低电平，$\overline{E_2}$ 加低电平，G_1 和 G_2 均处于工作态。当 G_1 和 G_2 输出电平不同时，会产生总线冲突，总线上的电平既不是高电平也不是低电平，导致逻辑错误。

上述 4 种情况的工作波形如图 2.6-4（b）所示。

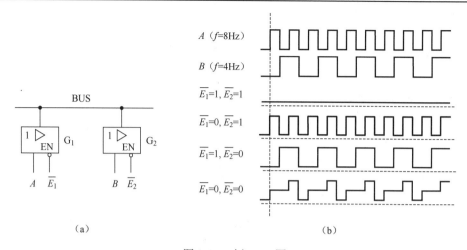

图 2.6-4　例 2.6-4 图

【例 2.6-5】　假设门电路的延迟时间为 t_{PD}，请画出图 2.6-5 所示电路的时序图。

解：图 2.6-5 所示的电路虽然比较简单，但与前面介绍的逻辑电路有一点不同，就是 G_3 的输出反馈到 G_2 的输入端。如果不考虑电路的延迟，电路的时序图如图 2.6-6（a）所示，其特点是各信号波形的上升沿和下降沿边沿对齐。如果考虑门电路的延迟时间，时序图如图 2.6-6（b）所示。当 A 由低电平变成高电平时，经过 $1t_{PD}$ 的延迟，$\overline{A}$ 和 C 由高电平变为低电平，再经过 $1t_{PD}$ 的延迟，B 信号由低电平变为高电平。当 A 由高电平变成低电平时，经过 $1t_{PD}$ 的延迟，$\overline{A}$ 由低电平变为高电平，再经过 $1t_{PD}$ 的延迟，B 信号由高电平变为低电平，再经过 $1t_{PD}$ 的延迟，C 信号由低电平变为高电平。

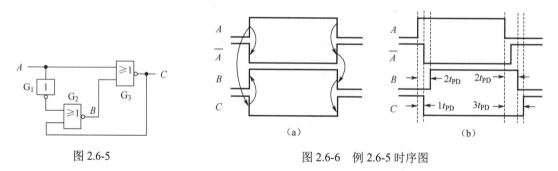

图 2.6-5　　　　　　　　　　　　图 2.6-6　例 2.6-5 时序图

【例 2.6-6】　在高速数据采集系统中，通常采用 FPGA+高速 A/D 转换器的方案，其原理图如图 2.6-7 所示。分析 FPGA 和高速 A/D 转换器接口中为什么要加一个反相器。

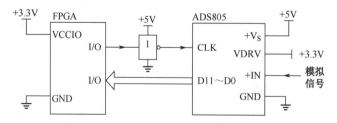

图 2.6-7　FPGA 和高速 A/D 的接口原理图

解：FPGA 为超大规模数字集成电路，其结构和原理将在本书第 9 章介绍。A/D 转换器是把模拟量转化成数字量的数模混合集成电路，其原理将在本书第 8 章介绍。高速数据采集系统中，A/D 转换器在时钟信号 CLK 的控制下，将模拟量转换成数字量，并将数字量存入 FPGA 内部的存储器中。FPGA 向高速 A/D 转换器提供时钟信号（频率一般为几十兆赫兹），A/D 转换器每接收到 1 个时钟脉冲，就向

FPGA 输出 n（n 为 A/D 转换器的分辨率）位的数字量。

FPGA 芯片采用 3.3V 供电，高速 A/D 转换器型号为 ADS805，采用+5V 电源供电。

当两种不同电源电压器件连接时，如何能保证可靠工作？必须满足以下两个条件：

① 驱动器件的输出电压应在负载器件所要求的输入电压范围内，即

$$V_{OH(min)} \geq V_{IH(min)} \tag{2.6-1}$$

$$V_{OL(max)} \leq V_{IL(max)} \tag{2.6-2}$$

② 驱动器件对负载器件能提供足够大的灌电流和拉电流，即

$$\left| I_{OH(max)} \right| \geq n \left| I_{IH(max)} \right| \tag{2.6-3}$$

$$\left| I_{IL(max)} \right| \geq m \left| I_{IL(max)} \right| \tag{2.6-4}$$

式中，n、m 分别为负载电流中 I_{IH}、I_{IL} 的个数。

在本例中，FPGA 和 A/D 转换器的接口信号中，时钟信号的方向是从 FPGA 到 A/D 转换器，数据信号是从 A/D 转换器到 FPGA，因此，FPGA 和 A/D 转换器既是驱动器件，又是负载器件。由于 A/D 转换器和 FPGA 的输入引脚阻抗都很大，而且引脚之间都是一对一连接的，式（2.6-3）和式（2.6-4）总是能满足的。能否满足式（2.6-1）和式（2.6-2）需要查阅器件数据手册。从 ADS805 的数据手册可知，时钟信号的 $V_{IH(min)}$=3.5V，$V_{IL(max)}$=1.0V，数据信号的 $V_{OH(min)}$=4.5V、$V_{OL(max)}$=0.1V。

当 FPGA 采用 3.3V 电源供电时，$V_{OH(min)}$=3.1V、$V_{OL(max)}$=0.2V，$V_{IH(min)}$=1.7V、$V_{IL(max)}$=0.8V。

当 ADS805 驱动 FPGA 时，从数据手册提供的参数能够满足式（2.6-1）和式（2.6-2）。

当 FPGA 驱动 ADS805 的时钟引脚时，FPGA 的 $V_{OH(min)}$ 为 3.1V，ADS805 的 $V_{IH(min)}$ 为 3.5V，不满足式（2.6-1）。如果 ADS805 的时钟信号直接由 FPGA 的 I/O 引脚提供，将导致 ADS805 转换的数据出错，这一点在实验调试中得到验证。

有两种方法解决这个问题：

方法一：将与 ADS805 时钟引脚连接的 FPGA I/O 引脚设成 OD 门输出，通过上拉电阻将输出高电平抬升到+5V。由于 OD 门高电平的驱动能力较差，当时钟信号的频率较高时，波形变差，导致工作不正常，所以这种方法不宜采用。

方法二：通过门电路实现电平转换。为了解决电平不匹配的问题，在 FPGA 的 I/O 引脚和 ADS805 的时钟引脚之间加一个+5V 供电的反相器，就很好地解决了问题。反相器可采用单与非门芯片 74HC1GT00 实现。

本 章 小 结

1. 集成门电路是构成各种数字电路的基本单元电路。常见的集成电路系列有 CMOS 和 TTL 两大类。由 NMOS 管和 PMOS 管组成的门电路称为 CMOS 门电路；输入级和输出级都是由双极型晶体管组成的门电路称为 TTL 门电路。

2. CMOS 门电路具有功耗低、集成度高、抗干扰性能好的特点，非常适合于制造大规模集成电路，随着 CMOS 工艺的进步，无论是在工作速度还是在驱动能力上，CMOS 门电路都不比 TTL 门电路逊色，CMOS 门电路已逐渐取代 TTL 电路成为当前数字电路主流产品。

3. 门电路有多种输出结构：推拉式输出、OD（OC）输出、三态输出等。推拉式输出是门电路的常用输出结构，具有驱动能力强、工作速度高的优点。OD（OC）输出可以实现"线与"，在使用时，需要在输出端和电源间接上拉电阻。三态输出除了 0 态、1 态，还有高阻态，可实现总线连接。

4. 集成门电路的主要外特性包括电压传输特性、输入特性、输出特性、动态特性等。与电压传输特

性相关的门电路参数有 $V_{OL(max)}$、$V_{OH(min)}$、$V_{IL(max)}$、$V_{IH(min)}$ 和 V_T；与输入特性相关的门电路参数有 I_{IL}、I_{IH}、R_{ON} 和 R_{OFF}；与输出特性相关的参数有 $I_{OH(max)}$ 和 $I_{OL(max)}$；与动态特性相关的参数有 t_t、t_{PD} 和 P_D。门电路的一些参数是通过计算得到的，如高电平噪声容限 V_{NH}、低电平噪声容限 V_{NL} 和扇出系数 N_L、N_H。

5．CMOS 传输门是一种特殊的 CMOS 电路，它是一种数字开关，由数字信号控制，可以导通和截止，导通时既可以传输数字信号，也可以传输模拟信号，还具有双向传输功能。与 CMOS 反相器一样，CMOS 传输门也是构成数字电路的基本单元。

自我检测题

1．假设 V_{TN}、V_{TP} 分别为 NMOS 管和 PMOS 管的开启电压，当电源电压 $V_{DD} < V_{TN} + |V_{TP}|$ 时，CMOS 反相器能正常工作吗？

2．CMOS 门电路采用推拉式输出的主要优点是＿＿＿＿＿＿＿＿。

3．CMOS 与非门多余输入端的处理方法是＿＿＿＿＿＿。

4．CMOS 或非门多余输入端的处理方法是＿＿＿＿＿＿。

5．CMOS 门电路的灌电流负载发生在输出＿＿＿＿电平情况下。负载电流越大，则门电路输出电压越＿＿＿＿。

6．随着输入信号频率的增加，CMOS 门电路的动态功耗将会＿＿＿＿＿＿。

7．将 OD 门的输出端直接相连，就可以实现线与功能＿＿＿＿＿。（√，×）

8．三态门有 3 种输出状态：0 态、1 态和＿＿＿＿＿＿。

9．当多个三态门的输出端连在一条总线上时，应注意＿＿＿＿＿＿。

10．在 CMOS 门电路中，输出端能并联使用的有＿＿＿＿＿＿和＿＿＿＿＿＿。

11．CMOS 传输门可以用来传输＿＿＿＿＿＿信号或＿＿＿＿＿＿信号。

12．提高 LSTTL 门电路工作速度的两项主要措施是采用＿＿＿＿＿＿和采用＿＿＿＿＿＿。

13．设某 LSTTL 与非门的拉电流负载为 0.4mA，灌电流负载为 16mA，发光管正常发光的工作电流为 5mA，则用该与非门驱动发光二极管时应选用＿＿＿＿＿＿。

（a）　　　　　　　　　　（b）

图 T2.13

14．电路如图 T2.14 所示，电源电压为 5V，当 C 为逻辑 1 时，$V_1 \approx$＿＿＿＿V，$V_2 \approx$＿＿＿＿V。

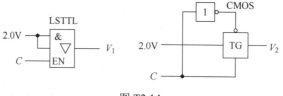

图 T2.14

15．CMOS 反相器能作为放大器用吗？

16．针对图 2.4-19（a）所示电路，某同学利用公式 $V_{OL} = V_{DD} - I_{OL}R_L$ 得出结论：当 I_{OL} 增加时，V_{OL} 降低。你认为该结论正确吗？为什么？

17．如果电源电压增加 5%，或者内部和负载电容增加 5%，你认为哪种情况会对 CMOS 电路的功耗产生较大影响？

18．当不同系列门电路互连时，要考虑哪几个电压和电流参数？这些参数应满足怎样的关系？

19．LSTTL 与非门电路如图 2.5-7 所示。（1）哪些元件构成有源泄放回路？（2）VD5 和 VD6 两只管子起什么作用？（3）门电路的阈值电压为多少？（4）降低功耗的主要措施？（5）为什么 VT4 没有采用肖特基三极管？

20．已知图 T2.20 所示电路中各 MOSFET 管的 $|V_T|$ =2V，若忽略电阻上的压降，则电路_____中的管子处于导通状态。

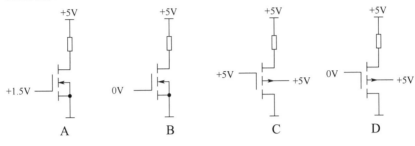

图 T2.20

21．三极管作为开关时工作区域是_____。
 A．饱和区+放大区　　　　　　　　　　　B．击穿区+截止区
 C．放大区+击穿区　　　　　　　　　　　D．饱和区+截止区

22．门电路参数由大到小排列正确的是_____。
 A．$V_{OH(min)}$、$V_{IH(min)}$、$V_{IL(max)}$、$V_{OL(max)}$　　　B．$V_{IH(min)}$、$V_{OH(min)}$、$V_{OL(max)}$、$V_{IL(max)}$
 C．$V_{OH(min)}$、$V_{IH(min)}$、$V_{OL(max)}$、$V_{IL(max)}$　　　D．$V_{IH(min)}$、$V_{OH(min)}$、$V_{IL(max)}$、$V_{OL(max)}$

23．对 CMOS 门电路，以下_____说法是错误的。
 A．输入端悬空会造成逻辑出错
 B．输入端接 510kΩ 的大电阻到地相当于接高电平
 C．输入端接 510Ω 的小电阻到地相当于接低电平
 D．噪声容限与电源电压有关

24．某集成电路芯片，查手册知其最大输出低电平 $V_{OL(max)}$ =0.5V，最大输入低电平 $V_{IL(max)}$ =0.8V，最小输出高电平 $V_{OH(min)}$ =2.7V，最小输入高电平 $V_{IH(min)}$ =2.0V，则其低电平噪声容限 V_{NL} =_____。
 A．0.4V　　　　　B．0.6V　　　　　C．0.3V　　　　　D．1.2V

25．某集成门电路，其低电平输入电流为 1.0mA，高电平输入电流为 10μA，最大灌电流为 8mA，最大拉电流为 400μA，则其扇出系数为 N = _____。
 A．8　　　　　　B．10　　　　　C．40　　　　　D．20

26．设图 T2.26 所示电路均为 LSTTL 门电路，能实现 $F = \overline{A}$ 功能的电路是_____。

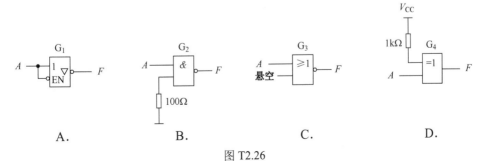

A.　　　　　　　　　B.　　　　　　　　　C.　　　　　　　　　D.

图 T2.26

27. 设图 T2.27 所示电路均为 CMOS 门电路，实现 $F = \overline{A+B}$ 功能的电路是_____。

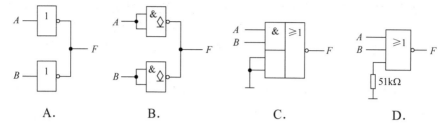

图 T2.27

28. LSTTL 门电路如图 T2.28 所示。门电路低电平输入电流 I_{IL} 为 1.5mA，高电平输入电流 I_{IH} 为 0.05mA。下列说法正确的是_____。

A. 当 A 加高电平时，G_2、G_3 流入 G_1 的电流为 4.5mA

B. 当 A 加高电平时，G_2、G_3 流入 G_1 的电流为 3mA

C. 当 A 加低电平时，G_2、G_3 属于灌电流负载，G_1 输出端流入的电流为 0.15 mA

D. 当 A 加高电平时，G_2、G_3 属于拉电流负载，G_1 输出端流出的电流为 0.1mA

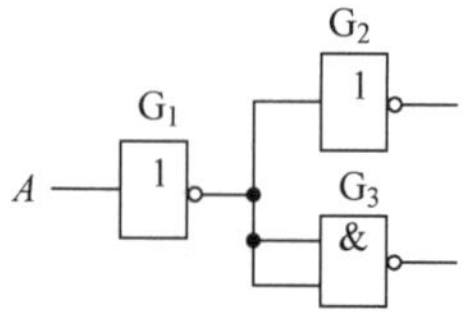

图 T2.28

习　　题

1. 晶体管电路如图 P2.1 所示，试判断各晶体管处于什么状态？

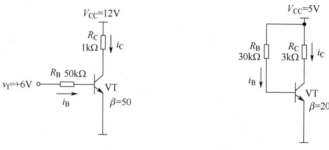

图 P2.1

2. 写出如图 P2.2 所示 CMOS 门电路的逻辑表达式。

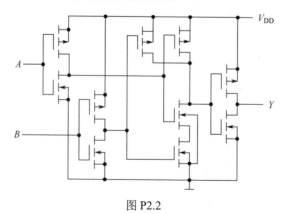

图 P2.2

3. 写出如图 P2.3 所示 CMOS 门电路的逻辑表达式。

4. 如果某器件的电压传输特性如图 P2.4 所示，该器件可否作为反相器使用？如果可以，其输入和输出的高低电平（V_{IL}、V_{OL}、V_{IH} 和 V_{OH}），以及噪声容限（V_{NL} 和 V_{NH}）分别是多少？如果不能用作反相器，请说明理由。

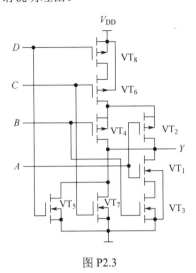

图 P2.3

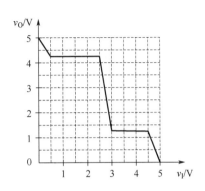

图 P2.4　某器件的电压传输特性

5. 电路如图 P2.5 所示，G_1 为 74HC 系列 CMOS 门电路，其数据手册提供的参数为 $V_{OL(max)}=0.33V$，$V_{OH(min)}=3.84V$，$I_{OL(max)}=4mA$，$I_{OH(max)}=-4mA$。三极管 VT 导通时 $V_{BE}=0.7V$，饱和时 $V_{CES}=0.3V$，发光二极管正向导通时压降 $V_{VD}=2.0V$。

（1）当输入 A、B 取何值时，发光二极管 VD 有可能发光？

（2）为使 VT 饱和，其 β 值应为多少？

6. 分析如图 P2.6 所示电路的逻辑功能，画出其逻辑符号。

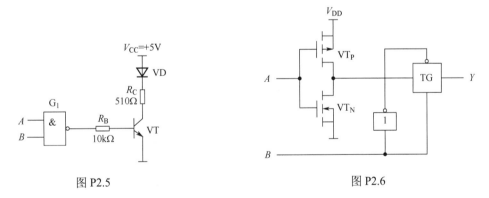

图 P2.5

图 P2.6

7. 画出图 P2.7（a）所示信号经过电路 P2.7（b）后的输出信号 B 和 Y 的波形，标出时间参数。设各门电路的延时为 10ns。

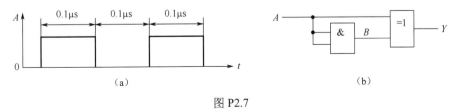

图 P2.7

8. 由三态门构成的总线传输电路如图 P2.8 所示，图中 n 个三态门的输出接到数据传输总线，D_0、

D_1、$\cdots$、D_{n-1} 为数据输入端，$\overline{CS_0}$、$\overline{CS_1}$、$\cdots$、$\overline{CS_{n-1}}$ 为片选信号输入端。试问：（1）片选信号应满足怎样的时序关系，以便数据 D_0、D_1、$\cdots$、D_{n-1} 通过总线进行正常传输？（2）如果片选信号出现两个或两个以上有效，可能发生什么情况？（3）如果所有的信号均无效，总线处在什么状态？

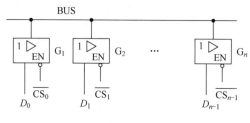

图 P2.8

9．分析如图 P2.9 所示电路的逻辑功能，写出电路输出函数 S 的逻辑表达式。

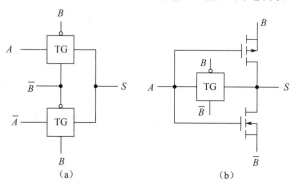

图 P2.9

10．由门电路组成的电路如图 P2.10 所示，试写出 $Y_1 \sim Y_4$ 的逻辑表达式。

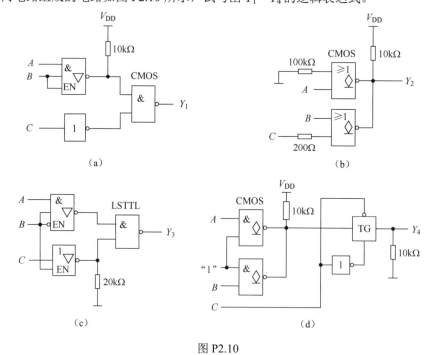

图 P2.10

11．由 CMOS 门电路组成的电路如图 P2.11 所示，试写出其逻辑表达式。

12. 图 P2.12 中，CMOS OD 门电路的输出低电平 $V_{OL} \leqslant 0.4V$ 时，允许最大灌电流 $I_{OL(max)} = 4mA$，CMOS 门的输入电流 I_{IL} 和 I_{IH} 均为 1μA。如果要求节点 Z 高、低电平满足 $V_H \geqslant 4V$、$V_L \leqslant 0.4V$，请计算上拉电阻 R_C 的选择范围。

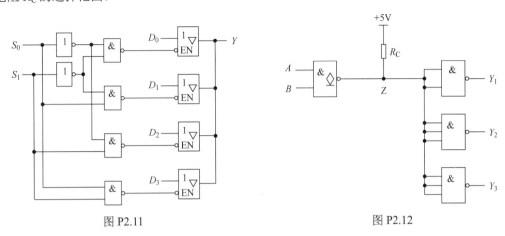

图 P2.11　　　　　　　　　　图 P2.12

13. 分析如图 P2.13 所示 LSTTL 电路的逻辑功能。

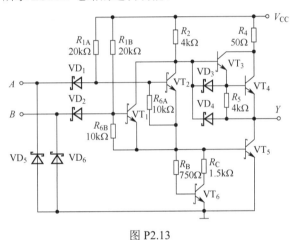

图 P2.13

14. 图 P2.14 所示为 LSTTL 门电路，其电气特性曲线如图 2.5-10 和图 2.5-13（b）所示。请按给定的已知条件写出电压表的读数（填表 P2.14）。假设电压表的内阻 $\geqslant 100k\Omega$。

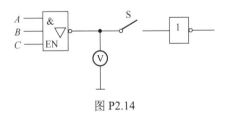

图 P2.14

表 P2.14

A	B	C	S	电压表读数/V
0	0	0	断	
0	0	1	断开	
1	1	0	断开	
1	1	1	闭合	

15. 在图 P2.15 中有两个线与的 OC 门 G_1、G_2。它们的输出驱动 3 个 LSTTL 与非门 G_3、G_4、G_5。设 OC 门输出低电平 V_{OL} 为 0.3V 时允许灌入的最大电流 $I_{OL(max)}$ 为 14mA，输出高电平时的漏电流 I_{OZ} 为 0.05mA；LSTTL 与非门输入低电平电流 I_{IL} 为 0.22mA，每个输入端的输入高电平电流 I_{IH} 为 0.02mA。如果要求 OC 门输出高电平电压 $V_{OH} \geqslant 3V$，输出低电平电压 $V_{OL} \leqslant 0.3V$，试求外接电阻 R_C 的取值范围。

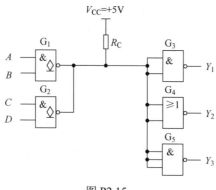

图 P2.15

16．如图 P2.16 所示，集成电路 IC1 输出七段显示码 a～g，高电平有效，由于 IC1 最大输出高电平电流很小，无法驱动共阴 LED 数码管（数码管中的发光二极管导通压降为 2.0V，点亮时需 5mA 以上的电流）。试从表 P2.16 提供的 3 种 TTL 非门中，选择合适器件设计共阴 LED 数码管的驱动电路，只需画出 a 和 b 的驱动电路，需算出限流电阻的数值。

表 P2.16

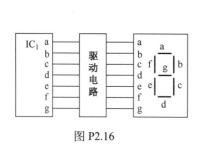

图 P2.16

门电路	I_{OH}	I_{OL}	I_{OZH}	I_{OZL}
$\begin{array}{c}1\;\triangledown\\ EN\end{array}$	−0.4mA	16mA	−0.2mA	0.2mA
$1\;\diamondsuit$	0.2mA	16mA		
1	−0.4mA	16mA		

17．OD 门构成的电路如图 P2.17（a）所示。A 端和 D 端输入不同频率标准方波信号，如图 P2.17（b）所示。在 B、C 的 4 种不同取值下，画出 Y 端的信号波形（标出高低电平幅值）。

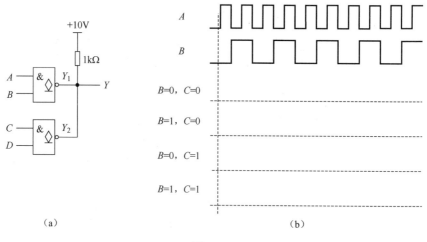

（a）　　　　　　　　　　（b）

图 P2.17

第 3 章　组合逻辑电路

数字逻辑电路可分为组合逻辑电路和时序逻辑电路两大类。组合逻辑电路在任何时刻的输出只和当前时刻的输入有关，而与以前的输入无关。时序逻辑电路则是指在任何时刻其输出不仅跟当前时刻的输入有关，还和过去的输入有关。本章首先介绍组合逻辑电路，时序逻辑电路则在第 4 章和第 5 章中介绍。

从电路结构看，组合逻辑电路具有两个特点：①组合逻辑电路由门电路构成，不包含任何记忆元件；②电路中的信号传递是单方向的，电路中不包含有反馈回路。

组合逻辑电路可以独立完成各种逻辑功能，在数字系统中应用十分广泛。对组合逻辑电路的研究包括分析和设计两种方法。组合逻辑电路的分析是利用逻辑代数知识对指定的组合逻辑电路进行分析，以获知其逻辑功能；组合逻辑电路的设计则根据给定的逻辑问题设计出符合要求的组合逻辑电路。关于组合逻辑电路的分析设计已经在 1.6 节做了介绍，这里不再单独介绍。

数字电子技术的快速发展使设计人员越来越将注意力集中于系统设计，简单模块的设计和制作则交给生产厂家去完成。事实上，集成电路制造商已将各种常用的组合逻辑电路制成多种标准模块供用户在设计时选择。本节将介绍编码器、译码器、数据选择器、数值比较器、加法器等常用组合逻辑集成电路，讨论这些模块的功能、原理和应用。

3.1　编　码　器

1. 二进制编码器

所谓编码，是指用文字、数码等符号来表示一类特定对象的过程。数字系统中通常需要对多路输入信号进行编码，以便于对信号进行观察、分析和监控。实现这种编码功能的逻辑器件称为编码器（Encoder）。下面以图3.1-1所示的 8 键编码电路为例来说明编码器的逻辑功能。键盘编码电路共有 8 个按键，相当于 8 个输入信号。没有键按下时，编码器的输入 $I_0\sim I_7$ 被电阻下拉成低电平；有键按下时，对应的输入信号为高电平。编码器将每一个有效输入信号转化为 3 位二进制编码（000～111）。

该编码器实际上是一个 8 输入、3 输出的组合逻辑电路。为了简化编码器的电路设计，假设在任何时刻有且仅有一个键按下，即任何时刻 8 个输入信号 $I_0\sim I_7$ 中有且仅有一个输入为 1，其余输入为 0。因此，虽然 8 个输入变量共有 256 种组合，但只有 8 种组合是有效的。于是得到如表 3.1-1 所示的编码器真值表。

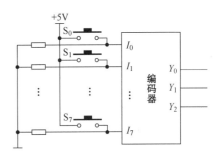

图 3.1-1　8 键编码电路

根据真值表可直接写出 Y_2、Y_1、Y_0 的函数表达式为

$$Y_0 = I_1\overline{I_0}\,\overline{I_2}\,\overline{I_3}\,\overline{I_4}\,\overline{I_5}\,\overline{I_6}\,\overline{I_7} + I_3\overline{I_0}\,\overline{I_1}\,\overline{I_2}\,\overline{I_4}\,\overline{I_5}\,\overline{I_6}\,\overline{I_7} + I_5\overline{I_0}\,\overline{I_1}\,\overline{I_2}\,\overline{I_3}\,\overline{I_4}\,\overline{I_6}\,\overline{I_7} + I_7\overline{I_0}\,\overline{I_1}\,\overline{I_2}\,\overline{I_3}\,\overline{I_4}\,\overline{I_5}\,\overline{I_6} \tag{3.1-1}$$

$$Y_1 = I_2\overline{I_0}\,\overline{I_1}\,\overline{I_3}\,\overline{I_4}\,\overline{I_5}\,\overline{I_6}\,\overline{I_7} + I_3\overline{I_0}\,\overline{I_1}\,\overline{I_2}\,\overline{I_4}\,\overline{I_5}\,\overline{I_6}\,\overline{I_7} + I_6\overline{I_0}\,\overline{I_1}\,\overline{I_2}\,\overline{I_3}\,\overline{I_4}\,\overline{I_5}\,\overline{I_7} + I_7\overline{I_0}\,\overline{I_1}\,\overline{I_2}\,\overline{I_3}\,\overline{I_4}\,\overline{I_5}\,\overline{I_6} \tag{3.1-2}$$

$$Y_2 = I_4\overline{I_0}\,\overline{I_1}\,\overline{I_2}\,\overline{I_3}\,\overline{I_5}\,\overline{I_6}\,\overline{I_7} + I_5\overline{I_0}\,\overline{I_1}\,\overline{I_2}\,\overline{I_3}\,\overline{I_4}\,\overline{I_6}\,\overline{I_7} + I_6\overline{I_0}\,\overline{I_1}\,\overline{I_2}\,\overline{I_3}\,\overline{I_4}\,\overline{I_5}\,\overline{I_7} + I_7\overline{I_0}\,\overline{I_1}\,\overline{I_2}\,\overline{I_3}\,\overline{I_4}\,\overline{I_5}\,\overline{I_6} \tag{3.1-3}$$

为了对上述 3 个表达式进行化简，需要利用以下定理。

表 3.1-1　编码器真值表

I_0	I_1	I_2	I_3	I_4	I_5	I_6	I_7	Y_2	Y_1	Y_0
1	0	0	0	0	0	0	0	0	0	0
0	1	0	0	0	0	0	0	0	0	1
0	0	1	0	0	0	0	0	0	1	0
0	0	0	1	0	0	0	0	0	1	1
0	0	0	0	1	0	0	0	1	0	0
0	0	0	0	0	1	0	0	1	0	1
0	0	0	0	0	0	1	0	1	1	0
0	0	0	0	0	0	0	1	1	1	1

【定理】 若两个逻辑变量 X、Y 同时满足 $X+Y=1$ 和 $XY=0$，则有 $X=\overline{Y}$。

若令 $X=I_1$，$Y=I_0+I_2+I_3+I_4+I_5+I_6+I_7$，因为 $I_0\sim I_7$ 任何时候有且只有一个为高电平，因此满足 $X+Y=1$，$XY=0$。由此得到

$$I_1=\overline{I_0+I_2+I_3+I_4+I_5+I_6+I_7}=\overline{I_0}\,\overline{I_2}\,\overline{I_3}\,\overline{I_4}\,\overline{I_5}\,\overline{I_6}\,\overline{I_7}$$

同理可得

$$I_3=\overline{I_0}\,\overline{I_1}\,\overline{I_2}\,\overline{I_4}\,\overline{I_5}\,\overline{I_6}\,\overline{I_7}$$
$$I_5=\overline{I_0}\,\overline{I_1}\,\overline{I_2}\,\overline{I_3}\,\overline{I_4}\,\overline{I_6}\,\overline{I_7}$$
$$I_7=\overline{I_0}\,\overline{I_1}\,\overline{I_2}\,\overline{I_3}\,\overline{I_4}\,\overline{I_5}\,\overline{I_6}$$

于是，Y_0 的表达式可化简为

$$Y_0=I_1+I_3+I_5+I_7 \tag{3.1-4}$$

用同样的方法可得

$$Y_1=I_2+I_3+I_6+I_7 \tag{3.1-5}$$
$$Y_2=I_4+I_5+I_6+I_7 \tag{3.1-6}$$

根据上述逻辑函数表达式，可得编码器的逻辑电路如图3.1-2所示。

从逻辑图中可看到输入信号中并没有 I_0，这是因为根据前面假设的条件，当 $I_1\sim I_7$ 均为 0 时，I_0 一定为 1，当 $I_1\sim I_7$ 不全为 0 时，I_0 一定为 0，因此，I_0 的状态可以用 $I_1\sim I_7$ 来表示。

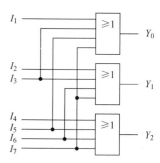

图 3.1-2　编码器逻辑电路

以上设计的编码器虽然电路简单，但没有实用价值。因为若两个或两个以上的键同时有效时，编码器就会产生错误的编码。例如，I_2 和 I_4 同时有效时，根据式（3.1-4）～式（3.1-6）可知，输出 $Y_2Y_1Y_0$ 为 110，其编码结果既不是 I_2 有效时的编码，也不是 I_4 有效时的编码，而是等效于 I_6 单独有效时的编码，显然产生了错误的结果。

2．优先编码器

优先编码器（Priority Encoder）是指对输入信号定义不同的优先级，当多个输入信号同时有效时，只对优先级最高的信号进行编码。

表 3.1-2 所示是 8 线-3 线优先编码器的真值表。编码器输入信号为 $\overline{I_0}\sim\overline{I_7}$，低电平有效；编码输出信号为 $\overline{Y_0}\sim\overline{Y_2}$，以反码的形式表示。由真值表可见，8 个输入信号中 $\overline{I_7}$ 的优先级最高，$\overline{I_0}$ 的优先级最低。

表 3.1-2　8 线-3 线优先编码器真值表

$\overline{I_0}$	$\overline{I_1}$	$\overline{I_2}$	$\overline{I_3}$	$\overline{I_4}$	$\overline{I_5}$	$\overline{I_6}$	$\overline{I_7}$	$\overline{Y_2}$	$\overline{Y_1}$	$\overline{Y_0}$
×	×	×	×	×	×	×	0	0	0	0
×	×	×	×	×	×	0	1	0	0	1

续表

$\overline{I_0}$	$\overline{I_1}$	$\overline{I_2}$	$\overline{I_3}$	$\overline{I_4}$	$\overline{I_5}$	$\overline{I_6}$	$\overline{I_7}$	$\overline{Y_2}$	$\overline{Y_1}$	$\overline{Y_0}$
×	×	×	×	×	0	1	1	0	1	0
×	×	×	×	0	1	1	1	0	1	1
×	×	×	0	1	1	1	1	1	0	0
×	×	0	1	1	1	1	1	1	0	1
×	0	1	1	1	1	1	1	1	1	0
0	1	1	1	1	1	1	1	1	1	1

由于真值表中有 8 个输入变量，故难以用卡诺图获得最简表达式。这里先由真值表直接写表达式，然后通过公式法化简求取最简表达式。观察真值表，发现函数值为 0 对应的乘积项比较简单。为了简化表达式，把真值表中输出为 0 对应的乘积项相加，得到 Y_2、Y_1、Y_0 的表达式，再取反求得 $\overline{Y_2}$、$\overline{Y_1}$、$\overline{Y_0}$ 的表达式。具体分析如下：

$$Y_2 = I_7 + I_6\overline{I_7} + I_5\overline{I_6}\,\overline{I_7} + I_4\overline{I_5}\,\overline{I_6}\,\overline{I_7} = I_4 + I_5 + I_6 + I_7 \quad （利用公式\ A + \overline{A}B = A + B）$$

$$\overline{Y_2} = \overline{I_4 + I_5 + I_6 + I_7} \tag{3.1-7}$$

$$Y_1 = I_7 + I_6\overline{I_7} + I_3\overline{I_4}\,\overline{I_5}\,\overline{I_6}\,\overline{I_7} + I_2\overline{I_3}\,\overline{I_4}\,\overline{I_5}\,\overline{I_6}\,\overline{I_7} = I_7 + I_6 + I_3\overline{I_4}\,\overline{I_5} + I_2\overline{I_4}\,\overline{I_5}$$

$$\overline{Y_1} = \overline{I_7 + I_6 + I_3\overline{I_4}\,\overline{I_5} + I_2\overline{I_4}\,\overline{I_5}} \tag{3.1-8}$$

$$Y_0 = I_7 + I_5\overline{I_6}\,\overline{I_7} + I_3\overline{I_4}\,\overline{I_5}\,\overline{I_6}\,\overline{I_7} + I_1\overline{I_2}\,\overline{I_3}\,\overline{I_4}\,\overline{I_5}\,\overline{I_6}\,\overline{I_7} = I_7 + I_5\overline{I_6} + I_3\overline{I_4}\,\overline{I_6} + I_1\overline{I_2}\,\overline{I_4}\,\overline{I_6}$$

$$\overline{Y_0} = \overline{I_7 + I_5\overline{I_6} + I_3\overline{I_4}\,\overline{I_6} + I_1\overline{I_2}\,\overline{I_4}\,\overline{I_6}} \tag{3.1-9}$$

将式（3.1-7）～式（3.1-9）表示的逻辑表达式转化成逻辑图，然后加上必要的附加电路，就得到实际的集成 8 线-3 线优先编码器——74HC148 逻辑图，如图 3.1-3（a）所示。74HC148 的逻辑符号如图 3.1-3（b）所示。

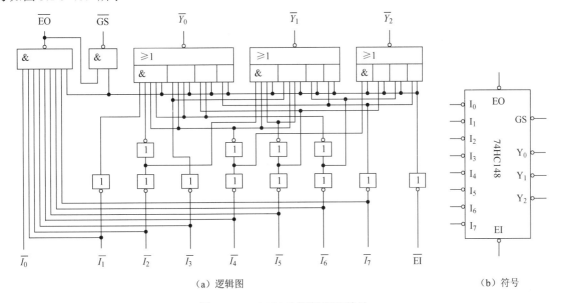

（a）逻辑图　　　　　　　　　　　　　　　（b）符号

图 3.1-3　74HC148 逻辑图和符号

74HC148 的几个附加引脚说明如下。

（1）输入使能端 $\overline{EI}$

$\overline{\text{EI}}=0$ 时，编码器处于允许编码状态。

$\overline{\text{EI}}=1$ 时，编码器处于禁止编码状态，所有输出端均为高电平。

（2）输出使能端 $\overline{\text{EO}}$

$$\overline{\text{EO}}=\overline{I_0}\,\overline{I_1}\cdots\overline{I_7}\cdot\text{EI} \tag{3.1-10}$$

当 $\overline{\text{EO}}=0$ 时，输入信号 $\overline{I_0}\sim\overline{I_7}$ 一定全为高电平，表示无编码信号输入。$\overline{\text{EO}}$ 信号主要用于多片 74HC148 的级联，参见图 3.1-5。

（3）工作状态输出端 $\overline{\text{GS}}$

$$\overline{\text{GS}}=\overline{\overline{\overline{I_0}\,\overline{I_1}\cdots\overline{I_7}\cdot\text{EI}}\cdot\text{EI}}=\overline{I_0}\,\overline{I_1}\cdots\overline{I_7}\cdot\text{EI}+\overline{\text{EI}} \tag{3.1-11}$$

当 $\overline{\text{GS}}=0$ 时，表示有编码信号输入，即编码器输入信号 $\overline{I_0}\sim\overline{I_7}$ 至少有一个信号为低电平。

3．编码器的应用

（1）构成键盘编码电路

采用单片 74HC148 构成的 8 键编码电路如图 3.1-4 所示。将 74HC148 的 $\overline{\text{EI}}$ 端接地，使编码器始终处于允许编码状态。当有编码信号输入（有键按下）时，$\overline{\text{GS}}=0$，否则 $\overline{\text{GS}}=1$，因此，只要有键按下，电路中的 $\overline{\text{GS}}$ 输出端将产生由高到低的跳变信号。当 74HC148 与单片机连接时，$\overline{\text{GS}}$ 可用于外部中断请求信号。

（2）构成 16 线-4 线优先编码器

将两片 74HC148 级联，可构成 16 线-4 线优先编码器，其原理图如图 3.1-5 所示。把 $\overline{A_{15}}\sim\overline{A_8}$ 8 个优先级高的编码输入信号送到片 1 编码输入端，而把 $\overline{A_7}\sim\overline{A_0}$ 8 个优先级低的编码输入信号送到片 0 编码输入端。片 1 的 $\overline{\text{EI}}$ 端接地，因此它始终处于编码状态。把片 1 的 $\overline{\text{EO}}$ 接到片 0 的 $\overline{\text{EI}}$ 输入端，因此，只有 $\overline{A_{15}}\sim\overline{A_8}$ 均无有效信号时，才允许对 $\overline{A_7}\sim\overline{A_0}$ 编码，体现了 $\overline{A_{15}}\sim\overline{A_8}$ 的优先级高于 $\overline{A_7}\sim\overline{A_0}$ 的优先级。$Z_3Z_2Z_1Z_0$

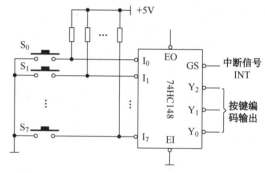

图 3.1-4　单片 74HC148 构成的 8 键编码电路

为 4 位编码输出，高电平有效，其中低 3 位编码 $Z_2Z_1Z_0$ 由片 1 和片 0 输出编码与非后得到，高位编码 Z_3 直接由片 1 的 $\overline{\text{EO}}$ 得到，这是因为当 $\overline{A_{15}}\sim\overline{A_8}$ 有信号有效时，片 1 的 $\overline{\text{EO}}=1$，无信号有效时 $\overline{\text{EO}}=0$。片 1 和片 0 的 $\overline{\text{GS}}$ 输出端相与非得到编码器的状态标志。当状态标志为 1 时，表示有编码信号输入。电路中的 4 个二输入与非门可由一片 74HC00 实现。

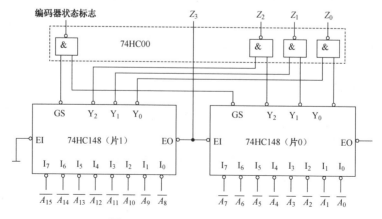

图 3.1-5　74LHC148 的级联使用

假设 $\overline{A_{11}}$ 输入低电平，其余信号均为高电平，则片 1 的 $\overline{GS} = 0$，$\overline{EO} = 1$，$\overline{Y_2}\,\overline{Y_1}\,\overline{Y_0} = 100$。由于片 1 的 $\overline{EO} = 1$，所以片 0 处于禁止编码状态，其输出 $\overline{Y_2}\,\overline{Y_1}\,\overline{Y_0} = 111$，由此得到 $\overline{A_{11}}$ 的编码结果 $Z_3Z_2Z_1Z_0$ 为 1011。

假设 $\overline{A_5}$ 输入低电平，其余信号均为高电平，由于 $\overline{A_{15}} \sim \overline{A_8}$ 均为高电平，则片 1 的 $\overline{GS} = 1$，$\overline{EO} = 0$，$\overline{Y_2}\,\overline{Y_1}\,\overline{Y_0} = 111$。由于片 1 的 $\overline{EO} = 0$，因此片 0 处于允许编码状态，其 $\overline{Y_2}\,\overline{Y_1}\,\overline{Y_0} = 010$，由此得到 $\overline{A_5}$ 的编码结果 $Z_3Z_2Z_1Z_0$ 为 0101。

4．编码器的 Verilog HDL 描述

8 线-3 线优先编码器的 Verilog HDL 代码如下。$I_0 \sim I_7$ 低电平有效，$Y_0 \sim Y_2$ 反码输出。

```
module coder8_3(I7,I6,I5,I4,I3,I2,I1,I0,Y2,Y1,Y0);
input I7,I6,I5,I4,I3,I2,I1,I0;        //低电平有效
output Y2,Y1,Y0;                      //反码输出
assign Y2 = ~(~I7|~I6|~I5 |~I4);
assign Y1 = ~(~I7 | ~I6 | (~I3 & I4 & I5) | (~I2 & I4 & I5));
assign Y0 = ~(~I7 | (~I5 & I6) | (~I3 & I4 & I6) | (~I1 & I2 & I4 & I6));
endmodule
```

3.2　译　码　器

译码是编码的逆过程。译码是对输入的二进制代码进行"翻译"，转换成二进制编码对应的对象，即相应输出线上的有效电平。简言之，译码过程就是由输入端的二进制取值组合来决定哪条输出信号线上有一个有效的电平。实现译码功能的逻辑电路称为译码器（Decoder）。译码器是一种多输入多输出的组合逻辑电路。常用的译码器有二进制译码器和显示译码器两种。

1．二进制译码器

二进制译码器以 n 位自然二进制码为输入信号，译码过程是从原来处于无效电平的 2^n 条输出信号线中，找到与二进制码对应的输出信号，并将它置为有效电平。n 个输入变量有 2^n 个状态，因此习惯上又称为 n 线-2^n 线译码器，如 2 线-4 线译码器、3 线-8 线译码器、4 线-16 线译码器等。这里以集成 3 线-8 线译码器 74HC138 为例介绍二进制译码器的电路结构和工作原理。

74HC138 是一种典型的二进制译码器，其功能表如表 3.2-1 所示，$A_0 \sim A_2$ 为 3 个输入端，$\overline{Y_0} \sim \overline{Y_7}$ 为 8 个译码输出，低电平有效。E_1、$\overline{E_2}$ 和 $\overline{E_3}$ 称为使能端，当 $E_1 = 1$，且 $\overline{E_2} = \overline{E_3} = 0$ 时，译码器处于允许译码状态，否则禁止译码。

表 3.2-1　74HC138 的功能表

E_1	$\overline{E_2} + \overline{E_3}$	A_2	A_1	A_0	$\overline{Y_7}$	$\overline{Y_6}$	$\overline{Y_5}$	$\overline{Y_4}$	$\overline{Y_3}$	$\overline{Y_2}$	$\overline{Y_1}$	$\overline{Y_0}$
0	×	×	×	×	1	1	1	1	1	1	1	1
×	1	×	×	×	1	1	1	1	1	1	1	1
1	0	0	0	0	1	1	1	1	1	1	1	0
1	0	0	0	1	1	1	1	1	1	1	0	1
1	0	0	1	0	1	1	1	1	1	0	1	1
1	0	0	1	1	1	1	1	1	0	1	1	1
1	0	1	0	0	1	1	1	0	1	1	1	1
1	0	1	0	1	1	1	0	1	1	1	1	1
1	0	1	1	0	1	0	1	1	1	1	1	1
1	0	1	1	1	0	1	1	1	1	1	1	1

当译码器处于允许译码状态时，由表 3.2-1 所示的 74HC138 的功能表可推出译码器的 8 个输出逻辑函数表达式

$$\overline{Y_0} = \overline{\overline{A_2}\,\overline{A_1}\,\overline{A_0}}\,,\quad \overline{Y_1} = \overline{\overline{A_2}\,\overline{A_1}A_0}\,,\quad \overline{Y_2} = \overline{\overline{A_2}A_1\overline{A_0}}\,,\quad \overline{Y_3} = \overline{\overline{A_2}A_1A_0}$$

$$\overline{Y_4} = \overline{A_2\,\overline{A_1}\,\overline{A_0}}\,,\quad \overline{Y_5} = \overline{A_2\,\overline{A_1}A_0}\,,\quad \overline{Y_6} = \overline{A_2A_1\overline{A_0}}\,,\quad \overline{Y_7} = \overline{A_2A_1A_0} \qquad (3.2\text{-}1)$$

不难看出，译码的结果是输入变量构成的 8 个最小项的非，因此，二进制译码器也被称为最小项发生器。

74HC138 的逻辑图和符号如图 3.2-1 所示。电路的主体由 8 个与非门构成，产生 8 个译码信号输出。3 个控制端 E_1、$\overline{E_2}$ 和 $\overline{E_3}$ 通过一个特殊的与门形成电路中直接起作用的使能信号 E。当 $E_1 = 1$，且 $\overline{E_2} = \overline{E_3} = 0$ 时，$E = 1$，否则，$E = 0$。当 $E = 1$ 时，译码器处于允许译码状态，输出由 A_0、A_1、A_2 决定；当 $E = 0$ 时，8 个与非门输出端全部输出高电平，译码器处于禁止译码状态。

进一步分析图 3.2-1 所示的逻辑图，在 A_0、A_1、A_2 的输入电路中使用了 6 只反相器。如果仅从逻辑功能的角度来看，只需 3 个反相器来产生 $\overline{A_0}$、$\overline{A_1}$ 和 $\overline{A_2}$ 即可。但从门电路电气特性来分析，用 6 个反相器和只用 3 只反相器是有区别的。只用 3 个反相器时，$A_0 \sim A_2$ 每个引脚需要驱动 5 个门（一个反相器和 4 个与非门），而用 6 只反相器时，$A_0 \sim A_2$ 每个引脚只需要驱动一个门。因此，在实际的集成电路中，采用了 6 只反相器的实现方案。

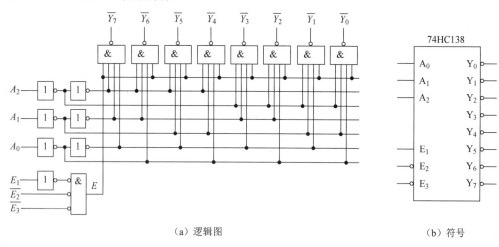

（a）逻辑图　　　　　　　　　　　　　　（b）符号

图 3.2-1　74HC138 逻辑图和符号

2．二进制译码器的应用

（1）构成地址译码器

在计算机系统中，常采用译码器来获得存储器等外部设备的片选信号。以图 3.2-2 所示的 74HC138 构成的地址译码器电路为例，微处理器通过总线与外部设备相连。每个外部设备均设有片选信号（一般是低电平有效），当某外设的片选信号为低电平时，就认为该外设被选中，可以与微处理器交换数据。如果片选信号为高电平，则外设的数据输出端处于高阻状态。各外设的片选信号由 74HC138 构成的地址译码器产生，因为译码器的译码输出信号只有一个信号为低电平，因此任何时候只能有一个外设被选中，防止了总线冲突。

（2）构成数据分配器

数据分配是指将由总线来的数字信号传送到不同的下级电路中去，数据分配器（Demultiplexer）就是实现数据分配的逻辑电路。数据分配器只有一个数据输入端，有 2^n 个数据输出端，根据 n 个地址码的不同组合，把数据信号送到 2^n 个数据输出端的某一个电路。图 3.2-3（a）就是一个 1 线-8 线数据

分配器的示意图。$A_2A_1A_0$ 为 3 位地址码，数字信号究竟分配给哪一个电路由地址码 $A_2A_1A_0$ 决定。当 $A_2A_1A_0 = 000$ 时，输入的数据传送到电路 0，当 $A_2A_1A_0 = 001$ 时；输入的数据传送到电路 1；依次类推。

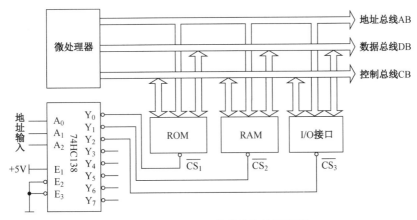

图 3.2-2　74HC138 构成的地址译码器

图 3.2-3（b）所示为由 74HC138 实现的 1 线-8 线数据分配器。图中 8 个译码输出 $\overline{Y_0} \sim \overline{Y_7}$ 作为 8 路数据输出，3 个译码输入 $A_2A_1A_0$ 当作数据分配器的地址码，将 $\overline{E_2}$ 作为 1 路数据输入端，并令 $E_1 = 1$、$\overline{E_3} = 0$。假设地址码 $A_2A_1A_0 = 000$，当 $\overline{E_2} = 1$ 时，译码器被禁止译码，8 个输出端 $\overline{Y_0} \sim \overline{Y_7}$ 全为 1，因此 $\overline{Y_0} = 1$；当 $\overline{E_2} = 0$ 时，译码器被允许译码，根据地址码 $A_2A_1A_0$ 的取值可知 $\overline{Y_0} = 0$，可见 $\overline{Y_0}$ 与加在 $\overline{E_2}$ 上的数字信号完全一致，从而实现将数字信号送至电路 0。

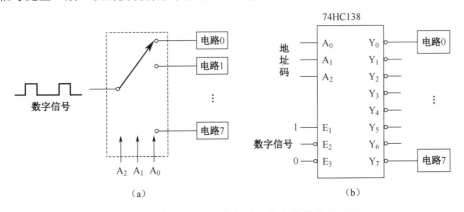

图 3.2-3　由 74HC138 实现的 1 线-8 线数据分配器

（3）构成函数最小项发生器

根据式（3.2-1），如果将一逻辑函数的输入变量加到译码器的译码输入端，则译码器的每一个输出端都对应一个最小项（最小项的非形式），因此译码器还可以作为一个逻辑函数的最小项发生器，如图 3.2-4 所示。由于组合逻辑函数总是可以表示为最小项之和的形式，因此利用译码器就可实现任意的组合逻辑电路。

【例 3.2-1】　用 74HC138 实现三变量逻辑函数 $L = \overline{A}\,\overline{C} + AC$ 。

解：将逻辑函数化成最小项之和的形式：

$$L = \overline{A}\,\overline{B}\,\overline{C} + \overline{A}B\overline{C} + A\overline{B}C + ABC = m_0 + m_2 + m_5 + m_7$$

进一步，利用摩根定理，将最小项之和的形式转换成

$$L = \overline{\overline{m_0 + m_2 + m_5 + m_7}} = \overline{\overline{m_0}\,\overline{m_2}\,\overline{m_5}\,\overline{m_7}} = \overline{\overline{Y_0}\,\overline{Y_2}\,\overline{Y_5}\,\overline{Y_7}}$$

把逻辑变量 A、B、C 加到译码器输入端，将相应的输出加到一个四输入与非门的输入端，与非门的输出就是逻辑函数 L，逻辑电路图如图3.2-5所示。

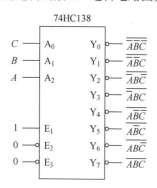

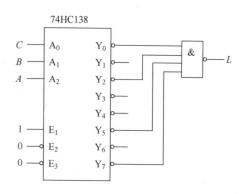

图 3.2-4　译码器作为最小项发生器　　　　图 3.2-5　利用译码器实现组合逻辑函数

用译码器来设计组合逻辑电路是常用的设计方法之一。在多输入多输出的组合逻辑电路设计中，这种设计方法更能体现其优点。因为在一片译码器的基础上增加一个与非门就可增加一路输出。在 1.6 节介绍的逻辑电路设计方法中，逻辑电路采用门电路实现，逻辑函数一般要化成最简与或式。而采用译码器设计组合逻辑电路时，需要把逻辑函数表达式化成最小项之和的形式。这说明了采用不同的目标器件实现时，需要采用不同类型的逻辑表达式。

3. 显示译码器

在数字测量系统中，常常要把一些数字、字母、符号等通过数字显示器显示出来，供人们方便地监测系统的工作情况。常见的显示器有七段 LED 数码管、液晶模块等。七段 LED 数码管的优点是工作电压低（一般为 1.5~2.0V）、体积小、可靠性高、寿命长、响应速度高、颜色多样等。下面介绍七段 LED 数码管及其译码电路。

（1）七段 LED 数码管

常见的七段 LED 数码管外形及引脚排列如图3.2-6（a）所示。七段 LED 数码管内部包含 8 个 LED 发光管，其中，7 个发光管 a、b、c、d、e、f、g 构成"8"字形，右下角点状发光管常用来表示小数点。LED 数码管有共阴极接法和共阳极接法两种结构，分别如图3.2-6（b）和（c）所示。

七段 LED 数码管利用点亮其中某几段来构成 0~9 的字形。对共阴极数码管来说，若 $g=0$，$a\sim f=1$，则显示"0"；若 $b=c=1$，$a=d=e=f=g=0$，则显示"1"；若 $a=b=d=e=g=1$，$c=f=0$，则显示"2"……由此可见，七段 LED 数码管的每个显示字符与一个 7 位显示段码对应。

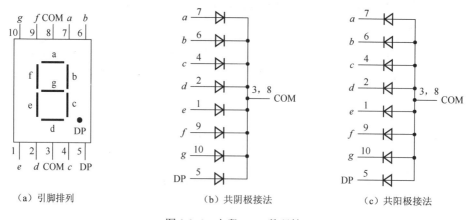

（a）引脚排列　　　　　　（b）共阴极接法　　　　　　（c）共阳极接法

图 3.2-6　七段 LED 数码管

（2）BCD-七段显示译码器 74LS48

在数字电路或计算机系统中，十进制数一般用 8421 码表示，这就需要显示译码器将 8421 码"翻译"成数码管所需要的 7 位显示段码。

显示译码器已制成多种型号的标准集成电路，如 TTL 系列的 74LS47（驱动共阳数码管）、74LS48（驱动共阴数码管）、CMOS 系列的 CD4511（驱动共阴数码管）等。这些型号的显示译码器逻辑功能相似，这里以 74LS48 为例，说明显示译码器的逻辑功能和应用。74LS48 具有译码和驱动等功能，可以直接驱动共阴极七段 LED 显示器。表 3.2-2 所示为 BCD-七段显示译码器 74LS48 的功能表。

表 3.2-2　BCD-七段显示译码器 74LS48 功能表

$\overline{LT}$	$\overline{RBI}$	$\overline{BI/RBO}$	D	C	B	A	Y_g	Y_f	Y_e	Y_d	Y_c	Y_b	Y_a	功能
0	×	1	×	×	×	×	1	1	1	1	1	1	1	试灯
×	×	0	×	×	×	×	0	0	0	0	0	0	0	灭灯
1	0	0	0	0	0	0	0	0	0	0	0	0	0	灭零
1	1	1	0	0	0	0	0	1	1	1	1	1	1	0
1	×	1	0	0	0	1	0	0	0	0	1	1	0	1
1	×	1	0	0	1	0	1	0	1	1	0	1	1	2
1	×	1	0	0	1	1	1	0	0	1	1	1	1	3
1	×	1	0	1	0	0	1	1	0	0	1	1	0	4
1	×	1	0	1	0	1	1	1	0	1	1	0	1	5
1	×	1	0	1	1	0	1	1	1	1	1	0	0	6
1	×	1	0	1	1	1	0	0	0	0	1	1	1	7
1	×	1	1	0	0	0	1	1	1	1	1	1	1	8
1	×	1	1	0	0	1	1	1	0	0	1	1	1	9

表中 $DCBA$ 表示显示译码器输入的 8421 码，$Y_a \sim Y_g$ 表示输出的 7 位显示段码，并规定 1 表示数码管中线段处于点亮状态，0 表示数码管中线段处于熄灭状态。

$\overline{LT}$：试灯输入，是为了检查数码管各段能否正常发光而设置的。当 $\overline{LT}=0$ 时，无论 $DCBA$ 为何种状态，译码器输出均为高电平，若驱动的共阴数码管显示 8，说明该数码管工作正常。

$\overline{BI/RBO}$：该引脚既可作为输入引脚，也可作为输出引脚。作为输入引脚时该引脚的功能为灭灯输入，当 $\overline{BI}=0$ 时，无论 $\overline{LT}$ 和 $DCBA$ 为何种状态，译码器输出均为低电平，使共阴数码管熄灭。作为输出引脚时，该引脚的功能为灭零输出，当 $\overline{RBI}=0$ 且 $DCBA=0000$ 时，$\overline{RBO}=0$。

$\overline{RBI}$：灭零输入。该控制端用于熄灭不希望显示的 0。当 $DCBA=0000$ 时，数码管本应显示 0，但如果 $\overline{RBI}=0$，则数码管处于熄灭状态。

74LS48 的引脚排列和驱动电路如图 3.2-7 所示。

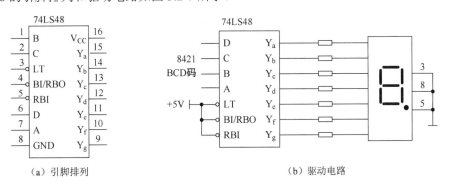

（a）引脚排列　　　　　　　　　（b）驱动电路

图 3.2-7　74LS48 引脚排列和驱动电路

　　当用 LED 数码管显示多位数字时，为了符合人们的习惯，有时需要将数字首尾多余的零熄灭。假设有一电子称的显示电路由 6 位 LED 数码管构成，如果测得的物品质量为 5.1kg，则显示电路应将质量值显示成 5.1，而不应显示成 005.100。利用 74LS48 的 $\overline{\text{RBI}}$ 和 $\overline{\text{BI}}/\overline{\text{RBO}}$ 控制端就可以实现熄灭多余零的功能。74LS48 熄灭多余零示意图如图 3.2-8 所示。

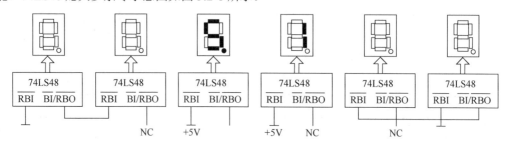

图 3.2-8　74LS48 熄灭多余零示意图

4. 译码器的 Verilog HDL 描述

（1）3 线-8 线译码器的 Verilog HDL 代码

```verilog
module decoder3_8(A2,A1,A0,Y7,Y6,Y5,Y4,Y3,Y2,Y1,Y0);
input A2,A1,A0;
output Y7,Y6,Y5,Y4,Y3,Y2,Y1,Y0;   //低电平有效
assign Y0 = ~(~A2 & ~A1 & ~A0);
assign Y1 = ~(~A2 & ~A1 & A0);
assign Y2 = ~(~A2 & A1 & ~A0);
assign Y3 = ~(~A2 & A1 & A0);
assign Y4 = ~(A2 & ~A1 & ~A0);
assign Y5 = ~(A2 & ~A1 & A0);
assign Y6 = ~(A2 & A1 & ~A0);
assign Y7 = ~(A2 & A1 & A0);
endmodule
```

（2）七段显示译码器的 Verilog HDL 代码

```verilog
moduleLED7S(DIN,Y);
input[3:0] DIN;
output[6:0] Y;
reg[6:0] Y;
always @(DIN)
    begin
        case(DIN)
        4'b0000: Y= 7'b0111111;     //显示0
        4'b0001: Y = 7'b0000110;    //显示1
        4'b0010: Y = 7'b1011011;    //显示2
        4'b0011: Y = 7'b1001111;    //显示3
        4'b0100: Y = 7'b1100110;    //显示4
        4'b0101: Y = 7'b1101101;    //显示5
        4'b0110: Y = 7'b1111101;    //显示6
        4'b0111: Y = 7'b0000111;    //显示7
        4'b1000: Y = 7'b1111111;    //显示8
        4'b1001: Y = 7'b1101111;    //显示9
        4'b1010: Y = 7'b1110111;    //显示A
        4'b1011: Y = 7'b1111100;    //显示b
        4'b1100: Y = 7'b0111001;    //显示C
```

```
        4'b1101: Y = 7'b1011110;      //显示d
        4'b1110: Y = 7'b1111001;      //显示E
        4'b1111: Y = 7'b1110001;      //显示F
        default: Y = 7'b0000000;
        endcase
    end
endmodule
```

需要说明的是，上述 Verilog HDL 代码描述的显示译码器用于驱动共阴数码管，因此，7 位显示段码与表 3.2-2 所示段码一致。Verilog HDL 描述的显示译码器除了能用于显示 0～9 数字，当输入的编码为 1010～1111 时，还可以显示 A、b、C、d、E、F 六个字母。这也是 Verilog HDL 语言描述数字电路的灵活之处。

3.3　数据选择器

数据选择器（Multiplexer，MUX）的逻辑功能与数据分配器的功能刚好相反，它将多路输入数据中的一路数据送到输出端，究竟选择哪一路数据由地址码决定。第 2 章已介绍了由 CMOS 三态门和 CMOS 传输门构成的 2 选 1 数据选择器（参见图 2.4-36 和图 2.4-42）。除了 2 选 1 数据选择器，常用的数据选择器还有 4 选 1、8 选 1、16 选 1 等多种类型。

1. 4 选 1 数据选择器

4 选 1 数据选择器示意图如图3.3-1（a）所示。D_0、D_1、D_2、D_3 为 4 路数据输入，Y 为 1 路数据输出。两位二进制码 A_1、A_0 作为地址。当 $A_1A_0 = 00$ 时，选通 D_0；当 $A_1A_0 = 01$ 时，选通 D_1，依次类推。由此可列出如表 3.3-1 所示的真值表。注意真值表中 $D_0 \sim D_3$ 用 D_i 表示。

根据真值表，得到 4 选 1 数据选择器逻辑函数表达式

$$Y = \overline{A_1}\,\overline{A_0}D_0 + \overline{A_1}A_0D_1 + A_1\overline{A_0}D_2 + A_1A_0D_3 = \sum_{i=0}^{3} m_iD_i \tag{3.3-1}$$

由式（3.3-1）可得到逻辑图，如图3.3-1（b）所示。

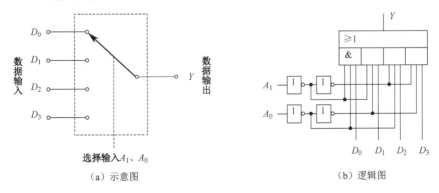

（a）示意图　　　　　　　　　　　　　　　　　　　　（b）逻辑图

图 3.3-1　4 选 1 数据选择器

表 3.3-1　4 选 1 数据选择器真值表

A_1	A_0	D_i	Y	A_1	A_0	D_i	Y
0	0	0	0	1	0	0	0
0	0	1	1	1	0	1	1
0	1	0	0	1	1	0	0
0	1	1	1	1	1	1	1

74LS153 为集成双 4 选 1 数据选择器，内部包含两个完全相同的 4 选 1 数据选择器，逻辑图如图 3.3-2 所示。两个 4 选 1 数据选择器有公共的地址输入端 A_1 和 A_0，而数据输入端和输出端是独立的。$1\overline{E}$、$2\overline{E}$ 为使能控制端，用于控制电路工作状态和扩展功能。使能信号为低电平有效，当使能信号 $1\overline{E}$ 或 $2\overline{E}$ 为低电平时，数据选择器处于工作状态，其逻辑功能与前面介绍的 4 选 1 数据选择器的完全相同；当使能信号 $1\overline{E}$ 或 $2\overline{E}$ 为高电平时，数据选择器被禁止工作，Y_1 和 Y_2 输出低电平。

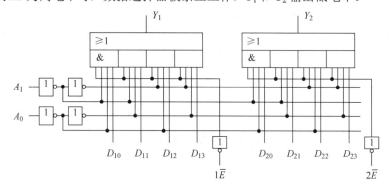

图 3.3-2　双 4 选 1 数据选择器 74LS153 内部逻辑图

2. 8 选 1 数据选择器

74LS151 是具有互补输出的 8 选 1 数据选择器，其内部逻辑图如图3.3-3 所示。74LS151 有 8 个数据输入端 $D_0 \sim D_7$，3 个地址输入端 $A_2 \sim A_0$，2 个互补输出端 Y 和 $\overline{Y}$，1 个低电平有效的使能端 $\overline{E}$。

74LS151 功能表如表 3.3-2 所示。

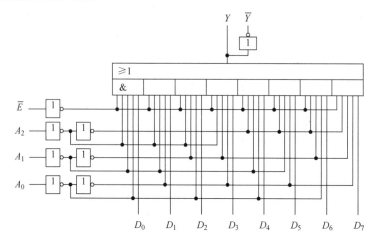

图 3.3-3　8 选 1 数据选择器 74LS151 内部逻辑图

表 3.3-2　8 选 1 数据选择器 74LS151 功能表

A_2	A_1	A_0	$\overline{E}$	Y	$\overline{Y}$	A_2	A_1	A_0	$\overline{E}$	Y	$\overline{Y}$
×	×	×	1	0	1	1	0	0	0	D_4	$\overline{D_4}$
0	0	0	0	D_0	$\overline{D_0}$	1	0	1	0	D_5	$\overline{D_5}$
0	0	1	0	D_1	$\overline{D_1}$	1	1	0	0	D_6	$\overline{D_6}$
0	1	0	0	D_2	$\overline{D_2}$	1	1	1	0	D_7	$\overline{D_7}$
0	1	1	0	D_3	$\overline{D_3}$						

3. 数据选择器的应用

（1）用两片 8 选 1 扩展为 16 选 1 数据选择器

假如需要 16 选 1 数据选择器，可通过将两片 74LS151 级联得到。图3.3-4 所示为由两片 74LS151 构成的 16 选 1 数据选择器的原理图。16 选 1 数据选择器需要 4 位地址代码 $A_3 \sim A_0$，低 3 位地址码 $A_2 \sim A_0$ 与片 0 和片 1 的地址输入端相连，高位地址 A_3 直接与片 0 的使能端相连，取反后与片 1 的使能端相连。当 $A_3 = 0$ 时，片 0 工作，片 1 禁止工作，其输出 $Y = 0$；当 $A_3 = 1$ 时，片 0 禁止工作，其输出 $Y = 0$，片 1 工作，因此，将片 0 和片 1 的输出相**或**后，就可以得到最后的输出 L。

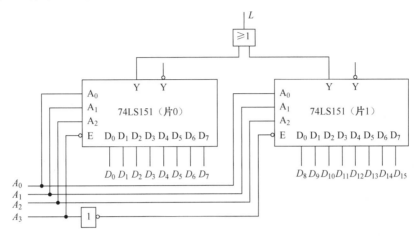

图 3.3-4　两片 74LS151 扩展为 16 选 1 数据选择器原理图

（2）构成多路信号分时传送系统

将数据选择器和数据分配器配合使用，可构成多路信号分时传送系统，如图3.3-5 所示。数据选择器将多路输入数据中的一路发送到总线，再通过由 74LS138 实现的数据分配器将总线上的数据送到其中的一个输出端。

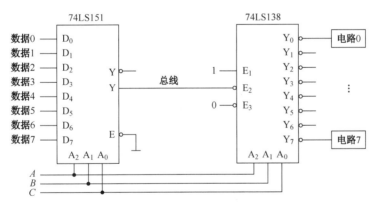

图 3.3-5　数据选择器和分配器构成多路信号分时传送系统

（3）实现组合逻辑电路

当 $\overline{E} = 0$ 时，8 选 1 数据选择器的函数表达式可以写成

$$Y = \overline{A_2}\,\overline{A_1}\,\overline{A_0}D_0 + \overline{A_2}\,\overline{A_1}A_0 D_1 + \overline{A_2}A_1\overline{A_0}D_2 + \overline{A_2}A_1A_0 D_3 + A_2\overline{A_1}\,\overline{A_0}D_4 + A_2\overline{A_1}A_0 D_5 + A_2 A_1\overline{A_0}D_6 + A_2 A_1 A_0 D_7 \quad （3.3\text{-}2）$$

如果 A_2、A_1、A_0 用逻辑变量 A、B、C 代替，则式（3.3-2）含有 8 个最小项，只要令 $D_0 \sim D_7$ 为 0 或 1，就可以实现任意三变量的逻辑函数。

【例 3.3-1】　用 74LS151 实现逻辑函数

$$L = \overline{A}\,\overline{B}\,\overline{C} + \overline{A}\,\overline{B}C + \overline{A}BC + AB\overline{C} + ABC$$

解： 8 选 1 数据选择器的函数表达式如式（3.3-2）所示。

将 L 与式（3.3-2）进行比较，当 $A_2 = A$，$A_1 = B$，$A_0 = C$，$D_0 = D_1 = D_3 = D_6 = D_7 = 1$，$D_2 = D_4 = D_5 = 0$ 时，$Y = L$。电路的接法如图3.3-6所示。

用数据选择器来实现逻辑函数时，应注意：

① 当逻辑函数的变量个数与数据选择器输入端的个数相等时，可直接用数据选择器来实现所要实现的逻辑函数。

② 当逻辑函数的变量个数多于数据选择器输入端的个数时，应分离出多余变量，将余下的变量分别有序地加到数据选择器的数据输入端。

③ 数据选择器不能用来实现多输出逻辑函数。

图 3.3-6　例 3.3-1 实现电路

4. 数据选择器的 Verilog HDL 描述

4 选 1 数据选择器的 Verilog HDL 代码。

```verilog
module  MUX41(Y,A,B,C,D,SEL);
output Y;
input A,B,C,D;
input [1:0] SEL;
reg Y;
always@(A,B,C,D,SEL)
    case (SEL)
      2'b00:Y=A;
      2'b01:Y=B;
      2'b10:Y=C;
      2'b11:Y=D;
      default:Y=2'bx;
    endcase
endmodule
```

3.4　数值比较器

能完成比较两个无符号数大小或是否相等的各种逻辑电路统称为比较器。比较器有两种类型：一种只比较两个数是否相等，这种比较器的逻辑功能比较简单，例如，图3.4-1所示就是一个由 4 个异或门和 1 个或非门构成的 4 位比较器逻辑图。当两个数相等时，或非门输出为高电平，不相等时，输出低电平；另一种比较器比较两个数的大小，这种比较器通常称为数值比较器，其示意图如图3.4-2所示。数值比较器对两个无符号二进制数 A、B 进行比较，比较的结果不外乎 3 种情况，即"相等"、"大于"和"小于"，因此数值比较器有 3 个不同的输出端。

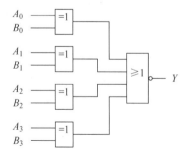

图 3.4-1　4 位比较器逻辑图

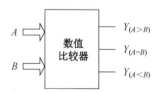

图 3.4-2　数值比较器示意图

1．1 位数值比较器

最简单的数值比较器为 1 位数值比较器，其真值表如表 3.4-1 所示。

根据真值表，可写出 1 位数值比较器各输出的逻辑函数表达式

$$Y_{(A>B)} = A\overline{B}$$

$$Y_{(A<B)} = \overline{A}B$$

$$Y_{(A=B)} = \overline{AB} + AB = \overline{A \oplus B} = \overline{\overline{A}\overline{B} + \overline{A}B} = A \odot B$$

根据逻辑表达式画出 1 位数值比较器逻辑图，如图 3.4-3 所示。

2．4 位数值比较器

4 位数值比较器已有标准的中规模集成电路产品。表 3.4-2 为集成 4 位数值比较器 74LS85 的功能表。74LS85 有 8 个数码输入端：$A(A_3A_2A_1A_0)$ 和 $B(B_3B_2B_1B_0)$；有 3 个输出端：$Y_{(A>B)}$、$Y_{(A=B)}$、$Y_{(A<B)}$。为了便于数值比较器扩展，74LS85 还加了 3 个级联输入端：$I_{(A>B)}$、$I_{(A=B)}$、$I_{(A<B)}$。

表 3.4-1　1 位数值比较器真值表

A	B	$Y_{(A>B)}$	$Y_{(A<B)}$	$Y_{(A=B)}$
0	0	0	0	1
0	1	0	1	0
1	0	1	0	0
1	1	0	0	1

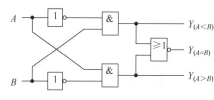

图 3.4-3　1 位数值比较器逻辑图

表 3.4-2　74LS85 功能表

$A_3\ B_3$	$A_2\ B_2$	$A_1\ B_1$	$A_0\ B_0$	$I_{(A>B)}$	$I_{(A<B)}$	$I_{(A=B)}$	$Y_{(A>B)}$	$Y_{(A<B)}$	$Y_{(A=B)}$
$A_3 > B_3$	$\times$	$\times$	$\times$	$\times$	$\times$	$\times$	1	0	0
$A_3 < B_3$	$\times$	$\times$	$\times$	$\times$	$\times$	$\times$	0	1	0
$A_3 = B_3$	$A_2 > B_2$	$\times$	$\times$	$\times$	$\times$	$\times$	1	0	0
$A_3 = B_3$	$A_2 < B_2$	$\times$	$\times$	$\times$	$\times$	$\times$	0	1	0
$A_3 = B_3$	$A_2 = B_2$	$A_1 > B_1$	$\times$	$\times$	$\times$	$\times$	1	0	0
$A_3 = B_3$	$A_2 = B_2$	$A_1 < B_1$	$\times$	$\times$	$\times$	$\times$	0	1	0
$A_3 = B_3$	$A_2 = B_2$	$A_1 = B_1$	$A_0 > B_0$	$\times$	$\times$	$\times$	1	0	0
$A_3 = B_3$	$A_2 = B_2$	$A_1 = B_1$	$A_0 < B_0$	$\times$	$\times$	$\times$	0	1	0
$A_3 = B_3$	$A_2 = B_2$	$A_1 = B_1$	$A_0 = B_0$	1	0	0	1	0	0
$A_3 = B_3$	$A_2 = B_2$	$A_1 = B_1$	$A_0 = B_0$	0	1	0	0	1	0
$A_3 = B_3$	$A_2 = B_2$	$A_1 = B_1$	$A_0 = B_0$	$\times$	$\times$	1	0	0	1
$A_3 = B_3$	$A_2 = B_2$	$A_1 = B_1$	$A_0 = B_0$	1	1	0	0	0	0
$A_3 = B_3$	$A_2 = B_2$	$A_1 = B_1$	$A_0 = B_0$	0	0	0	1	1	0

在进行多位数值比较时，总是由高位到低位逐位比较，只有高位相等时，才比较低位。对两个 4 位二进制数 $A(A_3A_2A_1A_0)$ 和 $B(B_3B_2B_1B_0)$ 比较的步骤如下。

● 先比最高位，如果 $A_3 > B_3$，则 $A > B$；如果 $A_3 < B_3$，则 $A < B$。

● 最高位相同，比较次高位。如果 $A_2 > B_2$，则 $A > B$；如果 $A_2 < B_2$，则 $A < B$。

各位都相同时，则根据级联输入的状态来确定输出。例如，当 $A=B$ 时，且 $I_{(A=B)}$ 为高电平，则 $Y_{(A=B)}$ 输出高电平。当 $A>B$ 或 $A<B$ 时，数值比较器的输出与级联输入 $I_{(A>B)}$、$I_{(A=B)}$ 和 $I_{(A<B)}$ 无关。

【例 3.4-1】 用两片 74LS85 比较两个 8 位二进制数 $W(w_7, w_6, w_5, w_4, w_3, w_2, w_1, w_0)$ 和 $V(v_7, v_6, v_5, v_4, v_3, v_2, v_1, v_0)$ 的大小。

解： 8 位二进制数的比较可采用两个 4 位比较器 74LS85，其实现连线图如图 3.4-4 所示。高 4 位

$w_7 \sim w_4$ 和 $v_7 \sim v_4$ 送入片 1，低 4 位 $w_3 \sim w_0$ 和 $v_3 \sim v_0$ 送入片 0，称为分段比较。片 0 的输出端与片 1 的级联输入端相连。当 $w_7 w_6 w_5 w_4 > v_7 v_6 v_5 v_4$ 或 $w_7 w_6 w_5 w_4 < v_7 v_6 v_5 v_4$ 时，则最终比较结果与低 4 位的比较结果（即片 0 的输出）无关；当 $w_7 w_6 w_5 w_4 = v_7 v_6 v_5 v_4$ 时，则最终比较结果取决于低 4 位的比较结果（即片 0 的输出）。

【例 3.4-2】 用一片 74LS85 和适量的门电路实现两个 5 位二进制数值的比较。

解：将高 4 位加到比较器 74LS85 的数值输入端，最低位通过 1 位数值比较器产生级联输入，其逻辑图如图 3.4-5（a）所示。实际上，根据 74LS85 功能表，当级联输入 $I_{(A=B)}$ 为 1 时，$I_{(A<B)}$ 和 $I_{(A>B)}$ 的状态可以是任意的，因此 5 位数值比较器电路可以更加简单，如图 3.4-5（b）所示。

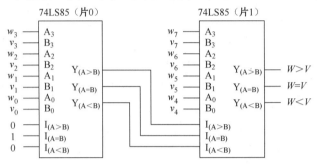

图 3.4-4　两片 74LS85 级联实现 8 位二进制数值比较

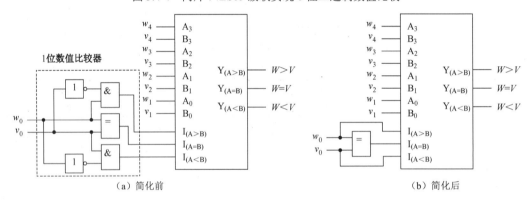

（a）简化前　　　　　　　　　　　　　　　　（b）简化后

图 3.4-5　5 位二进制数值比较器逻辑图

3. 数值比较器的 Verilog HDL 描述

以下是 4 位数值比较器的 Verilog HDL 代码。

```
module CMP4(A,B,AEQB,AGTB,ALTB);
  input[3:0] A,B;
  output AEQB,AGTB,ALTB;
  assign AEQB = (A==B);
  assign AGTB = (A>B);
  assign ALTB = (A<B);
endmodule
```

3.5 加 法 器

在数字计算机中，加、减、乘、除四则运算都可通过加法运算实现，因此，加法器是构成算术运算单元的最基本电路。实现 1 位加法运算的有半加器和全加器；实现多位加法运算的有串行进位加法器和超前进位加法器。

3.5.1 1 位加法器

1. 半加器

所谓半加运算，是指不考虑低位进位，直接将两个 1 位的二进制数相加。实现这种半加运算的逻辑电路称为半加器。设 A、B 分别为加数和被加数，S 表示和，CO 表示向高位的进位。根据二进制数加法运算规则可列出半加器的真值表，如表 3.5-1 所示。

由真值表可写出半加器的输出逻辑表达式

$$S = \overline{A}B + A\overline{B} = A \oplus B \qquad (3.5\text{-}1)$$

$$CO = AB \qquad (3.5\text{-}2)$$

由逻辑函数表达式可知，半加器可由一个异或门和一个与门构成，其逻辑图和符号如图3.5-1 所示。

表 3.5-1 半加器真值表

A	B	S	CO
0	0	0	0
0	1	1	0
1	0	1	0
1	1	0	1

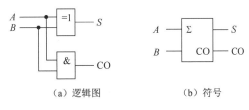

（a）逻辑图 （b）符号

图 3.5-1 半加器逻辑图和逻辑符号

2. 全加器

在考虑多位数的加法运算时，对于每一位而言，除了对应位（第 i 位）相加，还要考虑来自低位（第 $i\text{-}1$ 位）的进位。图 3.5-2 所示为两个 4 位无符号数相加的例子。

半加器因为没有考虑来自低位的进位信号，无法实现多位数的加法运算。全加器实现加数、被加数和低位来的进位加法运算，并根据结果给出本位和与本位向高位的进位信号。

设 A、B 为加数和被加数，CI 是来自低位的进位，S、CO 是本位和及本位向高位的进位，其真值表如表 3.5-2 所示。

表 3.5-2 全加器真值表

A	B	CI	S	CO	A	B	CI	S	CO
0	0	0	0	0	1	0	0	1	0
0	0	1	1	0	1	0	1	0	1
0	1	0	1	0	1	1	0	0	1
0	1	1	0	1	1	1	1	1	1

$X=(0111)_2$
$Y=(0110)_2$
生成的进位 →

```
   0  1  1  1
   0  1  1  0
 + 1  1  0
 ─────────────
   1  1  0  1
```

图 3.5-2 多位数加法

根据真值表，得到如图 3.5-3 所示的卡诺图。S 的卡诺图如同棋盘图案，没有任何一个 1 方格可以合并化简，其表达式如式（3.5-3）所示。CO 的最简与-或式如式（3.5-4）所示。

$$S = \overline{A}\,\overline{B}CI + \overline{A}B\overline{CI} + A\overline{B}\,\overline{CI} + ABCI = A \oplus B \oplus CI \qquad (3.5\text{-}3)$$

$$CO = AB + BCI + ACI \qquad (3.5\text{-}4)$$

全加器逻辑图和逻辑符号如图3.5-4 所示。

S \ BCI / A	00	01	11	10
0	0	1	0	1
1	1	0	1	0

CO \ BCI / A	00	01	11	10
0	0	0	1	0
1	0	1	1	1

图 3.5-3 全加器卡诺图

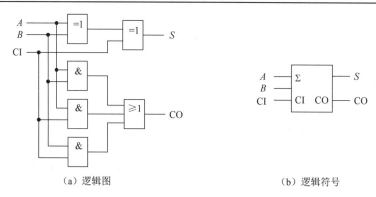

（a）逻辑图　　　　　　　　　　　　　　　（b）逻辑符号

图 3.5-4　全加器逻辑图和逻辑符号

3.5.2　N 位加法器

1．串行进位加法器

第 1.6 节已经介绍了逻辑电路的设计方法，先列出真值表，然后化简得到最简表达式，再画出逻辑图。这种设计方法并不适合多位加法器。因为即使是两个 4 位二进制数相加，其真值表也需要有 $2^8=256$ 行。实现多位加法器更好的方法是利用全加器来实现。对于每一位使用一个全加器，连接方法如图 3.5-5 所示。这种多位加法器跟手工进行加法计算相似，先从最低位的数字开始相加，直到最高位。由于这种多位加法器的进位从最低有效位开始串行传递到最高有效位，因此称为串行进位加法器（Ripple-Carry Adder，RCA）。

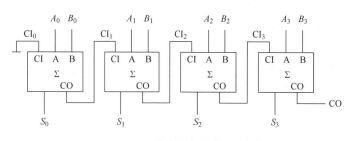

图 3.5-5　4 位串行加法器原理图

串行进位加法器虽然电路简单，但速度较慢。假设门电路的延迟时间为 $1t_{pd}$，则根据图 3.5-4 所示的逻辑图，1 位全加器的延迟时间为 $2t_{pd}$。4 位串行进位加法器的运算时间约为 $8t_{pd}$。加法器位数越多，完成加法运算的时间越长。假设一个门的延迟时间为 5ns，那么一个 32 位的串行进位加法器完成一次加法运算需要 320ns。对于许多应用场合，这一运算速度是无法满足要求的。

2．超前进位加法器

如果多位加法器中的每个全加器在加法运算开始时就获得进位输入信号，而无须从最低位开始向高位传递进位信号，则可大大提高多位加法器的运算速度。根据这种思路，多位加法器中每一个全加器的进位信号是通过一个逻辑电路事先得到的，而不是由低位全加器来提供，采用这种结构的加法器称为超前进位加法器（Carry Look-ahead Adder，CLA），其原理框图如图3.5-6 所示。

不难理解，对于 n 位加法器来说，其第 i 位的进位输入信号 CI_i 一定能由 $CI_0 A_0 A_1 \cdots A_{i-1}$ 和 $B_0 B_1 \cdots B_{i-1}$ 唯一地确定。

CI_1 形成的条件：若 A_0 和 B_0 同时为 1；或者 A_0、B_0 中有一个为 1，且进位输入 CI_0 为 1，则 CI_1 为 1，据此可写出 CI_1 的逻辑表达式为

$$CI_1 = A_0 B_0 + (A_0 + B_0)CI_0 \tag{3.5-5}$$

同理，第 i 级产生进位 CI_{i+1} 的逻辑表达式为

$$CI_{i+1} = A_i B_i + (A_i + B_i)CI_i \tag{3.5-6}$$

由式（3.5-6）可知，对于任意数字位 i，当 A_i 和 B_i 都为 1 时，不管前一级是否有进位，都产生进

位；当 A_i 和 B_i 有一个为 1 且前一级有进位时，也会产生进位。

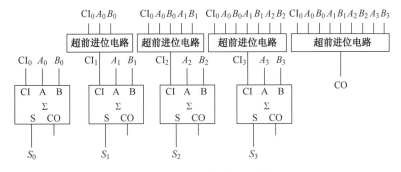

图 3.5-6　超前进位加法器原理框图

由于 $A_i B_i = 1$ 时就产生进位，将其定义为进位生成函数 G_i，即

$$G_i = A_i B_i \tag{3.5-7}$$

由于 $A_i + B_i$ 表示是否应该将前一级的进位传递下去，将其定义为进位传递函数 P_i，即

$$P_i = A_i + B_i \tag{3.5-8}$$

将式（3.5-7）和式（3.5-8）代入式（3.5-6）可得

$$CI_{i+1} = G_i + P_i CI_i \tag{3.5-9}$$

反复使用式（3.5-9），可以得到 4 位超前进位加法器的每个进位 CI_i 的表达式

$$CI_1 = G_0 + P_0 CI_0$$
$$CI_2 = G_1 + P_1 CI_1 = G_1 + P_1 G_0 + P_1 P_0 CI_0$$
$$CI_3 = G_2 + P_2 CI_2 = G_2 + P_2 G_1 + P_2 P_1 G_0 + P_2 P_1 P_0 CI_0$$
$$CI_4 = G_3 + P_3 CI_3 = G_3 + P_3 G_2 + P_3 P_2 G_1 + P_3 P_2 P_1 G_0 + P_3 P_2 P_1 P_0 CI_0$$

根据上述思路，可以得到图 3.5-7 所示的 4 位超前进位加法器的原理图。不难分析，从加法器的输入信号到产生进位信号只需要 3 个门电路的延迟。超前进位加法器的主要缺点是进位逻辑比较复杂，特别是加法器位数超过 4 位时。为了降低超前进位加法器的复杂度，通常以 4 位超前进位加法器为基本模块，以分层结构实现 $4n$ 位的加法器。

74HC283 是一集成 4 位超前进位加法器，其逻辑符号如图3.5-8 所示。以下通过一个例子来说明 74HC283 的典型应用。

【例 3.5-1】　试用 4 位加法器 74HC283 实现 8421 码至余 3 BCD 码的转换。

解：8421 码与余 3 码之间有简单的转换关系，即余 3 码 = 8421 码 + 0011，因此选择用 4 位加法器 74LS283 来实现这种转换十分简便。将 8421 码从加法器 $A_3 \sim A_0$ 端输入，$B_3 \sim B_0$ 端置为 0011，则从输出端 $S_3 \sim S_0$ 可得到余 3 码，如图 3.5-8 所示。

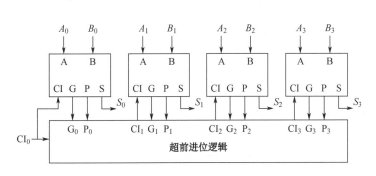

图 3.5-7　4 位超前进位加法器

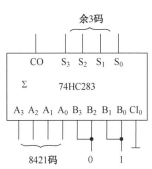

图 3.5-8　例 3.5-1 图

3. 加法器的 Verilog HDL 描述

以下为 4 位加法器的 Verilog HDL 代码。

```
module ADD4B(A,B,CIN,S,COUT);
    input[3:0] A;
    input[3:0] B;
    input CIN;
    output[3:0] S;
    output COUT;
    wire[4:0] CRLT;
    assign CRLT = {1'b0,A} + {1'b0,B} + {4'b0000,CIN};
    assign S = CRLT[3:0];
    assign COUT = CRLT[4];
endmodule
```

3.5.3　有符号数加法器

1. 有符号数的表示

在无符号二进制数中，每一位都代表数字。对有符号二进制数，正数和负数是用最左边的一位表示。1 表示正数，0 表示负数，剩下的 $n-1$ 位代表数值。无符号和有符号二进制数的表示如图 3.5-9 所示。

（a）无符号数　　　　　　　（b）有符号数

图 3.5-9　无符号和有符号二进制数的表示

有符号二进制数有以下两种常用的表示方法。

（1）原码

对于一个二进制数而言，若用最高位表示符号，其余各位表示其数值本身，则称为该二进制数的原码表示。

设二进制数 $x=+x_{n-2}x_{n-3}\cdots x_1x_0$，则 $[x]_原=0\,x_{n-2}x_{n-3}\cdots x_1x_0$。

设二进制数 $x=-x_{n-2}x_{n-3}\cdots x_1x_0$，则 $[x]_原=1x_{n-2}x_{n-3}\cdots x_1x_0$。

在二进制的原码表示中，有正零和负零之分，即 $[+0]_原=0\,00\cdots00$，$[-0]_原=1\,00\cdots00$。

原码的运算方法完全类似于正负数笔算。例如，两个正数相减，如果被减数的绝对值小于减数的绝对值，那么就用减数减去被减数，就是用较大的数减去较小的数，然后将相减后的值加上负号就是差。所以，采用原码运算时，先要将两个数比较大小，决定是直接相减还是交换后相减，最后结果是否加负号。这意味着需要能够实现比较和相减的逻辑电路，使得电路构造复杂，因此，在数字电路中，有符号数一般不用原码来表示。

（2）补码

为了解决原码不便于运算的问题，人们在实践中总结了另一种数的表示方法——补码表示法。为了说明补码的概念，我们以日常生活中的时钟为例。如果现在是北京时间 1 点整，但是时钟正好快了 1 小时，为 2 点整。那么校准有两种方法：一种方法是顺时针拨快 11 小时，即由 2 点经 3 点、4 点到 12 点，再拨到 1 点。我们可以将这种方法看作加法，在原来的基础上增加 11 个小时，即 2+11=1。另一种方法是逆时针拨 1 小时，拨到 1 点。我们可以将这种方法看成减法，即 2-1=1。

以上两种方法的结果是一样的，因此，减法可以转化为加法。进一步分析可知，从进位的概念看，时钟是 12 进制的，2+11 由于逢 12 进 1，而进位不能记录下来而丢失。在数学上把 12 这个数叫作模，把 11 称为（−1）对模 12 的补码。

将上述模 12 推广到任意正数 K 为模的情况，设模为 K，则数 x 加上模 K 定义为该数 x 的补码。记为$[x]_{补}=K+x$。显然，它等价于：

$$[x]_{补}=x，x\geqslant 0$$
$$[x]_{补}=K-|x|，x<0$$

按照补码定义，得到二进制数补码的表示为

$$[x]_{补}=2^n+x$$

当 x 为正数，即 $x=+x_{n-2}x_{n-3}\cdots x_1x_0$ 时，$[x]_{补}=x=0\,x_{n-2}x_{n-3}\cdots x_1x_0=[x]_{原}$

当 x 为负数，即 $x=-x_{n-2}x_{n-3}\cdots x_1x_0$ 时，$[x]_{补}=2^n+x=2^n-|x|$

一个二进制数，如果以 2^n 为模，它的补码叫作 2 补码，简称补码。一个二进制数如果以 2^n-1 为模，则它的补码称为 1 补码。

2．有符号二进制数的补码表示

如何将一个有符号数表示成二进制数的补码？有以下两种方法。

（1）根据补码的定义求

设 $x=5=00000101\text{B}$，

$$[x]_{补}=2^8+x=00000101\text{B}$$
$$[-x]_{补}=2^8-x=100000000\text{B}-00000101\text{B}=11111011\text{B}$$

（2）利用原码求

一个负数 x 的补码等于原码除符号位不变，其余各位按位取反再最低位加 1。

设 $x=(-5)_{10}$，

$$[x]_{原}=10000101\text{B}$$
$$[x]_{补}=11111010\text{B}+1=11111011\text{B}$$

也可以从原码直接得到补码，即从原码的最低位起，一直到出现第一个 1 以前（包括第一个 1）的数字均不变，以后逐位取反，但符号位不变。

3．补码的运算

补码表示的带符号数进行加减运算时，把符号位也作为一个数，进行运算。

（1）补码的加法

$$[x]_{补}+[y]_{补}=[x+y]_{补}$$

可见，两符号数补码之和等于和之补码，这是补码表示法主要优点之一。

【例 3.5-2】 计算(+20)+(−17)。

解： $[+20]_{补}=00010100$，$[-17]_{补}=11101111$，相加以后的结果为+3，运算结果正确，如图 3.5-10 所示。如果用原码来运算，则会发生错误，如图 3.5-11 所示。

```
          0 0 0 1 0 1 0 0   [+20]补
        + 1 1 1 0 1 1 1 1   [-17]补
        -----------------
丢弃 →(1) 0 0 0 0 0 0 1 1   [+3]补
```

图 3.5-10　补码的加法运算

```
  0 0 0 1 0 1 0 0   [+20]原
+ 1 0 0 1 0 0 0 1   [-17]原
-----------------
  1 0 1 0 0 1 0 1   [-37]原
```

图 3.5-11　原码的加法运算

（2）补码的减法

采用补码的好处是减法运算可以通过加法运算实现，即减去一个数等于加上这个数的补码。求一个数的补码的方法是包括符号位在内，每一位取反加 1。

【例 3.5-3】 计算(−56)−(−17)。

解：　　　　　　　$(-56)_{补}=11001000B$，$(-17)_{补}=11101111B$

　　　　$(-56)_{补}-(-17)_{补}==11001000B-11101111B=11001000B+00010001B=11011001B=(-39)_{补}$

　　二进制补码的加减运算可以用如图 3.5-12 所示的加法电路来完成。$X=X_7\cdots X_0$ 送加法器的一个输入端，$Y=Y_7\cdots Y_0$ 经过异或门后送加法器的另一个输入端。二输入异或门的一个重要特性是一个输入端可以控制输出是另一个输入的原变量还是反变量。$\overline{\text{Add}}/\text{Sub}$ 为加法和减法控制信号。如果 $\overline{\text{Add}}/\text{Sub}=0$，异或门的输出为 $Y=Y_7\cdots Y_0$；如果 $\overline{\text{Add}}/\text{Sub}=1$，异或门的输出为 $Y=Y_7\cdots Y_0$ 的取反。$\overline{\text{Add}}/\text{Sub}$ 还与加法器的 CI 相连，这使得在进行减法运算时 CI=1，从而实现了取反后加 1 的目的。而当进行加法运算时，CI=0。

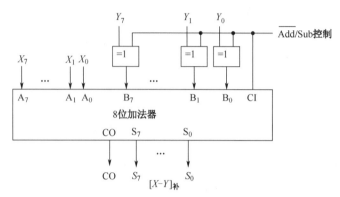

图 3.5-12　　有符号二进制数加法器

3.6　组合逻辑电路的竞争与冒险

　　前面介绍组合逻辑电路时，我们着重关注的是输入信号和输出信号之间的逻辑映射关系，分析和设计组合逻辑电路都只是考虑稳定的输入信号和输出信号，而没有考虑到输入信号、输出信号在电平转换时是否会出现其他的问题。本节将从工程实际的角度出发，讨论组合逻辑电路中由于信号延迟引起的可能存在的竞争与冒险现象。

3.6.1　竞争、冒险及其产生原因

　　组合逻辑电路中一个逻辑门的多个输入端可能是由同一个输入信号经过不同的路径传递过来的。由于传递途径不同，很容易引起延迟时间不一致。因此，同一输入信号的变化传递到该门电路不同输入端的时间很可能也是不一致的，有先有后，这种现象被称为竞争。

　　由于竞争的存在，组合逻辑电路的分析便不能完全用理想的稳态来处理，而应该考虑到电路中可能出现短暂的输出错误。值得指出的是，并不是每一次竞争必然会引起输出错误，只是应该考虑到存在这样的一种可能性。通常我们把能够产生错误输出的竞争称为临界竞争，而把不会产生错误输出的竞争称为非临界竞争。当组合逻辑电路中出现临界竞争时，输入信号的某些变化会引起输出端相应的短暂性的错误，产生干扰窄脉冲。这种现象就称为冒险。可见，竞争只是产生冒险的条件，冒险则是临界竞争引起的结果。

　　以图 3.6-1（a）所示的简单电路为例。图中与门的两个输入分别由信号 A 经过不同路径传递而来。按照理想情况分析，电路输出端应该始终为 $L=\overline{A}A=0$。但如果考虑信号在逻辑门中的传输延迟，则有可能出现竞争冒险现象。假设非门和与门均有 10ns 的延迟，可得到图 3.6-1（b）所示的输出波形。$\overline{A}$ 到达与门输入端的时间始终落后于 A，在 t_1 和 t_2 期间出现 A 和 $\overline{A}$ 同时高电平的情况，经过 10ns 延迟，与门输出端出现干扰窄脉冲。

在图3.6-1（b）所示的波形中，信号 A 的两次变化都产生了竞争。但这两次竞争引起的结果是不一样的。第一次竞争造成输出错误，第二次竞争则没有造成输出错误。换言之，第一次竞争引起了冒险。由于图3.6-1（a）所示电路稳态时处于 0 状态，竞争冒险引起的尖峰干扰为正向窄脉冲，这种冒险现象称为静态 0 冒险。

如果将图 3.6-1（a）电路中的与门换成或门，则电路稳定时应该满足 $L = \bar{A} + A = 1$。如果还采用图 3.6-1（b）中的 A 输入信号来分析电路，可知电路在第一次竞争不会引起输出错误，而在第二次竞争时产生负向窄脉冲。这种冒险现象称为静态 1 冒险。

实际上，冒险现象除了上述两种静态冒险以外，还有所谓的"动态冒险"。一般来说，当组合逻辑电路在输入信号发生变化时，如果按照逻辑关系输出信号也应该有变化，但在变化过程中又出现了短暂的输出错误，这种现象就是"动态冒险"。如输出变化应为 0→1 时却变成了 0→1→0→1 多次变化，或者，输出变化应为 1→0 时却变为 1→0→1→0 多次变化，称为动态冒险。图3.6-2所示为静态冒险和动态冒险的波形。需要指出的是，动态冒险一般是由静态冒险发展而来的，通常排除了静态冒险，动态冒险也就被消除了。

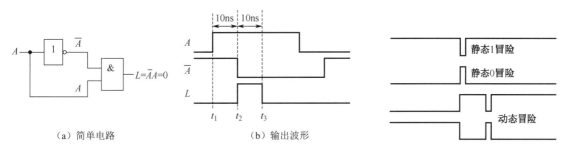

（a）简单电路　　　　　　　（b）输出波形

图 3.6-1　包含竞争、冒险的简单电路　　　　图 3.6-2　静态冒险和动态冒险的波形

3.6.2　冒险现象的识别

在设计数字电路时，必须注意冒险现象产生的窄脉冲对电路工作的影响。通常情况下，竞争冒险产生的窄脉冲对数字电路的工作不会有太大的影响，但是当组合逻辑输出用作触发器的异步清零、异步置数、时钟、锁存器的时钟等功能时，竞争冒险产生的窄脉冲可能会对电路产生严重的影响。因此，对组合逻辑电路进行冒险现象的分析和消除就变得非常重要。

判断一个逻辑电路是否存在竞争冒险现象一般有两种方法：代数方法和卡诺图方法。

1. 代数方法

从前面的分析中，可以得出这样的结论：当组合逻辑电路的函数表达式可转化为 $F = A \cdot \bar{A}$ 形式时，电路可能出现静态 0 冒险；而当函数表达式可转换为 $F = A + \bar{A}$ 形式时，电路可能出现静态 1 冒险。可见，当一个变量在函数表达式中同时以原变量和反变量形式出现时，电路就可能产生竞争冒险。因此，利用代数方法判别冒险现象一般采用以下步骤：

① 找出函数式中同时以原变量和反变量形式出现的变量。

② 将其他变量的所有可能取值组合代入函数式，即消去其他变量，看是否出现了 $F = A\bar{A}$、$F = A + \bar{A}$ 这两种形式。

③ 如果出现上述两种形式，则可判定电路可能会出现竞争冒险现象。

【例 3.6-1】 设组合逻辑电路的逻辑表达式为 $F = AB + \bar{A}C + \bar{C}D$，试判断电路是否可能存在竞争冒险现象。

解：① 从电路的逻辑表达式可知，变量 A、C 都同时以原变量和反变量形式出现，因此要分别加以讨论。

② 判断变量 A 是否产生竞争冒险。

$BCD=000$、001、010、011、100、101 时，没有出现 $F=A+\overline{A}$；

$BCD=110$、111 时，出现 $F=A+\overline{A}$。

说明当 $BCD=110$ 或 111 时，变量 A 的变化可能引起静态 1 冒险，产生负向窄脉冲。

③ 判断变量 C 是否产生竞争冒险。

$ABD=000$、010、100、101、110、111 时，没有出现 $F=C+\overline{C}$；

$ABD=001$、011 时，出现 $F=C+\overline{C}$。

说明当 $ABD=001$ 或 011 时，变量 C 的变化可能引起静态 1 冒险，产生负向窄脉冲。

【例 3.6-2】 设组合逻辑电路的逻辑表达式为 $L=(A+B)(\overline{A}+C)$，试判断电路是否可能存在竞争冒险现象。

解： 根据逻辑函数表达式可知，当 $B=C=0$ 时，$L=A\overline{A}$，电路存在竞争，有可能出现正向干扰窄脉冲，即静态 0 冒险。

2. 卡诺图方法

假设逻辑函数的表达式为与或表达式，根据与或表达式构建卡诺图，表达式中的每个乘积项对应一个包围圈。如果任何一对相邻的 1 方格没有被一个圈所包围，则该逻辑函数表达式所对应的电路存在静态 1 冒险。

【例 3.6-3】 设组合逻辑电路逻辑函数为 $L=AB+\overline{A}C$，试用卡诺图方法判别该电路是否将可能产生竞争冒险。

解： 根据逻辑函数 $L=AB+\overline{A}C$ 画出卡诺图，如图 3.6-3（a）所示。该逻辑表达式中的两个乘积项 AB 和 $\overline{A}C$ 分别对应卡诺图中的两个卡诺圈。虚线框中的两个相邻 1 方格没有被包围圈所包围，因此该电路存在静态 1 冒险。

如果逻辑函数表达式改为 $L=AB+\overline{A}C+BC$，则可以得到如图 3.6-3（b）所示的卡诺图。该卡诺图有 3 个卡诺圈，任何一对相邻 1 方格均被卡诺圈包围，因此不存在竞争冒险现象。可见，最简与或式容易存在竞争冒险现象，非最简式可以用来消除静态冒险。

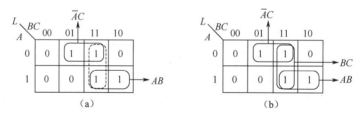

图 3.6-3　例 3.6-3 卡诺图

如果逻辑函数表达式为或与表达式，也可以通过卡诺图来判断是否存在竞争冒险现象。下面通过一个例子来说明。

【例 3.6-4】 设组合逻辑电路逻辑函数为 $L=(A+B)(\overline{A}+C)$，试用卡诺图方法判别该电路是否可能产生竞争冒险。

解： 根据逻辑函数 $L=(A+B)(\overline{A}+C)$ 画出卡诺图，如图 3.6-4（a）所示。该逻辑表达式中的两个或项 $A+B$ 和 $\overline{A}+C$ 分别对应卡诺图中的两个卡诺圈。虚线框中的两个相邻 0 方格没有被包围圈所包围，因此该电路存在静态 0 冒险。

如果逻辑函数表达式改为 $L=(A+B)(\overline{A}+C)(B+C)$，则可以得到如图3.6-4（b）所示的卡诺图。该卡诺图有 3 个卡诺圈，任何一对相邻 0 方格均被卡诺圈包围，因此不存在竞争冒险现象。

在分析一个电路是否存在竞争冒险现象时，如果需要将逻辑表达式的一种形式转化为另一种形式，在转化过程中，应注意将一个逻辑变量的原变量和反变量视为独立变量，否则可能得到错误的结论。例如，对逻辑函数 $L=(A+B)(\overline{A}+C)$ 来说，如果直接根据或-与形式来判断，当 $B=C=0$ 时，$L=A\overline{A}$，有可能出现静态 0 冒险。若将逻辑函数进行如下变换：

$$L = (A+B)(\overline{A}+C) = A\overline{A} + AC + B\overline{A} + BC = AC + \overline{A}B + BC$$

由于将原本存在于函数中的 $A\overline{A}$ 项消去，得到的与或表达式不存在冒险现象。由此也得到一个启发，通过发现并消除互补变量，可以消除竞争冒险现象。

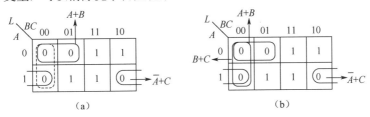

图 3.6-4　例 3.6-4 卡诺图

3.6.3　冒险现象的消除

消除组合逻辑电路的竞争冒险主要有以下两种方法。

1. 增加冗余项

从例 3.6-3 和例 3.6-4 可知，只要在卡诺图中包围圈相切处增加一个包围圈就可以消除竞争冒险。这里的相切是指两个相邻最小项分别属于不同的卡诺圈，又没有一个卡诺圈将这两个相邻最小项圈在一起。

从逻辑函数化简的角度来说，这个增加的包围圈是多余的，其对应的乘积项（和项）属于冗余项。

【例 3.6-5】　已知 $Y(A,B,C,D) = \sum m(0,2,3,7,8,9,10,12,13)$，求 Y 的无竞争冒险的最简与-或式，并用与非门实现。

解： 卡诺图如图 3.6-5 所示。两个包围圈相切，此函数存在竞争冒险。在相切处增加一个包围圈，以消除竞争冒险。增加包围圈对应的乘积项 $\overline{A}B\overline{C}$ 为冗余项。

$$Y = A\overline{C} + \overline{B}\,\overline{D} + \overline{A}CD + \overline{A}B\overline{C} = \overline{\overline{A\overline{C}} \cdot \overline{\overline{B}\,\overline{D}} \cdot \overline{\overline{A}CD} \cdot \overline{\overline{A}B\overline{C}}}$$

用与非门实现的逻辑图如图 3.6-6 所示。电路中增加了一个与冗余项对应的与非门（阴影标示部分），消除了竞争冒险。

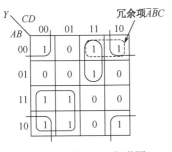

图 3.6-5　例 3.6-5 卡诺图

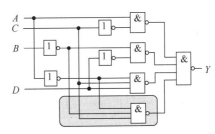

图 3.6-6　例 3.6-5 逻辑图

2. 根据产生干扰窄脉冲的特点消除已经产生的窄脉冲

虽然组合逻辑电路存在竞争冒险现象，但是如果可以确认其输出结果正确后再使用该信号，那么竞争冒险现象没有消除也不会引发输出错误。如图 3.6-7 所示为通过引入选通脉冲的方法来消除窄脉冲逻辑图，E 为选通脉冲输入端。因为窄脉冲产生在互补变量发生变化的时刻，这时只需将 E 置为高电平将或门封锁，这样，窄脉冲就不会出现在或门输出端。等到电路达到稳定状态以后，再在 E 端加一负脉冲，使或门处于开通状态，输出相应的电平。如果电路的输出级为与门，则选通的脉冲应采用正脉冲。

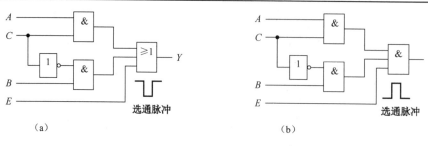

（a）　　　　　　　　　　　　　　　　　（b）

图 3.6-7　利用选通脉冲消除干扰窄脉冲

3.7　例 题 讲 解

【例 3.7-1】 试用 4 选 1 数据选择器 74LS153（1/2）和最少量与非门实现逻辑函数 $F = \overline{A}C + C\overline{D} + \overline{B}\,\overline{C}\,\overline{D}$。

解： 本题要实现的逻辑函数有 4 个变量，而 4 选 1 数据选择器只有 2 位选择输入端，因此，需要将 2 个变量送到 4 选 1 数据选择器的选择输入端，另 2 个变量送 4 选 1 数据选择器的数据输入端。哪 2 个变量送到选择输入端很有讲究，因为只有选择合适的变量送到选择输入端，才能满足题目要求的用最少量的与非门实现。将 F 的逻辑函数表达式与 4 选 1 数据选择器的逻辑函数表达式比较，将变量 C 和 D 送到 4 选 1 数据选择器的选择输入端，可以使送到数据输入端的逻辑表达式最简。

$$F = \overline{A}C + C\overline{D} + \overline{B}\,\overline{C}\,\overline{D} = \overline{A}C(D+\overline{D}) + C\overline{D} + \overline{B}\,\overline{C}\,\overline{D}$$
$$= \overline{A}\,\overline{C}\,\overline{D} + \overline{A}CD + C\overline{D} + \overline{B}\,\overline{C}\,\overline{D} = \overline{AB}\,\overline{C}\,\overline{D} + \overline{A}CD + C\overline{D} + CD\cdot 0$$

将上式与 4 选 1 数据选择器的逻辑表达式式（3.3-1）比较，可以得到

$A_1=C$，$A_0=D$，$D_0 = \overline{AB}$，$D_1 = \overline{A}$，$D_2=1$，$D_3=0$。对应的电路图如图 3.7-1 所示。

【例 3.7-2】 图 3.7-2 所示为对十进制数 9 求补的电路。分别写出 COMP=1 和 COMP=0 时，Y_0、Y_1、Y_2、Y_3 的表达式，列出真值表。

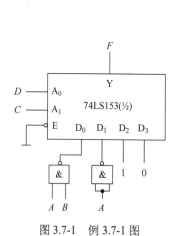

图 3.7-1　例 3.7-1 图

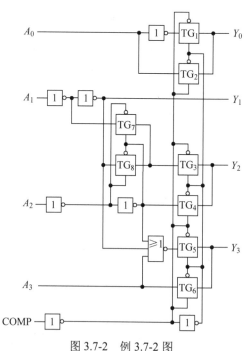

图 3.7-2　例 3.7-2 图

解：（1）当 COMP=0 时：

$$Y_0 = A_0 , \quad Y_1 = A_1 , \quad Y_2 = A_2 , \quad Y_3 = A_3$$

（2）当 COMP=1 时：

$$Y_0 = \overline{A_0} , \quad Y_1 = A_1 , \quad Y_2 = A_2 \oplus A_1 , \quad Y_3 = \overline{A_3 + A_2 + A_1}$$

由于 COMP=0 时，输出和输入相同，因此，下面只列出当 COMP=1 时的真值表，如表 3.7-1 所示。

表 3.7-1　例 3.7-2 COMP=1 真值表

COMP	A_3	A_2	A_1	A_0	Y_3	Y_2	Y_1	Y_0
1	0	0	0	0	1	0	0	1
1	0	0	0	1	1	0	0	0
1	0	0	1	0	0	1	1	1
1	0	0	1	1	0	1	1	0
1	0	1	0	0	0	1	0	1
1	0	1	0	1	0	1	0	0
1	0	1	1	0	0	0	1	1
1	0	1	1	1	0	0	1	0
1	1	0	0	0	0	0	0	1
1	1	0	0	1	0	0	0	0
1	1	0	1	0	0	1	1	1
1	1	0	1	1	0	1	1	0
1	1	1	0	0	0	1	0	1
1	1	1	0	1	0	1	0	0
1	1	1	1	0	0	0	1	1
1	1	1	1	1	0	0	1	0

从真值表可知，$Y_3Y_2Y_1Y_0$=1001-$A_3A_2A_1A_0$，输出为 9 的补码。

【例 3.7-3】用一个 2 选 1 数据选择器实现函数 $Y = \overline{A}\,\overline{C} + \overline{B}\,\overline{C} + \overline{A}B$ 。

解：列出逻辑函数 Y 的真值表如表 3.7-2 所示。

当 $A=0$ 时，$Y_1 = \overline{BC} = B + \overline{C}$；当 $A=1$ 时，$Y_2 = B\overline{C}$，用 2 选 1 数据选择器实现的逻辑图如图 3.7-3 所示。

表 3.7-2　逻辑函数 Y 的真值表

A	B	C	Y	A	B	C	Y
0	0	0	1	1	0	0	0
0	0	1	0	1	0	1	0
0	1	0	1	1	1	0	1
0	1	1	1	1	1	1	0

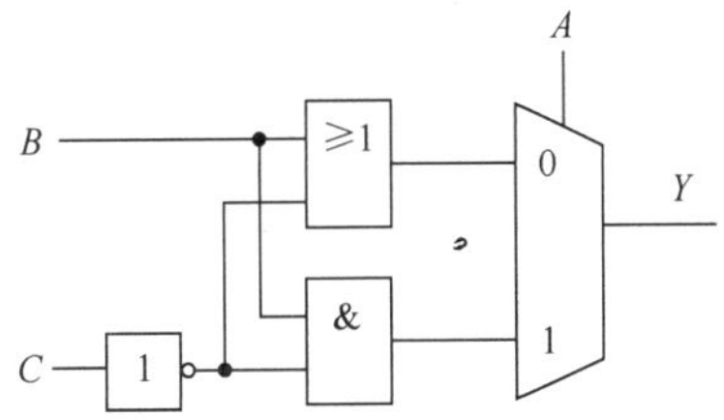

图 3.7-3　例 3.7-3 逻辑图

用展开规则也可以得到上述结果

$$Y(A,B,C) = \overline{A} \cdot Y(0,B,C) + A \cdot Y(1,B,C) = \overline{A} \cdot (B + \overline{C}) + A \cdot B\overline{C}$$

【例 3.7-4】用加法器实现将 4 位无符号数乘以 3，即 $P=3X$。用 $X=X_3X_2X_1X_0$ 表示 4 位无符号数，用 $P=P_5P_4P_3\,P_2P_1P_0$ 表示 6 位乘积，画出原理图。

解：

方案一：先用一个 4 位加法器实现 $X+X=2X$，其结果是 1 个 4 位及 1 个进位。然后用 1 个 5 位加法

器实现 $X+2X=3X$，原理图如图 3.7-4 所示。

方案二：将 X 左移一位可以得到 $2X$，产生的结果是 $X_3X_2X_1X_00$。因此，只用一个 5 位加法器就可以实现 $P=3X$，原理图如图 3.7-5 所示。

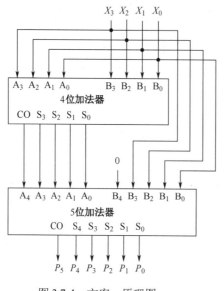
图 3.7-4　方案一原理图

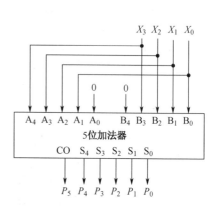
图 3.7-5　方案二原理图

从这个例子可以看到，采用一种好的算法可以简化逻辑电路。

【例 3.7-5】 3 位串行进位加法器如图 3.7-6 所示。加数为 $A_2A_1A_0$ 和 $B_2B_1B_0$，结果为 $S_3S_2S_1S_0$。$A_2A_1A_0$、$B_2B_1B_0$ 和 $S_3S_2S_1S_0$ 的值分别用 A、B 和 S 表示。加法器输入到 S 和 CO 的延迟分别为 $3t_{pd}$ 和 $2t_{pd}$。判断以下 3 种情况下，加法器的最大延迟。

① 初始值 $A=2$ 和 $B=4$，A 变为 3。

② 初始值 $A=1$ 和 $B=7$，A 变为 0。

③ 初始值 $A=1$ 和 $B=6$，A 变为 2。

解：

① S 从 6（0110）变化到 7（0111），所有的进位输出均为 0，没有变化，所以最大延迟为 $3t_{pd}$。

② S 从 8（1000）变化到 7（0111），最长的延时路径是 $A_0 \rightarrow C_0 \rightarrow C_1 \rightarrow S_2$，所以总延迟为 $7t_{pd}$。

③ S 从 8（0111）变化到 7（1000），最长的延时路径是 $A_1 \rightarrow C_1 \rightarrow S_2$，所以总延迟为 $5t_{pd}$。

【例 3.7-6】某一组合逻辑电路如图 3.7-7 所示，输入变量 (A, B, D) 的取值不可能发生 $(0, 1, 0)$ 的输入组合。分析它的竞争冒险现象，若存在，则用最简单的电路改动来消除。

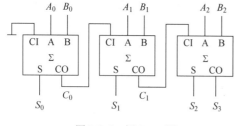
图 3.7-6　例 3.7-5 图

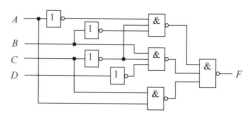
图 3.7-7　例 3.7-6 逻辑图

解： 从图 3.7-7 所示逻辑图得到以下表达式

$$F = \overline{A}\,\overline{B}\,\overline{C} + B\overline{C}\,\overline{D} + AC$$

根据表达式 $F = \overline{A}\,\overline{B}\,\overline{C} + B\overline{C}\,\overline{D} + AC$ 和约束条件 $\overline{A}\overline{B}\overline{D} = 0$，可画出卡诺图如图 3.7-8 所示。化简后得到最简与-或式 $F = \overline{A}\,\overline{B}\,\overline{C} + AB\overline{D} + AC$。由于卡诺图的包围圈无相切，因此不存在竞争冒险。对应的逻辑图如图 3.7-9 所示。

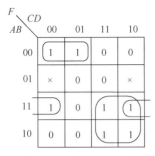

图 3.7-8　例 3.7-6 卡诺图

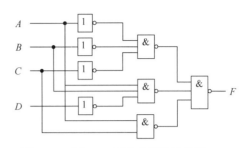

图 3.7-9　例 3.7-6 无竞争冒险逻辑图

【例 3.7-7】 某组合逻辑电路真值表如表 3.7-3 所示。

表 3.7-3　例 3.7-7 真值表

A	B	C	D	Y	A	B	C	D	Y
0	0	0	0	0	1	0	0	0	0
0	0	0	1	0	1	0	0	1	0
0	0	1	0	1	1	0	1	0	0
0	0	1	1	1	1	0	1	1	0
0	1	0	0	0	1	1	0	0	1
0	1	0	1	0	1	1	0	1	1
0	1	1	0	0	1	1	1	0	1
0	1	1	1	1	1	1	1	1	1

① 试用二输入与非门实现该组合逻辑电路。
② 用卡诺图法判断是否存在竞争冒险。
③ 如何用实验的方法观察竞争冒险现象？
④ 加适当的门电路消除竞争冒险。

解：根据真值表画出卡诺图，如图 3.7-10 所示。
逻辑函数最简与或表达式

$$Y = AB + \overline{A}CD + AC\overline{D} = \overline{\overline{AB + \overline{A}CD + AC\overline{D}}}$$
$$= \overline{\overline{AB}\ \overline{C(\overline{A}D + A\overline{D})}} = \overline{\overline{AB}\ \overline{C\,\overline{\overline{A}D}\ \overline{A\overline{D}}}}$$

需要 8 个二输入与非门，逻辑图如图 3.7-11 所示。

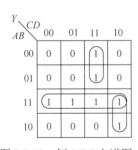

图 3.7-10　例 3.7-7 卡诺图

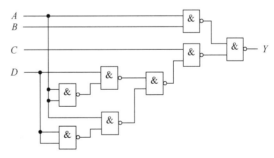

图 3.7-11　例 3.7-7 逻辑图

观察图 3.7-10 所示的卡诺图，有两个包围圈相切，因此图 3.7-11 所示电路存在竞争冒险。其实，用代数方法也可以判断。当 $BCD=111$ 时，$Y = A + \overline{A}$，产生竞争冒险现象。

进一步分析，当 B、C、D 置高电平时，图 3.7-11 所示的逻辑图等效成图 3.7-12（a）所示的等效电路。假设二输入与非门的传输延迟时间为 t_{PD}，图 3.7-12（a）所示电路各点的波形如图 3.7-12（b）所示。从如图 3.7-12（b）可知，负向窄脉冲的宽度为 $3t_{PD}$。

将 B、C、D 置高电平，从 A 端输入 500kHz 方波，用示波器观察 Y 输出端信号，可观察到竞争冒险现象。示波器实测波形如图 3.7-13 所示。图中上面波形为 500kHz 方波，下面波形为 Y 输出端信号，在输入方波的下降沿时刻，出现负向窄脉冲。

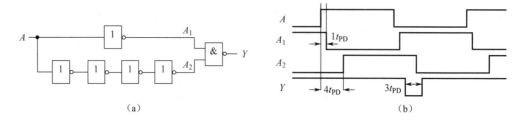

（a）　　　　　　　　　　　　　　　　　　　　　　　　（b）

图 3.7-12　产生竞争冒险时的等效电路及时序图

将图 3.7-11 所示逻辑电路中的最后一级二输入与非门改成 3 输入与非门，同时增加一个 3 输入与非门，可以消除由 A 引起的竞争冒险，如图 3.7-14 所示。

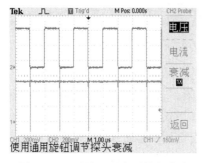

图 3.7-13　示波器观察到的窄脉冲

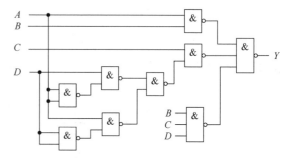

图 3.7-14　消除竞争冒险后的逻辑图

图 3.7-11 所示的组合逻辑电路由 5 级门电路级联，属于多级组合逻辑电路。多级组合逻辑电路的传输延迟时间会变长，优点是可以使用输入引脚数量少的逻辑门。需要指出的是，对实际门电路来说，需要限制门电路输入引脚的数量，这种限制是由与晶体管技术相关的实际情况引起的，这里不展开讨论。分析多级电路时，很难通过直接观察写出其逻辑表达式，可以从输入端到输出端逐级写出其表达式，最后写出总表达式。

本 章 小 结

1．本章介绍的标准中规模组合逻辑电路产品有：8 线-3 线优先编码器 74HC148、3 线-8 线二进制译码器 74HC138、显示译码器 74LS48、双 4 选 1 数据选择器 74LS153、8 选 1 数据选择器 74LS151、4 位数值比较器 74LS85、4 位二进制加法器 74HC283 等。学习这些中规模集成器件的重要目的是理解其逻辑功能和掌握其使用方法，并达到举一反三的效果。

2．竞争与冒险是组合逻辑电路工作状态转换过程中常会出现的一种现象。本章介绍了竞争冒险的概念、分类、判别方法及消除方法。

自我检测题

1．组合逻辑电路任何时刻的输出信号，与该时刻的输入信号_____，与以前的输入信号_____。

2．8 线-3 线优先编码器 74LS148 处于编码状态时，当输入 $\overline{I_7}\ \overline{I_6}\ \overline{I_5}\cdots\overline{I_0}$ 为 11010101 时，输出 $\overline{Y_2}\ \overline{Y_1}\ \overline{Y_0}$ 为_____。

3．3 线-8 线译码器 74HC138 处于译码状态时，当输入 $A_2A_1A_0=001$ 时，输出 $\overline{Y_7}\sim\overline{Y_0}=$_____。

4．实现将公共数据上的数字信号按要求分配到不同电路中的电路叫作_____。

5．根据需要选择一路信号送到公共数据线上的电路叫作_____。

6．一位数值比较器的输出比较结果 $Y_{(A>B)}$ 的逻辑表达式为_____。

7．能完成两个 1 位二进制数相加，并考虑到低位进位的器件称为_____。

8．多位加法器采用超前进位的目的是_____。

9．十进制数"-29"用 8 位二进制数补码表示为 11100011。（×，√）

10．在组合逻辑电路中，当输入信号改变状态时，输出端可能出现瞬间干扰窄脉冲的现象称为_____。

11．译码器 74HC138 的使能端 $E_1\overline{E_2}\,\overline{E_3}$ 取值为_____时，处于允许译码状态。

　　A．011　　　　　　B．100　　　　　　C．101　　　　　　D．010

12．数据分配器和_____有着相同的基本电路结构形式。

　　A．加法器　　　　B．编码器　　　　C．数据选择器　　D．译码器

13．在二进制译码器中，若输入有 4 位代码，则输出有_____个信号。

　　A．2　　　　　　　B．4　　　　　　　C．8　　　　　　　D．16

14．比较两位二进制数 $A=A_1A_0$ 和 $B=B_1B_0$，当 $A=B$ 时输出 $F=1$，则 F 表达式是_____。

　　A．$F = A_1 \oplus B_1 \oplus A_0 \oplus B_0$　　　　　B．$F = \overline{(A_1 \odot B_1)(A_0 \odot B_0)}$

　　C．$F = \overline{(A_1 \oplus B_1) + (A_0 \oplus B_0)}$　　　D．$F = A_1B_1A_0B_0 + \overline{A_1}\,\overline{B_1}\,\overline{A_0}\,\overline{B_0}$

15．比较两位二进制数 $A=A_1A_0$ 和 $B=B_1B_0$，当 $A>B$ 时输出 $F=1$，则 F 表达式是_____。

　　A．$F = A_1\overline{B_1}$　　　　　　　　　　　B．$F = A_1\overline{A_0} + B_1 + \overline{B_0}$

　　C．$F = A_1\overline{B_1} + \overline{A_1 \oplus B_1}\,A_0\overline{B_0}$　　　D．$F = A_1\overline{B_1} + A_0 + \overline{B_0}$

16．集成 4 位数值比较器 74LS85 级联输入 $I_{A<B}$、$I_{A=B}$、$I_{A>B}$ 分别接 001，当输入两个相等的 4 位数据时，输出 $F_{A<B}$、$F_{A=B}$、$F_{A>B}$ 分别为_____。

　　A．010　　　　　　B．001　　　　　　C．100　　　　　　D．011

17．设计一个 4 位二进制码的奇偶位发生器（假定采用偶检验码），需要_____个异或门。

　　A．2　　　　　　　B．3　　　　　　　C．4　　　　　　　D．5

18．在图 T3.18 中，能实现函数 $F = \overline{A}B + B\overline{C}$ 的电路为_____。

　　A．电路（a）　　B．电路（b）　　C．电路（c）　　D．都不是

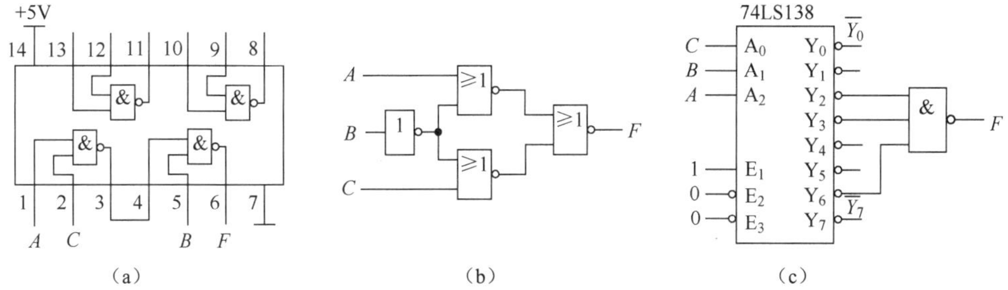

图 T3.18

19．组合逻辑电路中的冒险是由于_____引起的。

　　A．电路未达到最简　　　　　　　　B．电路有多个输出

　　C．电路中的时延　　　　　　　　　D．逻辑门类型不同

20．用取样法消除两级与非门电路中可能出现的冒险，以下说法_____是正确并优先考虑的。

　　A．在输出级加正取样脉冲　　　　　B．在输入级加正取样脉冲

　　C．在输出级加负取样脉冲　　　　　D．在输入级加负取样脉冲

21. 有一逻辑函数表达式为 $F = A\overline{C} + B\overline{D} + CD$，以下_____会产生竞争冒险。
    A. 1001→1011   B. 1011→1001
    C. 0110→0111   D. 0110→0101

习　　题

1. 用一个 8 线-3 线优先编码器 74HC148 和一个 3 线-8 线译码器 74HC138 实现 3 位格雷码到 3 位二进制码的转换。

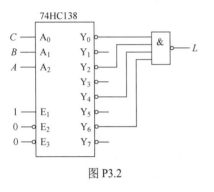

图 P3.2

2. 写出图 P3.2 所示电路的逻辑函数，并化简为最简与-或表达式。

3. 试用一片 3 线-8 线译码器 74HC138 和与非门实现逻辑函数 $F = AB + \overline{B}\,\overline{C}$。

4. 图 P3.4 所示为六段 LED 显示器。它可以显示上下左右四个方向之一，实线表示亮，虚线表示不亮。设计一个显示译码器，输入为两位二进制码 A_1A_0，输出为六段显示码 a~f。A_1A_0 为 00 时，显示朝右箭头；A_1A_0 为 01 时，显示朝下箭头；A_1A_0 为 10 时，显示朝左箭头；A_1A_0 为 11 时，显示朝上箭头。输出逻辑 1 表示亮，逻辑 0 表示不亮。要求写出设计过程。

图 P3.4

5. 由 4 选 1 数据选择器构成的组合逻辑电路如图 P3.5（a）所示，请画出在图 P3.5（b）所示的输入信号作用下，L 的输出波形。

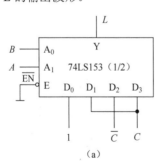
（a）

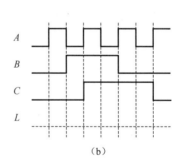
（b）

图 P3.5

6. 已知用 8 选 1 数据选择器 74LS151 构成的逻辑电路如图 P3.6 所示，请写出输出 L 的逻辑函数表达式，并将它化成最简与-或表达式。

7. 试用 8 选 1 数据选择器 74LS151 实现逻辑函数 $L=AB+AC$。

8. 用 8 选 1 数据选择器 74LS151 设计一个组合逻辑电路。该电路有 3 个输入 A、B、C 和一个工作模式控制变量 M，当 M=0 时，电路实现"意见一致"功能（A、B、C 状态一致时输出为 1，否则输出为 0），而 M=1 时，电路实现"多数表决"功能，即输出与 A、B、C 中多数的状态一致。

9. 用两个 4 选 1 数据选择器实现 5 输入的或非门，允许使用反相器。

10. P（$P_2P_1P_0$）和 Q（$Q_2Q_1Q_0$）为两个 3 位无符号二进制数，试用一片 74LS138 和一片 74LS151 设计如下组合逻辑电路：当 $P=Q$ 时输出 $F=1$，否则 $F=0$。

11. 已知 8 选 1 数据选择器 74LS151 芯片的选择输入端 A_2 的引脚折断，无法输入信号，但芯片内部功能完好。试问如何利用它来实现函数 $F(A,B,C)=\sum m(1,2,4,7)$。要求写出实现过程，画出逻辑图。

12. 试设计一个全减器组合逻辑电路。全减器可以计算 3 个数 X、Y、BI 的差，即 $D=X-Y-BI$。当 $X<Y+BI$ 时，借位输出 BO 置位。

13. 用两片 4 位加法器 74HC283 和适量门电路设计 3 个 4 位二进制数相加电路。

14. 请用 4 位加法器 74HC283 及或非门（数量不限）实现表 P3.14 所示的逻辑功能。

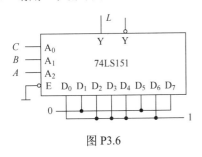

图 P3.6

表 P3.14

输入	输出	输入	输出
0000	0000	0110	1100
0010	0010	1000	110
0100	0100	1010	1010

15. 用两个 4 选 1 数据选择器实现函数 L，允许使用反相器。

$$L = \overline{E} + \overline{A}BC\overline{DE} + \overline{A}\,\overline{B}\,\overline{C}DE + A\overline{B}C\overline{D}E + A\overline{B}DEF + BCE$$

16. 利用 2 片四位加法器 74283 和必要的门电路设计一个 8421 码加法器。8421 码的运算规则是：当两数之和小于等于 9（1001）时，所得结果即为输出；当所得结果大于 9 时，则应加上 6（0110）。

17. 某组合逻辑电路如图 P3.17（a）所示，输入信号 A、B、C 的输入波形如图 P3.17（b）。画出不考虑门电路延时和考虑门电路延时两种情况下的 X、Y 和 Z 的时序图。假设每个门电路的延迟时间为 10ns。

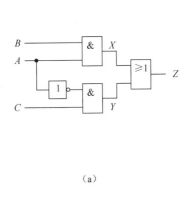

（a）

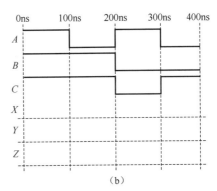

（b）

图 P3.17

18. 已知逻辑函数式 $Y(A，B，C，D)=\sum m(0，1，4，5，12，13，14，15)$，求 Y 的无竞争冒险的最简与-或式，并用与非门构成相应的电路。

19. 已知 $Y(A,B,C,D) = \sum m(0,3,7,8,9,10,12,13) + \sum d(1,2,14)$，求 Y 的无竞争冒险的最简与-或式。

20. 用 3 线-8 线译码器设计地址译码器，要求 8 位地址为 C0H～C7H 时，译码器的 $\overline{Y}_0$～$\overline{Y}_7$ 依次输出有效信号。译码器的输入应如何连接？允许使用附加的与门和或门。地址信号为 A_7～A_0，A_7 为高位，A_0 为低位。

21. 若某工厂有 3 个车间，每个车间需 1kW 的电力。这 3 个车间由两组发电机组供电，一组是

1kW，另一组是 2kW。此 3 个车间不一定同时工作。为了节省能源，又要保证电力供应，需要设计一个逻辑电路，以根据 3 个车间的开工情况，启动相应的发电机供电。请列出相应的真值表，并用双 4 选 1 数据选择器实现。

22. 阅读以下 Verilog HDL 代码，这段代码表示何种电路？说明其逻辑功能。

```verilog
module EXAM20(Y,A,B,C,E1,E2,E3);
output[7:0] Y;
input A,B,C;
input E1,E2,E3;
reg[7:0] Y;
always @(A or B or C or E1 or E2 or E3)
 begin
  if((E1==1)&(E2==0)&(E3==0))
   begin
    case({C,B,A})
    3'd0: Y=8'b1111_1110;
    3'd1: Y=8'b1111_1101;
    3'd2: Y=8'b1111_1011;
    3'd3: Y=8'b1111_0111;
    3'd4: Y=8'b1110_1111;
    3'd5: Y=8'b1101_1111;
    3'd6: Y=8'b1011_1111;
    3'd7: Y=8'b0111_1111;
    default:Y=8'bX;
    endcase
   end
  else
   Y=8'b1111_1111;
 end
```

实验一　3 线-8 线译码器实验

实验示意图如图 E3.1 所示。

输入：3 位二进制码 A2～A0；输出：8 路译码信号 Y0～Y7。

二进制码从电平开关 SW2～SW0 输入，译码输出直接驱动发光二极管。

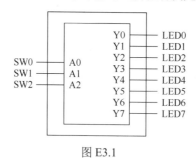

图 E3.1

实验二　数据分配器实验

实验示意图如图 E3.2 所示。

输入：3 位二进制码 A2～A0，1 路 4Hz 时钟信号；输出：8 路信号。

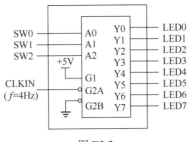

图 E3.2

实验三 8 线–3 线优先编码器实验

实验示意图如图 E3.3 所示。

输入：8 路编码信号 I0～I7，低电平有效，I7 优先级最高，I0 优先级最低。

输出：3 位二进制编码，原码输出。

编码信号从电平开关 SW7～SW0 输入，二进制码在 LED 管上显示。

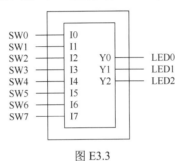

图 E3.3

实验四 显示译码器实验

实验示意图如图 E3.4 所示。

输入：4 位二进制编码 A0～A3。

输出：7 位显示码（共阴）。

4 位二进制编码从电平开关 SW7～SW0 输入，显示译码器的输出在七段 LED 数码管上显示。

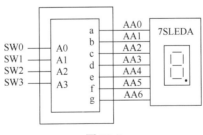

图 E3.4

实验五 4 位数值比较器实验

实验示意图如图 E3.5 所示。

输入：两个 4 位无符号二进制数 A3～A0 和 B3～B0。

输出：$Y_{A>B}$，$Y_{A<B}$，$Y_{A=B}$。

两个 4 位无符号二进制数从电平开关 SW7～SW0 输入，比较输出直接驱动发光二极管。

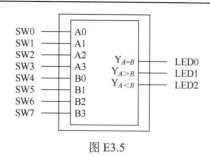

图 E3.5

实验六　4 位二进制加法器实验

实验示意图如图 E3.6 所示。

输入：两个 4 位二进制加数 A3～A0 和 B3～B0；进位输入 CIN。

输出：4 位和：S3～S0；进位输出：COUT。

两个 4 位二进制加数从电平开关 SW7～SW0 输入，进位输入通过按键输入。和及进位输出直接驱动发光二极管。

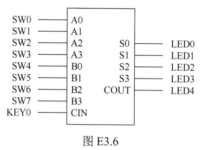

图 E3.6

第 4 章　时序逻辑电路基本单元

在时序逻辑电路中需要使用具有记忆功能的逻辑单元电路。锁存器（Latch）和触发器（Flip-Flop）就是能够记忆 1 位二值信号的逻辑电路，它们是构成时序逻辑电路的基本单元。锁存器和触发器具有以下共同特点：

① 具有两个稳定的状态，分别用来表示逻辑 0 和逻辑 1。

② 能根据不同的输入信号置成 0 态或 1 态。

由于锁存器和触发器有以上共同特点，因此在一些文献资料中，两者不加区分，统称为触发器。实际上，锁存器和触发器在特性上有一些重要区别。锁存器是对时钟信号电平敏感的存储单元电路，而触发器是一种对时钟信号边沿敏感的存储单元电路。因此，本书将对锁存器和触发器在概念上做严格的区分。

寄存器和计数器是常用的时序逻辑电路，它们可以按照一定的规律非常方便地用触发器实现。

本章将主要介绍锁存器、触发器、并行寄存器、移位寄存器、二进制计数器等模块的逻辑功能和电路组成。

4.1　锁　存　器

4.1.1　基本 SR 锁存器

1. 双稳态电路

如图 4.1-1 所示为由两个反相器 G_1、G_2 交叉连接构成的电路。如果 Q 为高电平，则 $\overline{Q}$ 为低电平，$\overline{Q}$ 反馈到 G_1 输入端，使 G_1 和 G_2 输出保持不变，电路处于稳定状态；如果 Q 为低电平，则 $\overline{Q}$ 为高电平，$\overline{Q}$ 反馈到 G_1 输入端，使 G_1 和 G_2 输出保持不变，电路处于另外一种稳定状态。可见该电路有两个稳态，通常称为双稳态电路（Bistate Elements）。

双稳态电路加上电源以后究竟处于哪一个稳定状态是随机的。由于双稳态电路没有输入控制端，无法控制或改变它的状态，因此双稳态电路在时序逻辑电路中没有使用价值。

为了弥补双稳态电路的不足，基本 SR 锁存器在双稳态电路中增加两根控制信号输入端，从而实现了通过外部信号来改变电路的状态。基本 SR 锁存器有两种电路形式，一种是由或非门构成的基本 SR 锁存器，另一种是由与非门构成的基本 SR 锁存器。

2. 由或非门构成的基本 SR 锁存器

由或非门构成的基本 SR 锁存器逻辑图和逻辑符号如图 4.1-2 所示。它由两个二输入的或非门 G_1、G_2 交叉连接而成。S 和 R 为锁存器的输入端，Q 和 $\overline{Q}$ 为锁存器的输出端。

当 $S = R = 0$ 时，基本 SR 锁存器就等同于图 4.1-1 所示的双稳态电路，电路维持原来的状态不变。

当 $S = 0$、$R = 1$ 时，$Q = 0$，$\overline{Q} = 1$。当 R 从 1 回到 0 时，电路保持 $Q = 0$，$\overline{Q} = 1$ 状态不变。

当 $S = 1$、$R = 0$ 时，$Q = 1$，$\overline{Q} = 0$。当 S 从 1 回到 0 时，电路保持 $Q = 1$，$\overline{Q} = 0$ 状态不变。

当 $S = 1$，$R = 1$ 时，$Q = 0$，$\overline{Q} = 0$。

根据上述分析，得到如表 4.1-1 所示的基本 SR 锁存器的输入/输出逻辑关系表。

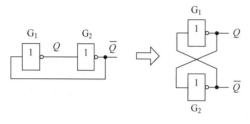

图 4.1-1　双稳态电路

表 4.1-1　SR 锁存器输入/输出逻辑关系表

S	R	Q	$\overline{Q}$
0	0	不变	不变
0	1	0	1
1	0	1	0
1	1	0	0

【例 4.1-1】　在图 4.1-2 所示基本 SR 锁存器中，已知 S、R 波形如图 4.1-3 所示，画出 Q 和 $\overline{Q}$ 对应的输出波形。设基本 SR 锁存器的初始状态为 $Q=0$、$\overline{Q}=1$。

解： 在 S、R 信号发生改变的时刻，用虚线分割成不同的区间。每一区间根据表 4.1-1 所示的输入/输出关系表确定 Q、$\overline{Q}$ 的电平。需要注意的是，S、R 的初始输入值为 00，锁存器的状态保持不变，这时需要根据题目中给出的初始状态来确定 Q、$\overline{Q}$ 的电平。当每一区间的 Q、$\overline{Q}$ 电平确定后，可得到基本 SR 锁存器输出时序图如图 4.1-3 所示。

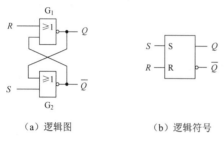

（a）逻辑图　　　　（b）逻辑符号

图 4.1-2　由或非门构成的基本 SR 锁存器

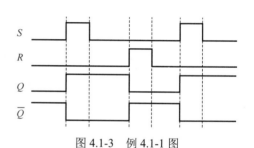

图 4.1-3　例 4.1-1 图

从图 4.1-3 所示时序图可以看到，只要在 S 输入端加一个正脉冲，就可以将锁存器置成 $Q=1$、$\overline{Q}=0$，因此 S 输入端称为置位（Set）端；只要在 R 输入端加一个正脉冲，就可以将锁存器置成 $Q=0$、$\overline{Q}=1$，因此 R 输入端称为复位（Reset）端。在输入信号的正脉冲消失以后，电路的输出结果能保持不变，说明基本 SR 锁存器具有记忆功能。

【例 4.1-2】　在图 4.1-2 所示基本 SR 锁存器中，已知 S、R 波形如图 4.1-4 所示，画出 Q 和 $\overline{Q}$ 波形图。设基本 SR 锁存器的初始状态为 $Q=0$、$\overline{Q}=1$。

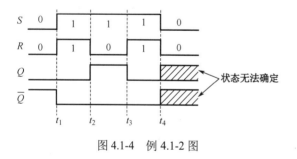

图 4.1-4　例 4.1-2 图

解： Q 和 $\overline{Q}$ 的波形图如图 4.1-4 所示。在 $t_1 \sim t_2$ 和 $t_3 \sim t_4$ 期间，因为 $S=R=1$，所以 Q 和 $\overline{Q}$ 均为 0。在 $t_2 \sim t_3$ 期间，R 由 1 回到 0，锁存器回到正常的互补输出状态 $Q=1$ 和 $\overline{Q}=0$。在 t_4 时刻，S、R 同时变为 0，这时 G_1 和 G_2 的输入均为 0，Q 和 $\overline{Q}$ 将同时变为 1，一旦 Q 和 $\overline{Q}$ 变为 1 又通过反馈通路使 Q、$\overline{Q}$ 变为 0，如此反复，导致电路在 $Q=\overline{Q}=0$ 到 $Q=\overline{Q}=1$ 之间振荡。如果 G_1 和 G_2 的延迟时间相等，振荡会无限持续下去。在实际电路中，G_1 和 G_2 的延迟时间不可能严格相等，因此锁存器最终会停留在两个稳定状态中的某个状态。假设 G_1 的延迟时间比 G_2 小，则 G_1 的输出 Q 首先变为 1，通过反馈线使 G_2 的输出 $\overline{Q}$ 维持为 0，因此锁存器将处在 $Q=1$、$\overline{Q}=0$ 的稳定状态。反之，如果 G_2 的延迟时间比 G_1 小，则锁存器将处在 $Q=0$、$\overline{Q}=1$ 的稳定状

态。由于我们无法知道锁存器将会稳定在哪一个状态，因此在波形图中用斜线表示。

通过本例说明，虽然基本 SR 锁存器是一种非常简单的电路，但是必须仔细分析才能完全掌握电路的特性。

3．由与非门构成的基本 SR 锁存器

由与非门构成的基本 SR 锁存器如图4.1-5（a）所示。对与非门来说，输入端加低电平时才能改变输出，因此该锁存器的输入信号是低电平有效的，其输入信号 $\overline{S}$ 和 $\overline{R}$ 加了非号。在图4.1-5（b）所示的逻辑符号上，其输入端小圆圈表示输入信号低电平有效。

由与非门构成的基本 SR 锁存器的输入/输出逻辑关系如表 4.1-2 所示。

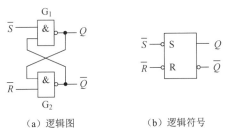

（a）逻辑图　　　　　（b）逻辑符号

图 4.1-5　由与非门构成的基本 SR 锁存器

表 4.1-2　SR 锁存器输入/输出逻辑关系表

$\overline{S}$	$\overline{R}$	Q	$\overline{Q}$
0	0	1	1
0	1	1	0
1	0	0	1
1	1	不变	不变

4．SR 锁存器的特性方程

在分析锁存器（或触发器）功能时，常常采用状态的概念。通常将 $Q=1$、$\overline{Q}=0$ 称为 1 态，$Q=0$、$\overline{Q}=1$ 称为 0 态，$Q=1$、$\overline{Q}=1$ 或 $Q=0$、$\overline{Q}=0$ 称为非正常态。

锁存器（或触发器）的状态还有时间上的先后关系。锁存器（或触发器）在接收输入信号之前所处的状态称为现态（Present State），用 Q^n 表示；锁存器（或触发器）在接收输入信号之后建立的新的稳定状态称为次态（Next State），用 Q^{n+1} 表示。

有了以上的状态定义以后，图4.1-2（a）和图4.1-5（a）所示的两种基本 SR 锁存器的输入/输出逻辑关系可用如表 4.1-3 所示的特性表统一表示。

从表 4.1-3 可以看出，当 $S=R=0$ 时，$Q^{n+1}=Q^n$，说明锁存器状态维持不变；当 $S=1$、$R=0$ 时，$Q^{n+1}=1$，锁存器置 1 态；当 $S=0$、$R=1$ 时，$Q^{n+1}=0$，锁存器置 0 态；当 $S=R=1$ 时，锁存器的状态为非正常态。为了避免基本 SR 锁存器出现非正常态，S、R 不能同时为 1。表 4.1-3 中最后两种输入组合对应的最小项可看成无关项，对应输出用×表示。

根据特性表得到图4.1-6所示的卡诺图，化简得到 SR 锁存器的特性方程：

$$\begin{cases} Q^{n+1}=S+\overline{R}Q^n \\ SR=0（约束方程） \end{cases} \tag{4.1-1}$$

表 4.1-3　基本 SR 锁存器特性表

S	R	Q^n	Q^{n+1}	S	R	Q^n	Q^{n+1}
0	0	0	0	1	0	0	1
0	0	1	1	1	0	1	1
0	1	0	0	1	1	0	×
0	1	1	0	1	1	1	×

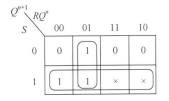

图 4.1-6　SR 锁存器的状态卡诺图

5．基本 SR 锁存器的应用

（1）存储 1 位二进制数

基本 SR 锁存器由于具有记忆功能，可以用来存储 1 位二进制数。

（2）作为其他功能锁存器和触发器的基本组成部分

4.1 节和 4.2 节将陆续介绍其他功能的锁存器和触发器，这些锁存器和触发器有一个共同的特点，电路中均包含基本 SR 锁存器。可见，理解基本 SR 锁存器的结构和功能是进一步学习其他功能锁存器和触发器的基础。

（3）构成单脉冲发生器

单脉冲是指只有一个上升沿和下降沿的方波信号。图 4.1-7（a）所示为采用一个按键构成的脉冲发生电路。由于机械触点的弹性，一个按键开关在闭合时不会马上稳定地接通，因此在输出脉冲中产生了许多"毛刺"，如图 4.1-7（b）所示。尽管"毛刺"的宽度一般为 5～10ms，但对数字电路来说，这些"毛刺"属于很宽的脉冲。因此，图 4.1-7（b）所示的信号属于多脉冲信号。

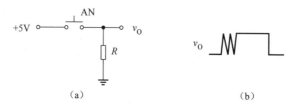

图 4.1-7　按键构成的脉冲发生电路

一种常见的单脉冲发生电路采用基本 SR 锁存器构成，原理图如图 4.1-8（a）所示。图中按键 AN 具有一对常闭触点和一对常开触点。图 4.1-8（b）所示为单脉冲发生电路工作波形，尽管 $\overline{S}$ 和 $\overline{R}$ 中含有许多因为按键抖动产生的窄脉冲，但经过基本 SR 锁存器后，Q 和 $\overline{Q}$ 产生的是单脉冲信号。

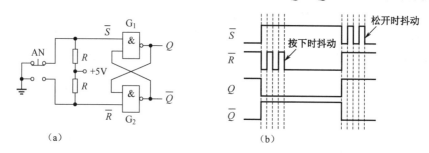

图 4.1-8　由基本 SR 锁存器构成的单脉冲发生电路

4.1.2　钟控 SR 锁存器

基本 SR 锁存器在任何时候都可以接收 S、R 输入信号。如果多个锁存器一起工作时，则无法实现"步调一致"。钟控 SR 锁存器在基本 SR 锁存器的基础上增加了一对逻辑门 G_3 和 G_4，并引入了一个时钟脉冲（Clock Pusle，CP）信号，其逻辑图和逻辑符号如图 4.1-9 所示。

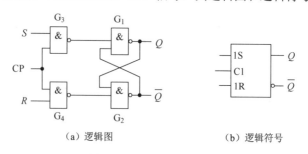

（a）逻辑图　　　　　（b）逻辑符号

图 4.1-9　钟控 SR 锁存器

时钟脉冲 CP 通常为对称的方波信号。从图 4.1-9（a）所示逻辑图可知，钟控 SR 锁存器是利用时钟脉冲 CP 去控制两个与非门 G_3 和 G_4 的开通和关闭。当 CP=0（即 CP 为低电平期间）时，G_3、G_4 处于关闭状态，锁存器禁止接收 S、R 信号，同时由于 G_3、G_4 输出均为逻辑 1 状态，锁存器输出状态保持不变。当 CP=1（即 CP 为高电平期间）时，G_3、G_4 处于开通状态，S、R 信号经 G_3、G_4 传送到基本 SR 锁存器，使其翻转到相应状态。时钟脉冲 CP 只决定锁存器什么时候接收输入信号使输出状态发生变化，即起到同步的作用，而对锁存器的逻辑功能没有影响。当 CP=1 时，钟控 SR 锁存器的逻辑功能与基本 SR 锁存器一致，可由表 4.1-3 所示的特性表及式（4.1-1）给出的特性方程来描述。

在图 4.1-9（b）所示的逻辑符号中，方框中的 C1 表示编号为 1 的一个时钟信号。1S 和 1R 表示受 C1 控制的两个输入信号。只有 C1 为有效电平时，1S 和 1R 信号才能起作用。方框外部的时钟输入端如果没有小圆圈，则表示时钟信号的高电平有效；如果有小圆圈，则表示时钟信号的低电平有效。

【例 4.1-3】　钟控 SR 锁存器的输入波形如图 4.1-10 所示，试画出其输出波形。假设锁存器初始状态为 0。

解：钟控 SR 锁存器只能在 CP 脉冲高电平期间才能接收输入信号，因此画波形图时只需关心 CP 高电平期间的 S、R 信号，然后根据表 4.1-3 所描述的逻辑功能决定钟控锁存器的输出状态。在 CP 低电平期间，钟控锁存器的输出状态维持不变。钟控 SR 锁存器的输出波形如图 4.1-11 所示。图中虽然在 R 输入端加了一个正脉冲，但由于这个正脉冲发生在 CP 低电平期间，因此对锁存器的输出状态没有影响。

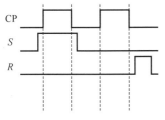

图 4.1-10　例 4.1-3 输入波形

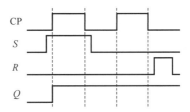

图 4.1-11　例 4.1-3 输出波形

与例 4.1-1 比较可知，钟控 SR 锁存器与基本 SR 锁存器动作特点的不同。基本 SR 锁存器在任何时刻都能接收输入信号，因此画波形图时，需要关心整个 S、R 信号的变化过程。

4.1.3　钟控 D 锁存器

1. 钟控 D 锁存器的电路结构及功能

前面介绍的钟控 SR 锁存器存在一个问题，当输入信号 S、R 同时为 1 时，锁存器输出为不正常态（即 Q 和 $\overline{Q}$ 电平相同）。为了避免钟控 SR 锁存器输出不正常态，要求输入信号 S、R 不能同时为 1，这个限制给使用带来不便。

钟控 D 锁存器（D Latch）就是针对上述问题进行改进后得到的一种十分常用的锁存器。钟控 D 锁存器的逻辑图和逻辑符号如图 4.1-12 所示。与图 4.1-9（a）所示的钟控 SR 锁存器比较，钟控 D 锁存器增加了一个反相器，将钟控 SR 锁存器的两个输入端合成一个输入端 D，两者之间有 $S=D$、$R=\overline{D}$ 的关系。无论 D 的取值是 0 还是 1，都满足 $SR=0$ 的约束条件。将 $S=D$、$R=\overline{D}$ 代入钟控 SR 锁存器的特性方程 $Q^{n+1}=S+\overline{R}Q^n$ 即可得到钟控 D 锁存器的特性方程：

$$Q^{n+1}=D \qquad\qquad (4.1-2)$$

钟控 D 锁存器的特性表如表 4.1-4 所示。钟控 D 锁存器的次态 Q^{n+1} 仅取决于输入信号 D，而与现态无关。

【例 4.1-4】　钟控 D 锁存器输入如图 4.1-13 所示的 CP 和 D 波形，试画出输出波形。假设锁存器初始状态为 0。

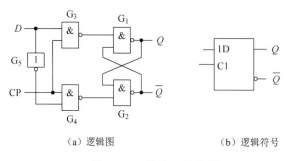

（a）逻辑图　　（b）逻辑符号

图 4.1-12　钟控 D 锁存器

表 4.1-4　钟控 D 锁存器的特性表

D	Q^n	Q^{n+1}
0	0	0
0	1	0
1	0	1
1	1	1

解： 根据钟控 D 锁存器的逻辑功能，可以画出 Q 和 $\overline{Q}$ 波形如图4.1-13所示。

从图4.1-13所示的波形图可以看出，当 CP＝1 时，Q 端波形跟随 D 端变化，好像从输出端可以看到输入端的信号，所以钟控 D 锁存器也形象地称为透明锁存器（Transparent Latch）。当 CP 跳变为 0 时，锁存器保持在跳变前瞬间的状态，并且不管 D 信号如何变化，锁存器输出状态都保持不变。钟控 D 锁存器通常用于将信号线上的数据保存下来。

2．钟控 D 锁存器的动态参数

在使用钟控 D 锁存器时，除了理解其逻辑功能，还要了解其动态特性。产品数据手册中一般给出多个表示锁存器动态特性的参数。这里以图4.1-14所示的时序图来说明各参数的含义。

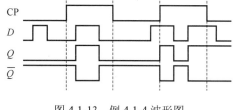

图 4.1-13　例 4.1-4 波形图

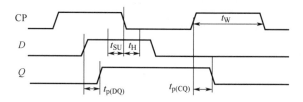

图 4.1-14　钟控 D 锁存器动态时序图

（1）建立时间 t_{SU}

所谓建立时间（Setup Time），是指数据信号 D 在时钟信号 CP 下降沿到来之前应稳定的最小时间。

（2）保持时间 t_H

所谓保持时间（Hold Time），是指数据信号 D 在时钟信号 CP 下降沿过去以后应稳定的最小时间。

（3）时钟信号和锁存器输出之间的延迟时间 $t_{p(CQ)}$。

如果 CP 信号变为高电平之前，数据信号 D 和锁存器的输出 Q 处于相反的状态，当 CP 信号变为高电平时，锁存器的输出 Q 将变为与数据信号 D 一致，但是相对于 CP 信号由低电平变为高电平的时刻，Q 的变化将会有一定的延迟，这个延迟时间用参数 $t_{p(CQ)}$ 表示。

（4）输入数据信号和锁存器输出之间的延迟时间 $t_{p(DQ)}$

当 CP 信号处于高电平时，锁存器的输出将跟随数据信号 D 的变化，但是相对于 D 的变化，Q 的变化将会有一定的延迟，这个延迟时间用参数 $t_{p(DQ)}$ 表示。

（5）脉冲宽度 t_W

为了保证 D 信号可靠地传送到锁存器的 Q 端，时钟信号高电平脉冲的最小宽度。

3．集成三态输出八 D 锁存器

图 4.1-15 所示为中规模集成八 D 锁存器 74HC573。它由 8 个透明 D 锁存器构成。当锁存允许信号 LE 为高电平时，输出 Q 跟随输入数据 D 变化；当 LE 为低电平时，则保持 8 位数据不变。每个 D 锁存器输出端都带有一个三态门，当三态门使能信号 $\overline{OE}$ 为低电平时，三态门处于工作态，输出锁存器状态；当 $\overline{OE}$ 为高电平时，三态门输出高阻态。74HC573 的功能表如表 4.1-5 所示。

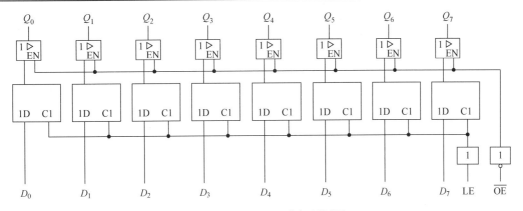

图 4.1-15　74HC573 内部逻辑图

74HC573 由于具有三态输出，可以直接驱动总线，适合用于数据输入/输出端口、并行数据扩展等应用场合。

4．D 锁存器的 Verilog HDL 描述

以下给出 D 锁存器的 Verilog HDL 代码。

```
module DLATCHA  (CLK,D,Q);

input CLK;
input  D;
output Q;
reg  Q;

always @( CLK,D)
 begin
    if (CLK)
      Q <= D;
 end
endmodule
```

表 4.1-5　74HC573 功能表

$\overline{OE}$	LE	D	输出 Q
L	H	H	H
L	H	L	L
L	L	×	Q_0
H	×	×	高阻（Z）

在敏感信号列表中包含了敏感信号 CLK 和 D，表示只要 CLK 或 D 有变化时，就会引发块内语句的执行。当 CLK 为 1 时，D 的值直接赋给 Q。上述代码中没有 else 语句，可以理解当 CLK 为 0 时，Q 的状态维持不变，体现了锁存器的记忆功能。

4.2　触　发　器

钟控 SR 锁存器和钟控 D 锁存器属于电平敏感型器件，在 CP 脉冲整个高电平期间或低电平期间都能接收输入信号，在这期间，锁存器的输出会随着输入的变化而变化。这意味着锁存器在一个时钟周期内可能会出现状态多次翻转的现象，这种现象称为空翻。以例 4.1-4 所示的 D 锁存器工作波形为例，锁存器的输出状态在一个时钟周期内发生了多次变化，即出现了空翻现象。空翻带来两个问题：一是锁存器的抗干扰能力下降，如果在 CP 脉冲高电平期间 D 信号受到干扰，那么干扰信号将传递到 Q 输出端；二是限制了锁存器的使用范围，例如锁存器无法构成 4.3 节和 4.4 节将要介绍的移位寄存器和计数器等常用时序逻辑电路。

空翻产生的根源在于 D 锁存器的结构。在 CP 高电平期间，图4.1-12（a）所示锁存器中的 G3、G4 一直处于开通状态，这时若输入信号发生多次变化，则锁存器的输出状态将紧跟着发生相应的多次变

化。本节要介绍的触发器采用了不同的电路结构，其特点是只有在 CP 脉冲的上升沿或下降沿时刻才接收输入信号，改变状态，从根本上杜绝了一个时钟脉冲周期内翻转一次以上的可能性，从而防止了空翻现象。

触发器是构成时序逻辑电路最重要的逻辑单元。触发器从功能上可分为 SR 触发器、D 触发器、JK 触发器、T 触发器和 T′ 触发器，从电路结构上可分为主从触发器、维持阻塞触发器等，从触发方式上可分为上升沿触发和下降沿触发。

4.2.1　主从 D 触发器

用两个钟控 D 锁存器级联就构成了主从 D 触发器，逻辑图如图4.2-1（a）所示。左边的 D 锁存器称为主锁存器，右边的锁存器称为从锁存器。从锁存器的状态也是整个主从触发器的状态。主从触发器的工作原理分析如下。

① 当 CP = 0 时，主锁存器输出 Q_M 跟随输入信号 D 的变化而变化，而从锁存器处于锁存状态，其状态维持不变。

② 当 CP = 1 时，主锁存器在 CP 上升沿时刻将 D 信号锁存，并进入锁存状态，而从锁存器处于开通状态，接收来自主锁存器的输出信号 Q_M。虽然从锁存器在 CP 高电平期间都能接收输入信号，但是由于主锁存器处于锁存状态，其输出不再改变，因此 CP 上升沿过后，从锁存器的输出状态不再改变。

综上所述，主从 D 触发器只有在 CP 脉冲的上升沿时刻才接收输入信号改变输出状态。通常将这种在时钟边沿作用下的状态刷新称为触发。根据时钟边沿的不同分为上升沿触发和下降沿触发。图4.2-1（a）所示主从 D 触发器属于上升沿触发器，如果将电路中的 G_1 去除，则变为下降沿触发器。

图 4.2-1（b）所示为 D 触发器的逻辑符号。在时钟信号的输入端框内加了三角符号"＞"，表示边沿触发。如果时钟信号的输入端没有小圆圈则表示上升沿触发，加小圆圈则表示下降沿触发。主从 D 触发器的特性方程为

$$Q^{n+1} = D \tag{4.2-1}$$

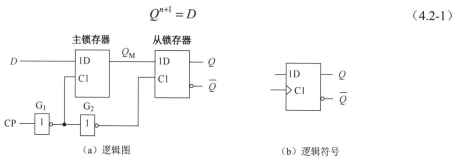

图 4.2-1　主从 D 触发器

【例 4.2-1】 图4.2-1（a）所示主从 D 触发器输入 CP 和 D 的波形如图4.2-2所示，试画出输出波形。设触发器初始状态为0。

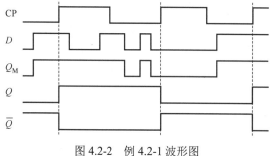

图 4.2-2　例 4.2-1 波形图

解：主锁存器在 CP 信号的低电平期间接收输入信号，根据 D 的波形画出主锁存器输出 Q_M 的波形。从锁存器在 CP 信号的高电平期间接收输入信号，将 Q_M 作为从锁存器的输入，画出 Q 和 $\overline{Q}$ 的波形。实际上，利用上升沿接收输入信号以及式（4.2-1）给出的特性方程，可以直接画出 Q 和 $\overline{Q}$ 的波形。

74HC74 为双 D 触发器芯片，内部含有两个采用 CMOS 门电路组成的主从 D 触发器，其逻辑图如

图 4.2-3（a）所示。该 D 触发器除了时钟信号和数据信号，还设置了异步置 1 端（或称直接置 1 端）$\overline{S_D}$ 和异步清零端（或称直接清零端）$\overline{R_D}$。当 $\overline{S_D} = \overline{R_D} = 1$ 时，其逻辑功能与图 4.2-1 所示的主从 D 触发器完全一致。当 $\overline{S_D} = 0$、$\overline{R_D} = 1$ 时，不管 CP 信号和 D 信号处于何种状态，触发器置成 1 态；反之，当 $\overline{S_D} = 1$、$\overline{R_D} = 0$ 时，不管 CP 信号和 D 信号处于何种状态，触发器置成 0 态。由此可见，$\overline{S_D}$ 和 $\overline{R_D}$ 对触发器的状态有优先控制权。$\overline{S_D}$ 和 $\overline{R_D}$ 信号主要用于设置触发器初始状态，正常工作时，应将其置成高电平。图 4.2-3（b）为具有异步置 1 端和异步清零端的 D 触发器逻辑符号。在逻辑符号中，方框内的 S 和 R 为异步置 1 端和异步清零端，前面没有数字 1，表示其输入信号不受时钟 C1 控制。

74HC74 的功能表如表 4.2-1 所示。

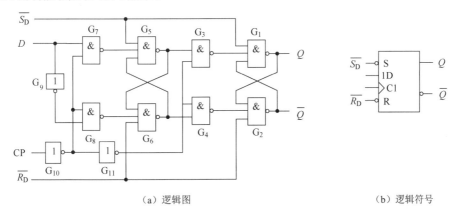

（a）逻辑图　　　　　　　　　　　　　　　　　（b）逻辑符号

图 4.2-3　74HC74 中 D 触发器逻辑图及逻辑符号

74HC74 中的 $\overline{R_D}$ 属于异步清零信号。在实际电路中，有时需要采用时钟有效沿实现触发器清零，即同步清零。同步清零的实现电路如图 4.2-4 所示。当 $\overline{R_D} = 0$ 时，触发器并不是马上被清零，而是等到时钟的上升沿到来之时被清零。

表 4.2-1　74HC74 功能表

输入				输出		输入				输出	
$\overline{S_D}$	$\overline{R_D}$	CP	D	Q	$\overline{Q}$	$\overline{S_D}$	$\overline{R_D}$	CP	D	Q	$\overline{Q}$
L	H	×	×	H	L	H	H	↑	L	L	H
H	L	×	×	L	H	H	H	↑	H	H	L
L	L	×	×	H	H						

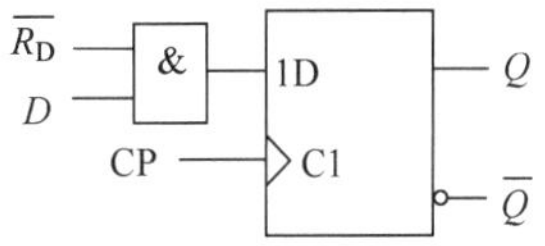

图 4.2-4　同步清零的 D 触发器

4.2.2　维持阻塞 D 触发器

维持阻塞 D 触发器的逻辑图和逻辑符号如图 4.2-5 所示。维持阻塞 D 触发器结构简单、构思巧妙。G_1、G_2 构成基本 SR 锁存器。G_3、G_4、G_5、G_6 构成了 D 信号的输入通道，输入信号 D 只有通过这几个门的传送，才能到达基本 SR 锁存器使触发器的输出状态改变。维持阻塞 D 触发器属于上升沿触发器。

维持阻塞 D 触发器的工作原理分析如下。

（1）CP = 0 时，Q 维持原状态不变

CP = 0 时，G_3 和 G_4 被封锁，$Q_3 = Q_4 = 1$，所以 G_1 和 G_2 组成的基本 SR 锁存器保持原状态。由于 $Q_3 = Q_4 = 1$，G_5、G_6 处于开通状态，输入信号 D 经 G_6 取反后到达 G_4 的输入端，再经 G_5 取反后到达 G_3 的输入端，等待输入。

（2）CP = 1 时，若 D = 1，则 $Q^{n+1} = D = 1$，并立即封锁输入信号通路

CP 由 0 变为 1 时（即在 CP 脉冲的上升沿），G_3、G_4 的封锁被解除，等在 G_3 输入端的信号（由于 $D = 1$，因此 $Q_5 = 1$）经 G_3 反相使 $Q_3 = 0$。$Q_3 = 0$ 有两个作用：一是送入 G_1 输入端，使 G_1 输出 $Q = 1$，将触发器置 1，即 $Q^{n+1} = D = 1$；二是将 G_5 和 G_4 关闭，封锁输入信号通路。

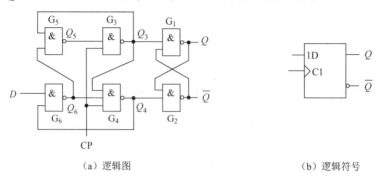

（a）逻辑图 　　　　　　　　　　　　　　　　　（b）逻辑符号

图 4.2-5 　维持阻塞 D 触发器

（3）CP = 1 时，若 $D = 0$，则 $Q^{n+1} = D = 0$，并立即封锁输入信号通路

CP 由 0 变为 1 时，G_3、G_4 解除封锁，若 $D = 0$，则 G_4 输出 $Q_4 = 0$。$Q_4 = 0$ 有两个作用：一是送入 G_2 输入端，使 $\overline{Q} = 1$，进而使 $Q = 0$，将触发器置 0，即 $Q^{n+1} = D = 0$；二是将 G_6 关闭，封锁输入信号通路。

由此可见，CP 信号的上升沿过后，输入信号 D 的输入通道被立即封锁，这时，输入信号 D 不管如何变化，触发器的输出状态都不变，从而实现只在 CP 信号上升沿时刻才接收输入数据的功能。

主从 D 触发器和维持阻塞 D 触发器虽然电路结构不同，但逻辑功能完全一致。在本章的习题 3 中，读者还可以了解到一种由 CMOS 传输门构成的 D 触发器。由此可见，同一功能的 D 触发器可以采用不同的电路结构。需要指出的是，在分析和设计由触发器构成的时序逻辑电路时，并不需要考虑触发器的内部电路结构，而主要关注触发器的逻辑功能和触发方式。

下面介绍 D 触发器的 Verilog HDL 代码。

（1）基本 D 触发器 Verilog HDL 代码

```
module DFFA (D,CLK,Q);
input D,CLK;
output reg Q;
always @(posedge CLK)
  begin
      Q <= D;
  end
endmodule
```

D 触发器的 Verilog HDL 代码和 4.1.3 节所述的 D 锁存器 Verilog HDL 代码有两处不同。首先，因为对 D 触发器来说，只有 CLK 发生变化才能引起输出 Q 的变化，因此在 D 触发器的敏感表中只有 CLK 信号，而锁存器的敏感信号表中不但有 CLK 信号，而且有 D 信号。其次，D 锁存器是对电平敏感的，而 D 触发器是对时钟的边沿敏感的，在敏感信号表中用关键字 posedge、negedge 来说明所期望的边沿。

（2）具有同步清零的 D 触发器 Verilog HDL 代码

```
module DFFB (D,CLK,RD,Q);
input D,CLK,RD;
output reg Q;
always @(posedge CLK)
begin
    if (!RD)
        Q<= 1'd0;
        else
```

```
          Q <= D;
      end
   endmodule
```

（3）具有异步清零的 D 触发器 Verilog HDL 代码

```
module DFFC (D,CLK,RD,Q);
input D,CLK,RD;
output  reg Q;
always @(posedge CLK  or negedge RD)
  begin
      if (!RD)
          Q<= 0;
      else
          Q <= D;
  end
endmodule
```

4.2.3　其他功能的触发器

除了 D 触发器，还有 SR、JK、T、T' 等功能的触发器。这些触发器可以在 D 触发器基础上，添加一些简单的逻辑电路得到。图 4.2-6（a）所示为由 D 触发器转换得到的 JK 触发器，其特性方程为

$$Q^{n+1} = J\overline{Q^n} + \overline{K}Q^n \tag{4.2-2}$$

图 4.2-6（b）为上升沿触发的 JK 触发器逻辑符号。JK 触发器的特性表如表 4.2-2 所示。从特性表可知，当 $J=K=0$ 时，触发器维持状态不变；当 $J=0$、$K=1$ 时，触发器置 0 态；当 $J=1$、$K=0$ 时，触发器置 1 态；当 $J=K=1$ 时，触发器状态翻转。

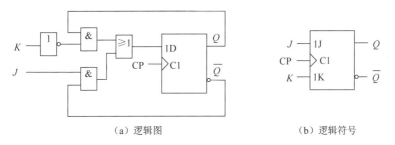

|（a）逻辑图|（b）逻辑符号|

图 4.2-6　JK 触发器逻辑电路图和逻辑符号

【例 4.2-2】　下降沿触发的 JK 触发器输入 CP 和 J、K 的波形如图 4.2-7 所示，试画出输出波形。设初始状态为 0。

解：由于 JK 触发器采用下降沿触发，因此，在画波形图时，只需要考虑时钟信号下降沿时刻 J、K 的输入状态，再根据式（4.2-2）决定触发器的输出状态。其波形图如图 4.2-7 所示。

由表 4.2-2 所示的 JK 触发器特性表可知，JK 触发器是一种功能很完善的触发器。JK 触发器与 D 触发器一样，是最常用的触发器之一。JK 触发器可以直接替代 SR 触发器（其特性方程与钟控 SR 锁存器一致），同时将 JK 触发器的 J、K 端连接在一起，并将输入端命名为 T，就得到 T 触发器，其连接图和逻辑符号如图4.2-8（a）和（b）所示。将 $J=K=T$ 代入式（4.2-2），可得 T 触发器的特性方程为

$$Q^{n+1} = T\overline{Q^n} + \overline{T}Q^n \tag{4.2-3}$$

T 触发器的功能是，当 $T = 0$ 时，触发器保持原状态，$Q^{n+1} = Q^n$；当 $T = 1$ 时，触发器每来 1 个 CP 脉冲触发器状态都翻转 1 次，即 $Q^{n+1} = \overline{Q^n}$。

当 T 触发器的输入端固定地接高电平时，就得到 T' 触发器，如图4.2-8（c）所示。T' 触发器的特性方程为

$$Q^{n+1} = \overline{Q^n} \tag{4.2-4}$$

表 4.2-2　JK 触发器的特性表

J	K	Q^n	Q^{n+1}	J	K	Q^n	Q^{n+1}
0	0	0	0	1	0	0	1
0	0	1	1	1	0	1	1
0	1	0	0	1	1	0	1
0	1	1	0	1	1	1	0

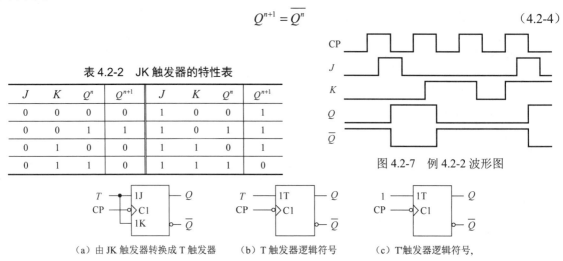

图 4.2-7　例 4.2-2 波形图

（a）由 JK 触发器转换成 T 触发器　　（b）T 触发器逻辑符号　　（c）T'触发器逻辑符号，

图 4.2-8　T 触发器和 T'触发器

对于标准中小规模集成电路来说，目前主要有 JK 触发器和 D 触发器两种定型产品。对可编程逻辑器件来说，其内部采用 D 触发器。

【例 4.2-3】 JK 触发器构成的电路如图 4.2-9（a）所示。触发器的输入波形如图 4.2-9（b）所示。画出输出波形图。

解：图 4.2-9（a）所示为采用 JK 触发器构成的 T' 触发器。该电路有 3 个输入信号：时钟脉冲 CP、异步置 1 信号 $\overline{S_D}$ 和异步清零信号 $\overline{R_D}$。$\overline{S_D}$ 和 $\overline{R_D}$ 的优先级高于 CP 脉冲。正常情况下，每来一个 CP 脉冲的下降沿，触发器状态翻转一次（同步翻转），但只要 $\overline{S_D}$ 或 $\overline{R_D}$ 变为低电平，触发器的状态马上置 1 态或 0 态。

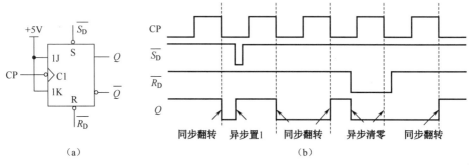

同步翻转　　异步置1　　同步翻转　　异步清零　　同步翻转

（a）　　　　　　　　　　　　　　　　（b）

图 4.2-9　例 4.2-3 图

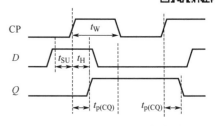

4.2.4　触发器的动态参数

触发器的动态参数用来表征输入信号和时钟信号之间的时间要求，以及输出对时钟信号响应的延迟时间。在实际电路中，必须考虑这些动态参数。这里以上升沿触发的 D 触发器为例说明触发器的动态参数。假设 D 触发器的工作波形如图4.2-10所示，各参数的含义说明如下。

图 4.2-10　D 触发器工作波形

（1）建立时间 t_{SU}

建立时间（Setup Time）为数据信号 D 在时钟信号 CP 上升沿到来之前应稳定的最小时间。

（2）保持时间 t_H

保持时间（Hold Time）为数据信号 D 在时钟信号 CP 上升沿到来以后应稳定的最小时间。

对于图 4.2-5 所示维持阻塞 D 触发器，输入信号必须提前 $2t_{pd}$ 到达 D 输入端，以便在 CP 的上升沿到来之前传输到 G_3、G_4 输入端；同时，在 CP 上升沿到来之后要继续保持一段时间，以使触发器可靠翻转；假设每个单门的传输延迟时间均为 t_{pd}，则 $t_{SU} \approx 2t_{pd}$（即 G_6、G_5 的传输延迟时间），$t_H \approx 1t_{pd}$（即 CP 到达后信号从 G_4 输入端到 G_4 输出并返回 G_6 输入端完成维持阻塞所需的时间）。

（3）时钟信号和触发器输出之间的延迟时间 $t_{p(CQ)}$

时钟信号的上升沿至触发器输出端建立新的稳定状态所产生的延迟时间，用参数 $t_{p(CQ)}$ 表示。

（4）触发脉冲宽度 t_W

为了保证可靠触发，要求时钟信号的最小脉冲宽度，用 t_W 表示。

上述动态参数的典型值都可以从厂家提供的数据手册中得到。例如，ON 半导体公司生产的双 D 触发器 MC74HC74A，在 $V_{DD} = 6V$，$T = -55 \sim +25℃$ 的工作条件下，上述参数的典型值为 $t_{SU} = 14ns$，$t_H = 3ns$，$t_{p(CQ)} = 17ns$，$t_W = 10ns$。

正确理解触发器的建立时间、保持时间、延迟时间对保证时序逻辑电路的正常工作十分重要。下面以图4.2-11 所示的简单时序逻辑电路为例，说明触发器动态参数对时序逻辑电路工作的影响。图4.2-11 所示的时序逻辑电路实际上是二分频电路，D 触发器的输出经过反相器后反馈到数据输入端，在 CP 脉冲的作用下，触发器的输出信号周期为 CP 脉冲周期的 2 倍，其工作时序图如图4.2-12 所示。在图4.2-12 所示的时序图中，考虑了触发器和反相器的延迟时间。当 CP 脉冲上升沿到来以后，经过 $t_{p(CQ)}$ 的传输延迟后，触发器的输出才有变化，然后经过反相器的 t_{pNOT} 的延迟后，反相器的输出才发生变化。为了保证触发器正常工作，下一个 CP 脉冲上升沿到来之前，数据输入端的数据应保持 t_{SU} 的稳定时间。因此，CP 脉冲的周期 t_{CP} 应满足

$$t_{CP} \geq t_{p(CQ)} + t_{pNOT} + t_{SU} \tag{4.2-5}$$

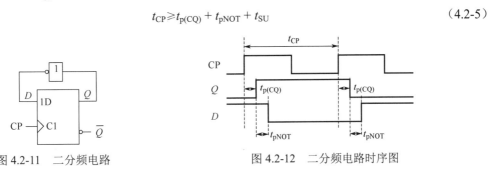

图 4.2-11 二分频电路   图 4.2-12 二分频电路时序图

在 CP 脉冲上升沿到来之后，如果输出 Q 的改变值通过反相器很快反馈到触发器的输入端，就无法满足触发器的保持时间。为了满足触发器的保持时间，应满足

$$t_{p(CQ)} + t_{pNOT} \geq t_H \tag{4.2-6}$$

一般来说，触发器的 $t_{p(CQ)}$ 总是大于 t_H，因此，式（4.2-6）总是能够满足。

通过上述分析，如果时钟频率高到一定程度，图 4.2-11 所示电路工作就会不正常。

4.3 寄 存 器

4.3.1 并行寄存器

寄存器是数字系统中用来存储一组二进制代码的逻辑部件，一般由多个 D 触发器构成。寄存器分

为并行寄存器和移位寄存器两大类。并行寄存器属于并行输入并行输出的寄存器。图4.3-1 所示为 8 位并行寄存器 74HC574 的内部逻辑图。74HC574 由 8 个边沿触发的 D 触发器构成。由于 8 个 D 触发器采用同一时钟信号，因此该寄存器属于同步时序逻辑电路。74HC574 内部的 D 触发器采用时钟信号的下降沿触发，但由于芯片外部的 CP 脉冲是通过一个反相器再加到触发器的时钟输入端的，因此，从芯片的外部输入端来看，8 个 D 触发器在 CP 脉冲的上升沿触发。触发器输出端的状态仅仅取决于 CP 脉冲上升沿到达时刻 D 端的状态。74HC574 输出采用三态缓冲输出，由输出使能控制端 $\overline{\text{OE}}$ 控制。

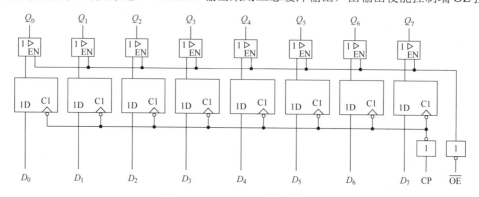

图 4.3-1   74HC574 内部逻辑图

74HC574 的功能表如表 4.3-1 所示。

74HC574 与 4.1.3 节介绍的锁存器 74HC573 有相似的逻辑功能，其主要区别在于寄存器对时钟信号的边沿敏感，而锁存器对时钟信号的电平敏感。锁存器和寄存器有不同的应用场合。比如在单片机系统中，通常用锁存器来锁存总线中的地址信息。由于锁存器在使能状态下输出跟随输入变化，因此一旦单片机送出地址数据，地址数据就马上出现在锁存器的输出端，从而为外部存储器提供了足够的寻址时间。寄存器只在时钟信号的上升沿或下降沿时刻接收数据，比锁存器具有更好的同步性能和更高的抗干扰能力，一般用于二进制数据存储。

表 4.3-1   74HC574 功能表

输入			输出
D_n	CP	$\overline{\text{OE}}$	Q_n
H	↑	L	H
L	↑	L	L
×	×	H	Z

因为并行寄存器通常由 n 个 D 触发器构成，所以，并行寄存器的 Verilog HDL 代码与 4.2.2 节介绍的基本 D 触发器 DFFA 的 Verilog HDL 代码相似，只需将 1 位扩展到 n 位即可。

4.3.2 移位寄存器

移位寄存器除了可以存放一组二进制数据，还有一个重要的特点，即在外部时钟信号的作用下将存储的数据依次左移或右移 1 位。移位寄存器可用来实现串行/并行或并行/串行转换、数值运算及其他数据处理功能。移位寄存器分为单向移位寄存器和多功能双向移位寄存器。

1．单向移位寄存器

单向移位寄存器按数据移动的方向不同又分为单向右移寄存器和单向左移寄存器。这里以单向右移寄存器为例说明单向移位寄存器的电路结构和工作原理。图4.3-2 所示为 4 位单向右移寄存器的逻辑图。串行二进制数据从右移数据输入端 D_{IR} 输入，左边触发器的输出作为右边触发器的输入。从逻辑图可知，各 D 触发器的驱动方程为

$$\begin{cases} D_0 = D_{\text{IR}} \\ D_1 = Q_0 \\ D_2 = Q_1 \\ D_3 = Q_2 \end{cases} \tag{4.3-1}$$

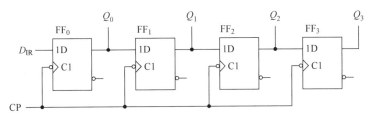

图 4.3-2　4 位单向右移寄存器逻辑图

在 CP 脉冲下降沿到来的时刻，单向右移寄存器中每个触发器中的内容移入右边的触发器。值得注意的是，由于逻辑符号规定最低有效位（LSB）到最高有效位（MSB）的排列顺序为从左到右，因此移位寄存器的右移定义为从数据低位移向数据高位，而左移定义为从数据的高位移向低位，与计算机指令系统中的左移、右移指令的规定刚好相反。

设移位寄存器的初始状态 $Q_0Q_1Q_2Q_3 = 0000$，现将外部串行数据 $B_3B_2B_1B_0$（1101）通过 4 次右移存入移位寄存器的过程说明如下：第 1 个 CP 脉冲的下降沿后，第 1 位数据 B_0 由数据输入端 D_{IR} 移入 FF$_0$，$Q_0 = 1$；第 2 个 CP 脉冲的下降沿后，第 2 位数据 B_1 移入 FF$_0$，触发器 FF$_0$ 的状态移入 FF$_1$，即 $Q_0 = 0$，$Q_1 = 1$，…，依次类推。图 4.3-3 所示为各触发器输出端在移位过程中的波形。经过 4 个 CP 脉冲以后，串行数据 1101 分别出现在 4 个触发器的输出端 $Q_0 \sim Q_3$，从而将串行输入的数据转换成并行输出（即同时从 $Q_0 \sim Q_3$ 输出），这就是所谓的串行/并行转换。另外，从图 4.3-3 的波形图中也可以看到，在第 4、5、6、7 个 CP 脉冲下降沿后，Q_3 的输出分别为 1（B_0）、0（B_1）、1（B_2）、1（B_3），这样又把寄存器中的并行数据转化为串行数据从 Q_3 输出，从而实现并行/串行转换。

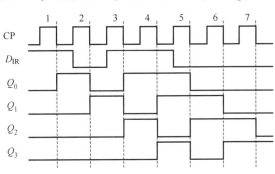

图 4.3-3　各触发器输出端在移位过程中的波形

考虑触发器的动态参数，下面分析移位寄存器的工作特性。当 CP 脉冲的上升沿来时，由于触发器延迟时间 $t_{p(CQ)}$ 的存在，触发器 FF$_0$ 的 Q_0 不会马上变化，送入 FF$_1$ 的 Q_0 值是 FF$_0$ 上升沿到来之前的值。FF$_0$ 的 $t_{p(CQ)}$ 为 FF$_1$ 提供了保持时间 t_H。由于触发器的 t_H 总是小于 $t_{p(CQ)}$（由触发器生产厂家予以保证），因此移位寄存器的工作总是能够满足时序要求。不难理解，如果触发器的 $t_{p(CQ)}=0$，移位寄存器就无法正常工作。

图 4.3-4 所示为中规模集成 8 位移位寄存器 74HC164 的内部逻辑图。74HC164 的主体部分是由 8 只 D 触发器构成的右移寄存器。D_{SA} 和 D_{SB} 为串行数据输入端，D_{SA} 和 D_{SB} 的信号相与后送到右移寄存器的数据输入端。设置两个数据输入端是为了增加使用的灵活性。例如，可利用其中的一个数据输入端（假设为 D_{SA}）作为串行数据输入的使能信号，当 $D_{SA} = 1$ 时，则允许 D_{SB} 的串行数据进入移位寄存器；反之，当 $D_{SA} = 0$ 时，禁止 D_{SB} 的串行数据进入移位寄存器。74HC164 的 $Q_0 \sim Q_7$ 端输出 8 位并行数据，同时可以在 Q_7 端得到输出串行数据。74HC164 还设置了异步清零输入端 $\overline{R_D}$，因此具有异步清零功能。

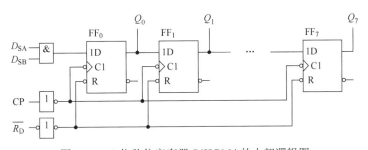

图 4.3-4　8 位移位寄存器 74HC164 的内部逻辑图

2. 多功能双向移位寄存器

为了便于扩展逻辑功能和增加使用的灵活性，有时需要对移位寄存器的数据流向加以控制，以实现数据的双向流动。典型的集成多功能双向移位寄存器 74LS194 的内部逻辑图如图4.3-5 所示。

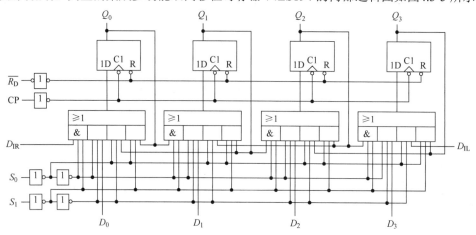

图 4.3-5　74LS194 的内部逻辑图

74LS194 具有左移、右移、保持、并行置数等功能，其结构和工作原理说明如下。

① 由 4 个 D 触发器和 4 个 4 选 1 的数据选择器构成。

② 根据逻辑图，可以得到每个 D 触发器的状态方程为

$$\begin{cases} Q_0^{n+1} = \overline{S_1}\,\overline{S_0}Q_0 + \overline{S_1}S_0D_{IR} + S_1\overline{S_0}Q_1 + S_1S_0D_0 \\ Q_1^{n+1} = \overline{S_1}\,\overline{S_0}Q_1 + \overline{S_1}S_0Q_0 + S_1\overline{S_0}Q_2 + S_1S_0D_1 \\ Q_2^{n+1} = \overline{S_1}\,\overline{S_0}Q_2 + \overline{S_1}S_0Q_1 + S_1\overline{S_0}Q_3 + S_1S_0D_2 \\ Q_3^{n+1} = \overline{S_1}\,\overline{S_0}Q_3 + \overline{S_1}S_0Q_2 + S_1\overline{S_0}D_{IL} + S_1S_0D_3 \end{cases} \tag{4.3-2}$$

两个控制信号 S_1 和 S_0 用以选择移位寄存器的功能。

当 $S_1 = 0$、$S_0 = 0$ 时，式（4.3-2）转化为：$Q_0^{n+1} = Q_0$，$Q_1^{n+1} = Q_1$，$Q_2^{n+1} = Q_2$，$Q_3^{n+1} = Q_3$。该状态方程表明，次态总是等于现态，多功能移位寄存器工作在保持状态。

当 $S_1 = 0$、$S_0 = 1$ 时，式（4.3-2）转化为：$Q_0^{n+1} = D_{IR}$，$Q_1^{n+1} = Q_0$，$Q_2^{n+1} = Q_1$，$Q_3^{n+1} = Q_2$。该状态方程与式（4.3-1）给出的单向右移寄存器的状态方程相同，因此，多功能移位寄存器工作在右移状态。

当 $S_1 = 1$、$S_0 = 0$ 时，式（4.3-2）转化为：$Q_0^{n+1} = Q_1$，$Q_1^{n+1} = Q_2$，$Q_2^{n+1} = Q_3$，$Q_3^{n+1} = D_{IL}$。这时，多功能移位寄存器工作在左移状态。

当 $S_1 = 1$、$S_0 = 1$ 时，式（4.3-2）转化为：$Q_0^{n+1} = D_0$，$Q_1^{n+1} = D_1$，$Q_2^{n+1} = D_2$，$Q_3^{n+1} = D_3$。显然，多功能移位寄存器工作在并行置数状态。

S_1 和 S_0 的取值和所对应的功能如表 4.3-2 所示。

③ 设置了异步清零输入端 $\overline{R_D}$，因此具有异步清零功能。

74LS194 逻辑符号如图4.3-6 所示，其功能表如表 4.3-3 所示。

表 4.3-2　S_1、S_0 与功能的关系

S_1	S_0	功能
0	0	保　持
0	1	右　移
1	0	左　移
1	1	并行置数

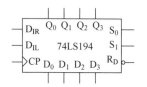

图 4.3-6　74LS194 逻辑符号

表 4.3-3　74LS194 功能表

输入									输出			
$\overline{R_D}$	S_1	S_0	D_{IR}	D_{IL}	CP	D_0	D_1	D_2	D_3	Q_0	Q_1	Q_2	Q_3
L	×	×	×	×	×	×	×	×	×	L	L	L	L
H	H	H	×	×	↑	d_0	d_1	d_2	d_3	d_0	d_1	d_2	d_3
H	L	L	×	×	×	×	×	×	×	Q_0	Q_1	Q_2	Q_3
H	L	H	A	×	↑	×	×	×	×	A	Q_0	Q_1	Q_2
H	H	L	×	B	↑	×	×	×	×	Q_1	Q_2	Q_3	B

3. 移位寄存器的 Verilog HDL 语言描述

以下给出一个具有并行置数功能的 4 位移位寄存器的 Verilog HDL 代码。本书 9.4.2 节还将给出其他功能移位寄存器的 Verilog HDL 代码。

```verilog
module SHIFT4(CP, LD,DIN, D, Q);
input[3:0] D;
input CP,LD,DIN;
output[3:0] Q;
reg[3:0] Q;
always @(posedge CP)
  if (LD)
    Q<=D;
  else
  begin
    Q[0] <= Q[1];
    Q[1] <= Q[2];
    Q[2] <= Q[3];
    Q[3] <= DIN;
  end
endmodule
```

4.4　计　数　器

所谓计数，是指统计时钟脉冲的个数。计数器就是实现计数操作的时序逻辑电路。计数器不仅用于计数，也用于分频、定时。

计数器种类繁多，按计数体制可分为二进制计数器（或称模 2^n 计数器）和 N 进制计数器（或称非模 2^n 计数器）；按增减趋势可分为加计数器和减计数器；按计数脉冲引入方式可分为同步计数器和异步计数器。

4.4.1　异步二进制计数器

为了导出异步计数器的一般构成规律，先来分析如图 4.4-1 所示的异步时序逻辑电路。该电路由 3 个 D 触发器构成，由于每个触发器的反相输出端与输入端相连，因此 D 触发器实际上已转化为 T' 触发器。根据 T' 触发器的功能，每来一个 CP 脉冲，触发器翻转一次，因此可以根据 CP 脉冲的波形画出 Q_0 的波形，再将 Q_0 作为触发器 FF$_1$ 的时钟脉冲，画出 Q_1 的波形，依次类推，可以得到如图 4.4-2 所示的时序图。根据图 4.4-2 所示时序图，可得到如图 4.4-3 所示的电路状态图。

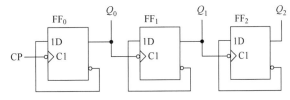

图 4.4-1　由 3 个 D 触发器构成的异步时序逻辑电路

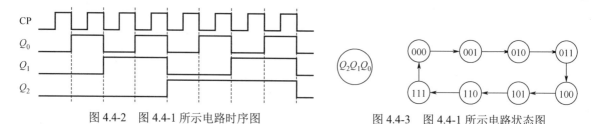

图 4.4-2　图 4.4-1 所示电路时序图　　　　　图 4.4-3　图 4.4-1 所示电路状态图

从状态图可以看到，每当输入一个 CP 脉冲，计数器的状态按二进制数递增。每输入 8 个 CP 脉冲，构成一个循环，因此它是一个八进制加法计数器。

根据图4.4-1所示的电路图，不难得出异步二进制加法计数器构成的一般规律：

① 用 T' 触发器构成，其他功能的触发器（如 JK、D 触发器等）可先转化成 T' 触发器；

② 若触发器为上升沿触发，则应用前级 $\overline{Q}$ 作为下级的 CP 脉冲；若触发器为下降沿触发，则应用前级的 Q 作为下级的 CP 脉冲。

采用相同的分析方法，可得到异步二进制减法计数器构成的一般规律：

① 用 T' 触发器。

② 若触发器为上升沿触发，则应用前级 Q 作为下级的 CP 脉冲；若触发器为下降沿触发，则应用前级的 $\overline{Q}$ 作为下级的 CP 脉冲。

从图4.4-2所示时序图可以看到，Q_0 的周期是 CP 脉冲周期的 2 倍，Q_1 的周期是 CP 脉冲周期的 4 倍，Q_2 的周期是 CP 脉冲周期的 8 倍，也就是说，Q_0、Q_1、Q_2 实现了对 CP 脉冲的二分频、四分频、八分频。可见，计数器可实现分频功能。

如果 CP 脉冲的频率十分稳定，或者说 CP 脉冲的周期是一个常数，则计数器的计数值反映了时间的长短，因此计数器还可实现定时功能。

异步二进制计数器的电路非常简单，除了触发器不需要任何其他元件。但由于触发器存在延迟时间，Q_0 的变化滞后于 CP 脉冲，Q_1 的变化滞后于 Q_0，Q_2 的变化滞后于 Q_1⋯。对于 N 位异步二进制计数器来说，从第一个计数脉冲开始作用到第一个触发器，到第 N 个触发器翻转到稳定状态，需要经历的时间为 $Nt_{p(CQ)}$，可见，异步二进制计数器的速度较慢。

假设 $t_{p(CQ)}$ 为 30ns，考虑计数值从 3 变到 4，则 CP 下降沿来时，Q_0 由 1 变 0，Q_1 由 1 变 0，Q_2 由 0 变 1，总共需要 90ns 的时间。因此，CP 的频率最大值为 11.1MHz。随着计数器位数的增加，最高时钟频率将会进一步下降。

4.4.2　同步二进制计数器

同步二进制计数器所有的触发器采用同一时钟信号，每个触发器的输出同时变化，触发器输出与时钟信号之间的延迟只有 $1t_{p(CQ)}$，因此速度较快。这里以 3 位二进制加法计数器为例，导出同步二进制加法计数器的构成规律。表 4.4-1 所示为 3 位二进制加法计数器的状态表。

表 4.4-1　3 位二进制加法计数器的状态表

计数顺序	状态			进位输出
	Q_2	Q_1	Q_0	
0	0	0	0	0
1	0	0	1	0
2	0	1	0	0
3	0	1	1	0
4	1	0	0	0
5	1	0	1	0
6	1	1	0	0
7	1	1	1	1
8	0	0	0	0

观察表 4.4-1 可以看出，Q_0 每来一个 CP 脉冲就翻转一次；Q_1 只有当 Q_0 为 1 时，才能在下一个 CP 脉冲边沿到达时翻转，否则状态保持不变；Q_2 只有当 Q_1、Q_0 同时为 1 时，才能在下一个 CP 脉冲边沿到达时翻转，否则状态保持不变。

根据 T 触发器的特性方程 $Q^{n+1} = T\overline{Q^n} + \overline{T}Q^n$，当 $T = 1$ 时，$Q^{n+1} = \overline{Q^n}$，每来一个 CP 脉冲就翻

转一次；当 $T = 0$ 时，$Q^{n+1} = Q^n$，状态保持不变。可见，T 触发器可满足同步二进制加法计数器对触发器的要求。

根据表 4.4-1 所示的状态表，可以确定计数器中各 T 触发器的驱动方程为 $T_0 = 1$、$T_1 = Q_0$、$T_2 = Q_0Q_1$。由此得到如图4.4-4 所示 3 位同步二进制加法计数器的逻辑图。CO 信号为进位输出，当计数器的状态处于 111 时，CO 信号产生一个正脉冲。图4.4-5所示为 3 位同步二进制加法计数器的时序图。

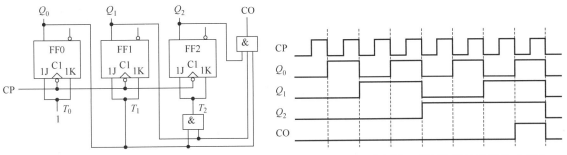

图 4.4-4　3 位同步二进制加法计数器的逻辑图　　　　　图 4.4-5　3 位同步二进制加法计数器的时序图

推而广之，可以得到 N 位同步二进制加法计数器的构成规律：

① 用 T 触发器构成，既可上升沿触发也可下降沿触发。

② 令 $T_0 = 1$，$T_1 = Q_0$，$T_2 = Q_0Q_1$，$T_3 = Q_0Q_1Q_2$，…。

用同样的分析方法可以得到 N 位同步二进制减法计数器的构成规律：

① 用 T 触发器。

② 令 $T_0 = 1$，$T_1 = \overline{Q_0}$，$T_2 = \overline{Q_1}\,\overline{Q_0}$，$T_3 = \overline{Q_2}\,\overline{Q_1}\,\overline{Q_0}$，…。

图 4.4-6 所示为 3 位同步二进制减法计数器的逻辑图。在 CP 脉冲的作用下，计数器的输出状态 $Q_2Q_1Q_0$ 将按二进制值递减，BO 为减法器的借位输出信号，当计数器处于 $Q_2Q_1Q_0 = 000$ 时，借位信号输出高电平。读者可自行分析减法计数器的状态图和时序图。

只要增加一根选择控制线 X，就可以得到 N 位同步二进制加减计数器的构成规律：

① 用 T 触发器；

② 令 $T_0 = 1$，$T_1 = XQ_0 + \overline{X}\,\overline{Q_0}$，$T_2 = XQ_1Q_0 + \overline{X}\,\overline{Q_1}\,\overline{Q_0}$，…。

图4.4-7所示为3 位同步二进制加减计数器的逻辑图。

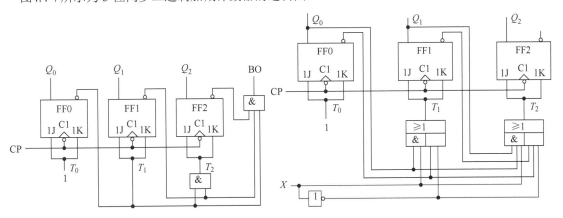

图 4.4-6　3 位同步二进制减法计数器的逻辑图　　　　图 4.4-7　3 位同步二进制加减计数器的逻辑图

4.4.3　中规模集成计数器

在前面介绍的计数器基础上，增加必要的附加电路，并将其集成在一个芯片上，就得到集成计数器。集成计数器种类较多，表 4.4-2 列出了几种常用的中规模集成计数器。

表 4.4-2　　几种常用的中规模集成计数器

型号	时钟	计数功能	清零	预置数
74160/162	同步，↑	十进制加	异/同步清零	同步置数
74161/163	同步，↑	4 位二进制加	异/同步清零	同步置数
74LS190	同步，↑	十进制加/减	—	异步置数
74LS191	同步，↑	4 位二进制加/减	—	异步置数
74LS192	同步，↑	十进制加/减	异步清零	异步置数
74LS193	同步，↑	4 位二进制加/减	异步清零	异步置数
74LS390	异步，↓	二-五-十进制加	异步清零	—
74LS393	异步，↓	4 位二进制加	异步清零	—

下面以集成同步二进制计数器 74161 为例，介绍中规模集成计数器的构成原理、逻辑功能分析方法和使用方法。

74161 为中规模集成 4 位同步二进制加法计数器，其内部逻辑图如图4.4-8所示。74161 的内部含有 4 个下降沿触发的 JK 触发器。4 个触发器采用同一时钟信号，因此 74161 属于同步时序逻辑电路。虽然 74161 内部的 JK 触发器为下降沿触发，但由于芯片外部的 CP 脉冲是通过一个反相器再加到触发器的时钟输入端的，因此从芯片的外部输入端来看，4 个 JK 触发器在 CP 脉冲的上升沿触发。

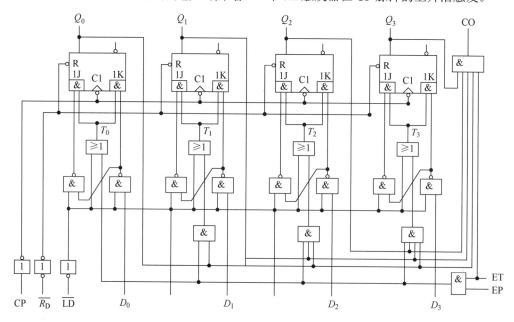

图 4.4-8　4 位同步二进制计数器 74161 内部逻辑图

74161 除了计数功能，还有异步清零、同步置数、保持等功能。74161 的主要逻辑功能分析如下。

（1）异步清零功能

这个功能是通过 JK 触发器上的异步清零端来实现的。若 $\overline{R_D} = 0$，则不管其他输入端电平如何，4 个 JK 触发器全部清零。

（2）同步并行置数功能

当 $\overline{LD} = 0$ 时，JK 触发器输入端的两个与非门相当于两个非门，而或门输出为 1，JK 触发器的逻辑功能转化为 D 触发器。当 CP 脉冲的上升沿到来时，数据输入端的数据就置入触发器。由于 4 位数据在 CP 脉冲上升沿时刻同时置入，因此称为同步并行置数。

（3）同步二进制加计数功能

当 $\overline{\text{LD}} = 1$ 且 EP = ET = 1 时，JK 触发器输入端的两个与非门输出为 1，而输入端的**或**门处于开通状态，这时 JK 触发器的逻辑功能转化为 T 触发器。从逻辑图可知，$T_0 = 1$，$T_1 = Q_0$，$T_2 = Q_1Q_0$，$T_3 = Q_2Q_1Q_0$。根据前面介绍的同步二进制加法计数器的构成规律，此时电路实现 4 位二进制加计数。为了便于计数器级联，计数器还设有进位输出端 CO，其逻辑表达式为

$$\text{CO} = \text{ET}Q_3Q_2Q_1Q_0 \tag{4.4-1}$$

在 ET = 1 的前提下，当计数器计到 $Q_3Q_2Q_1Q_0 = 1111$ 时，CO = 1。

（4）保持功能

在 $\overline{R_\text{D}} = \overline{\text{LD}} = 1$ 的前提下，若 EP·ET = 0，则每个 T 触发器输入端 $T = 0$，在 CP 脉冲作用下，$Q^{n+1} = Q^n$，计数器中各触发器保持原状态不变。

74161 的逻辑符号如图4.4-9所示，其功能如表 4.4-3 所示。

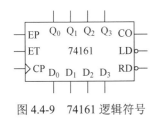

图 4.4-9　74161 逻辑符号

表 4.4-3　4 位同步二进制计数器 74161 功能表

CP	$\overline{RD}$	$\overline{LD}$	EP	ET	D_0	D_1	D_2	D_3	Q_0	Q_1	Q_2	Q_3
×	0	×	×	×	×	×	×	×	0	0	0	0
↑	1	0	×	×	d_0	d_1	d_2	d_3	d_0	d_1	d_2	d_3
×	1	1	0	×	×	×	×	×	保持			
×	1	1	×	0	×	×	×	×	保持			
↑	1	1	1	1	×	×	×	×	计数			

4.4.4　N 进制计数器

前面介绍的计数器为模 2^n 进制计数器，N 进制计数器是指非模 2^n 计数器，也称为任意进制计数器。本节内容将要讨论如何从模 2^n 进制计数器得到 N 进制计数器。

1．触发器各种信号作用优先级

以 JK 触发器为例，下面分析 JK 触发器有哪些输入信号可以改变触发器状态，这些输入信号的作用优先级如何？

带异步置 1 端 $\overline{S_\text{D}}$ 和异步清零端 $\overline{R_\text{D}}$ 的 JK 触发器符号如图 4.2-9（a）所示。JK 触发器有 3 种输入信号，其作用强弱不同，即优先级不同。触发器激励输入 J、K 作用最弱、优先级最低；时钟 CP 次之；$\overline{S_\text{D}}$、$\overline{R_\text{D}}$ 作用能力最强、优先级最高，它们不受其他信号控制即可改变触发器状态。使用不同的输入信号，JK 触发器可以构成各种不同的电路，如表 4.4-4 所示。

表 4.4-4　JK 触发器各种信号作用优先级及对应的计数器

信号	作用优先级	对应的计数器
J、K	优先级最低，只有当 $\overline{R_\text{D}}$、$\overline{S_\text{D}}$ 为 1，且时钟有效边沿到来时，J、K 才起作用，改变触发器的状态	同步二进制计数器
CP	优先级次之，只有 $\overline{R_\text{D}}$、$\overline{S_\text{D}}$ 为 1，时钟有效边沿到来时，就可能使触发器的状态发生变化	异步二进制计数器
$\overline{S_\text{D}}$、$\overline{R_\text{D}}$	优先级最高，只要 $\overline{S_\text{D}}$ 或 $\overline{R_\text{D}}$ 为 0，则不管 J、K 如何，触发器的输出可立即发生变化	N 进制计数器

图 4.4-1 所示的异步二进制计数器就是 CP 信号来改变触发器的状态。图 4.4-4 和图 4.4-6 所示的同步二进制计数器就利用了触发器激励函数 J、K 来改变触发器的状态。对于优先级最高的输入信号 $\overline{S_\text{D}}$、$\overline{R_\text{D}}$，除了用于设置触发器的初始状态，还可以用来构成 N 进制计数器。下面通过一个例子来说明。

【例 4.4-1】　七进制加法计数器的设计。

解：先构成异步八进制加法计数器，再用清零法实现七进制加法计数器。计数器的原理图如图 4.4-10 所示。当计数器的状态为 111 时，与非门输出低电平。由于与非门的输出送到触发器的异步清零端，计数器立刻被清零。计数器的状态 111 维持时间依赖于与非门的延迟，只保持了很短一段时间，远远小于 1 个时钟周期，因此，状态 111 不是一个有效状态。可见，图 4.4-10 所示电路只有 7 个有效状态，为七进制计数器。

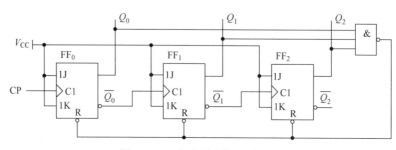

图 4.4-10　七进制计数器原理图

由于与非门输出的清零信号随着计数器被置 0 而立即消失，所以清零信号持续时间极短。如果触发器的清零速度有快有慢，则可能动作慢的触发器还没来及清零，清零信号已经消失，从而导致计数器工作不正常。

图 4.4-11 所示为改进后的七进制计数器原理图。电路中增加了基本 SR 锁存器，G_1 产生的清零信号不是直接加到触发器的异步清零端，而是作为基本 SR 锁存器的触发脉冲，基本 SR 锁存器输出 $\overline{Q}$ 作为触发器的清零信号。当计数器第 7 个脉冲到达时，计数值为 111，G_1 输出低电平，将 SR 锁存器置 1，$\overline{Q}$ 输出的低电平立刻将计数器置 0，这时，虽然 G_1 输出已经变为高电平，但 SR 锁存器的状态仍然保持不变，因而计数器的清零信号得以维持。当 CP 脉冲回到低电平后，SR 锁存器的 $\overline{Q}$ 输出的恢复成高电平。

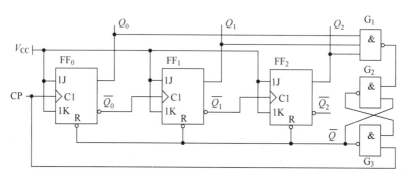

图 4.4-11　能可靠清零的七进制计数器原理图

2. 借助 74161 的异步清零功能实现同步 N 进制加计数器

74161 具有异步清零功能，在计数过程中，不管其输出处于什么状态，只要在异步清零端加一个低电平电压，使 $\overline{RD}=0$，74161 的输出状态立刻变为 0000。利用异步清零功能可以实现 N 进制加法计数器。图4.4-12（a）所示的电路就是借助 74161 的异步清零功能构成的十进制加计数器。当计数器的输出状态（$Q_3Q_2Q_1Q_0$）为 1010 时，与非门输出低电平，此低电平加到 74161 的 $\overline{RD}$ 端，使计数器的状态立刻变为 0000，同时，与非门输出恢复为高电平。当下一个计数脉冲到达时，再由 0000 开始进行加 1 计数。该计数器的状态图如图 4.4-12（b）所示。用于产生清零信号的状态 1010 只出现一瞬间，不能作为有效状态，因此计数器只有 0000～1001 十个有效状态，故为十进制计数器。

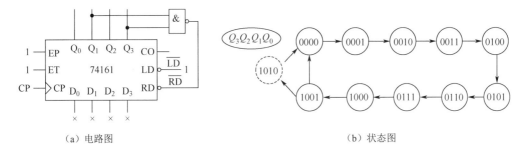

（a）电路图　　　　　　　　　　　　　（b）状态图

图 4.4-12　采用异步清零法构成的十进制加计数器

根据状态图，可画出如图 4.4-13 所示的时序图。由于 1010 状态的瞬时出现，在时序图上出现毛刺，这是异步清零法的不足之处。

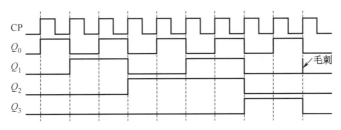

图 4.4-13　用异步清零法构成的十进制加计数器时序图

3. 借助 74161 的同步置数功能，实现同步 N 进制加计数器

图 4.4-14（a）所示为用 74161 借助同步置数功能构成的十进制加计数器。当计数器的状态 $Q_3Q_2Q_1Q_0$ 为 1001 时，$\overline{LD} = 0$，这样在下一个脉冲上升沿到来以后，就不再实现加 1 计数，而是实现同步置数，将数据输入端的数据置入计数器内部的触发器，使 $Q_3Q_2Q_1Q_0$ 变成 0000，$\overline{LD} = 1$，恢复计数功能。计数器的状态图如图 4.4-14（b）所示，时序图如图 4.4-15 所示。

下面介绍有关时序逻辑电路的一个重要概念，即自启动的概念。从图 4.4-14（b）所示的状态图可知，0000, 0001, …, 1001 十个状态构成一个循环，称为有效循环。1010～1111 六个状态位于有效循环之外，称为无效状态。在计数器正常工作情况下，无效状态不会出现，但计数器刚上电时，或者在工作过程中受到干扰时，则有可能进入无效状态。如果无效状态在若干 CP 脉冲作用后，最终能进入有效循环，则称该电路具有自启动能力。不难分析，1010～1111 这十个状态状态经过 1～2 个 CP 脉冲后将进入状态 0000，因此该计数器能够自启动。

图 4.4-16 所示为用同步置数功能构成十进制加计数器的另一种接法，读者可自行分析其状态图和时序图。

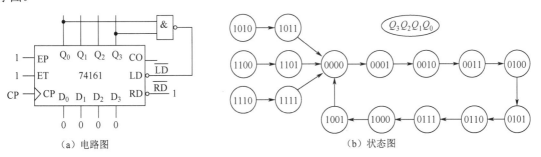

（a）电路图　　　　　　　　　　　　　　（b）状态图

图 4.4-14　采用同步置数法构成的十进制加计数器

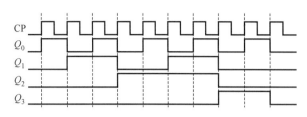

图 4.4-15　用同步置数功能构成的十进制加计数器时序图

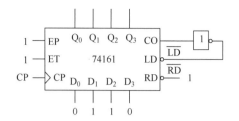

图 4.4-16　利用进位输出构成的十进制加计数器

用同步置数功能构成 N 进制加计数器的一般步骤如下：

① 确定计数器的状态图。

② 根据计数器的初态确定并行数据输入端的连接。

③ 根据计数器的终态确定与非门输入端的连接。

4. 模大于 16 的 N 进制计数器

将多个 4 位二进制计数器级联，再使用异步清零、同步置数功能，便可构成模大于 16 的 N 进制计数器。计数器的级联方法请读者参考 4.5 节有关例题以及本章习题。

5. 计数器的 Verilog HDL 描述

假设某十进制加法计数器具有异步清零、同步使能的功能，CLR 为异步清零输入，高电平有效；CS 为计数使能信号，高电平时允许计数；CO 为进位输出，高电平有效。该计数器的 Verilog HDL 代码如下：

```
module CNT10(CLK,CLR,CS,Q,CO);
    input CLK,CLR,CS;
    output[3:0] Q;
    reg[3:0] Q;
    output CO;
    reg CO;

    always @(posedge CLK or posedge CLR)
    begin
        if(CLR)
          Q <= 4'b0000;
        else
          if(CS)
            begin
              if(Q == 4'b1001)
                Q <= 4'b0000;
              else
                Q <= Q + 4'b0001;
            end
    end

    always @(Q)
        begin
            if(Q == 4'b1001)
                CO <= 1'b1;
            else
                CO <= 1'b0;
        end
endmodule
```

4.4.5　移位寄存器型计数器

移位寄存器也可以构成计数器，不过与前面介绍的计数器不同，移位寄存器型计数器的状态通常不是一个二进制编码，而是一组按一定规律变化的代码。本节内容介绍两种常见的移位寄存器型计数器。

1．环形计数器

用一个 n 位移位寄存器构成最简单的具有 n 种状态的计数器，称为环形计数器（Ring Counter）。图4.4-17 所示为用 74LS194 构成的环形计数器。当 S_0 端加一正脉冲信号（脉冲宽度应该大于一个 CP 脉冲周期）时，如果 S_1S_0=10，74LS194 处于左移功能，如果 S_1S_0=11，74LS194 处于并行置数功能。寄存器内容 $Q_0Q_1Q_2Q_3$ 被置成 0001 后，每来一个 CP 脉冲，74LS194 中的数据就左移 1 位，Q_0 的数据通过 D_{IL} 端移入 Q_3，因此，$Q_0Q_1Q_2Q_3$ 的下一个状态依次为 0010、0100、1000、

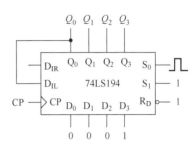

图 4.4-17　由 74LS194 构成的环形计数器

0001，寄存器一直在这 4 个状态之间循环。需要指出的是，环形计数器是无法自启动的。例如，如果环形计数器进入 0000 状态，则计数器就会一直停留在这一状态。图 4.4-18 所示为环形计数器完整的状态图。

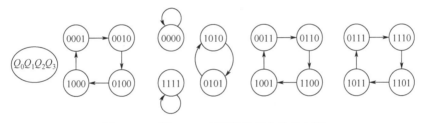

图 4.4-18　图 4.4-17 环形计数器完整状态图

环形计数器的优点是电路简单，其有效状态直接以译码的形式出现在触发器的输出端。也就是说，对每一个状态来说，只有一个触发器的输出是有效的，在某些应用场合，不需要加译码电路。环形计数器的缺点是没有充分利用电路的状态。用 n 位移位寄存器组成的环形计数器只用了 n 个状态，只能构成 n 进制计数器。

2．扭环形计数器

把 n 位移位寄存器的串行输出取反，反馈到串行输入端，就构成了具有 $2n$ 种状态的计数器，这种计数器称为扭环形（twisted-ring）计数器，也称为约翰逊（Johnson）计数器。图4.4-19 所示为由 74LS194 构成的扭环形计数器的电路图，其状态图如图4.4-20 所示。

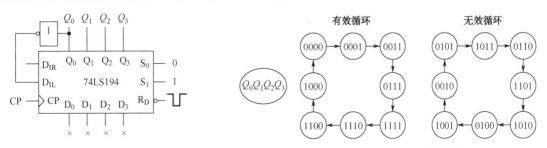

图 4.4-19　由 74LS194 构成的扭环形计数器　　　　图 4.4-20　图 4.4-19 状态图

Johnson 计数器有 2^n-2n 个无效状态，因此也存在自启动问题。从图 4.4-20 所示的状态图可知，

图 4.4-19 所示 Johnson 计数器无自启动能力。

需要指出的是，由于没有自启动能力，不管是环形计数器还是扭环形计数器，如果初始化有错，那么都无法得到期望的状态图。

4.5 例 题 讲 解

本节将介绍有关触发器、计数器的典型例题，通过对这些例题的讲解，帮助读者提高对触发器、计数器电路的分析设计能力。

【例 4.5-1】边沿 D 触发器组成的电路及输入如图 4.5-1 所示。试分别画出 Q_0、Q_1 的波形，设触发器的初始状态 $Q_0Q_1=00$。

解：图 4.5-1 中的两个 D 触发器构成右移寄存器，CP 脉冲的上升沿时刻，移位寄存器右移 1 位。由于 D 触发器设有异步置 1 端，在 DI 信号的作用下，触发器 FF$_0$ 会产生置 1 操作，这也是本题的难点之一。由于 DI 信号的优先级最高，因此，只要 DI 变成低电平，Q_0 马上置 1。只有 DI 为高电平时，Q_0 才会在 CP 上升沿时刻接收输入信号置成 0 态。触发器 FF$_1$ 的异步置 1 端始终为高电平，因此，Q_1 的始终在 CP 脉冲的上升沿根据输入信号设置状态。根据上述分析，可得到如图 4.5-2 所示的时序图。

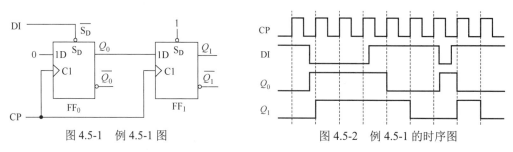

图 4.5-1　例 4.5-1 图　　　　　　　　　　　图 4.5-2　例 4.5-1 的时序图

【例 4.5-2】图 4.5-3（a）所示为由 D 锁存器和门电路组成的系统。锁存器和门电路的动态参数为：锁存器传输延时 $t_{p(DQ)}$=15ns，$t_{p(CQ)}$=12ns，建立时间 t_{SU}=20ns，保持时间 t_H=0ns。与门的延迟时间 t_{pdAND}=16ns，或门的延迟时间 t_{pdOR}=18ns，异或门的延迟时间 t_{pdXOR}=22ns。

① 求系统的数据输入建立时间 t_{SUsys}。

② 系统的时钟及数据输入 1 的波形如图 4.5-3（b）所示。假设数据输入 2 和数据输入 3 均恒定为 0，时钟使能恒定为 1，请画出 Q 的波形，并标明 Q 对于时钟及数据输入 1 的延迟。

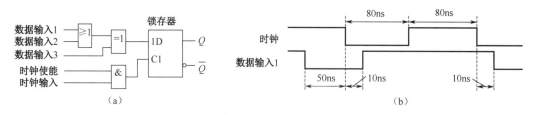

图 4.5-3　例 4.5-2 图

解：① 系统的数据输入建立时间 t_{SUsys}=或门的传输延迟+异或门的传输延迟+锁存器的建立时间-与门的传输延迟=$t_{pdOR}+t_{pdXOR}+t_{SU}-t_{pdAND}$ =18+22+20-16=44ns。

② 锁存器 Q 的时序图如图 4.5-4 所示。

t_1 等于或门的延迟时间 t_{pdOR}、异或门的延迟时间 t_{pdXOR} 和 D 锁存器延迟时间 $t_{p(DQ)}$ 之和

$$t_1=t_{pdOR}+t_{pdXOR}+t_{p(DQ)}=18+22+15=55ns$$

t_2 等于与门的延迟时间 t_{pdAND}、D 锁存器延迟时间 $t_{p(CQ)}$ 之和

$$t_2=t_{pdAND}+t_{p(CQ)}=16+12=28ns$$

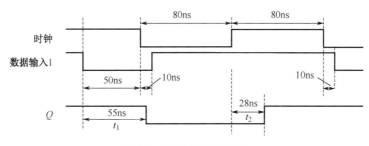

图 4.5-4　例 4.5-2 时序图

【例 4.7-3】　用两片同步十进制计数器 74LS192 设计十二进制加法计数器，8421 码表示的状态图如图 4.5-5 所示。74LS192 功能表如表 4.5-1 所示。

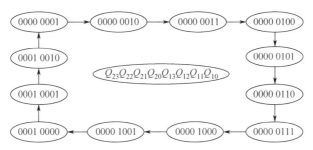

图 4.5-5　十二进制计数器状态图

表 4.5-1　同步十进制加减计数器 74LS192 功能表

R_D	$\overline{LD}$	CP_U	CP_D	D_0	D_1	D_2	D_3	Q_0	Q_1	Q_2	Q_3
1	×	×	×	×	×	×	×	0	0	0	0
0	0	×	×	d_0	d_1	d_2	d_3	d_0	d_1	d_2	d_3
0	1	↑	1	×	×	×	×	十进制加计数（$\overline{CO}=\overline{Q_0Q_3}$）			
0	1	1	↑	×	×	×	×	十进制减计数（$\overline{BO}=\overline{Q_0Q_1Q_2Q_3}$）			

解： 74LS192 为十进制计数器，要构成十二进制计数器，需要两片 74LS192。用两片 74LS192 构成 100 进制计数器，再通过置数法或清零法实现十二进制计数器。根据图 4.5-5 所示的状态图，十二进制计数器的初始状态为 00000001，因此无法用清零法，只能用置数法。从表 4.5-1 所示的功能表可知，74LS192 为异步置数，即只要 $\overline{LD}$ 变为低电平，立即置数，这一点与 74161 的同步置数功能有明显区别。由于采用异步置数，用来译码产生置数信号的状态就不能采用状态图中的最后一个状态 00010010，而应该采用最后一个状态的下一个状态即 00010011 来产生置数信号。

根据上述分析，得到十二进制计数器的逻辑图如图 4.5-6 所示。

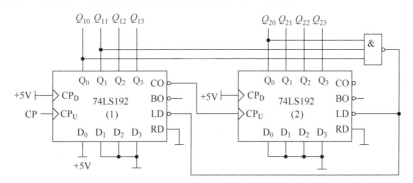

图 4.5-6　十二进制计数器逻辑图

本 章 小 结

1. 锁存器和触发器是构成各种时序逻辑电路的基础，它和门电路一样，是数字系统中的基本逻辑单元电路，它与门电路的最主要区别是具有记忆功能，可以存储 1 位二值信号。

2. 锁存器是对时钟信号电平敏感的电路。基本 SR 锁存器由输入信号电平直接控制其状态，钟控锁存器在时钟信号的高电平或低电平期间，接收输入信号改变其状态。

3. 触发器是对时钟信号的边沿敏感的电路，根据不同的电路结构，它们在时钟信号的上升沿或下降沿接收输入信号改变其状态。按照电路结构的不同，触发器可分为主从触发器、维持阻塞触发器等。按照功能的不同，触发器可分为 SR 触发器、D 触发器、JK 触发器、T 触发器和 T' 触发器，触发器的功能可以互相转化。

4. 触发器的电路结构和逻辑功能是两个不同的概念，两者之间没有必然的联系。同一种逻辑功能的触发器，可以用不同的电路结构形式来实现；反之，用同一种电路结构，也可以实现不同功能的触发器。

5. 常用的时序逻辑电路模块主要有计数器和寄存器两种。4 位二进制集成计数器 74161 和集成多功能移位寄存器 74LS194 是两种典型的集成时序模块，在理解电路结构、逻辑功能的基础上，熟练掌握其使用方法和典型应用。

自我测验题

1. 由或非门构成的基本 SR 锁存器，输入 S、R 的约束条件是_____。

    A. $SR=0$ B. $SR=1$ C. $S+R=0$ D. $S+R=1$

2. 由与非门组成的基本 SR 锁存器，为使锁存器处于"置 1"状态，其 $\bar{S}\cdot\bar{R}$ 应为_____。

    A. $\bar{S}\cdot\bar{R}=00$ B. $\bar{S}\cdot\bar{R}=01$ C. $\bar{S}\cdot\bar{R}=10$ D. $\bar{S}\cdot\bar{R}=11$

3. 基本 SR 锁存器电路如图 T4.3 所示，已知 X、Y 波形，判断 Q 的波形应为 A、B、C、D 中的_____。假定锁存器的初始状态为 0。

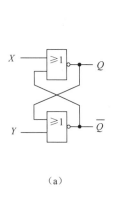

（a）

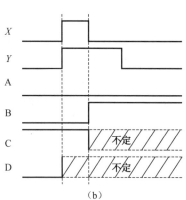

（b）

图 T4.3

4. 有一 T 触发器，在 $T=1$ 时，加上时钟脉冲，则触发器_____。

    A. 保持原态   B. 置 0   C. 置 1   D. 翻转

5. 假设 JK 触发器的现态 $Q^n=0$，要求 $Q^{n+1}=0$，则应使_____。

    A. $J=\times$，$K=0$ B. $J=0$，$K=\times$ C. $J=1$，$K=\times$ D. $J=K=1$

6. 电路如图 T4.6 所示。实现 $Q^{n+1} = \overline{Q^n} + A$ 的电路是_____。

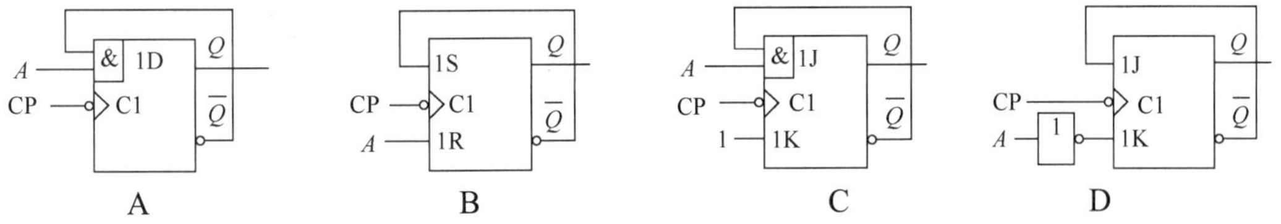

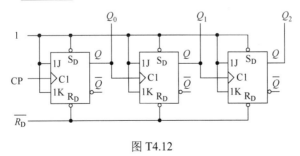

图 T4.6

7. 将 D 触发器转化成 T 触发器，如图 T4.7 所示电路中的虚线框内应是_____。

　A. 或非门　　　　　　　　　B. 与非门

　C. 异或门　　　　　　　　　D. 同或门

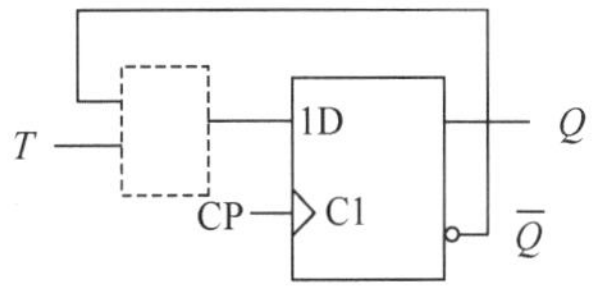

8. 触发器异步输入端的作用是_____。

　A. 清零　　　　　　　　　　B. 置 1

　C. 接收时钟脉冲　　　　　　D. 清零或置 1

图 T4.7

9. 用 n 只触发器组成计数器，其最大计数模为_____。

　A. n　　　　　　B. $2n$　　　　　　C. n^2　　　　　　D. 2^n

10. 一个 5 位的二进制加计数器，由 00000 状态开始，经过 75 个时钟脉冲后，此计数器的状态为_____。

　A. 01011　　　　　B. 01100　　　　　C. 01010　　　　　D. 00111

11. 图 T4.11 所示为某计数器的时序图，由此可判定该计数器为_____。

　A. 十进制计数器　　　　　　　　B. 九进制计数器

　C. 四进制计数器　　　　　　　　D. 八进制计数器

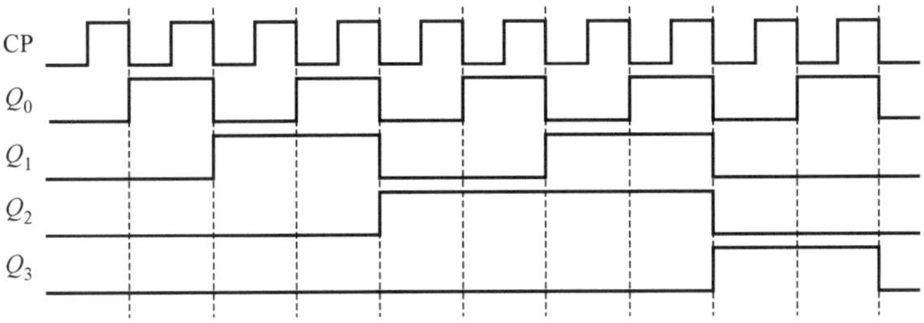

图 T4.11

12. 电路如图 T4.12 所示，假设电路中各触发器的当前状态 $Q_2 Q_1 Q_0$ 为 100，请问在时钟作用下，触发器下一状态 $Q_2 Q_1 Q_0$ 为_____。

图 T4.12

　A. 101　　　　　　B. 100　　　　　　C. 011　　　　　　D. 000

13. 电路图 T4.13 所示。设电路中各触发器当前状态 $Q_2 Q_1 Q_0$ 为 110，在时钟 CP 作用下，触发器下一状态为_____。

    A．101   B．010   C．110   D．111

14．电路如图 T4.14 所示，74LS191 具有异步置数功能的 4 位二进制加减计数器。已知电路的当前状态 $Q_3 Q_2 Q_1 Q_0$ 为 1100，请问在时钟作用下，电路的下一状态 $Q_3 Q_2 Q_1 Q_0$ 为_____。

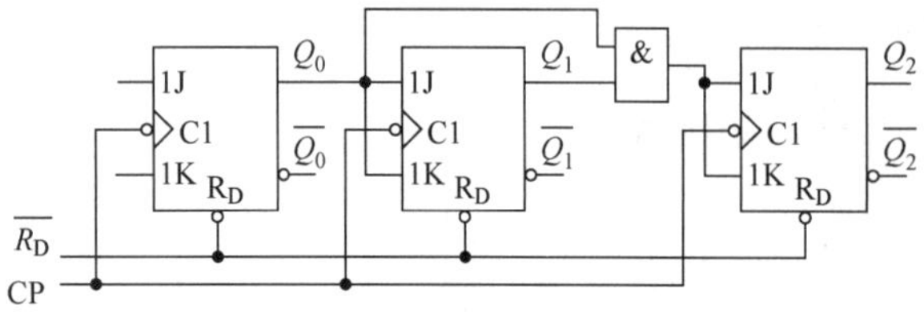

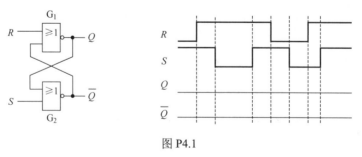

图 T4.13 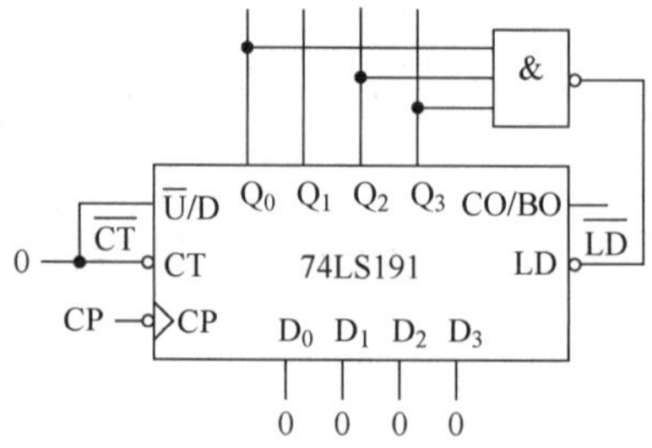　　　　　　　　　　　　　　　　　图 T4.14

    A．0000   B．1011   C．1101   D．1100

15．下列功能的触发器中，_____不能构成移位寄存器。

    A．T 触发器   B．JK 触发器   C．D 触发器   D．都不是

16．4 位移位寄存器，现态 $Q_0 Q_1 Q_2 Q_3$ 为 1100，经左移 1 位后其次态为_____。

    A．0011 或 1011   B．1000 或 1001   C．1011 或 1110   D．0011 或 1111

17．现欲将一个数据串延时 4 个 CP 的时间，最简单的办法是采用_____。

    A．4 位并行寄存器   B．4 位移位寄存器

    C．四进制计数器   D．4 位加法器

18．一个 4 位串行数据，输入 4 位移位寄存器，时钟脉冲频率为 1kHz，经过_____可转换为 4 位并行数据输出。

    A．8ms   B．4ms   C．8μs   D．4μs

19．由 3 级触发器构成的环形和扭环形计数器的计数模值依次为_____。

    A．8 和 8   B．6 和 3   C．3 和 6   D．8 和 6

习　　题

1．由或非门构成的基本 SR 锁存器如图 P4.1 所示，已知输入端 S、R 的电压波形，试画出与之对应的 Q 和 $\overline{Q}$ 的波形。

图 P4.1

2．由与非门构成的基本 SR 锁存器如图 P4.2 所示，已知输入端 $\overline{S}$、$\overline{R}$ 的电压波形，试画出与之对应的 Q 和 $\overline{Q}$ 的波形。

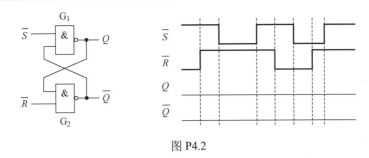

图 P4.2

3.（1）分析图 P4.3（a）所示由 CMOS 传输门构成的钟控 D 锁存器的工作原理。

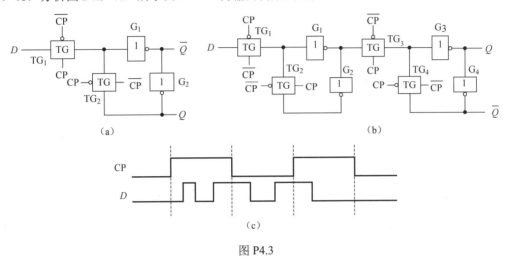

图 P4.3

（2）分析图 P4.3（b）所示主从 D 触发器的工作原理。

（3）有如图 P4.3（c）所示波形加在图 P4.3（a）和（b）所示的锁存器和触发器上，画出它们的输出波形。设初始状态为 0。

4．由锁存器和触发器构成的电路如图 P4.4 所示。已知 CP 和 D 信号的波形，画出 Q_1、Q_2、Q_3 的波形。假设初态为 0。

5．有一个简单时序逻辑电路如图 P4.5 所示，试写出当 $C=0$ 和 $C=1$ 时电路的状态方程 Q^{n+1}，并说出各自实现的功能。

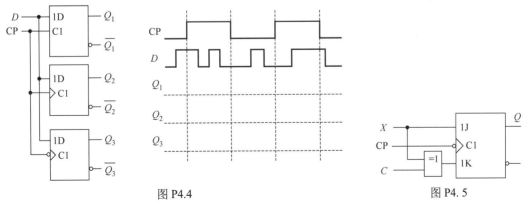

图 P4.4   图 P4.5

6．请用 T 触发器和其他逻辑门构建一个 JK 触发器。

7．用上升沿 D 触发器和门电路设计一个带使能 EN 的上升沿 D 触发器。要求当 EN=0 时，当时钟加入后触发器状态保持不变；当 EN=1 时，当时钟加入后触发器正常工作。

8. 由 JK 触发器和 D 触发器构成的电路如图 P4.8（a）所示，各输入端波形如图 P4.8（b）所示。设各触发器的初态为 0，试画出 Q_0 和 Q_1 端的波形，并说明此电路的功能。

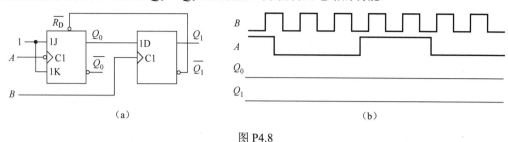

（a）　　　　　　　　　　　（b）

图 P4.8

9. 试画出图 P4.9 所示电路 Q 及 Z 端的波形（设触发器的初态为 0）。

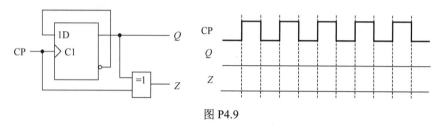

图 P4.9

10. 试画出如图 P4.10 所示时序逻辑电路在不少于 10 个周期的 CP 信号作用下，Q_0、Q_1、Q_2 的输出电压波形。设触发器的初始状态为 $Q=0$。

11. 时序逻辑电路如图 P4.11 所示。计算组合逻辑电路延迟时间的范围(t_{pdmax}, t_{pdmin})，假设时钟频率为 133MHz，写出计算过程。触发器的动态参数：$t_{p(CQ)}=1ns$，$t_{SU}=2ns$，$t_{H}=2ns$。

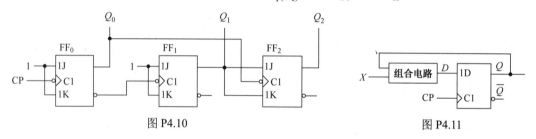

图 P4.10　　　　　　　　　　　图 P4.11

12. 电路如图 4.12 所示。门电路的延时时间为 t_{pd}，触发器的延迟时间为 $t_{p(CQ)}$，建立时间和保持时间分别为 t_{SU} 和 t_{H}，时钟为周期为 T 的对称方波。

（1）写出右边触发器建立时间和保持时间的不等式。

（2）$t_{SU}=3ns$，$t_{H}=1ns$，$2<t_{pd}<4$，$5<t_{p(CQ)}<10$，计算最高工作频率。

13. 电路图如图 P4.13 所示。画出 $Q_0Q_1Q_2$ 不少于 6 个时钟周期的时序图，假设 $Q_0Q_1Q_2$ 的初始状态为 000。

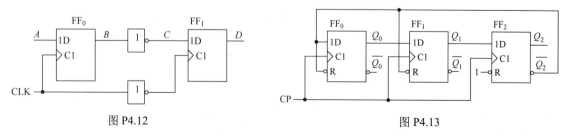

图 P4.12　　　　　　　　　　　图 P4.13

14. 右移寄存器电路如图 P4.14 所示，设各触发器的初始状态为 0。请画出在输入信号作用下，对

应的输出 Q_0、Q_1 的波形。

15．分析如图 P4.15 所示电路，画出状态图和时序图，并说明 CP 和 Q_2 是几分频。

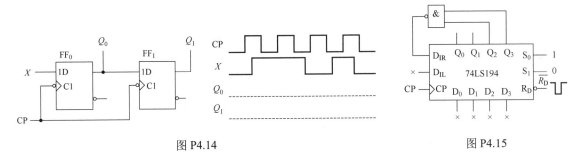

图 P4.14　　　　　　　　　　　　　　图 P4.15

16．采用如图 P4.16 所示的二片 74LS194 双向移位寄存器、一个 1 位全加器和一个 D 型触发器设计两个 4 位二进制数 $A=A_3A_2A_1A_0$、$B=B_3B_2B_1B_0$ 的串行加法电路。要求画出电路，说明所设计电路的工作过程以及最后输出结果在何处。

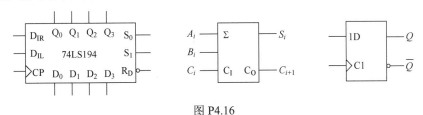

图 P4.16

17．画出如图 P4.17 所示由移位寄存器构成的时序逻辑电路状态图和对应的输出 Y。

18．由 4 位二进制计数器 74161 及门电路组成的时序逻辑电路如图 P4.18 所示。要求：

（1）分别列出 $X=0$ 和 $X=1$ 时的状态图。

（2）指出该电路的功能。

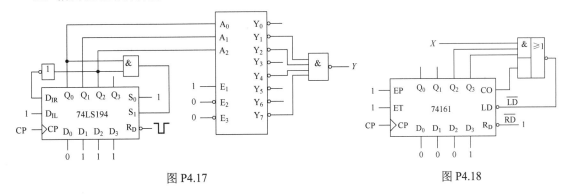

图 P4.17　　　　　　　　　　　　　　图 P4.18

19．由 4 位二进制计数器 74LS161 和 4 位比较器 74LS85 构成的时序逻辑电路如图 P4.19 所示。试求：

（1）该电路的状态图。

（2）工作波形图。

（3）简述电路的逻辑功能。

（4）对电路做适当修改，实现 N（$N<16$）进制计数。

20．试分析如图 P4.20 所示电路的逻辑功能。图中 74LS160 为十进制同步加法计数器，其功能如表 P4.20 所示。（$CO=ET \cdot Q_3\overline{Q_2}\,\overline{Q_1}Q_0$）

21．用 74161 构成十一进制计数器。要求分别用清零法和置数法实现。

22．用 74161 设计一个可控计数器，$X=0$ 时实现 8421 码计数器，$X=1$ 时实现 2421BCD 码计数器。

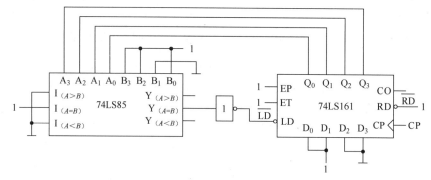

图 P4.19

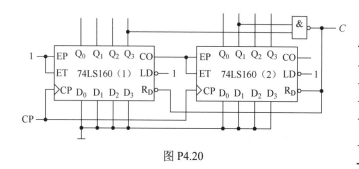

图 P4.20

表 P4.20

CP	$\overline{R_D}$	$\overline{LD}$	EP	ET	工作状态
×	0	×	×	×	置零
↑	1	0	×	×	置数
×	1	1	0	1	保持
×	1	1	×	0	保持（但 CO=0）
↑	1	1	1	1	计数

23．图 P4.23（a）所示为两个十进制计数器级联而成的 100 进制计数器电路。用 Quartus II 软件对该计数器仿真，结果如图 P4.23（b）所示。从仿真结果看，当计数到 10010000 时，再来一个 CP 脉冲就进入 01，无法实现 100 进制计数。分析错误原因，并对电路进行修改。

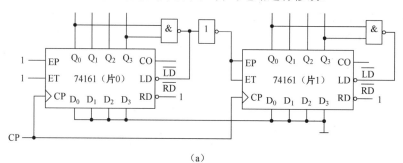

（a）

（b）

图 P4.23

实验七　锁存器和触发器实验

（1）D 锁存器实验

实验示意图如图 E4.7（a）所示。将设计通过 Quartus II 下载到实验板，测试步骤如下：KEY0 未按下时，通过 SW0 输入高低电平，观察 LED0 状态；按下 KEY0，通过 SW0 输入高低电平，观察 LED0 状态；将 SW0 置高电平，然后松开 KEY0，再将 SW0 置成低电平，通过 LED0 观察能否将 SW0 状态锁住。

（2）D 触发器实验

实验示意图如图 E4.7（b）所示。将设计通过 Quartus II 下载到实验板，测试步骤如下：KEY0 未按下时，通过 SW0 输入高低电平，观察 LED0 状态；将 SW0 置高电平，按下 KEY0，观察 LED0 状态；继续按住 KEY0，通过 SW0 输入高低电平，观察 LED0 状态；然后松开 KEY0，观察 LED0 状态。

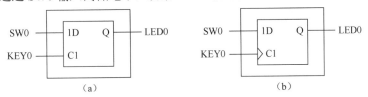

图 E4.7

实验八　十进制加法计数器实验

输入：计数脉冲信号 CLK，清零信号 CLR，计数使能 CS；

输出：10 进制计数器输出和进位输出。

计数使能 CS 由 SW0 控制，当 CS=0 时停止计数；当 CS=1 时，允许计数；计数脉冲由按键 KEY0 产生，每按一次键产生一个计数脉冲。清零信号由按键 KEY1 产生。计数器的输出通过七段显示译码器驱动数码管 7SLEDA。实验示意图如图 E4.8 所示。

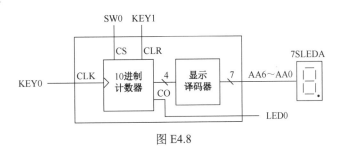

图 E4.8

实验九　十二进制加法计数器实验

设计一个十二进制计数器，原理框图如图 E4.9（a）所示，状态图如图 E4.8（b）所示。计数脉冲由实验板上的按键产生，计数值通过 LED 数码管显示。

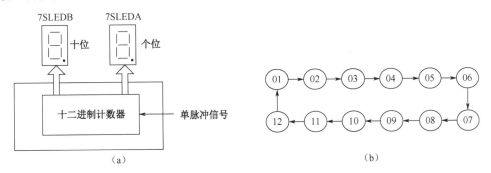

图 E4.9

使用以下两种方法设计。

方法一：采用原理图设计。十二进制计数器规定采用 74192（十进制加减计数器）和 7448（共阴 7 段 LED 显示译码器）构成。先由两片 74192 级联构成十二进制加法计数器，然后计数值通过 7448 译码后在 LED 数码管上显示。

方法二：采用原理图和 HDL 设计。顶层设计采用原理图描述，底层设计采用 Verilog HDL 描述。十二进制计数器包含两个底层模块，一个模块为十二进制计数器 count12，一个为 BCD-七段显示译码器模块 LED7S。这两个模块均用 Verilog HDL 描述。

第 5 章　时序逻辑电路分析与设计

5.1　概述

　　逻辑电路分为组合逻辑电路和时序逻辑电路两大类。时序逻辑电路在某一时刻的稳定输出不仅与当前的输入有关，还与过去的输入有关。以电视机的遥控器为例，可以形象地说明组合逻辑电路和时序逻辑电路的特点。用遥控器选择频道有两种方法，一种是直接按数字键，另一种是按频道增减键。如果用数字键来选择频道，则所选的频道完全由所按的数字键决定，而与按数字键之前电视机处于什么频道无关。这种选择频道的方式体现了组合逻辑电路的特点。如果用频道增减键选择频道，则所选的频道不但与所按的键有关（是按增加键还是减少键），而且与按键之前电视机所处的频道有关，这种选择频道的方式体现了时序逻辑电路的特点。

　　时序逻辑电路的通用模型如图 5.1-1 所示。时序逻辑电路由组合逻辑电路和存储电路两部分组成。组合逻辑电路接收外部输入信号，并产生输出信号。存储电路将组合逻辑输出存储并反馈回组合逻辑电路。大多数时序逻辑电路的存储单元是由各种功能的触发器构成的，所以在以下叙述中直接用触发器来代替存储电路。

　　图 5.1-1 所示的时序逻辑电路模型中有 4 种不同的信号，X 表示外部输入信号，Q 表示触发器的状态信号，实际上就是触发器的现态。Z 表示触发器的输入信号，用来确定触发器的次态。如果采用 D 触发器时，由于其特性方程 $Q^{n+1} = D$，因此 Z 信号实际上就表示了触发器的次态。Y 表示输出信号。这里 X、Q、Z 和 Y 等信号表示多个变量的集合。这些信号的关系可以用以下 3 个方程来表示：

$$Y = F_1(X, Q^n) \tag{5.1-1}$$

$$Z = F_2(X, Q^n) \tag{5.1-2}$$

$$Q^{n+1} = F_3(Z, Q^n) \tag{5.1-3}$$

　　式（5.1-1）称为输出方程，式（5.1-2）称为驱动方程或激励方程，式（5.1-3）称为状态方程。式（5.1-1）体现了时序逻辑电路的特点，即时序逻辑电路在某一时刻的稳定输出，不仅与当前的输入 X 有关，还与过去的输入（过去的输入体现在 Q^n 中）有关。触发器驱动信号 Z 因触发器而异，例如，对 D 触发器来说就是 D 信号，对 JK 触发器来说就是 J、K 信号。

　　图 5.1-2 所示的串行加法器就是时序逻辑电路的一个典型例子。该串行加法器由一位全加器和 D 触发器构成。在 CP 脉冲的作用下，从低位到高位逐位相加来完成加法运算。每次做加法运算时产生的进位输出用 D 触发器保存，在做下一次加法运算时，D 触发器保存的数据作为来自低位的进位与两个加数相加。图 5.1-2 所示的串行加法器与 3.5 节介绍的组合逻辑电路实现的加法器相比，电路比较简单，但速度较慢。比如，要完成两个 8 位二进制数的加法运算，需要 8 个时钟周期。

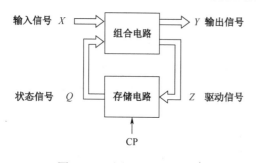

图 5.1-1　时序逻辑电路模型

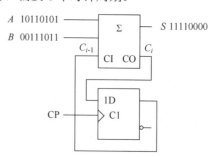

图 5.1-2　串行加法器

时序逻辑电路可分为同步（Synchronous）时序逻辑电路和异步（Asynchronous）时序逻辑电路。

同步时序逻辑电路中所有触发器的时钟输入端都与同一个时钟脉冲源相连，所有触发器状态的转换在同一时钟信号的同一边沿作用下同步进行。如 4.4.2 节介绍的同步二进制计数器就属于同步时序逻辑电路。

异步时序逻辑电路中的触发器不采用统一的时钟脉冲，电路中各触发器的状态更新不是同时发生的，如 4.4.1 节介绍的异步二进制计数器就属于异步时序逻辑电路。

同步时序逻辑电路中所有触发器的状态更新都是在同一时刻进行的，其输出状态的变化时间不存在差异或差异极小，而且同步时序逻辑电路有一套系统的、容易掌握的分析设计方法。因此，在数字系统设计中，大多数采用同步时序逻辑电路的设计方案。本章也主要介绍同步时序逻辑电路的分析和设计方法，对于异步时序逻辑电路只是简要地介绍其分析方法。

时序逻辑电路还可根据有无输入信号 X 分为计数器和状态机（State Machine）两种基本电路。图 5.1-3 为计数器的电路模型。计数器除了时钟信号、用于设置初始状态复位/置位信号，没有输入变量 X，它仅仅在时钟控制下自动改变状态。计数器一般直接以触发器的状态作为输出。

状态机的电路模型如图 5.1-4 所示。状态机的电路模型实际上由图 5.1-1 所示的时序逻辑电路一般模型演变而来。在状态机电路模型中，组合逻辑电路 1 为触发器提供驱动信号，它有两个输入：一个是外部输入信号 X，另一个是触发器的现态。组合逻辑电路 1 的输出决定了触发器的下一个状态，即次态。因此，电路的次态不仅取决于电路当前的状态，还取决于输入信号 X。状态机通过对输入信号 X 的响应实现状态转移，这是状态机与计数器的主要区别。

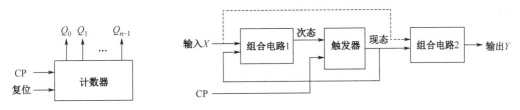

图 5.1-3　计数器电路模型　　　　图 5.1-4　状态机电路模型

从状态机的模型可以看到，输出 Y 一定与触发器的状态有关，但不一定与输入信号 X 直接有关。也就是说，图 5.1-4 所示的状态机电路模型中，虚线表示的连接线可以连通，也可以断开，具体取决于具体电路设计。根据虚线连通与否可以将状态机分为米里型（Mealy）状态机和摩尔型（Moore）状态机。如果虚线连通，电路的输出 Y 是输入变量 X 和触发器状态 Q 的函数，则这类状态机称为米里型状态机。如果虚线断开，电路的输出 Y 只是触发器状态 Q 的函数，那么这类状态机称为摩尔型状态机。组合逻辑电路 1 为次态解码电路，组合逻辑电路 2 为输出解码电路。如果将图 5.1-4 所示的状态机中的外部输入信号 X 去除，同时将组合逻辑电路 2 移除，剩下的部分想必大家非常眼熟，就是一个同步计数器。

在第 9 章关于数字系统设计的内容中将会看到，由于数字系统的控制部分通常为一个同步状态机，因此，状态机的分析与设计在数字系统的设计中具有十分重要的地位。

5.2　同步时序逻辑电路分析

同步时序逻辑电路分析的任务就是根据已知的逻辑电路图，求出电路状态转换的规律及外部输出变化的规律。同步时序逻辑电路分析的一般步骤如下：

① 根据逻辑图，写出各触发器输入信号的逻辑表达式，即驱动方程。
② 将驱动方程代入触发器特性方程，写出各触发器的状态方程，即次态 Q^{n+1} 的表达式。
③ 根据逻辑图，写出外部输出的逻辑表达式，即输出方程。

④ 根据状态方程和输出方程，列出电路的状态表。

⑤ 根据状态表画出状态图和时序图。

⑥ 逻辑功能描述。

【例 5.2-1】 分析如图5.2-1所示的同步时序逻辑电路。

解： 图5.2-1所示电路由 3 个下降沿触发的 JK 触发器构成。电路除了 CP 脉冲没有其他输入信号，因此该电路属于计数器电路。3 个 JK 触发器的输入信号分别用 J_0、K_0、J_1、K_1、J_2 和 K_2 表示，输出 Q_0、Q_1 和 Q_2 表示时序逻辑电路的状态。

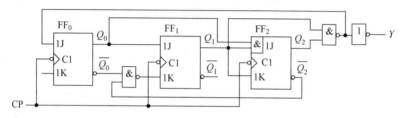

图 5.2-1 例 5.2-1 时序逻辑电路图

（1）根据逻辑图，写出驱动方程

$$J_0 = \overline{Q_2^n Q_1^n}, \quad K_0 = 1$$

$$J_1 = Q_0^n, \quad K_1 = \overline{\overline{Q_0^n}\,\overline{Q_2^n}}$$

$$J_2 = Q_0^n Q_1^n, \quad K_2 = Q_1^n$$

（2）将驱动方程代入 JK 触发器特性方程得到状态方程

$$Q_0^{n+1} = J_0 \overline{Q_0^n} + \overline{K_0} Q_0^n = \overline{Q_2^n Q_1^n}\,\overline{Q_0^n}$$

$$Q_1^{n+1} = J_1 \overline{Q_1^n} + \overline{K_1} Q_1^n = Q_0^n \overline{Q_1^n} + \overline{Q_0^n} Q_2^n Q_1^n$$

$$Q_2^{n+1} = J_2 \overline{Q_2^n} + \overline{K_2} Q_2^n = Q_0^n Q_1^n \overline{Q_2^n} + \overline{Q_1^n} Q_2^n$$

（3）写出输出方程

$$Y = Q_1^n Q_2^n$$

（4）根据状态方程和输出方程列出状态表

将电路可能出现的现态列在 Q_2^n、Q_1^n、Q_0^n 栏中，图5.2-1所示时序逻辑电路中有 8 个可能的现态 $000, 001, \cdots, 111$。将各个现态依次代入上述状态方程组和输出方程，分别求得次态的逻辑值和 Y 的输出值，最后得到如表 5.2-1 所示的状态表。

表 5.2-1 例 5.2-1 状态表

Q_2^n	Q_1^n	Q_0^n	Q_2^{n+1}	Q_1^{n+1}	Q_0^{n+1}	Y	Q_2^n	Q_1^n	Q_0^n	Q_2^{n+1}	Q_1^{n+1}	Q_0^{n+1}	Y
0	0	0	0	0	1	0	1	0	0	1	0	1	0
0	0	1	0	1	0	0	1	0	1	1	1	0	0
0	1	0	0	1	1	0	1	1	0	0	0	0	1
0	1	1	1	0	0	0	1	1	1	0	0	0	1

（5）画出状态图

根据状态表，可画出如图5.2-2所示的状态图。状态图中以圆圈表示电路的各个状态，以箭头表示状态的转移方向，同时在箭头旁注明了状态转换前的输入变量取值和输出值。通常将输入变量取值写在斜线的左边，输出变量取值写在斜线的右边。由于图5.2-1所示时序逻辑电路没有输入变量，因此状态图中的斜线左边空白显示。

从图5.2-2的状态图可知，$000, 001, \cdots, 110$ 七个状态构成一个循环，称为有效循环。从表 5.2-1 所示的状态表可知，111 状态经过一个 CP 脉冲以后将进入状态 000，因此该时序逻辑电路能够自启动。

（6）画出时序图

在 CP 脉冲的作用下，电路状态、输出信号随时间变化的波形图称为时序图。先画出 CP 脉冲的波形，CP 脉冲的周期数应大于有效循环的状态数。由于图5.2-1所示时序逻辑电路中的触发器采用下降沿触发，因此，在画时序图时，可在时钟脉冲的下降沿时刻画出分割线，然后在每个时钟周期内，根据状态图依次标出有效循环内的各个状态编码和输出状态。状态 1 处画成高电平，状态 0 处画成低电平，即可得到如图5.2-3所示的时序图。

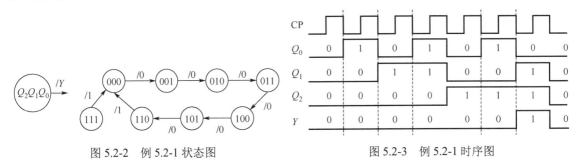

图 5.2-2　例 5.2-1 状态图　　　　　图 5.2-3　例 5.2-1 时序图

（7）逻辑功能描述

计数器的状态图是一个由多个状态构成的循环。计数器的模就是循环中的状态个数。从图5.2-2所示的状态图可知，每来一个时钟脉冲，状态变化一次，经过 7 个时钟脉冲，电路的状态循环一次，因此是一个七进制的计数器。如果将状态编码视为一个 3 位二进制数，则每来一个 CP 脉冲，二进制数是加 1 的，所以这个电路逻辑功能为同步七进制加法计数器。当计数值为 110 时，Y 端输出一个正脉冲，该脉冲实际上就是计数器的进位信号。

【例 5.2-2】　分析如图5.2-4所示同步时序逻辑电路。

解： 从电路图可知，输出 Y 不但与电路状态有关，还与输入 X 有关，因此该电路属于米里型状态机。

（1）写出驱动方程

$$D_0 = X\overline{Q_1^n}, \quad D_1 = \overline{X}Q_0^n$$

（2）将驱动方程代入 D 触发器的特性方程得到状态方程

$$Q_0^{n+1} = X\overline{Q_1^n}, \quad Q_1^{n+1} = \overline{X}Q_0^n$$

（3）写出输出方程

$$Y = XQ_1^n$$

（4）根据状态方程和输出方程列出状态表

与计数器的状态表不同，状态机的状态表给出了在不同现态和输入条件下，电路的次态和输出逻辑值，如表 5.2-2 所示。

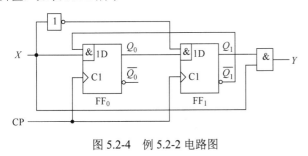

图 5.2-4　例 5.2-2 电路图

表 5.2-2　例 5.2-2 状态表

$Q_1^n Q_0^n$	$Q_1^{n+1} Q_0^{n+1}$		Y	
	$X = 0$	$X = 1$	$X = 0$	$X = 1$
00	00	01	0	0
01	10	01	0	0
10	00	00	0	1
11	10	00	0	1

（5）画出状态图

根据状态表可画出状态图，如图 5.2-5 所示。图中每一个状态都是在输入信号 X 的控制下实现转移的。例如，当状态处于 00 时，如果输入值 X 为 1，则下一个状态转换为 01；如果输入值 X 为 0，则下一个状态仍然为 00。在状态图中，还标出了输出 Y 的值。

（6）画出时序图

在画状态机的时序图时，X 采用一随机的序列信号，然后根据表 5.2-2，依次画出 Q_0、Q_1 和 Y 的波形。假设 X 输入的序列信号为 0101101，可得到如图 5.2-6 所示的时序图。需要指出两点：一是由于状态机中的 D 触发器采用上升沿触发，因此，X 信号在 CP 脉冲上升沿时刻应满足建立时间和保持时间的要求；二是输出 Y 与 CP 脉冲并不同步，当状态 Q_1Q_0 处于 10 时，只要 X 变为 1，Y 马上就变为 1，这也是米里型状态机的一个重要特点。

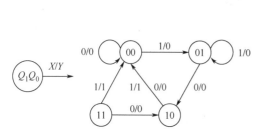

图 5.2-5　例 5.2-2 状态图

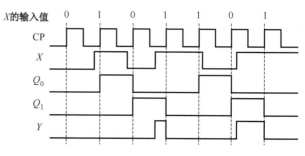

图 5.2-6　例 5.2-2 时序图

（7）功能

从时序图可知，当检测到 X 连续输入 101 时 $Y=1$，否则 $Y=0$。因此，该电路为一个 101 序列检测器。

5.3　异步时序逻辑电路的分析

异步时序逻辑电路的分析方法与同步时序逻辑电路的分析方法基本相同。分析步骤如下：

① 写出电路的驱动方程和输出方程。
② 写出状态方程。
③ 作出状态表和状态图。
④ 用文字描述电路的逻辑功能。

由于异步时序逻辑电路没有统一的时钟信号，因此，在具体步骤的实施上与同步时序逻辑电路还是有差别的，主要体现在：异步时序逻辑电路需要考虑各级触发器的时钟方程，因此，在分析电路的状态转换时，要特别注意各触发器是否有有效的触发信号，只有在时钟输入端出现有效触发信号时，触发器才可能动作，否则将保持原状态不变。下面举例说明异步时序逻辑电路的分析方法。

【例 5.3-1】　分析如图 5.3-1 所示的异步时序逻辑电路。

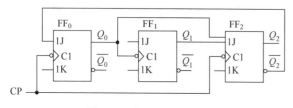

图 5.3-1　例 5.3-1 电路图

解：在图 5.3-1 所示电路中，FF$_1$ 的时钟输入端未与输入 CP 脉冲源相连，因而是异步时序逻辑电路。

（1）CP 表达式

$CP_0 = CP_2 = CP$，$CP_1 = Q_0$，采用下降沿触发。

仅当输入时钟脉冲 CP 引起 Q_0 发生由 1 至 0 的变化时，触发器 FF$_1$ 才可能根据 J、K 信号改变状态，否则 Q_1 保持原状态不变。

（2）驱动方程

$$J_0 = \overline{Q_2^n}, \quad K_0 = 1$$
$$J_1 = 1, \quad K_1 = 1$$
$$J_2 = Q_1^n Q_0^n, \quad K_2 = 1$$

（3）状态方程

$$Q_0^{n+1} = J_0 \overline{Q_0^n} + \overline{K_0} Q_0^n = \overline{Q_2^n} \cdot \overline{Q_0^n}$$
$$Q_1^{n+1} = J_1 \overline{Q_1^n} + \overline{K_1} Q_1^n = \overline{Q_1^n}$$

此式仅在外部输入脉冲 CP 引起 Q_0 由 1 变 0 时才有效，否则 Q_1 不变。

$$Q_2^{n+1} = J_2 \overline{Q_2^n} + \overline{K_2} Q_2^n = Q_1^n Q_0^n \overline{Q_2^n}$$

（4）状态表

表 5.3-1 所示状态表是由状态方程直接计算获得的。该状态表的计算简要说明如下：表中第一行，现态 $Q_2^n Q_1^n Q_0^n = 000$，先求 Q_2 和 Q_0 的次态，得 $Q_2^{n+1} Q_0^{n+1} = 01$，$CP_1 = Q_0$ 由 0 变 1，未出现有效触发边沿——下降沿，因此，Q_1 保持不变，即 $Q_1^{n+1} = Q_1^n = 0$。表中第二行，现态 $Q_2^n Q_1^n Q_0^n = 001$，求得 $Q_2^{n+1} Q_0^{n+1} = 00$，$CP_1 = Q_0$ 由 1 变 0，出现了有效触发边沿——下降沿，因此 Q_1 翻转，即 $Q_1^{n+1} = \overline{Q_1^n} = \overline{0} = 1$。其余依次类推。

表 5.3-1　例 5.3-1 状态表

Q_2^n	Q_1^n	Q_0^n	CP（Q_0）		Q_2^{n+1}	Q_1^{n+1}	Q_0^{n+1}
0	0	0	0	1	0	0	1
0	0	1	1	↓ 0	0	1	0
0	1	0	0	1	0	1	1
0	1	1	1	↓ 0	1	0	0
1	0	0	0	0	0	0	0
1	0	1	1	↓ 0	0	1	0
1	1	0	0	0	0	1	0
1	1	1	1	↓ 0	0	0	0

（5）状态图

根据状态表画出如图 5.3-2 所示的状态图。

（6）时序图

根据状态表画出该电路的时序图，如图 5.3-3 所示。

（7）逻辑功能

该电路为一个具有自启动能力的异步自然态序五进制计数器。

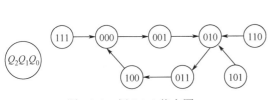

图 5.3-2　例 5.3-1 状态图

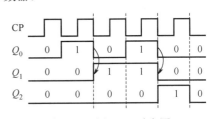

图 5.3-3　例 5.3-1 时序图

5.4　同步计数器的设计

在第 4 章中已经介绍了同步二进制计数器的构成规律，还介绍了清零法和置数法两种实现 N 进制计数器的方法，这些计数器都具有规则的结构，可以用直观的方法进行设计。本节内容将介绍更通用的 N 进制计数器设计方法，即以逻辑代数为数学工具、采用触发器来设计同步计数器，其设计步骤如下。

①画出计数器状态图。

②列出状态表。

③确定状态方程组和输出方程。

④将状态方程和所选用的触发器的特性方程进行比较得到驱动方程。

⑤根据驱动方程画出逻辑电路图。

⑥检查自启动。

【例5.4-1】 用4个JK触发器设计一个带进位输出的同步十进制加法计数器。

解： ① 设定状态，画出状态图。

十进制加法计数器应该有10个状态，应取触发器位数 $n = 4$。若无特殊情况，我们取自然二进制数（0000～1001）为10个状态编码，画出如图5.4-1所示的状态图。

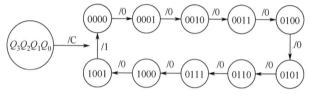

图 5.4-1　例 5.4-1 状态图

② 根据状态图列出状态表，如表 5.4-1 所示。

表 5.4-1　例 5.4-1 状态表

Q_3^n	Q_2^n	Q_1^n	Q_0^n	Q_3^{n+1}	Q_2^{n+1}	Q_1^{n+1}	Q_0^{n+1}	Q_3^n	Q_2^n	Q_1^n	Q_0^n	Q_3^{n+1}	Q_2^{n+1}	Q_1^{n+1}	Q_0^{n+1}
0	0	0	0	0	0	0	1	1	0	0	0	1	0	0	1
0	0	0	1	0	0	1	0	1	0	0	1	0	0	0	0
0	0	1	0	0	0	1	1	1	0	1	0	×	×	×	×
0	0	1	1	0	1	0	0	1	0	1	1	×	×	×	×
0	1	0	0	0	1	0	1	1	1	0	0	×	×	×	×
0	1	0	1	0	1	1	0	1	1	0	1	×	×	×	×
0	1	1	0	0	1	1	1	1	1	1	0	×	×	×	×
0	1	1	1	1	0	0	0	1	1	1	1	×	×	×	×

③ 通过卡诺图化简得到状态方程。

根据图5.4-2所示的卡诺图得到各触发器的状态方程如下

$$Q_3^{n+1} = Q_3^n \overline{Q_0^n} + \overline{Q_3^n} Q_2^n Q_1^n Q_0^n$$

$$Q_2^{n+1} = Q_2^n \overline{Q_0^n} + Q_2^n \overline{Q_1^n} + \overline{Q_2^n} Q_1^n Q_0^n$$

$$Q_1^{n+1} = Q_1^n \overline{Q_0^n} + \overline{Q_3^n} \, \overline{Q_1^n} Q_0^n$$

$$Q_0^{n+1} = \overline{Q_0^n}$$

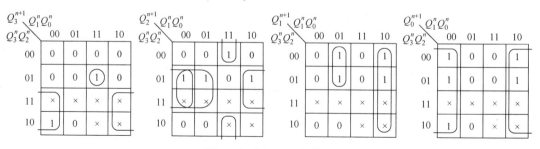

图 5.4-2　例 5.4-1 卡诺图

　　需要说明的是，在画图5.4-2 中Q_3^{n+1}卡诺图的包围圈时，画了一个单独1 方格的包围圈，而没有将1 方格与下方的无关项共同画一个包围圈。这是因为在下一个设计步骤中，状态方程将与 JK 触发器的特性方程比较来得到驱动方程。为了使驱动方程最简，在画包围圈时应避免将Q_3^n消除。当然，如果采用 D 触发器来设计时序逻辑电路，就不存在上述问题了。

　　④ 将上述 4 个状态方程分别与 JK 触发器特性方程$Q^{n+1} = J\overline{Q^n} + \overline{K}Q^n$进行比较，得到以下驱动方程：

$$J_3 = Q_2^n Q_1^n Q_0^n, \quad K_3 = Q_0^n$$

$$J_2 = Q_1^n Q_0^n, \quad K_2 = Q_1^n Q_0^n$$

$$J_1 = \overline{Q_3^n} Q_0^n, \quad K_1 = Q_0^n$$

$$J_0 = 1, \quad K_0 = 1$$

　　⑤ 当计数器进入最后一个状态时，进位输出信号 C 置为高电平，因此，进位信号可由电路的 1001 状态译出。由于计数器 10 个有效状态中只有 1001 状态的Q_3^n和Q_0^n同时为 1，故输出方程为

$$C = Q_3^n Q_0^n$$

　　⑥ 根据驱动方程作出逻辑图，如图5.4-3 所示。

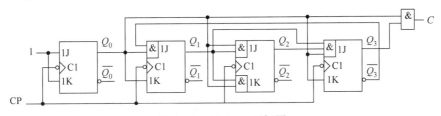

图 5.4-3　例 5.4-1 逻辑图

　　⑦ 检查自启动。以上设计的计数器包括 6 个无效状态：1010、1011、1100、1101、1110 和 1111。将这 6 个无效状态依次代入状态方程组求出次态，得到如图5.4-4 所示的完整状态图。从图中可以看到，这 6 个无效状态能在 1～2 个 CP 脉冲周期内进入有效循环，因此电路能够自启动。实际上，根据图 5.4-2 所示的卡诺图也可以判断无效状态的次态，如果卡诺图中的"×"被包围圈包围，则相当于 1，未被包围则相当于 0，因此 6 个无效状态的次态也随之确定。

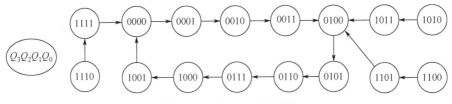

图 5.4-4　例 5.4-1 状态图

　　至此，十进制计数器设计已经完成。为了验证图5.4-3 所示电路的功能是否正确，可以利用 Quartus II 软件对该电路进行仿真（具体操作方法请参考前言中的二维码的内容）。从图 5.4-5 给出的仿真结果表明，在时钟信号的作用下，$Q_3 Q_2 Q_1 Q_0$值在 0000, 0001, …, 1001 十个状态之间循环，并在状态为 1001 时输出进位信号，可见该时序逻辑电路的逻辑功能与设计要求完全相符。

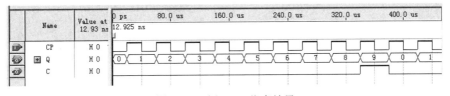

图 5.4-5　例 5.4-1 仿真结果

例 5.4-1 设计的是一个普通的递增计数器，虽然其设计方法比清零法和置数法复杂，但该设计方法适用范围更广。假设我们需要设计一个十进制计数器，其计数输出不是从 0 到 9 递增，而是依次为 0, 1, 3, 2, 6, 7, 15, 14, 12, 8, 0, 1, …，且计数器的计数值不能采用任何额外的门电路，直接通过触发器的值表示，则该计数器只能采用例 5.4-1 的方法来设计。

5.5 同步状态机的设计

同步状态机的设计与同步计数器的设计步骤基本相同，但是状态机的状态不如计数器直观，需要根据给定的逻辑功能自行设定，状态图也较计数器复杂。同步状态机的设计步骤如下。

① 设定状态。
② 根据要求画出状态图，必要时应进行状态化简。
③ 列出状态表。
④ 确定状态方程组和输出方程。
⑤ 将状态方程和所选用的触发器的特性方程进行比较得到驱动方程。
⑥ 根据驱动方程画出逻辑电路图。
⑦ 检查自启动。

5.5.1 摩尔型状态机的设计

本节以串行数据检测器的设计为例说明摩尔型状态机的设计方法。

【例 5.5-1】 设计一个串行数据检测器，框图如图5.5-1 所示。$\overline{RST}$ 为复位信号，使数据检测器处于初始状态。要求当串行输入数据 X 中出现 011 时，电路输出 Y 为 1，其他情况输出为低电平 0，示例如下：

X: 0 1 0 1 1 0 0 1 0 1 1 1 0 1 0 1 1 1 1 0 1 1 …
Y: 0 0 0 0 0 1 0 0 0 0 0 1 0 0 0 0 0 1 0 0 0 0 …

解：（1）状态定义

S_0 状态：初始状态。该状态可以理解为时序逻辑电路处于复位时的状态。如果接收到一个 1，那么状态仍为 S_0，因为要检测的数据是从 0 开始的。

S_1 状态：已接收到一个 0。

S_2 状态：已接收到 01。

S_3 状态：已接收到 011。

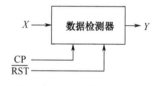

图 5.5-1 串行检测器框图

（2）画出状态图

假设现在的状态为 S_0，这时输入可能有 $X=0$ 和 $X=1$ 两种情况。若 $X=0$，则转向 S_1 状态，表明已接收到一个 0；若 $X=1$，则应保持在 S_0 状态不变。当在 S_1 状态时，若输入 $X=0$，则表明连续输入编码为 00，继续维持在 S_1 状态，若输入 $X=1$，则进入状态 S_2，表明已收到 01；在 S_2 状态时，若收到 $X=0$，则应回到状态 S_1，若收到 $X=1$，则表明连续接收 011，进入状态 S_3；在 S_3 状态时，若收到 $X=0$，则回到状态 S_1，若收到 $X=1$，则应回到 S_0 状态。当电路处于 S_3 状态时，表明电路已连续接收到 011，输出 Y 置 1。根据上述分析，得到如图 5.5-2 所示的状态图。

从状态图中可以看到，当电路处于状态 S_3

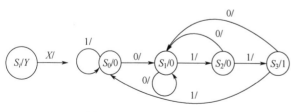

图 5.5-2 例 5.5-1 状态图

时，输出 Y 为 1，说明输出 Y 只取决于电路的状态，而与输入 X 没有直接关系，这正是摩尔型状态机的特点。在画摩尔型状态机的状态图时，通常将输出值和状态一起放入圆圈内。

与计数器电路设计相比，状态机设计的最大差异在于建立状态图。计数器电路的状态比较直观，n 进制计数器就是 n 个状态。对串行数据检测器这类状态机的设计，建立状态图的一般方法是根据需要检测的有效码长度定义状态数，如果有效序列长度为 n，则设 $n+1$ 个状态。把第一个状态设为初始状态，初始状态表示未接收到任何有效数据，也可理解为，若有效序列第一个输入为 0，则设初态表示接收到 1，若第一个输入为 1，则设初态表示接收到 0。初态后依次排出有效序列的各种输入/输出情况，并在每个输入/输出后设一个状态，用箭头表示后继关系，最后，考虑在每个状态出现非有效输入时的次态。

（3）状态分配

串行数据检测器共有 4 个状态，可以用两位二进制编码来表示每个状态。S_0 的编码为 00，S_1 的编码为 01，S_2 的编码为 10，S_3 的编码为 11。

（4）列出状态表

根据图5.5-2所示的状态图可以列出状态表，如表 5.5-1 所示。需要注意的是，由于摩尔型状态机的输出 Y 只与当前状态有关，而与输入 X 无关，因此表中的输出只有一列。

表 5.5-1 例 5.5-1 的状态表

$Q_1^n Q_0^n$	$Q_1^{n+1} Q_0^{n+1}$		Y
	$X=0$	$X=1$	
00	01	00	0
01	01	10	0
10	01	11	0
11	01	00	1

（5）求状态方程

根据表 5.5-1 所示的状态表，画出如图5.5-3 所示的卡诺图。

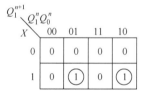 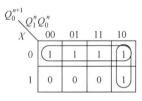 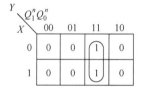

图 5.5-3 例 5.5-1 卡诺图

根据卡诺图得到状态方程和输出方程为

$$Q_1^{n+1} = XQ_0^n \overline{Q_1^n} + X\overline{Q_0^n} Q_1^n \qquad Q_0^{n+1} = \overline{X} + Q_1^n \overline{Q_0^n} \qquad Y = Q_1^n Q_0^n$$

（6）选用 D 触发器

得到如图5.5-4 所示的逻辑图。

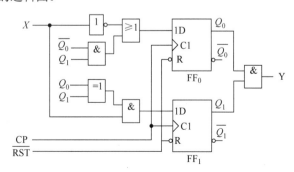

图 5.5-4 例 5.5-1 逻辑图

（7）时序逻辑电路的仿真

图 5.5-5 为数据检测器的 Quartus II 软件仿真结果。由于触发器采用上升沿触发方式，因此在

设定仿真输入波形时，X 信号在 CP 脉冲上升沿时刻必须保持稳定。从仿真波形可以看到，当连续输入的数据为 011 时，Q_1Q_0 进入 11 状态，输出 Y 为高电平，与设计要求相符。仿真波形体现了摩尔型状态机的特点，即 Y 的输出只与 Q_1、Q_0 有关，当 Q_1、Q_0 同时为高电平时，Y 输出高电平，即 $Y = Q_1Q_0$，Y 的输出与 CP 脉冲同步，也就是说，Y 的上升沿和下降沿与 CP 脉冲的上升沿对齐。

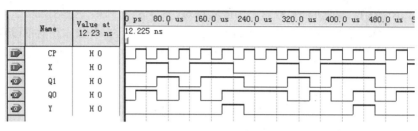

图 5.5-5　例 5.5-1 仿真波形

上述摩尔型状态机也可以用下面的 Verilog HDL 代码来描述。

```verilog
module MOORE(CP,X,Y);
input CP,X;
output Y;
reg Y;
reg[1:0] CURRENT_STATE;
reg[1:0] NEXT_STATE;

parameter S0 = 2'b00;          //状态编码
parameter S1 = 2'b01;
parameter S2 = 2'b10;
parameter S3 = 2'b11;


always @(CURRENT_STATE or X)
  begin
    case(CURRENT_STATE)
    S0:
    begin
        Y = 1'b0;
        if (X==1'b1)
            NEXT_STATE = S0;
        else
            NEXT_STATE = S1;
    end
    S1:
    begin
        Y = 1'b0;
        if (X==1'b1)
            NEXT_STATE = S2;
        else
            NEXT_STATE = S1;
    end
    S2:
    begin
        Y = 1'b0;
```

```
            if (X==1'b1)
               NEXT_STATE = S3;
            else
               NEXT_STATE = S1;
        end
    S3:
    begin
        Y = 1'b1;
        if (X==1'b1)
           NEXT_STATE = S0;
        else
           NEXT_STATE = S1;
    end

    endcase
  end
always @(posedge CP)
  begin
    CURRENT_STATE <= NEXT_STATE;
  end
endmodule
```

5.5.2　米里型状态机的设计

在图 5.5-2 所示的状态图中，当连续输入 01 以后进入 S_2 状态，如果在电路转换到 S_2 状态的同时，输入也改换为下一位输入数据，那么只要 X 的下一位输入数据为 1，就表明已经连续输入 011，输出 Y 就应该马上变为 1，而不必等到进入 S_3 状态才将 Y 置为 1。显然，采用这种设计思路时，电路输出 Y 不但与现态有关，还与输入有关，这就是米里型状态机的设计思路。

【例 5.5-2】　将例 5.5-1 描述的串行数据检测器设计成米里型状态机。

X：0 1 0 1 1 0 0 1 0 1 1 1 0 1 0 1 1 1 1 0 1 1…
Y：0 0 0 0 1 0 0 0 0 0 1 0 0 0 0 0 1 0 0 0 0 1…

解：设计成米里型状态机时，数据检测器的状态图如图 5.5-6 所示。需要注意的是，在画米里型状态机的状态图时，将输出值列在斜线的右边，而不是和状态一起放入圆圈内。这一点与摩尔型状态机的状态图有明显区别。

进一步分析发现，图 5.5-6 所示状态图中，状态 S_0 和状态 S_3 是等价的，因为这两个状态在同样的输入下有同样的输出，且转换后得到同样的状态，所以可以将状态 S_0 和状态 S_3 合并为一个状态，得到如图 5.5-7 所示的状态图。

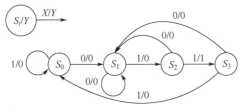

图 5.5-6　例 5.5-2 状态图

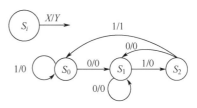

图 5.5-7　例 5.5-2 简化后的状态图

根据图 5.5-7 所示状态图，列出如表 5.5-2 所示的状态表。需要注意的是，由于米里型状态机的输出 Y 不但与当前状态有关，还与输入 X 有关，因此表中的输出 Y 有两列。

表 5.5-2 例 5.5-2 的状态表

$Q_1^n Q_0^n$	$Q_1^{n+1} Q_0^{n+1}$		Y	
	$X = 0$	$X = 1$	$X = 0$	$X = 1$
00	01	00	0	0
01	01	10	0	0
10	01	00	0	1
11	××	××	×	×

根据表 5.5-2 所示的状态表，画出如图5.5-8 所示的卡诺图。

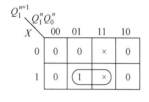 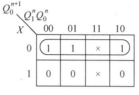 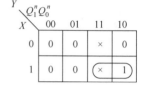

图 5.5-8 例 5.5-2 卡诺图

根据卡诺图得到状态方程和输出方程

$$Q_1^{n+1} = XQ_0^n, \quad Q_0^{n+1} = \overline{X}, \quad Y = XQ_1^n$$

选用 D 触发器，根据状态方程画出逻辑图，如图 5.5-9 所示。

图 5.5-10 所示为采用 Quartus II 软件的仿真波形。由于米里型状态机的输出是输入信号和现态的函数，因此从仿真时序图上可以看到，输出信号 Y 直接受输入信号的影响。而摩尔型状态机的输出信号只取决于电路的现态，其变化始终与时钟同步。

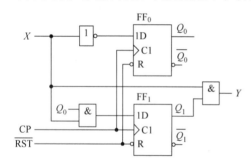

图 5.5-9 例 5.5-2 逻辑图

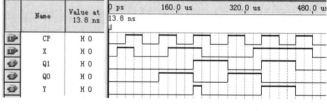

图 5.5-10 例 5.5-2 仿真波形

米里型状态机在工作时，输入信号 X 应满足一定的时序要求。当 X 连续输入 01 以后，电路立即进入 S_1 状态，如果此时输入的第一个 1 状态尚未结束，输出 Y 就不会等到第二个 1 到达而立即变为高电平，从而造成检测错误。例如，图 5.5-10 所示的时序图中，Y 的第一个脉冲输出就属于错误输出，因为按照 CP 脉冲的上升沿时刻来判断，X 并没有输入 011 序列，只是输入了 01 序列，所以为了使米里型状态机正常工作，要求 CP 脉冲上升沿过后，当前输入信号的状态应立即结束，而改换为下一位输入数据。如果输入数据来自移位寄存器，且移位寄存器与数据检测器采用同一个 CP 脉冲时，就能满足这种要求。

5.6 序列信号发生器设计

在数字信号的传输和数字系统的测试中，有时需要用到一组特定的串行数字信号。这种按一定规则排列的周期性串行数字信号称为序列信号。产生序列信号的电路称为序列信号发生器。

序列信号发生器有多种设计方法，本节内容介绍几种常见的序列信号发生器的设计方法。

1. 用计数器和数据选择器设计序列信号发生器

计数器和数据选择器可方便地实现序列信号发生器。先将所需序列信号置于数据输入端，通过计数器输出控制数据选择器地址信号的变化，数据选择器输出端将周期性地产生所需序列。当 CP 输入周期性的方波信号后，如图5.6-1 所示的序列信号发生器产生 01000110 的序列信号。改变 $D_0 \sim D_7$ 的电平值，可获得不同的序列信号，只要序列长度不超过 8。

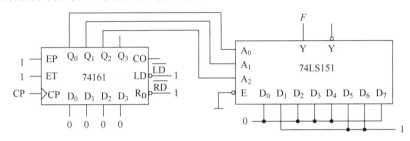

图 5.6-1　计数器和数据选择器实现序列信号发生器

2. 用计数器和组合逻辑电路设计序列信号发生器

由计数器和组合逻辑电路构成序列信号发生器的设计过程可分为两个步骤：① 根据序列码的长度 S 设计模 S 计数器，状态可以自定；② 按要求设计组合输出电路。

【例 5.6-1】　用 D 触发器设计一个能产生三路序列信号的序列信号发生器，如图 5.6-2 所示。

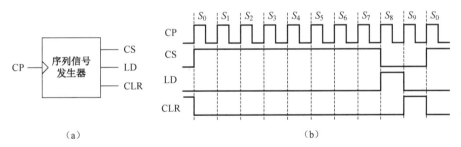

（a）　　　　　　　　　　　　　　　（b）

图 5.6-2　例 5.6-1 图

解： 从时序图可知，每经过 10 个 CP 脉冲周期三路序列信号循环 1 次，因此序列长度为 10，序列信号发生器由十进制计数器和组合逻辑电路两部分组成。序列信号的真值表如表 5.6-1 所示。

第一步：设计计数器。由于序列长度 $S = 10$，因此应设计一个模为 10 的计数器。

第二步：设计组合逻辑电路。将计数器的输出作为组合逻辑电路的输入，序列信号作为组合逻辑电路的输出。计数器共有 0000～1001 十个计数状态，1010～1111 在正常情况下不会出现。根据图 5.6-2 所示的时序图，可得到如表 5.6-1 所示的真值表。

表 5.6-1　例 5.6-1 真值表

Q_3^n	Q_2^n	Q_1^n	Q_0^n	Q_3^{n+1}	Q_2^{n+1}	Q_1^{n+1}	Q_0^{n+1}	CS	LD	CLR
0	0	0	0	0	0	0	1	1	0	0
0	0	0	1	0	0	1	0	1	0	0
0	0	1	0	0	0	1	1	1	0	0
0	0	1	1	0	1	0	0	1	0	0
0	1	0	0	0	1	0	1	1	0	0

Q_3^n	Q_2^n	Q_1^n	Q_0^n	Q_3^{n+1}	Q_2^{n+1}	Q_1^{n+1}	Q_0^{n+1}	CS	LD	CLR
0	1	0	1	0	1	1	0	1	0	0
0	1	1	0	0	1	1	1	1	0	0
0	1	1	1	1	0	0	0	1	0	0
1	0	0	0	1	0	0	1	0	1	0
1	0	0	1	0	0	0	0	0	0	1
1	0	1	0	×	×	×	×	×	×	×
1	0	1	1	×	×	×	×	×	×	×
1	1	0	0	×	×	×	×	×	×	×
1	1	0	1	×	×	×	×	×	×	×
1	1	1	0	×	×	×	×	×	×	×
1	1	1	1	×	×	×	×	×	×	×

Q_3^{n+1}、Q_2^{n+1}、Q_1^{n+1}、Q_0^{n+1} 的表达式参考例 5.4-1。需要指出的是，由于本例设计的序列信号发生器采用 D 触发器实现，因此，例 5.4-1 中的 Q_3^{n+1} 表达式可以进一步化简。如图5.6-3 所示为 CS、LD、CLR 的卡诺图。

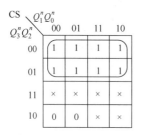 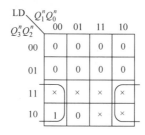 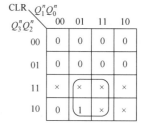

图 5.6-3　例 5.6-1 卡诺图

根据卡诺图得到 CS、LD、CLR 的最简函数表达式为

$$CS = \overline{Q_3^n}, \qquad LD = Q_3^n \overline{Q_0^n}, \qquad CLR = Q_3^n Q_0^n$$

根据逻辑函数表达式可以得到如图 5.6-4 所示的逻辑图。

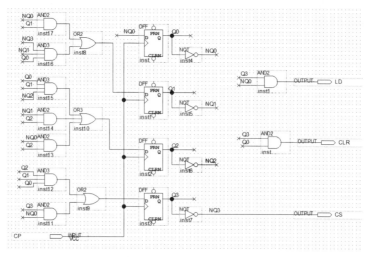

图 5.6-4　例 5.6-1 逻辑图

对图 5.6-4 所示的逻辑图用 Quartus II 软件进行仿真，仿真结果如图 5.6-5 所示。仿真结果表明，所设计的序列信号发生器达到了题目给出的要求。

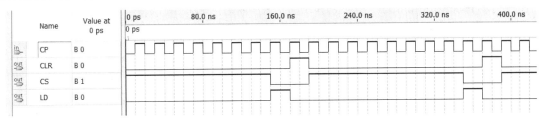

图 5.6-5　例 5.6-1 逻辑图的仿真结果

上述序列信号发生器也可以采用以下 Verilog HDL 代码来描述。

```verilog
module CONTROL(CLK,CS,CLR,LD);
input CLK;
output CS,CLR,LD;
reg CS,CLR,LD;
reg[3:0] CURRENT_STATE;
reg[3:0] NEXT_STATE;
parameter ST0 = 4'b0000; parameter ST1 = 4'b0001;parameter ST2 = 4'b0010;
parameter ST3 = 4'b0011;parameter ST4 = 4'b0100;parameter ST5 = 4'b0101;
parameter ST6 = 4'b0110;parameter ST7 = 4'b0111;parameter ST8 = 4'b1000;
parameter ST9 = 4'b1001;
 always @(CURRENT_STATE)
 begin
   case(CURRENT_STATE)
     ST0: begin NEXT_STATE = ST1; CLR = 1'b0; CS = 1'b1; LD = 1'b0; end
     ST1: begin NEXT_STATE = ST2; CLR = 1'b0; CS = 1'b1; LD = 1'b0; end
     ST2: begin NEXT_STATE = ST3; CLR = 1'b0; CS = 1'b1; LD = 1'b0; end
     ST3: begin NEXT_STATE = ST4; CLR = 1'b0; CS = 1'b1; LD = 1'b0; end
     ST4: begin NEXT_STATE = ST5; CLR = 1'b0; CS = 1'b1; LD = 1'b0; end
     ST5: begin NEXT_STATE = ST6; CLR = 1'b0; CS = 1'b1; LD = 1'b0; end
     ST6: begin NEXT_STATE = ST7; CLR = 1'b0; CS = 1'b1; LD = 1'b0; end
     ST7: begin NEXT_STATE = ST8; CLR = 1'b0; CS = 1'b1; LD = 1'b0; end
     ST8: begin NEXT_STATE = ST9; CLR = 1'b0; CS = 1'b0; LD = 1'b1; end
     ST9: begin NEXT_STATE = ST0; CLR = 1'b1; CS = 1'b0; LD = 1'b0; end
     default: begin NEXT_STATE = ST0; CLR = 1'b0; CS = 1'b0; LD = 1'b0; end
   endcase
 end
always @(posedge CLK)
 begin
    CURRENT_STATE <= NEXT_STATE;
 end
endmodule
```

3. 用移位寄存器设计序列信号发生器

反馈移位型序列信号发生器的结构框图如图 5.6-6 所示，它由移位寄存器和组合反馈网络组成，从移位寄存器的某一输出端可以得到周期性的序列信号。

【例 5.6-2】用移位寄存器和逻辑门设计一个序列信号发生器，产生 8 位序列信号 00011101。

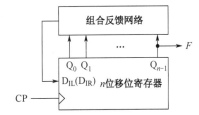

图 5.6-6　反馈移位型序列信号发生器结构框图

解：①设定状态。方法是将给定的序列码按照移位规律 n 位一组，划分为 M 个状态。若 M 个状态中出现重复现象，则应增加移位寄存器位数。用 $n+1$ 位再重复上述过程，直到划分为 M 个独立状态为止。将序列码 00011101 按 3 位一组，划分成以下 8 个状态：000、001、011、111、110、101、010、100，这 8 个状态没有重复状态，所以是有效状态。状态图如图 5.6-7 所示。

② 根据 M 个不同状态列出移位寄存器的状态表，如表 5.6-2 所示。

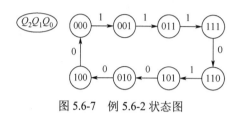

图 5.6-7　例 5.6-2 状态图

表 5.6-2　状态真值表

Q_2^n	Q_1^n	Q_0^n	F	Q_2^{n+1}	Q_1^{n+1}	Q_0^{n+1}	F
0	0	0	1	1	1	0	1
0	0	1	1	1	0	1	0
0	1	1	1	0	1	0	0
1	1	1	0	1	0	0	0

③ 反馈函数卡诺图如图 5.6-8 所示，由此得到反馈函数逻辑表达式。

$$F = \overline{Q_2}\,\overline{Q_1} + \overline{Q_2}\,Q_0 + Q_2 Q_1 \overline{Q_0}$$

④ 逻辑图如图 5.6-9 所示。

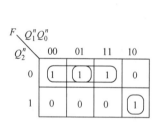

图 5.5-8　例 5.6-2 卡诺图

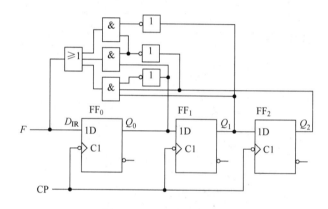

图 5.6-9　例 5.6-2 逻辑图

⑤ 仿真结果如图 5.6-10 所示。从仿真结果可知，序列信号发生器达到了设计要求。

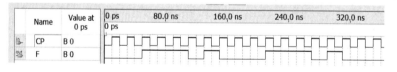

图 5.6-10　例 5.6-2 仿真结果

比较上述 3 种序列信号发生器的设计方法，前两种设计方法通过组合逻辑电路对时序逻辑电路的状态进行译码来产生序列信号，组合逻辑电路可能存在竞争冒险现象，使序列信号出现毛刺。第三种设计方法的序列信号直接从移位寄存器的状态输出，因此不存在竞争冒险现象。

5.7　例 题 讲 解

同步计数器、序列信号发生器、摩尔型状态机、米里型状态机都可以称作有限状态机。有限状态机的设计是本章的重点和难点。本节通过 3 个例子进一步介绍有限状态机的设计及应用。

【**例 5.7-1**】　图 5.7-1（a）所示为用于驱动七段显示器的有限状态机，状态机的输出信号为 A、B、C、D、E、F、G，当输出信号为高电平时，对应的段码点亮。七段显示器循环显示 $0{\rightarrow}1{\rightarrow}2{\rightarrow}3$，显示段码如图 5.7-1（b）所示。

① 列出状态真值表。

② 用 D 触发器和组合逻辑电路实现状态机，写出逻辑函数表达式。

③ 画出逻辑图。

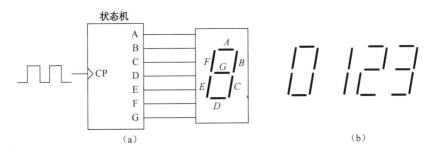

图 5.7-1　例 5.7-1 图

解：根据题意，状态机的真值表如表 5.7-1 所示。

表 5.7-1　例 5.7-1 真值表

Q_1^n	Q_0^n	Q_1^{n+1}	Q_0^{n+1}	G	F	E	D	C	B	A
0	0	0	1	0	1	1	1	1	1	1
0	1	1	0	0	0	0	0	1	1	0
1	0	1	1	1	0	1	1	0	1	1
1	1	0	0	1	0	0	1	1	1	1

根据真值表，可以写出以下表达式：

$$Q_0^{n+1} = \overline{Q_0^n}, \quad Q_1^{n+1} = Q_0^n \overline{Q_1^n} + \overline{Q_0^n} Q_1^n$$

$$A = D = \overline{\overline{Q_1^n} \, \overline{Q_0^n}} = Q_1^n + \overline{Q_0^n}, \quad B = 1, \quad C = \overline{Q_1^n} + Q_0^n, \quad E = \overline{Q_0^n}, \quad F = \overline{Q_1^n} \, \overline{Q_0^n} = \overline{Q_1^n + Q_0^n}, \quad G = Q_1^n$$

逻辑图如图 5.7-2 所示。

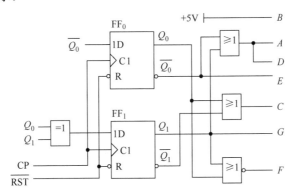

图 5.7-2　例 5.7-1 逻辑图

【**例 5.7-2**】设计串行数据检测有限状态机。X 为串行输入数据，Y 为串行输出数据，该有限状态机用于检测 1101。

X：0011101010101101101…

Y：0000001000000001001…

① 画出该状态机的米里型状态图。
② 画出状态转换真值表。
③ 写出逻辑表达式，用 JK 触发器和组合逻辑电路实现该状态机。
④ 画出逻辑图。

解：（1）状态定义

S_0：接收到一个 0；S_1：接收到一个 1；S_2：连续接收到 11；S_3：连续接收到 110；S_4：连续接收到 1101。

（2）画出状态图

状态图如图 5.7-3 所示。

（3）状态图化简

图 5.7-4 所示的状态图可用表 5.7-2 所示。

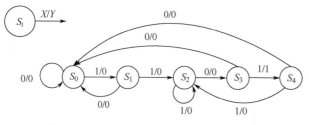

图 5.7-3　例 5.7-2 状态图

表 5.7-2　图 5.7-3 对应的状态表

	$X=0$	$X=1$
S_0	S_0	S_1
S_1	S_0	S_2
S_2	S_3	S_2
S_3	S_0	S_4
S_4	S_0	S_2

从表 5.7-2 中可以看到，S_1 和 S_4 两个状态等价，因此可以把 S_4 的状态删掉。简化后的状态图如图 5.7-4 所示。

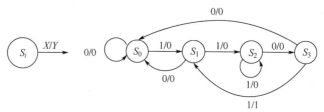

图 5.7-4　例 5.7-2 简化后的状态图

（4）状态转换真值表

根据图 5.7-4 所示的状态图，可以得到如表 5.7-3 所示的状态转换真值表。

表 5.7-3　例 5.7-2 的状态转换真值表

$Q_1^n Q_0^n$	$Q_1^{n+1} Q_0^{n+1}$		Y	
	$X=0$	$X=1$	$X=0$	$X=1$
00	00	01	0	0
01	00	10	0	0
10	11	10	0	0
11	00	01	0	1

通过如图 5.7-5 所示的卡诺图，得到

$$Q_1^{n+1} = Q_0 X \overline{Q_1} + \overline{Q_0} Q_1, \quad Q_0^{n+1} = \overline{Q_1}\,\overline{Q_0} X + Q_1 \overline{Q_0}\, \overline{X} + Q_1 Q_0 X, \quad Y = Q_1 Q_0 X$$

将上述状态方程与 JK 触发器的特性方程比较，得到驱动方程

$$J_1 = Q_0 X, \quad K_1 = Q_0, \quad J_0 = X \overline{Q_1} + \overline{X} Q_1, \quad K_0 = \overline{Q_1 X}$$

（5）逻辑图

根据驱动方程，可以得到如图 5.7-6 所示的逻辑图。

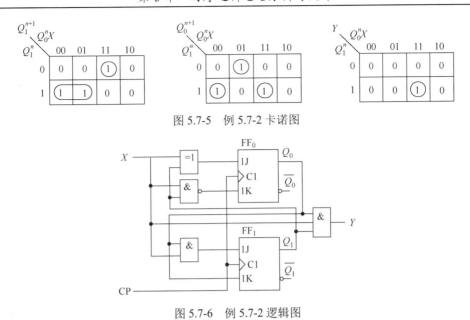

图 5.7-5 例 5.7-2 卡诺图

图 5.7-6 例 5.7-2 逻辑图

仿真结果如图 5.7-7 所示。仿真结果表明，所设计的状态机达到了题目给出的要求。

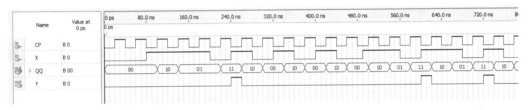

图 5.7-7 例 5.7-2 仿真结果

【例 5.7-3】 设计一个摩尔型状态机，控制 A/D 和 D/A 转换器工作，A/D 转换器连续采集正弦信号，并通过 D/A 转换器回放波形。状态机示意图如图 5.7-8 所示。

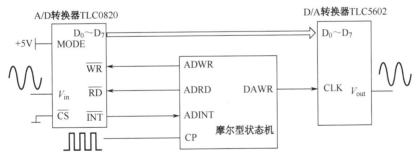

图 5.7-8 例 5.7-3 状态机示意图

解： TLC0820 为 8 位 A/D 转换器，其工作时序如图 5.7-9 所示。通过在 $\overline{WR}$ 引脚施加一个负脉冲信号启动 A/D 转换。A/D 转换完成后，中断信号 $\overline{INT}$ 由高电平变成低电平，此时，在 $\overline{RD}$ 加低电平信号，A/D 转换后的数据就出现在 $D_0 \sim D_7$ 引脚上。当 $\overline{RD}$ 恢复成高电平后，$\overline{INT}$ 也随之变成高电平，完成一次 A/D 转换。

TLC5602 为 8 位高速 D/A 转换器，其输入为一个 8 位寄存器，在 CLK 上升沿将 $D_0 \sim D_7$ 引脚的数据送入 TLC5602，其工作时序如图 5.7-10 所示。

根据 TLC0820 和 TLC5602 的工作时序，摩尔型状态机的工作时序如图 5.7-11 所示。S_0 为初始状态，所有输出信号均为高电平。当 CP 脉冲的有效边沿到来时，ADINT 无论是高电平还是低电平，电路都进

入 S_1 状态。在 S_1 状态，ADWR 信号置成低电平，启动 A/D 转换。同样，当 CP 脉冲的有效边沿到来时，ADINT 无论是高电平还是低电平，电路都进入 S_2 状态。在 S_2 状态，根据 ADINT 的电平决定下一个状态，如果 ADINT 为高电平，说明 A/D 转换没有完成，当 CP 脉冲的有效边沿到来时，不发生状态转移。如果 ADINT 为低电平，则表明 A/D 转换完成，当 CP 脉冲的有效边沿到来时，电路进入 S_3 状态。在 S_3 状态，ADRD 和 DAWR 信号同时置成低电平，A/D 转换器的数据送入 D/A 转换器的寄存器。在 S_3 状态，当 CP 脉冲的有效边沿到来时，电路回到 S_0 状态。摩尔型状态机的状态图如图 5.7-12 所示。

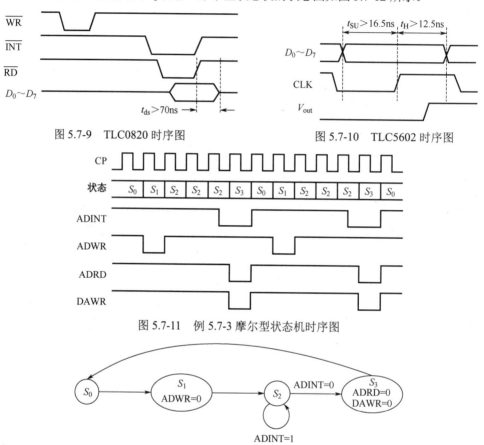

图 5.7-9　TLC0820 时序图

图 5.7-10　TLC5602 时序图

图 5.7-11　例 5.7-3 摩尔型状态机时序图

图 5.7-12　例 5.7-3 摩尔型状态机状态图

根据图 5.7-12 所示的状态图，可以得到表 5.7-4 所示的状态转换真值表。

通过如图 5.7-13 所示的卡诺图，得到状态方程为

$$D_1 = Q_0^n \qquad D_0 = \overline{Q_1^n} + \text{ADINT} Q_0^n$$

表 5.7-4　例 5.7-3 的状态转换真值表

$Q_1^n Q_0^n$	$Q_1^{n+1} Q_0^{n+1}$		ADWR	ADRD	DAWR
	ADINT = 0	ADINT = 1			
00	01	01	1	1	1
01	11	11	0	1	1
11	10	11	1	1	1
10	00	00	1	0	0

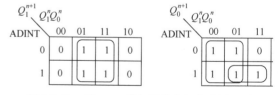

图 5.7-13　例 5.7-3 摩尔型状态机卡诺图

输出方程为

$$\text{ADWR} = \overline{\overline{Q_1^n} Q_0^n} \qquad \text{ADRD} = \overline{\overline{Q_1^n} \, \overline{Q_0^n}} \qquad \text{DAWR} = \overline{Q_1^n \, \overline{Q_0^n}}$$

状态机的逻辑图如图 5.7-14 所示。

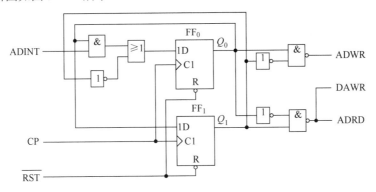

图 5.7-14　例 5.7-3 摩尔型状态机逻辑图

上述状态机也可以用以下的 Verilog HDL 代码描述。

```verilog
module MOORE(INT,CP,ADWR,ADRD,DAWR);
input INT,CP;
output ADWR,ADRD,DAWR;
reg ADWR,ADRD,DAWR;
reg[1:0] CURRENT_STATE;
reg[1:0] NEXT_STATE;

parameter S0 = 2'b00;
parameter S1 = 2'b01;
parameter S2 = 2'b11;
parameter S3 = 2'b10;

always @(CURRENT_STATE or INT)
  begin
     case(CURRENT_STATE)
     S0:
     begin
      ADWR<=1'b1;ADRD<=1'b1;DAWR<=1'b1;
      NEXT_STATE <= S1;
     end
     S1:
     begin
      ADWR<=1'b0;ADRD<=1'b1;DAWR<=1'b1;
      NEXT_STATE <= S2;
     end
     S2:
     begin
      ADWR<=1'b1;ADRD<=1'b1;DAWR<=1'b1;
      if(INT ==1'b0) NEXT_STATE<=S3;
         else NEXT_STATE<=S2;
     end
     S3:
     begin
      ADWR<=1'b1;ADRD<=1'b0;DAWR<=1'b0;
     NEXT_STATE<=S0;
     end
    endcase
```

```
  end
always @(posedge CP)
 begin
     CURRENT_STATE <= NEXT_STATE;
 end
endmodule
```

本 章 小 结

　　1. 时序逻辑电路任一时刻的输出不仅取决于当前输入信号，而且与电路原来的状态有关。时序逻辑电路有不同的分类方法，按触发器是否采用统一的时钟信号可分为同步时序逻辑电路和异步时序逻辑电路；按是否包含输入信号可分为计数器和状态机；按输出信号是否与输入信号有关可分为摩尔型时序逻辑电路（摩尔型状态机）和米里型时序逻辑电路（米里型状态机）。

　　2. 在数字系统中，时序逻辑电路是系统的核心，应熟练掌握时序逻辑电路的分析方法和设计方法。

　　3. 常用的时序逻辑电路包括计数器、状态机和序列信号发生器，这 3 种时序逻辑电路有时统称为有限状态机（FSM）。

自我测验题

　　1. 拥有 8 个状态的计数器内部至少要含有 8 个触发器。（√,×）

　　2. 所谓等价状态，是指两个状态在同样的输入下有同样的输出，而且转换后得到同样的状态。（√,×）

　　3. 米里型状态机的输出是_____。

　　　A. 只与输入有关　　　　　　　　　　B. 只与电路当前状态有关
　　　C. 与输入和电路当前状态均有关　　　D. 与输入和电路当前状态均无关

　　4. 摩尔型状态机和米里型状态机相比，_____型状态机的抗干扰能力更强。

　　5. 图 T5.5 所示的时序逻辑电路是一个序列检测器，当 X 输入_____序列信号时输出 Y 等于 0。

　　　A. 0010　　　　　　B. 0100　　　　　　C. 1101　　　　　　D. 都不是

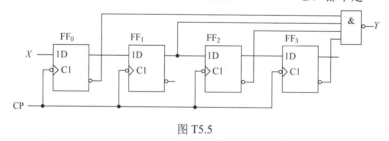

图 T5.5

　　6. 与同步时序逻辑电路相比，异步时序逻辑电路的最大缺陷是会产生_____状态。

　　7. 图 T5.7 时序逻辑电路的状态图中，具有自启动功能的是_____。

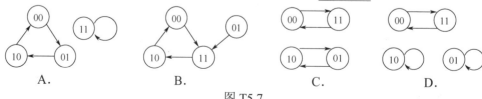

图 T5.7

习　题

1．试分析如图 P5.1 所示同步时序逻辑电路，并写出分析过程。

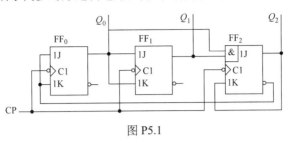

图 P5.1

2．同步时序逻辑电路如图 P5.2 所示。

（1）试分析图中虚线框电路，画出 Q_0、Q_1、Q_2 的波形，并说明虚线框内电路的逻辑功能。

（2）若把电路中的 Y 输出和置零端 $\overline{R_D}$ 连接在一起，试说明当 $X_0X_1X_2$ 为 110 时整个电路的逻辑功能。

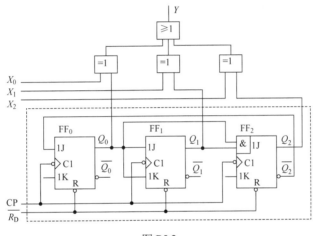

图 P5.2

3．用JK触发器设计一个3分频电路，要求输出信号的占空比为50%。画出逻辑图，说明其工作原理。

4．分析图 P5.4 所示电路，要求：

（1）写出 JK 触发器的状态方程。

（2）用 X、Y、Q^n 作变量，写出 P 和 Q^{n+1} 的函数表达式。

（3）列出真值表，说明电路完成何种逻辑功能。

5．分析图 P5.5 所示同步时序逻辑电路，写出它的激励方程组、状态方程组，并画出状态图。

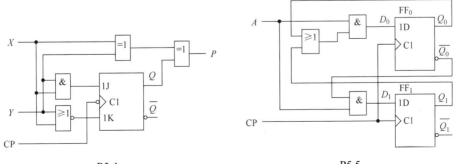

P5.4　　　　　　　　　　　　　　　　　　　　P5.5

6．分析图 P5.6 所示时序逻辑电路，根据给定 CP 和 A 的波形，画出 Q_0、Q_1、Q_2 的波形，假设触发器初始状态均为 0。

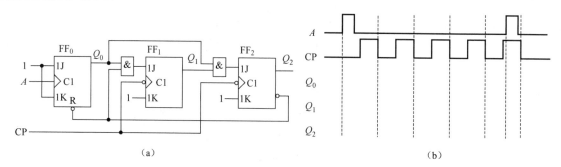

图 P5.6

7．试用 D 触发器设计一个同步五进制加法计数器，要求写出设计过程。

8．用 74LS194 和最少量的逻辑门设计具有自启动功能的 01011 序列信号发生器，写出设计过程。

9．如图 P5.9 所示为由计数器 74161 和数据选择器 74LS151 构成的序列信号发生器。请问：

（1）74161 接成了几进制的计数器？

（2）画出输出 CP、Q_0、Q_1、Q_2、L 的波形（CP 波形不少于 10 个周期）。

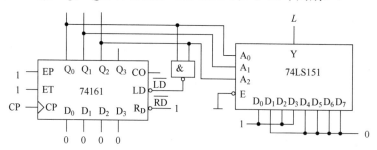

图 P5.9

10．步进电机控制系统如图 P5.10（a）所示。假设步进电机工作在三相单双六拍正转方式，即在 CP 作用下控制三个线圈 A、B、C 按图 P5.10（b）所示方式轮流通电。设计步进电机控制电路。

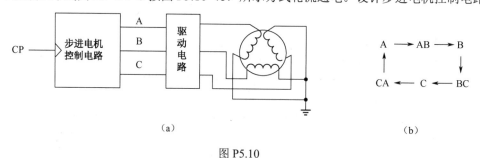

图 P5.10

11．设计一个串行数据检测器，当串行数据 X 出现 101 时，电路输出 Y 为 1，并规定检测的 101 序列不重叠。

    X：0101100101110101010…

    Y：0000100000100010001…

12．某米里型序列检测器状态图如图 P5.12 所示，用 D 触发器设计该序列检测器，并说明其逻辑功能。S_0、S_1、S_2 的编码分别采用 00、01、11。

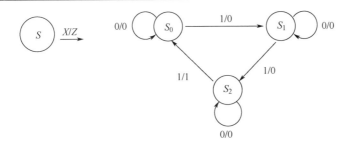

图 P5.12

13. 用 D 触发器设计米里型状态机,检测串行数据。当检测到 01 或者 10 时,输出为 1,画出状态图。状态用 A、B、C、D、E 等表示。

X=00101110101000

Y=00111001111100

14. 摩尔型状态机的状态转换真值表如表 P5.14 所示。

(1) 画出状态图;

(2) 假设在时钟上升沿时刻状态转移,在图 P5.14 中画出输出信号的时序图。

表 P5.14

$Q_1^n Q_0^n$	$Q_1^{n+1} Q_0^{n+1} / YZ$	
	$X = 0$	$X = 1$
00	01/00	10/00
01	01/11	11/11
10	01/10	11/00
11	00/01	11/01

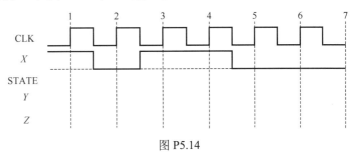

图 P5.14

15. 设计一个串行编码转换器,把一个 8421 码转换成余 3BCD 码。输入序列 X 和输出序列 Y 均由最低有效位开始串行输入和输出。要求用米里型状态机设计串行编码转换器。

16. 米里型状态机的 Verilog HDL 代码如下。该状态机有 4 个状态,每个状态用 one-hot 编码。

```
module  FSM (X,Y,CLK,RST);
 input CLK,X,RST;
 output Y;
 parameter ST0 = 4'b0001;        //状态编码为"one hot"码
 parameter ST1 = 4'b0010;
 parameter ST2 = 4'b0100;
 parameter ST3 = 4'b1000;
 reg [3:0] CSTATE,NSTATE;
 reg Y;
 wire X,CLK,RST;
always @(CSTATE,X)
    case(CSTATE)
    ST0:if(X==1'b1) begin  NSTATE<=ST0; Y<=1'b0; end
    else begin
    NSTATE<=ST1;Y<=1'b0;
    end
    ST1:if (X==1'b1) begin  NSTATE<=ST2; Y<=1'b0; end
    else begin
    NSTATE<= ST3; Y<=1'b1; end
    ST2: begin  NSTATE<=ST3; Y<=1'b1; end
```

```
        ST3:if (X==1'b1) begin  NSTATE<=ST1; Y<=1'b1; end
            else begin
            NSTATE<=ST0; Y<=1'b0; end
    default: begin  NSTATE<=ST0; Y<=1'b0; end
            endcase

    always @(posedge CLK)
            if(RST==1'b1) begin
            CSTATE<=ST0;end
            else
            CSTATE<=NSTATE;
    endmodule
```

（1）什么是 one-hot 编码？

（2）画出该状态机的状态图。

（3）完成如图 P5.16 所示的时序图。

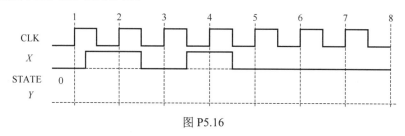

图 P5.16

实验十　序列信号发生器实验

用移位寄存器和必要的门电路设计 00011101 序列信号发生器，如图 E5.10 所示。设计方法参考例 5.6-2。

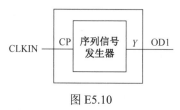

图 E5.10

实验十一　串行数据（011）检测器实验

串行数据检测器原理框图如图 E5.11 所示。详细设计参见例 5.5-1。串行数据从 SW0 输入，KEY0 产生时钟信号。状态机的状态和输出通过 LED 显示。

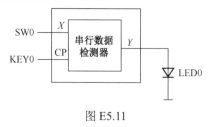

图 E5.11

实验十二　脉宽调制（PWM）实验

利用 FPGA 产生一路 PWM 信号控制实验板上 LED 的亮度，实现 LED 渐亮和熄灭。其原理框图如图 E5.12（a）所示。CNT16A 和 CNT16B 为带进位输出的十六进制加法计数器，当计数值为 0 时，CO 输出一个正脉冲。CMP4 为 4 位数值比较器，当两个被比较数相等时，AEQB 输出高电平。JK 触发器的输出即为 PWM 信号。通过 KEY0 键可实现 PWM 的占空比 16 挡可调。PWM 信号的频率取决于时钟信号 CLKIN 的频率，当时钟信号 CLKIN 的频率为 2048kHz 时，PWM 信号的频率为 128Hz。

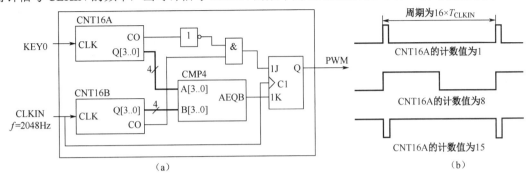

图 E5.12

第6章 半导体存储器

6.1 概　述

计算机由控制器、运算器、存储器、输入设备、输出设备5部分组成。图6.1-1所示为冯·诺依曼结构计算机的基本组成。存储器是计算机中最重要的部件之一。计算机利用存储器的记忆功能把程序和数据存储起来，使计算机可以脱离人的干预而自动地工作。存储器分为外部存储器（如硬盘、光盘等）和内部存储器。内部存储器通常为半导体存储器。半导体存储器是可以存储大量二进制信息的数字器件。半导体存储器与CPU之间是通过地址总线（AB）、数据总线（DB）、控制总线（CB）连接的（读者可参考图3.2-2），因此，半导体存储器的数据端口应具有三态输出功能。CPU对存储器的操作有读和写两种操作。

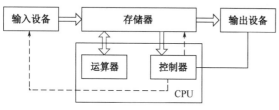

图6.1-1　冯·诺依曼结构计算机的基本组成

根据制造工艺、信息存储方式、访问方式及是否易失性等的不同，可对半导体存储器进行多种分类。常见的分类方式如下。

按照半导体制造工艺，可把半导体存储器分为双极型和MOS型存储器。集成双极型半导体存储器芯片由双极型晶体管构成，优点是访问速度快，但功耗大、集成度低、工艺复杂。MOS型半导体存储器芯片采用MOS工艺制造，功耗低、集成度高、成本低，但速度比双极型存储器的速度慢。

根据存储器的访问方式，可将半导体存储器分为只读存储器（Read Only Memory，ROM）和随机存取存储器（Random Access Memory，RAM）两类。只读存储器在正常工作状态下只能从中读取数据，不能快速方便地重新写入数据，内部存储的信息通常在制造过程或使用前写入。只读存储器掉电后数据不会丢失，称为非易失性存储器（Nonvolatile Memory）。常用的只读存储器有 MROM、PROM、UVEPROM、EEPROM 和 Flash Memory 等多种类型。随机存储器在工作中既允许随时从指定单元内读出信息，也可以随时将信息写入指定单元。其最大的优点是读写方便。随机存取存储器断电后数据会丢失，所以称为易失性存储器（Volatile Memory）。随机存取存储器又可分为静态存储器（Static Random Access Memory，SRAM）和动态存储器（Dynamic Random Access Memory，DRAM）两种。SRAM通常采用锁存器构成存储单元，利用锁存器的双稳态结构，数据一旦被写入就能够稳定地保持下去。动态存储器则以电容为存储单元，利用对电容器的充放电来存储信息，例如电容器含有电荷表示状态1，无电荷表示状态0。根据DRAM的机理，电容内部的电荷需要维持在一定的水平才能保证内部信息的正确性。因此，DRAM在使用时需要定时地进行信息刷新，防止由于电容上的电荷泄漏导致数据信息丢失。

随着半导体存储器技术的发展，近几年出现了一些新型的存储器，如磁性随机存取存储器（MRAM）和铁电随机存取存储器（FeRAM）等也逐渐产品化并得到普及，这些新型存储器的出现，使得 ROM 和 RAM 的界限已日趋模糊。

半导体存储器最小的存储容量单位是位（bit）。8位的二进制数称为1字节（Byte）。存储器中共享同一个地址的一组二进制数称为字（Word）。存储器中的数据以字为单位进行读出或写入。存储器的字长视具体器件或需要而定，通常范围在8～64位之间。习惯上用总的位数来表示存储器的容量，一个具有n字、每字m位的存储器，其容量一般可表示为$n \times m$位。例如，一个包含2^{20}字、字长为8的存储器，其总容量为 $2^{20} \times 8 = 8388608$ 位。为了简化表示，实际使用中存储器的容量有多种表示方式：

$$1K = 2^{10} = 1024, \quad 1M = 2^{20} = 1024K, \quad 1G = 2^{30} = 1024M$$

一个包含 2^{20} 字、字长为 8 的存储器，其容量通常可表示为 $1M \times 8bit$、$8Mbit$ 或 $1MByte$（1MB）。

6.2　只读存储器

1．掩模只读存储器

掩模只读存储器（Mask ROM，MROM）是指待写入的数据已经做成光刻版，在存储器生产过程中把数据写入的只读存储器。MROM 的结构比较简单，它由地址译码器、存储矩阵和输出缓冲器等三部分组成，如图 6.2-1 所示。

存储矩阵由许多存储单元（Memory Cell）组成，每个存储单元可以存放 1 位二进制数。存储矩阵中的数据是以字为单位存放的，简称字单元（Memory Word）。存储矩阵中的每一个字单元均有一个唯一的地址，即字地址。如果把存储矩阵比喻成学生宿舍，那么宿舍中的每

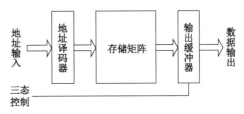

图 6.2-1　MROM 的电路结构示意图

个寝室相当于一个字单元，寝室中的每张床相当于一个存储单元。寝室的门牌号码相当于字地址。正如我们通过寝室的门牌号码去寻找某个人的过程一样，对 ROM 的访问也是通过地址来进行的。地址译码器将输入的地址信号译成相应的控制信号，以确定一个字在存储矩阵中的位置，并把一个字的数据传送至输出缓冲器。

（1）地址译码器

图 6.2-2（a）为具有 2 位地址线 A_1A_0 的 MROM 地址译码器电路图。根据 2.2.2 节中关于分立元件门电路的知识，我们可从图 6.2-2（a）所示的地址译码器中分离出 4 个由二极管和电阻构成的与门，从而得到如图 6.2-2（b）所示的译码电路逻辑图。A_1A_0 为地址输入，$W_0 \sim W_3$ 为译码输出，用来选择存储单元中的字单元，称为字线。

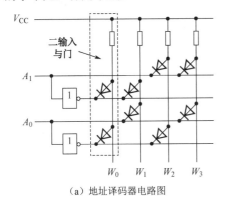

（a）地址译码器电路图　　　　　　　　　　（b）地址译码器等效逻辑图

图 6.2-2　MROM 的地址译码器

地址译码器 A_1A_0 的不同取值（即不同地址）产生 4 条输出线 $W_0 \sim W_3$ 上对应的高电平信号。例如，当 $A_1A_0 = 00$ 时，$W_0 = 1$，而 $W_1 \sim W_3$ 处于 0 电平状态，依次类推，可得到如表 6.2-1 所示的地址译码器真值表。

（2）存储矩阵和输出缓冲电路

MROM 的存储矩阵如图 6.2-3 所示。$W_0 \sim W_3$ 为来自地址译码器的字线，$D_3 \sim D_0$ 为位线（或称为数

表 6.2-1　地址译码器真值表

A_1	A_0	W_0	W_1	W_2	W_3
0	0	1	0	0	0
0	1	0	1	0	0
1	0	0	0	1	0
1	1	0	0	0	1

据线）。字线和位线的每个交叉点就是一个存储单元。每一列上的 4 个存储单元采用同一个地址，构成一个字单元。图 6.2-3 所示的存储矩阵总共有 4 个字单元，因此，存储矩阵的容量为 4×4 位。存储矩阵的工作原理是，地址译码器根据 A_1A_0 输入的地址，在输出线 $W_0 \sim W_3$ 给出一个高电平信号，选择一个字单元。如果字线和位线交叉点处接有二极管，字线上的高电平信号通过二极管将位线拉成高电平，存储单元相当于存 1；如果字线和位线交叉点处未接二极管，则位线被左侧电阻下拉成低电平，存储单元相当于存 0。例如，若 $A_1A_0 = 00$，$W_0 = 1$，根据存储矩阵结构可知，选中字单元的存储内容为 0011。表 6.2-2 所示的存储矩阵的真值表给出了不同地址字单元的存储数据。

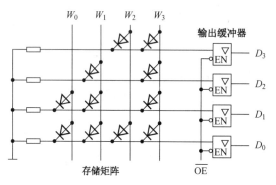

图 6.2-3　MROM 的存储矩阵

表 6.2-2　存储矩阵的真值表

A_1	A_0	D_3	D_2	D_1	D_0
0	0	0	0	1	1
0	1	0	1	1	1
1	0	1	0	0	1
1	1	1	1	1	1

MROM 的输出缓冲电路由 4 个三态门构成。当 $\overline{OE} = 0$ 时，字单元中的数据就会通过输出缓冲电路送到 4 条外部数据线 $D_3 \sim D_0$ 上。输出缓冲电路用来提高存储器的带负载能力，并使存储器输出电平与 CMOS 电路的逻辑电平兼容；同时，利用缓冲器的三态控制功能，可实现将存储器的输出端与计算机系统的数据总线相连。

MROM 结构简单，工作可靠性高，批量生产时价格非常便宜。但由于 MROM 数据的写入是在集成电路生产过程中完成的，用户无法在使用过程中对芯片的内容进行修改，因此，MROM 不适合在产品试制开发阶段或小批量生产场合使用。

2．可编程只读存储器

为提高 ROM 在使用中的灵活性，必须设计出内容可以由用户来定义的 ROM 产品，也就是要求 ROM 在使用中具有可编程性。

可编程只读存储器（Programmable ROM，PROM）就具有用户可编程的特点。PROM 由 MROM 发展而来，结构与 MROM 类似，也是由地址译码器、存储矩阵和输出缓冲器组成，与 MROM 的主要区别是存储矩阵中采用了不同的存储单元。

熔丝型 PROM 的存储矩阵结构如图 6.2-4 所示，其容量为 4×4 位。存储矩阵中的每个存储单元由一只 MOS 管构成，出厂时每个 MOS 管的源极上都接有熔丝。熔丝用熔点很低的合金或很细的多晶硅导线制成。当熔丝未熔断时，被字线选中的 MOS 管处于导通状态，使位线处于低电平，经输出缓冲器反相后，输出高电平，存储单元相当于存 1；当熔丝熔断时，MOS 管处于截止状态，使位线处于高电平，输出缓冲器反相后输出低电平，存储单元相当于存 0。对 PROM 编程时，只要设法把对应于存入 0 的那些存储单元的熔丝熔断就行了。

由于熔丝一旦熔断就不可能恢复，因此，PROM 只能编程一次，属于 OTP（One Time Programmable）

器件。PROM 的优点是成本较低，缺点是内容一旦写好就不能更改了，不能满足需要经常修改存储器内容的场合。

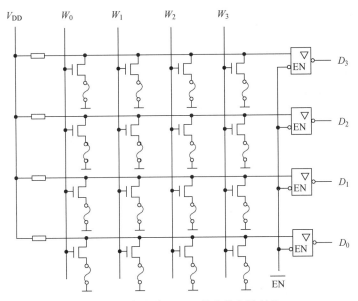

图 6.2-4　熔丝型 PROM 的存储矩阵结构

3．可擦除的可编程只读存储器

在电子产品的研制过程中，难免要经常修改存储器的内容。为增加修改存储器内容的灵活性，必须制造可反复写入和擦除数据的 ROM 产品——可擦除的可编程只读存储器（Erasable PROM，EPROM）。EPROM 常见的有 UVEPROM、EEPROM 和 Flash Memory 3 种类型。这 3 种 EPROM 的结构相同，其主要区别是存储单元采用不同特点的晶体管。

（1）UVEPROM

UVEPROM 的全称为紫外线擦除的可编程只读存储器（Ultra-Violet Erasable PROM，UVEPROM）。UVEPROM 的存储矩阵如图 6.2-5 所示。

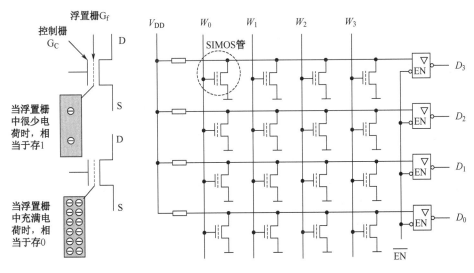

图 6.2-5　UVEPROM 的存储矩阵

UVEPROM 的存储单元采用了 N 沟道叠栅型 MOS 管（Stacked-gate Injection MOS，SIMOS）。

SIMOS 管的结构如图 6.2-6 所示。与普通的 N 沟道增强型 MOS 管不同，SIMOS 管具有两个栅极，其中一个栅极与普通 NMOS 管相同，称为控制栅 G_c，另一个栅极称为浮置栅（Floating gate）G_f。浮置栅由绝缘玻璃层围绕起来，不与晶体管任何部分连接，因此得名。SIMOS 管的工作原理是：当浮置栅未注入电荷时，SIMOS 管相当于普通的 NMOS 管，在控制栅加正常的高电平，SIMOS 管导通；如果在浮置栅注入负电荷，浮置栅内的负电荷会排斥其他电子进入沟道，使 MOS 管的开启电压变高，在控制栅加正常的高电平时，SIMOS 管将不会导通。

SIMOS 管的控制栅与来自地址译码器的字线相连。当该存储单元被选中时，字线为高电平，如果 SIMOS 管的浮置栅未注入电荷，则 SIMOS 管处于导通状态，与 SIMOS 管漏极相连的位线呈低电平，通过输出缓冲电路的反相，输出数据 1；反之，如果 SIMOS 管的浮置栅已注入负电荷，则尽管字线为高电平，SIMOS 管仍处于截止状态，与 SIMOS 管漏极相连的位线呈高电平，经输出缓冲电路的反相，输出数据 0。可见，SIMOS 管的浮置栅未注入电荷，存储单元相当于存 1；SIMOS 管的浮置栅注入了电荷，存储单元相当于存 0。

对 UVEPROM 有编程和擦除两种操作。编程之前，UVEPROM 中所有 SIMOS 管的浮置栅中均没有电荷，存储单元中的数据均为 1。编程只是针对需要写入 0 数据的存储单元进行操作。当向某存储单元写入数据 0 时，只需在该存储单元的 SIMOS 管漏源之间加足够高的电压，漏极 PN 结发生雪崩击穿，产生大量电子空穴对，部分高能量的电子越过 SiO_2 绝缘层注入浮置栅，相当于向存储单元写 0。注入浮置栅的电荷没有放电通路，所以存储单元的数据可以长久保存。

擦除是编程的逆过程，就是将 SIMOS 管浮置栅中的电荷泄放，使其回到编程前的状态。UVEPROM 是通过紫外线的照射来实现擦除操作的。UVEPROM 芯片的上方有一个透明的石英玻璃窗口，其外形图如图 6.2-7 所示，透过窗口可以清楚地看到芯片内核。若用紫外线照射，则 SMOS 管的 SiO_2 绝缘层中将产生电子–空穴对，为浮置栅的电荷提供放电通路，浮置栅中的电荷将泄放，存储单元的数据全部变为 1。需要注意的是，由于在普通的光线（如太阳光、日光灯发出的光线等）中含有紫外线，将 UVEPROM 用于最终产品时，为了避免紫外线照射而擦除数据，通常在 UVEPROM 的窗口部位贴上遮光片。如果将 UVEPROM 的玻璃窗口去掉，改为塑料封装，则存储器不具备擦除功能，只能编程一次，这就成了 PROM。实际上，目前使用的 PROM 大多是由 UVEPROM 演变而来的，图 6.2-4 所示的熔丝型 PROM 已很少使用了。

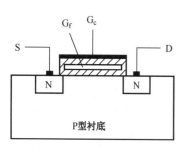

图 6.2-6　SIMOS 管的结构

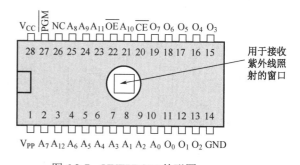

图 6.2-7　UVEPROM 外形图

UVEPROM 必须使用紫外线来擦除存储的信息。擦除时需要把 UVEPROM 从电路板中取出后放入紫外线环境中，擦除时间需要 10~15 分钟，而且只能整片地擦除，使用中很不方便。UVEPROM 已逐渐被使用更方便的 EEPROM 所代替了。

（2）EEPROM

EEPROM（Electrically Erasable Programmable ROM）是一种可以用电擦除的可编程只读存储器。EEPROM 的存储单元使用了一种浮栅隧道氧化层 MOS 管（Floating gate Tunnel Oxide，隧道 MOS 管）。隧道 MOS 管的结构如图 6.2-8（a）所示。它与 SIMOS 管的不同之处在于浮置栅与沟道之间有一极薄的绝缘薄层，这个区域称为隧道区。

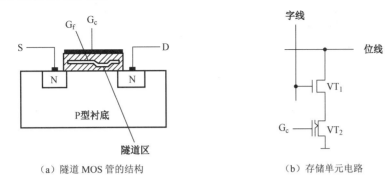

（a）隧道 MOS 管的结构　　　　　　（b）存储单元电路

图 6.2-8　EEPROM 的存储单元

对隧道 MOS 管编程时，将控制栅 G_c 和漏极加高电压，源极接地，管子处于导通状态。由于隧道 MOS 管浮置栅的一部分向下延伸，使它非常接近于沟道顶面，当电流流过沟道的时候会产生隧道效应，使得一部分电子从绝缘层最薄的位置，以"穿越隧道"的方式通过绝缘层进入浮置栅，使浮置栅获得负电荷。施加与编程时相反的电压，将使浮置栅中的电子重回沟道，实现擦除功能。正是由于隧道 MOS 管具有上述特性，才使 EEPROM 获得电可擦电可写的性能。EEPROM 虽然可以在线进行读和写（编程），但其写的时间要比读的时间长得多，这是 EEPROM 与本章后面要介绍的随机存储器之间的明显区别。

EEPROM 的存储单元电路如图 6.2-8（b）所示。它具有两个 MOS 管，VT_1 为普通 NMOS 管，VT_2 为隧道 MOS 管。在正常读操作时，G_c 上加 +3V 电压。当字线为高电平时，VT_1 导通，如果 VT_2 的浮置栅上没有负电荷，则 VT_2 也导通，位线上呈低电平，经输出缓冲电路反相后输出数据为 1；如果 VT_2 的浮置栅上有负电荷，则 VT_2 截止，位线上呈高电平，经输出缓冲电路反相后输出数据为 0。VT_1 称为选通管，其目的是提高擦、写的可靠性，并保护隧道区超薄的氧化层。EEPROM 的每个存储单元用了两只 MOS 管，限制了 EEPROM 集成度的提高。

（3）Flash Memory

闪速存储器即闪存（Flash Memory）是 20 世纪 80 年代末逐渐发展起来的一种新型半导体存储器。它既吸收了 UVEPROM 结构简单、编程可靠的优点，又保留了 EEPROM 的隧道效应擦除的快捷特性。

闪速存储器的存储单元采用了一种与 SIMOS 管十分类似的叠栅 MOS 管，其结构如图6.2-9（a）所示。叠栅 MOS 管的氧化层厚度仅为 10～15nm。由于叠栅 MOS 管的浮栅与源区的重叠部分是由源区的横向扩散形成的，面积极小，因而浮置栅-源区间的电容要比浮置栅-控制栅间的电容小得多。当控制栅和源极间加上电压时，大部分电压都将降在浮置栅-源区之间的电容上。

编程时，控制栅和漏极加上高电压，源极接地，沟道中的电子由源极流向漏极，部分电子会在漏极附近加速成"热电子"，它们在控制栅极高电位吸引下，透过薄薄的二氧化硅绝缘层，到达浮置栅形成浮置栅充电电荷。擦除时，将控制栅接地，在源极加入高电压，在浮置栅与源区间的重叠部分产生隧道效应，使浮置栅中的电荷经隧道区释放。由于闪烁存储器中 MOS 管的源极是全部或者分块连接在一起的，所以不能像 EEPROM 那样按字擦除，而是类似 UVEPROM 那样整片擦除或分块擦除。闪速存储器的擦除速度要比 UVEPROM 快得多，整片擦除一般只需要十几秒。

闪速存储器的存储单元如图 6.2-9（b）所示。当存储单元被选中后，字线给出高电平，如果浮置栅没有负电荷，则叠栅 MOS 管导通，位线上输出低电平，经输出缓冲电路反相后输出数据为 1；如果浮置栅充有电荷，则叠栅 MOS 管的阈值电压较高，管子截止，位线上输出高电平，经输出缓冲电路反相后输出数据为 0。与 EEPROM 的存储单元相比，闪烁存储器的存储单元去掉了选通管 VT_1，因而使存储单元变得简单，提高了集成度。

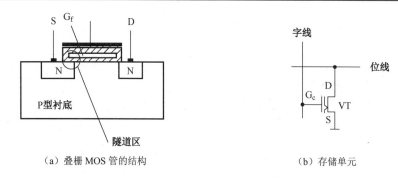

（a）叠栅 MOS 管的结构　　　　　　　　　（b）存储单元

图 6.2-9　闪速存储器存储单元

闪速存储器具有结构简单、高密度、低成本、高可靠性和在系统电可擦除性等优点，是当今半导体存储器市场中发展最为迅速的一种存储器，应用非常广泛。目前，很多单片机的片内程序存储器均采用闪速存储器。另外，闪速存储器的容量也越做越大，不少厂家已经可提供 1TB 以上的产品。按照这样的发展势头，闪速存储器完全有可能代替计算机中的软盘和硬盘。

综上所述，各种只读存储器的比较如表 6.2-1 所示。

表 6.2-1　各种只读存储器的比较

类型	存储单元	存储原理	编程	擦除
MROM	二极管	用交叉点有无二极管来表示存 1 还是存 0	制造过程中编程	无法擦除
PROM	熔丝	用熔丝是否熔断来表示于存 1 还是存 0	只能编程一次	无法擦除
UVEPROM	SIMOS 管	浮栅中无负电荷，存储单元相当于存 1，有负电荷相当于存 0	雪崩效应	紫外线照射
EEPROM	隧道 MOS 管		隧道效应	隧道效应
Flash Memory	叠栅 MOS 管		雪崩效应	隧道效应

6.3　静态随机存取存储器

1．SRAM 的结构和工作原理

SRAM 的电路结构由地址译码器、存储矩阵与读写控制电路 3 部分组成，如图 6.3-1 所示。

（1）存储矩阵

与 ROM 相同，SRAM 的存储矩阵也是存储单元的集合体。SRAM 的存储单元类似于 4.1 节介绍的基本 SR 锁存器，其典型电路将在后续内容中介绍。存储矩阵中存储单元排列成矩阵的形式，通常由若干存储单元（如 8 位、16 位）构成一个字，每个字具有一个唯一的地址。随着集成电路技术的迅猛发展，单片 SRAM 存储器的存储容量已越来越大。

（2）地址译码器

存储矩阵中的每一个字单元均有唯一的地址。字单元的地址是用二进制代码来表示的，称为地址码。地址译码器用于实现对 SRAM 存储矩阵中字单元的选择。

对某一字单元进行读写时，将存储单元的地址送到地址译码器，地址译码器将输入的地址译码成某一条字线的输出信号，使连接在这条字线上的字单元被选中。图 6.3-2 所示为地址译码器原理图。假设存储矩阵含有 32 个字单元，必须用 5 位二进制数 $A_4A_3A_2A_1A_0$ 表示其地址码。当 $A_4A_3A_2A_1A_0 = 00001$ 时，W_1 输出高电平，即选中字单元 1。

当存储器的存储容量很大时，图 6.3-2 所示地址译码器输出的字线将会非常多，译码器的电路结构也变得十分复杂，这在集成电路制造工艺上是不允许的。为了减少集成电路内部布线，存储器中的地址译码普遍采用行地址译码器和列地址译码器的二维译码器结构。图 6.3-3 所示为 1024 × 1 位 SRAM 的结构框图。该存储器的存储矩阵有 1024 个字单元，每个字单元只有一个存储单元。为了给每个字单元分配一个地址，须采用 10 位地址码 $A_0 \sim A_9$。可将 $A_0 \sim A_4$ 加到行地址译码器，产生 32 根行地址译码线 $X_0 \sim X_{31}$；将 $A_5 \sim A_9$ 加到列地址译码器，产生 32 根列地址译码线 $Y_0 \sim Y_{31}$。只有在行地址译码器与列地址译码器同时选中一个字单元时，该字单元才能够与数据线连通，才可以进行读写操作。例如，为了对图6.3-3 中地址为 992 的字单元进行读写操作，需要 X_0 与 Y_{31} 同时为高电平，这时行译码器和列译码器应分别输入地址码 $A_0A_1A_2A_3A_4 = 00000$ 和 $A_5A_6A_7A_8A_9 = 11111$。

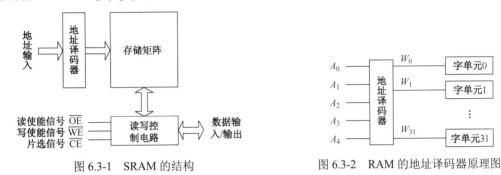

图 6.3-1　SRAM 的结构　　　　　图 6.3-2　RAM 的地址译码器原理图

（3）读写控制电路

图 6.3-3 中虚线框内的电路即为 SRAM 的读写控制电路。读写控制电路实现对 SRAM 数据流向和工作状态的控制。存储器的数据流向包括读出与写入两种操作。数据读出是指将存放在存储单元内的数据取出并传送至外部数据线 I/O，数据写入则是将外部数据通过 I/O 传送至存储单元并加以保存。一般来说，存储器的数据线宽度决定了存储器中存储信息的字长。在实际应用中，存储器的数据线一般连接到数据总线上，为了防止数据在总线上发生冲突，数据线应采用三态输出。为此，存储器芯片一般都具有片选信号 $\overline{CE}$。当片选信号有效时，存储器芯片可进行读写操作；片选信号无效时，存储器芯片则与数据线隔离，即数据输出端呈现高阻状态。

图 6.3-3 中 $\overline{OE}$ 与 $\overline{WE}$ 分别为读、写使能信号。当存储器写操作时，片选信号 $\overline{CE} = 0$，写使能信号 $\overline{WE} = 0$，此时，G_3 输出高电平，三态门 G_1、G_2 开通，I/O 线上的数据以互补形式出现在内部数据总线 D 和 $\overline{D}$ 上，并写入被选中单元。存储器读操作时，$\overline{CE} = 0$，$\overline{OE} = 0$，此时 G_4 输出高电平，三态门 G_5 开通，内部总线 D 的信息送到外部 I/O 引脚上。

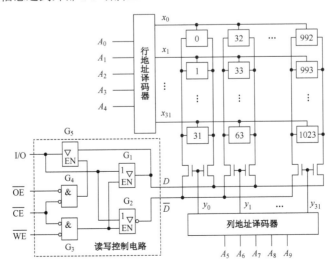

图 6.3-3　1024 × 1 位 SRAM 的结构框图

2．SRAM 的静态存储单元

SRAM 中的每个存储单元可存储一位二进制信息。SRAM 存储单元按照制造工艺可分为 MOS 型和双极型两类。目前常见的大容量 SRAM 一般采用 CMOS 工艺，这是因为 CMOS 电路制造工艺简单、功耗低，可实现高密度集成。双极型 SRAM 制造工艺复杂、功耗大、集成度不高，但在工作速度方面有一定优势，常用于一些高速数字系统中。

图 6.3-4 所示为 6 个 NMOS 管构成的静态存储单元电路。其中 VT_1～VT_4 组成基本 SR 锁存器，VT_2、VT_4 为负载管。当 VT_1 截止、VT_3 导通时，存储单元相当于存 1；当 VT_1 导通、VT_3 截止时，存储单元相当于存 0。VT_5、VT_6 为存储单元专用的门控管，由行地址译码线 x_i 控制。当 $x_i = 0$ 时，VT_5、VT_6 截止，锁存器与位线 B、$\overline{B}$ 之间的连接被切断；当 $x_i = 1$ 时，VT_5、VT_6 导通，锁存器输出端与位线接通。

静态存储单元在行译码器、列译码器和读写控制电路的协同控制下，可实现读写操作。利用锁存器的置位和复位功能，可实现随时对存储单元进行写 1 或写 0 操作；利用锁存器的保持功能，存储单元中的数据随时可读出。但锁存器的性能特点决定了 SRAM 在使用中不能断电，一旦断电数据即丢失。

3．SRAM 的读写时序

SRAM 典型的读写时序如图 6.3-5 所示。

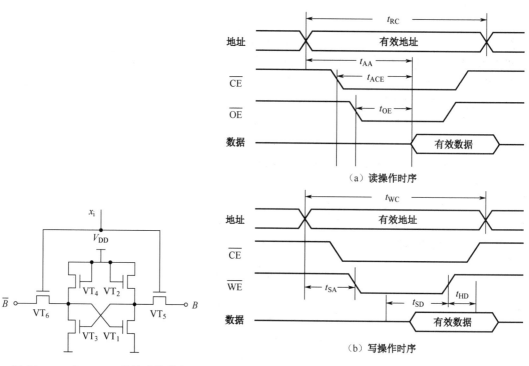

图 6.3-4　6 个 NMOS 管构成的静态
存储单元电路

图 6.3-5　SRAM 典型的读写时序

在图 6.3-5（a）所示的读操作时序中，字单元的有效地址加到 SRAM 的地址输入端，然后片选信号 $\overline{CE}$ 和输出使能信号 $\overline{OE}$ 变为低电平，经过一定的时间间隔以后，被选中字单元中的有效数据就出现在 SRAM 的数据线上。在读操作时序中，有以下几个主要时间参数。

t_{RC}：读周期，表示连续两次读操作所需要的最小时间间隔。

t_{AA}：地址存取时间，表示从地址有效到读出的数据稳定出现在数据线上的延迟时间。

t_{ACE}：片选存取时间，在 $\overline{OE}$ 已经有效或与 $\overline{CE}$ 同时有效时，表示片选信号有效到数据稳定输出的延迟时间。

t_{OE}：输出使能时间，在 $\overline{CE}$ 已经有效或与 $\overline{OE}$ 同时有效时，表示输出使能信号有效到数据稳定输出的延迟时间。

在图 6.3-5（b）所示的写操作时序中，字单元的有效地址加到 SRAM 的地址输入端，然后片选信号 $\overline{CE}$ 和写使能信号 $\overline{WE}$ 变为低电平，数据线上的数据被写入 SRAM 中的字单元。在写操作时序中，有以下几个主要时间参数。

t_{WC}：写周期，表示连续两次写操作所需要的最小时间间隔。

t_{SA}：地址建立时间，表示在写使能信号有效之前，地址必须保持稳定的一段时间。

t_{SD}：写结束前的数据建立时间，表示在写使能信号失效之前，数据线上的数据应保持的稳定时间。

t_{HD}：写结束后的数据维持时间，表示在写使能信号失效之后，数据线上的数据应保持的稳定时间。

6.4 动态随机存取存储器

1．DRAM 的存储单元

DRAM 利用电容的电荷存储效应实现数据存储。DRAM 的存储单元有四管电路、三管电路和单管电路等不同形式，都是利用 MOS 管栅极电容存储电荷的原理制成的。

图 6.4-1（a）所示为四管 MOS 动态存储单元电路。图中 VT_1 和 VT_2 是两只 N 沟道增强型 MOS 管，它们的栅极和漏极交叉连接，数据以电荷的形成存储在栅极电容 C_1、C_2 上。C_1、C_2 上的电压控制 NMOS 管 VT_1、VT_2 的导通和截止，产生位线 B 和 $\overline{B}$ 上的高低电平。当 C_1 有电荷而 C_2 无电荷时，则 VT_1 导通，VT_2 截止，位线 B 为低电平，位线 $\overline{B}$ 为高电平，存储单元相当于存有数据 0；当 C_1 无电荷而 C_2 有电荷时，则 VT_1 截止，VT_2 导通，位线 B 为高电平，位线 $\overline{B}$ 为低电平，存储单元相当于存有数据 1。

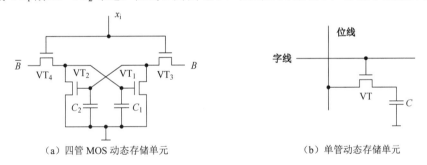

（a）四管 MOS 动态存储单元 　　　　　　　（b）单管动态存储单元

图 6.4-1　动态存储单元

对存储单元进行读写操作时，行译码线 x_i 应为高电平，VT_3、VT_4 均导通，存储单元与位线 B 和 $\overline{B}$ 接通。如果要向存储单元写入 0，只要令 $B=0$、$\overline{B}=1$，则 C_1 被充电、C_2 没有充电，存储单元相当于存 0；如果要向存储单元写入 1，只要令 $B=1$，$\overline{B}=0$，则 C_1 没有充电、C_2 被充电，表示存储单元存 1。

为了提高集成度，目前集成 DRAM 中更多地采用如图 6.4-1（b）所示的单管动态存储单元。它由一只用作开关的 MOS 管 VT 和一只用作数据存储的电容器 C 组成。MOS 管的开关由来自地址译码器的字线控制。

单管动态存储单元的读写操作和刷新操作示意图如图 6.4-2 所示。在图 6.4-2 中，G_1 为刷新缓冲器，G_2 为输出缓冲器/灵敏放大器，G_3 为输入缓冲器。当 $R/\overline{W}$ 为低电平、字线为高电平时，输入缓冲器被选中，输入数据 D_{IN} 经输入缓冲器和位线写入存储单元，如图 6.4-2（a）和（b）所示。当 $R/\overline{W}$ 为高电平、字线为高电平时，输出缓冲器/灵敏放大器被选中，存储单元中的数据经输出缓冲器送到外部数据输出引脚 D_{OUT}，如图 6.4-2（c）所示。

由于存储单元电容容量很小，而漏电流不可能为零，所以电容中的电荷不能长时间保存。为了补充泄漏掉的电荷以避免数据丢失，必须定时向栅极电容补充电荷，通常把这种操作称为刷新。当 $R/\overline{W}$ 为高电平、字线为高电平、刷新控制线为高电平时，DRAM 处于刷新状态，如图 6.4-2（d）所示。处于刷新状态时，输出缓冲器和刷新缓冲器构成一个正反馈环路。如果位线为高电平，则将位线电平拉向更高，反之将位线电平拉得更低。

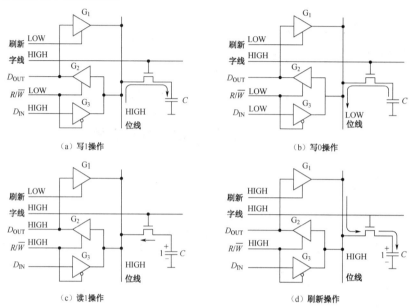

图 6.4-2　单管动态存储单元的读写操作和刷新操作示意图

2．DRAM 的基本结构

DRAM 主要用于计算机系统中的内部存储器，用于存储 CPU 的指令代码和运算结果。由前面的内容可知，DRAM 的存储单元电路非常简单，其集成度远高于 SRAM。同时，DRAM 的存储单元采用电容来存储数据，为了防止信息丢失，需要对存储单元定时刷新。因此 DRAM 的电路结构要比 SRAM 的复杂。图 6.4-3 所示为 DRAM 的基本结构示意图。与 SRAM 的电路结构相比，主要有两点不同：一是 DRAM 中增加了刷新电路；二是由于 DRAM 存储容量很大，需要较多的地址线，为了减少集成电路的引脚，DRAM 分两次赋予地址。例如，1M×1 位的 DRAM，其地址需要 20 位，但它分两次、每次赋予 10 位地址。

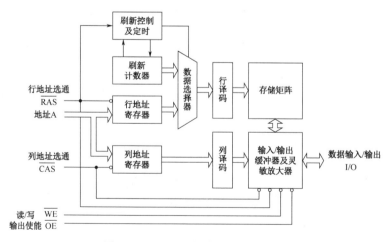

图 6.4-3　DRAM 的基本结构示意图

图 6.4-4 所示为 DRAM 行列地址分时传送时序图。将 DRAM 的地址分成行地址和列地址两部分，先送行地址，通过行地址选通信号 $\overline{\text{RAS}}$ 将行地址送入行地址寄存器，然后送列地址，通过列地址选通信号 $\overline{\text{CAS}}$ 将列地址送入列地址寄存器。

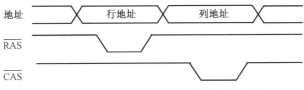

图 6.4-4　DRAM 行列地址分时传送时序图

6.5　例题讲解

本节通过 3 个例子说明半导体存储器的使用方法和应用场合。

【例 6.5-1】　某单片机有 16 位地址线、8 位数据线。整个地址空间分为 RAM、ROM1、ROM2、I/O 几部分。RAM 的起始地址为 0x0000，容量为 32KB，ROM1 的起始地址为 0x8000，容量为 16KB，I/O 的起始地址为 0xDFE0，容量为 32B，ROM2 的起始地址为 0xE000，容量为 8KB。

① 画出存储空间图，标出起始地址和结束地址。

② 推导出各存储空间片选信号的逻辑表达式。

答：① 已知起始地址和存储容量，如何确定结束地址？其方法是先把容量转化为十六进制数，然后加上起始地址，再减去 1 就是结束地址。例如，RAM 的容量为 32KB，转化为十六进制数位 0x8000，则结束地址=起始地址 0x0000+0x8000-0x0001=0x7FFF。通过相同的方法可以得到其余空间的结束地址，整个存储空间图如图 6.5-1 所示。

② 每个存储空间可以通过片选信号来选择。片选信号通过地址译码器产生，各片选信号的逻辑表达式为 RAM-CS $= \overline{A_{15}}$，ROM1-CS $= A_{15} \cdot \overline{A_{14}}$，I/O-CS $= A_{15} \cdot A_{14} \cdot \overline{A_{13}}$，ROM2-CS $= A_{15} \cdot A_{14} \cdot A_{13}$。

【例 6.5-2】图 6.5-2（a）所示为 64×4 ROM，图 6.5-2（b）为 ROM 中存储的部分数据。该 ROM 实现了以下逻辑函数：$F_1 = AB + AC + BC$，$F_2 = \overline{A}\,\overline{B}C + \overline{A}B\overline{C} + A\overline{B}\,\overline{C} + ABC$。

0xFFFF	
	ROM2 8K×8
0xE000	
0xDFFF	
	I/O 32×8
0xDFE0	
	未用
0xBFFF	
	ROM1 16K×8
0x8000	
0x7FFF	
	RAM 32K×8
0x0000	

图 6.5-1　例 6.5-1 存储空间图

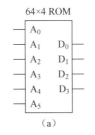

64×4 ROM

（a）

$A_5 \sim A_0$	$D_3 \sim D_0$
00	0
01	2
02	2
03	4
04	
05	
06	
07	

（b）

图 6.5-2　例 6.5-2 图

① 把图 6.5-2（b）所示表格的空格补充完整。

② 画出 ROM 的输入输出连接图。

解：① 根据 F_1 和 F_2 的逻辑表达式，可得到真值表如表 6.5-1 所示。

将表 6.5-1 真值表与图 6.5-2（b）中的数据比较，F_2 和 F_1 分别与 D_2、D_1 对应，A、B、C 与 A_2、A_1、A_0 对应，因此，根据真值表可以将图 6.5-2（b）表格中的数据补充完整，如图 6.5-3（b）所示。

② ROM 的输入、输出连接如图 6.5-3（a）所示。从本例可以看到，半导体存储器可以实现组合逻辑电路，它也是可编程逻辑器件的一种。

表 6.5-1 真值表

A	B	C	F_2	F_1	A	B	C	F_2	F_1
0	0	0	0	0	1	0	0	0	1
0	0	1	0	1	1	0	1	1	0
0	1	0	0	1	1	1	0	1	0
0	1	1	1	0	1	1	1	1	1

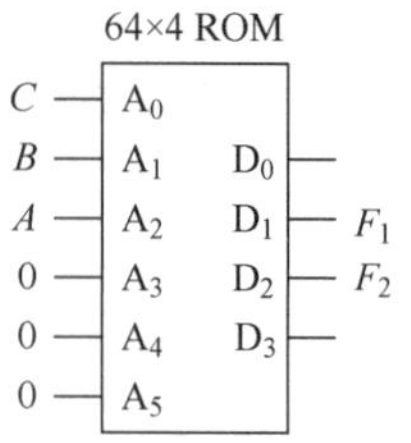

$A_5{\sim}A_0$	$D_3{\sim}D_0$
00	0
01	2
02	2
03	4
04	2
05	4
06	4
07	6

（b）

图 6.5-3 例 6.5-2 答案图

【例 6.5-3】在微机中，CPU 要对存储器进行读写操作，首先要由地址总线给出地址信息，然后发出相应读或写的控制信号，最后才能在数据总线上进行信息交流。现有 256×4 位的 RAM 两片，组成一个页面，现需 4 个页面的存储容量，画出用 256×4 位组成 1K×8 位的 RAM 连线图，并指出各页面的地址分配。

解：电路连接图如图 6.5-4 所示。从左到右四个页面的地址为：000H～0FFH，100H～1FFH，200H～2FFH，300H～3FFH。

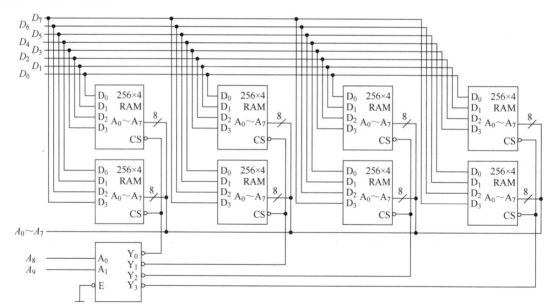

图 6.5-4 例 6.5-3 图

本 章 小 结

1. 半导体存储器是一种能存储大量数据或信息的半导体器件。在半导体存储器中采取了按地址存取数据的办法，只有那些被地址译码器选中的单元才能对其进行读写。存储器由地址译码器、存储矩阵、输入/输出电路三部分组成。

2. 半导体存储器有多种类型。首先按读写功能不同分成只读存储器（ROM）和随机存储器（RAM）两大类。其次，根据存储单元电路结构和工作原理不同，又将 ROM 分为 MROM、PROM、UVEPROM、EEPROM、FlashROM 等类型，将 RAM 分为静态 RAM 和动态 RAM。动态 RAM 靠电容存储信息，需要定时刷新，否则信息会丢失，但动态 RAM 集成度高、容量大，主要用于通用计算机系统中；静态 RAM 使用时不需要刷新，控制方便，主要用于存储容量较小的嵌入式系统中。

自我检测题

1. 一个 ROM 共有 10 根地址线，8 根位线（数据输出线），则其存储容量为_____。

    A．10×8 B．$10^2 \times 8$ C．10×8^2 D．$2^{10} \times 8$

2. 为了构成 4096×8 位的 RAM，需要_____片 1024×2 位的 RAM。

    A．8 片   B．16 片   C．2 片   D．4 片

3. _____器件中存储的信息在掉电以后即丢失。

    A．SRAM   B．UVEPROM   C．EEPROM   D．PAL

4. 关于半导体存储器的描述，下列_____的说法是错误的。

    A．RAM 读写方便，但一旦掉电，所存储的内容就会全部丢失

    B．ROM 掉电以后数据不会丢失

    C．RAM 可分为静态 RAM 和动态 RAM

    D．动态 RAM 不必定时刷新

5. 有一存储系统，容量为 $256K \times 32$ 位。设存储器的起始地址全为 0，则最高地址的十六进制地址码为_____。

6. 真值表如表 T6.6 所示，如果从存储器的角度去理解，AB 应看作_____，$F_0F_1F_2F_3$ 应看作_____。

7. 静态 RAM 需要周期性刷新以保持数据。（√，×）

8. 存储容量为 $128K \times 8$ 位的 RAM 存储器，其地址线为 7 条，数据线为 8 条。（√，×）

表 T6.6

A	B	F_0	F_1	F_2	F_3
0	0	0	1	0	1
0	1	1	0	1	0
1	0	0	1	1	1
1	1	1	1	1	0

习　题

1. 在存储器结构中，什么是"字"？什么是"字长"？如何表示存储器的容量？

2. 试述 RAM 和 ROM 的区别。

3. 试述 SRAM 和 DRAM 的区别。

4. 与 SRAM 相比，闪速存储器有何主要优点？

5. 用 ROM 实现两个 4 位二进制数相乘，试问：该 ROM 需要有多少根地址线？多少根数据线？其存储容量为多少？

6. 现有如图 P6.6 所示的 4×4 位 RAM 若干片，现要把它们扩展成 8×8 位 RAM。

（1）试问需要几片 4×4 位 RAM？

（2）画出扩展后的电路图（可用少量门电路）。

7. 用 EEPROM 实现二进制码与格雷码的相互转换电路，待转换的代码由 $I_3I_2I_1I_0$ 输入，转换后的代码由 $O_3O_2O_1O_0$ 输出。X 为转换方向控制位，当 $X=0$ 时，实现二进制码到格雷码的转换；当 $X=1$ 时，实现格雷码到二进制码的转换。

（1）列出 EEPROM 的地址与内容对应关系真值表。

（2）确定输入变量和输出变量与 ROM 地址线和数据线对应关系。

8. 某单片机存储系统如图 P6.8 所示。写出 RAM-1、RAM-2、ROM-1、I/O 的片选信号的逻辑表达式，假设片选信号高电平有效。

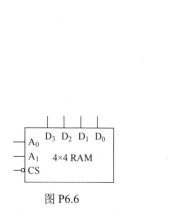

图 P6.6

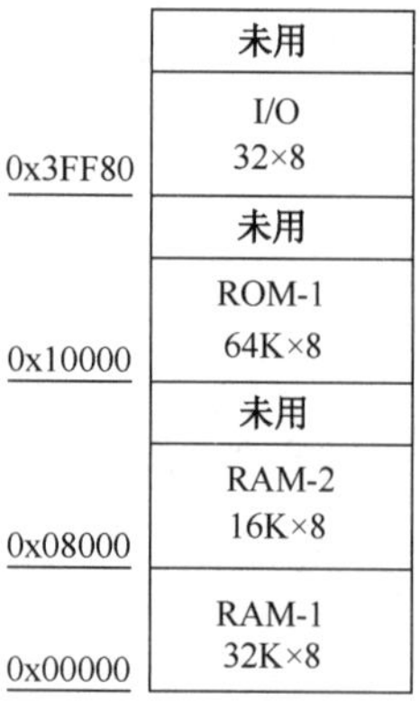

图 P6.8

9．某微机系统具有地址总线 A_{17}～A_0，地址译码器产生地址片选信号：ROM_CS、RAM_CS 和 IO_CS，各片选信号的布尔方程如下：

$$\text{ROM_CS}=\overline{A_{17}}\,\overline{A_{16}}\,\overline{A_{15}}\text{，}\quad \text{RAM_CS}=\overline{A_{17}}\,A_{16}\text{，}\quad \text{IO_CS}=A_{17}A_{16}A_{15}A_{14}A_{13}A_{12}A_{11}A_9\overline{A_8}$$

确定每个片选信号的地址范围。

10．电路如图 P6.10（a）所示，ROM 中存放的数值如图 P6.10（b）所示。写出 X 和 Y 的表达式，列出 X 和 Y 的真值表。

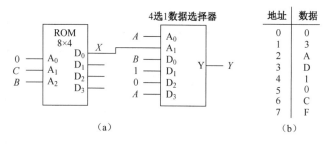

（a）

地址	数据
0	0
1	3
2	A
3	D
4	1
5	0
6	C
7	F

（b）

图 P6.10

11．图 P6.11（a）所示为由 ROM 构成的有限状态机（FSM）。D_1～D_0 连到 D 触发器的输入，D_2 作为输出信号 Z。ROM 存储的数据如图 P6.11（b）所示。触发器的初始状态为 0。

（1）画出状态图。

（2）画出 5 个 CP 脉冲对应的 Q_0、Q_1 和 Z 的波形图。

（a）

A_1A_0	D_3～D_0
00	2
01	4
02	3
03	1

（b）

图 P6.11

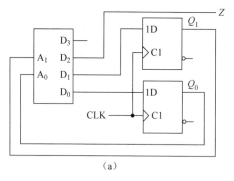

第 7 章　脉冲波形的产生与整形

7.1　概　　述

脉冲信号形式多种多样。广义上讲，按非正弦规律变化的信号均可称为脉冲信号。但从严格意义上定义，脉冲信号是指在短时间内突变，随后又迅速返回其初始值的信号。与模拟信号（如正弦波）相比，脉冲信号的特点是：波形之间在时间轴上不连续（波形与波形之间有明显的间隔），但具有一定的周期性。最常见的脉冲信号是矩形脉冲，即方波信号，波形如图7.1-1所示。方波信号在数字电路中具有十分重要的作用，如同步时序逻辑电路中的时钟脉冲信号就是典型的方波信号。方波信号在脉冲调制比如脉冲编码调制（PCM）、脉冲宽度调制（PWM）中也有广泛应用。

(a) 对称方波　　　　　　　　　　　　　(b) 非对称方波

图 7.1-1　方波信号

正如正弦波可以用振幅、频率、初始相位 3 个参数来表征那样，方波信号也可以用一些参数来描述其特征。理想的方波信号一般只要 3 个参数便可以描述清楚。这 3 个参数是：脉冲幅度 V_m、脉冲重复周期 T 和脉冲宽度 t_W。由于电路中储能元件的影响，实际的脉冲波形并不十分规整，因此需要更多的参数来描述其特征，如图7.1-2所示。方波信号的参数如下。

① 脉冲周期 T：两个相邻脉冲之间的时间间隔。有时也使用频率 $f = 1/T$ 表示单位时间内脉冲的重复次数。

② 脉冲幅值 V_m：脉冲电压变化的最大幅度。

③ 脉冲宽度 t_W：从脉冲前沿到达 $0.5V_m$ 起，至脉冲后沿到达 $0.5V_m$ 止的一段时间。

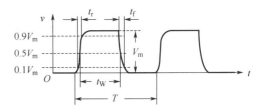

图 7.1-2　方波信号的主要参数

④ 上升时间 t_r：脉冲上升沿从 $0.1V_m$ 上升到 $0.9V_m$ 所需要的时间。

⑤ 下降时间 t_f：脉冲下降沿从 $0.9V_m$ 下降到 $0.1V_m$ 所需要的时间。

⑥ 占空比 q：脉冲宽度与脉冲周期的比值，即 $q = t_W/T$。

理想方波信号的上升时间 t_r 和下降时间 t_f 均为零。

获取方波信号的途径不外乎两种：一种是直接用各种形式的多谐振荡器产生，另一种是利用整形电路将已有的周期性变化波形变换为符合要求的方波信号。本章主要介绍脉冲波形产生和整形的 3 种典型电路：施密特触发器、单稳态触发器和多谐振荡器。

7.2　施密特触发器

为了使数字电路工作正常，当一个方波信号加到数字电路的输入端时，不但对方波信号的高低电平有要求，而且对方波信号的上升时间和下降时间也有严格的要求。由于电路中储能元件的影响，实际的方波信号上升时间和下降时间不可能为零。如果输入方波信号的上升时间或下降时间过长，会引起数字电路工作不正常。另一种情况，有时需要测量周期性模拟信号（如正弦信号）的频率，需要将模拟信号转换成同频率的数字信号。针对上述问题，可以采用称为施密特触发器（Schmitt Trigger）的电路来解决。施密特触发器是具有滞后特性的数字传输门，它具有以下特点：

① 施密特触发器有两种输出状态，0态和1态。也就是说，它输出的是具有高低电平的数字信号。

② 施密特触发器采用电平触发，也就是说，它输出是0态还是1态取决于输入信号的电平。

③ 对于正向和负向增长的输入信号，施密特触发器有不同的阈值电平 V_{T+} 和 V_{T-}。当输入信号电压上升时，输入信号电平与 V_{T+} 比较，大于 V_{T+}，输出状态翻转；当输入信号电压下降时，输入信号电平与 V_{T-} 比较，小于 V_{T-}，输出状态翻转。

施密特触发器分同相施密特触发器和反相施密特触发器两种，其电路符号和电压传输特性如图7.2-1所示。施密特触发器的电压传输特性类似于铁磁材料的磁滞回线，体现了施密特触发器的滞后特性。

（a）同相施密特触发器的电路符号和传输特性　　　　　　（b）反相施密特触发器的电路符号和传输特性

图 7.2-1　施密特触发器的电路符号和传输特性

施密特触发器与电压比较器相比，既有相同之处，也有不同之处。相同之处是两者的输出都是数字信号，输出是高电平还是低电平取决于输入信号的电平；不同之处是电压比较器输入信号只与一个阈值电平比较，而施密特触发器对于正向和负向增长的输入信号，有不同的阈值电平 V_{T+} 和 V_{T-}。施密特触发器与电压比较器相比，具有更好的噪声抑制特性。

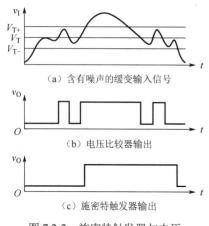

（a）含有噪声的缓变输入信号

（b）电压比较器输出

（c）施密特触发器输出

图 7.2-2　施密特触发器与电压

图7.2-2（a）表示一个含有噪声的缓变输入信号，它的上升时间和下降时间较长，且含有一定幅值的噪声。当它加到一个阈值电压为 V_T 的电压比较器输入端时，得到如图7.2-2（b）所示的输出信号波形，每当噪声信号穿过阈值电压 V_T 时，输出都会发生变化。然而，由于施密特触发器具有两个不同的阈值电平 V_{T+} 和 V_{T-}，只要噪声幅值处在 V_{T+} 和 V_{T-} 电平范围内，噪声对其输出就没有影响。由于施密特触发器电路中一般都引入了正反馈机制，使得输出方波信号的上升时间和下降时间非常短，十分接近理想的方波信号。

7.2.1　由 CMOS 门构成的施密特触发器

1．电路组成

将两个 CMOS 反相器级联起来，通过分压电阻将输出端的电压反馈到输入端，就构成了施密特触发器，如图7.2-3 所示。

2．工作原理分析

G_1 和 G_2 为 CMOS 门电路，其阈值电压为 $V_{DD}/2$。为了使电路正常工作，电路中要求 $R_1 < R_2$。

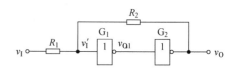

图 7.2-3　CMOS 反相器构成的施密特触发器

① 当 $v_I = 0$ 时，由于 $R_1 < R_2$，G_1 和 G_2 的输出电平为 $v_{O1} \approx V_{DD}$、$v_O \approx 0$。不难分析，如果 $R_1 > R_2$，则既有可能 $v_{O1} \approx V_{DD}$、$v_O \approx 0$，也有可能 $v_{O1} \approx 0$、$v_O \approx V_{DD}$，G_1 和 G_2 的输出状态将无法确定，所以电路必须要求 $R_1 < R_2$。

② 当 v_I 升高时，G_1 门的输入电压 v_I' 也升高。当 v_I' 达到 $V_{DD}/2$ 时，G_1 和 G_2 的输出状态将翻转（但还没有翻转），此时对应的 v_I 值就是施密特触发器的正向阈值电压 V_{T+}。由于 CMOS 门电路输入阻抗非常大，其输入端相当于开路，因此可以采用图7.2-4所示的电路模型求取 V_{T+}。由

$$v_I' = \frac{V_{T+}}{R_1 + R_2} \cdot R_2 = \frac{1}{2} V_{DD}$$

可得

$$V_{T+} = \frac{1}{2} V_{DD} \left(1 + \frac{R_1}{R_2}\right) \tag{7.2-1}$$

③ 当 v_I 大于 V_{T+} 时，电路迅速翻转，进入另一稳态：$v_{O1} \approx 0$、$v_O \approx V_{DD}$。在状态转换过程中将引发如下正反馈现象：

$$v_I \uparrow \longrightarrow v_I' \uparrow \longrightarrow v_{O1} \downarrow \longrightarrow v_O \uparrow$$

④ 当 v_I 由高变低时，v_I' 也由高变低。当 v_I' 降到 $V_{DD}/2$ 时，G_1 和 G_2 又将发生翻转（但还没有翻转），此时对应的 v_I 就是施密特触发器的反向阈值电压 V_{T-}。利用如图7.2-5所示的电路模型可以求得 V_{T-}。由

$$\frac{(V_{DD} - V_{T-}) \cdot R_1}{R_1 + R_2} + V_{T-} = \frac{1}{2} V_{DD}$$

可得

$$V_{T-} = \frac{1}{2} V_{DD} \left(1 - \frac{R_1}{R_2}\right) \tag{7.2-2}$$

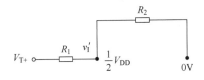

图 7.2-4　求取 V_{T+} 的电路模型

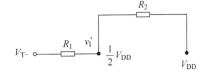

图 7.2-5　求取 V_{T-} 的电路模型

⑤ 当 v_I 小于 V_{T-} 时，电路迅速翻转，进入另一稳态：$v_{O1} \approx V_{DD}$、$v_O \approx 0V$。这时，电路同样存在正反馈现象：

$$v_I \downarrow \longrightarrow v_I' \downarrow \longrightarrow v_{O1} \uparrow \longrightarrow v_O \downarrow$$

⑥ 回差电压。

$$回差电压 = V_{T+} - V_{T-} = \frac{1}{2} V_{DD} \left(1 + \frac{R_1}{R_2}\right) - \frac{1}{2} V_{DD} \left(1 - \frac{R_1}{R_2}\right) = \frac{R_1}{R_2} V_{DD} \tag{7.2-3}$$

由式（7.2-1）至式（7.2-3）可知，施密特触发器的 V_{T+}、V_{T-}和回差电压可通过 R_1 和 R_2 改变。

从上述原理分析可知，施密特触发器输出状态发生改变时存在正反馈现象。该正反馈可使 v_{O1} 和 v_O 的上升沿和下降沿变陡，从而使施密特触发器的输出波形更接近于理想的方波信号。图7.2-3所示的施密特触发器既可以当作同相施密特触发器，也可以当作反相施密特触发器。当用 v_O 作为电路输出时，为同相施密特触发器；当用 v_{O1} 作为电路输出时，为反相施密特触发器。

7.2.2　施密特触发器的应用

施密特触发器有以下几方面的用途。

1．用于波形变换

图7.2-6所示为一个电网频率测量仪的示意图。电网电压频率的标称值为50Hz，但受负荷等因素的影响，实际频率会偏离50Hz。利用电网频率测量仪可以精确测量电网电压的频率值。施密特触发器可将正弦信号变换成频率相同的方波信号。

2．用于脉冲整形

在数字系统中，数字信号经过传输以后，往往会产生波形畸变。施密特触发器用于脉冲整形，如图7.2-7所示，单片机I/O引脚为OD输出，单片机和计数器之间的距离比较长。由于传输线上的电容较大，传输线上数字信号的上升沿和下降沿将变差。如果单片机的信号直接传递给计数器，计数器有可能工作不正常。这时，应通过施密特触发器整形而获得理想的方波信号，确保计数器正常工作。

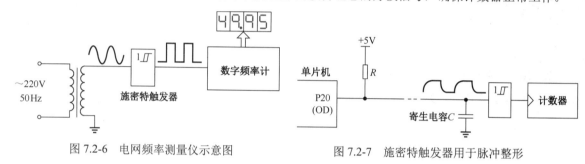

图 7.2-6　电网频率测量仪示意图　　　　　　　　　图 7.2-7　施密特触发器用于脉冲整形

3．用于脉冲鉴幅

若将一系列幅度各异的脉冲信号加到施密特触发器的输入端，则只有幅值大于 V_{T+} 的脉冲才会在输出端产生输出信号，因此施密特触发器还可用于脉冲鉴幅，如图 7.2-8 所示。

4．用于自动控制系统

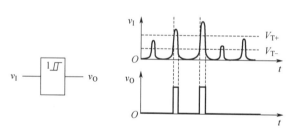

图 7.2-8　施密特触发器用于脉冲鉴幅

冰箱温度控制系统是一个典型的反馈控制系统。温度传感器检测到的实际温度值与设定的温度值进行比较，如果实际温度值高于设定值，则启动冰箱压缩机进行制冷，否则，停止压缩机。采用电压比较器构成的冰箱温度控制系统原理图如图 7.2-9（a）所示。假设温度传感器输出电压与温度之间的关系为1V/℃，4V 电压相当于温度设定值为4℃。

当温度高于设定值时，比较器就会启动压缩机，使温度下降。温度微小的降低，就会使比较器输出发生跃变。结果是，压缩机被频繁地启动和停止。其工作波形如图 7.2-9（b）所示。

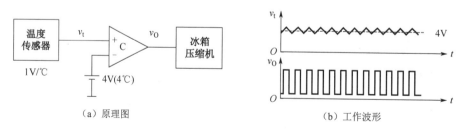

（a）原理图　　　　　　　　　　　　　　　（b）工作波形

图 7.2-9　采用电压比较器的温度控制系统

虽然上述温度控制系统能获得精确的温度控制，但对家用电冰箱来说，没有必要对温度进行这么精确的调节。只需将温度控制在一定的范围，就能得到满意的食品保存效果。而且，压缩机被频繁地启动和停止将大大缩短压缩机的使用寿命，发出的噪声也令人难以接受。因此，在实际的冰箱温度控制系统中，一般采用施密特触发器作为温度比较器。假设同相施密特触发器的 $V_{T+} = 6V$，$V_{T-} = 2V$，采用如图 7.2-10（a）所示的温控系统可将冰箱温度控制在 $2 \sim 6℃$。工作波形如图 7.2-10（b）所示。从工作波形可知，冰箱压缩机启动间隔明显加长，因此，在冰箱压缩机通断控制中，利用施密特触发器可以避免压缩机过于频繁的通断工作。

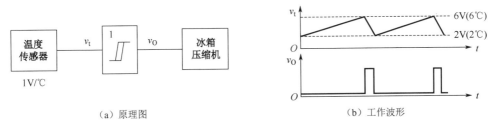

图 7.2-10　采用施密特触发器的温度控制系统

5. 用于构成多谐振荡器

用施密特触发器构成的多谐振荡器的原理图如图 7.2-11（a）所示。

刚上电时，电容 C 上无电荷，$v_C = 0$，施密特触发器输出高电平，该高电平通过电阻 R 向电容 C 充电，v_C 按指数规律上升。当 v_C 上升到 V_{T+} 时，施密特触发器输出低电平，这时，电容 C 进入放电状态，v_C 按指数规律下降。当 v_C 下降到 V_{T-} 时，施密特触发器输出高电平。如此周而复始，就在电路输出端产生方波，其工作波形如图 7.2-11（b）所示。图 7.2-11（a）所示的多谐振荡器的进一步分析将在本章习题 3 中讨论。

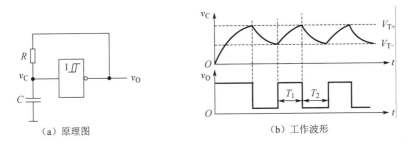

图 7.2-11　由施密特触发器构成的多谐振荡器

7.3　多谐振荡器

多谐振荡器又称为方波发生器。由于方波中除基波外还包含了许多高次谐波，因此，方波发生器又称为多谐振荡器。多谐振荡器不需要外加信号，只要一上电，就会产生方波信号。

7.3.1　由 CMOS 门构成的多谐振荡器

1. 电路组成

CMOS 非门组成的多谐振荡器如图 7.3-1 所示，它由两个 CMOS 非门和电阻、电容组成。由于 CMOS 非门的输入端加有二极管保护电路，如果将 v_{I1} 直接加到 G_1 的输入端上，输入保

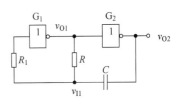

图 7.3-1　由 CMOS 非门组成的多谐振荡器

护二极管将对 v_{I1} 进行限幅，会对振荡电路的工作产生很大影响，因此，在电路中加了一只去耦电阻 R_1。$R_1 \gg R$，实际中取 $R_1 \approx 10R$。

2. 工作原理分析

① 设电路的初态为 $v_{O1} \approx V_{DD}$，$v_{O2} \approx 0$，这种状态不可能长久维持。因为 v_{O1} 输出高电平，G_1 通过 $v_{O1} \rightarrow R \rightarrow C \rightarrow v_{O2}$ 路径向 C 充电，充电时的等效电路如图 7.3-2（a）所示。当 $v_{I1} > V_{DD}/2$ 时，G_1、G_2 的输出状态发生翻转，即 $v_{O1} \approx 0$，$v_{O2} \approx V_{DD}$。由于电容 C 上的电压不能瞬时改变，因此 v_{O2} 的阶跃变化使 v_{I1} 由 $V_{DD}/2$ 变为 $3V_{DD}/2$，如图 7.3-3 所示。

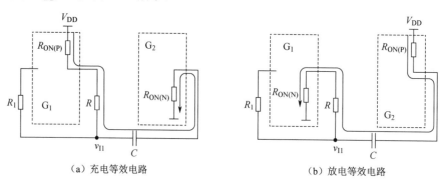

（a）充电等效电路　　　　　　　　　（b）放电等效电路

图 7.3-2　振荡器充放电等效电路

② 状态 $v_{O1} \approx 0$，$v_{O2} \approx V_{DD}$ 也不能长久保持。由于 v_{O2} 为高电平，G_2 通过 $v_{O2} \rightarrow C \rightarrow R \rightarrow v_{O1}$ 路径向电容 C 反向充电，其等效电路如图 7.3-2（b）所示。当 $v_{I1} < V_{DD}/2$ 时，G_1 和 G_2 的输出状态发生翻转，即又回到 $v_{O1} \approx V_{DD}$、$v_{O2} \approx 0$ 的状态。由于电容 C 上的电压不能瞬时改变，因此 v_{I2} 的阶跃变化使 v_{I1} 由 $V_{DD}/2$ 变为 $-V_{DD}/2$，如图 7.3-3 所示。

③ 电容 C 周而复始地正反向充电，使电路输出端产生方波。多谐振荡器的工作波形如图 7.3-3 所示。

3. 振荡周期 T 的计算

振荡周期由 T_1、T_2 两部分组成，参见图 7.3-3。在计算振荡周期时，$R_{ON(N)}$ 和 $R_{ON(P)}$ 可以忽略不计。v_{I1} 充电波形的方程为

$$v_{I1}(t) = v_{I1}(\infty) + [v_{I1}(0^+) - v_{I1}(\infty)]e^{-t/\tau}$$

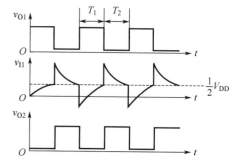

图 7.3-3　多谐振荡器的工作波形

式中，$\tau = RC$，$v_{I1}(0) = -V_{DD}/2$，$v_{I1}(\infty) = V_{DD}$，

$$v_{I1}(T_1) = V_{DD} - \frac{3}{2}V_{DD} \cdot e^{-\frac{T_1}{RC}} = \frac{1}{2}V_{DD}$$

$$T_1 = RC\ln\frac{\frac{3}{2}V_{DD}}{V_{DD} - \frac{1}{2}V_{DD}} = RC \cdot \ln 3 = 1.1RC \tag{7.3-1}$$

同理可求得

$$T_2 = RC\ln 3 = 1.1RC \tag{7.3-2}$$

$$T = T_1 + T_2 = 2.2RC \tag{7.3-3}$$

由于 $T_1 = T_2$，因此图 7.3-1 所示多谐振荡器的输出信号为对称方波。

【例 7.3-1】 在红外遥控发射电路中，为了提高传输信号的抗干扰能力，需要将编码信号调制在较高频率的载波上发射。由 CD4011（二输入与非门 CMOS 集成电路）构成的编码调制电路如图 7.3-4 所

示。当 v_I 为高电平时，v_O 输出一定频率的方波（载波），当 v_I 为低电平时，v_O 输出低电平。试计算其载波的振荡频率。

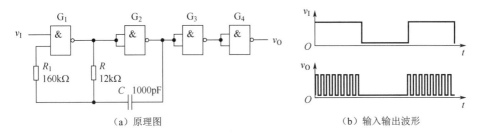

（a）原理图　　　　　　　　　　（b）输入输出波形

图 7.3-4　由 CD4011 构成的调制电路

解： 当 v_I 为高电平时，图 7.3-4（a）所示电路等同于图 7.3-1 所示的多谐振荡电路。根据式（7.3-3），其振荡周期计算如下：

$$T = T_1 + T_2 = 2.2RC = 2.2 \times 12 \times 10^3 \times 1000 \times 10^{-12} \text{s} = 27.4 \mu\text{s}$$

$$f = \frac{1}{T} = \frac{1}{26.4 \mu\text{s}} \approx 38 \text{kHz}$$

当 v_I 加一高低电平组成的数字编码信号时，v_O 就可以得到载波频率 38kHz 的编码调制波形，如图 7.3-4（b）所示。

7.3.2　CMOS 石英晶体振荡器

前述多谐振荡器由于阻容元件及门电路阈值电压随外界条件（主要是温度）变化较大，其频率稳定度一般很难优于 10^{-3}。若要产生频率稳定的方波，就要采用由石英晶体组成的晶体振荡器。

石英晶体等效电路、符号和电抗频率特性如图 7.3-5 所示。从石英晶体的电抗频率特性可知，当外加电压的频率为 f_0 时，它的阻抗最小，等效品质因素 Q 值也很高。只有频率为 f_0 的信号最容易通过，其他频率的信号均会被晶体所衰减。因此，石英晶体的选频特性非常好。石英晶体的谐振频率 f_0 由石英晶体的结晶方向和外形尺寸所决定，具有极高的频率稳定性。

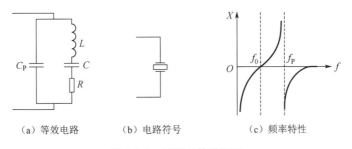

（a）等效电路　　　　（b）电路符号　　　　（c）频率特性

图 7.3-5　石英晶体谐振器

由 CMOS 反相器构成的石英晶体振荡器原理图如图 7.3-6（a）所示。

CMOS 反相器和电阻 R_f 构成高增益放大器。其原理是：在反相器 G_1 的两端跨接了一个反馈电阻 R_f，由于 CMOS 门电路的输入电流几乎等于零，因此 R_f 上没有压降，静态时 G_1 必然工作在 $v_I = v_O$ 的状态，图 7.3-6（b）所示的直线与电压传输特性的交点，就是反相器的静态工作点，$v_I = v_O = V_T = V_{DD}/2$。由于 CMOS 门输入电流极低，因此 R_f 可以取得很大，一般为 $10 \sim 100 \text{M}\Omega$。

v_I 极微小的变化就会使 v_O 输出发生跳变，包含石英晶体的反馈网络将输出信号指定的一部分返回到输入端，使得由石英晶体设定的一个频率上再放大以维持振荡。图 7.3-6（a）中的可调电容 C_2 还可对振荡器的频率进行微调。R_1 和 C_2 的作用是为了有助于实现适当的衰减和相位，同时提供一个低通滤波器的作用，防止晶体高次谐波振荡。

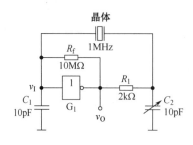
（a）原理图

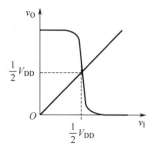
（b）反相器静态工作点

图 7.3-6   石英晶体振荡器

CMOS 晶体振荡器频率精度可以很容易达到 10^{-6}（百万分之一）量级。目前，大部分的单片机芯片内部含有与图 7.3-6（a）类似的石英晶体振荡器。

石英晶体秒脉冲源由 CD4060 和晶体、电阻、电容网络构成，电路如图 7.3-7 所示。CD4060 内部含有构成振荡器的门电路。通过外接元件构成了一个振荡频率为 32.768kHz 的典型石英振荡器。该脉冲源的输出直接接到 14 级计数器，在输出端 Q_{14} 可以得到 0.5s 脉冲（$32768/2^{14} = 2\text{Hz}$）。这种电路常用于电子表、电子钟以及其他定时设备。

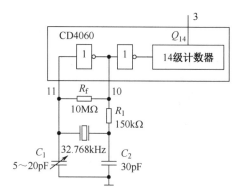

图 7.3-7   石英晶体秒脉冲源

7.4   单稳态触发器

在第 4 章介绍的触发器有两种状态：0 态或 1 态，而且这两种状态都能长久保持，因此这类触发器也可称为双稳态触发器。本节介绍的单稳态触发器虽然也有两种状态：0 态和 1 态，但只有一种状态能长久保持，称为稳态，另一种状态不能长久保持，称为暂稳态。单稳态触发器具有以下特点：

① 有稳态和暂稳态两种状态。

② 平时处于稳态，在外部触发脉冲作用下，由稳态进入暂稳态。

③ 暂稳态维持一定时间后自动回到稳态。

在实际生活中，我们也可找到许多单稳态触发器的应用实例。如楼道灯控制系统，平时楼道灯不亮，当按了按钮（相当于外部加了一个触发信号）后，楼道灯点亮，过了一定时间后自动熄灭。显然，楼道灯有两种状态，灭的状态为稳态，亮的状态为暂稳态。

从电路结构来看，单稳态触发器主要有两类：微分型单稳态触发器和积分型单稳态触发器。微分型单稳态触发器电路中含有 RC 微分电路, 而积分型单稳态触发器电路中含有 RC 积分电路。

7.4.1 由 CMOS 门构成的微分型单稳态触发器

1. 电路组成

微分型单稳态触发器由门电路和 RC 微分电路组成。微分型单稳态触发器中的门电路既可以是与非门, 也可以是或非门, 既可以是 CMOS 门电路, 也可以是 TTL 门电路。图7.4-1 所示是由 CMOS 或非门构成的单稳态触发器。

图中, G_1、G_2 为 CMOS 或非门(G_2 可以视为输入端连在一起的或非门), R、C 构成微分电路。v_I 为输入触发器脉冲, v_{O1}、v_O 分别为 G_1、G_2 的输出电压, v_{I2} 为 G_2 的输入电压。由或非门构成的单稳态触发器采用正脉冲触发, 而由与非门构成的单稳态触发器采用负脉冲触发。

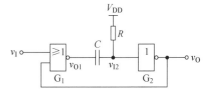

图 7.4-1 由 CMOS 或非门构成的单稳态触发器

2. 工作原理分析

分析单稳态触发器的工作原理一般应解决 3 个问题: ① 什么是稳态? ② 如何在外部触发脉冲作用下, 由稳态进入暂稳态? ③ 暂稳态如何自动地回到稳态?

(1) 单稳态触发器的稳态

单稳态触发器处于稳态时, 输入端无触发脉冲, 因此 v_I 为低电平(因为是正脉冲触发), 同时, 电容 C 无充放电存在, 因此电容 C 相当于断开。根据这些条件, 首先可以确定 G_2 的输出为低电平(因为 G_2 的输入端被电阻 R 上拉成高电平), 然后可以确定 G_1 的输出为高电平(因为 G_1 的两个输入均为低电平)。由此得到单稳态触发器的稳态: $v_{O1} \approx V_{DD}$, $v_O \approx 0$。

(2) 当 v_I 加一正脉冲时, 由稳态进入暂稳态

当 v_I 加一正脉冲时, v_I 变为高电平, G_1 的输出 v_{O1} 立即变为低电平。由于电容 C 两端的电压不能突变, 因此 v_{I2} 也立即变为低电平, G_2 的输出 v_O 变为高电平, 电路进入暂稳态: $v_{O1} \approx 0$, $v_O \approx V_{DD}$。这里有一正反馈现象:

正反馈的作用是改善 v_{O1}、v_O 的边沿。

(3) 暂稳态自动回到稳态

进入暂稳态后, V_{DD} 经过 R 向电容 C 充电, v_{I2} 逐渐上升, 当 v_{I2} 上升到 $V_{DD}/2$ 时, G_2 输出低电平。如果触发脉冲已经消失, 即 v_I 已由高电平回到低电平, 则 G_1 输出变为高电平, 电路回到稳态: $v_{O1} \approx V_{DD}$, $v_O \approx 0$。由暂稳态回到稳态的过程中, 也有正反馈现象:

$$v_{I2} \uparrow \longrightarrow v_O \downarrow \longrightarrow v_{O1} \uparrow$$

回到稳态后, 电容 C 处于放电的状态, 放电回路由 G_1 的输出级导通管、电容 C、电阻 R 构成。随着放电过程的进行, v_{I2} 逐步趋向 V_{DD}。单稳态触发器整个工作波形如图 7.4-2 所示。

需要指出的是, 在由暂稳态回到稳态时, v_{O1} 由 0 上跳变到 V_{DD}, 由于电容 C 两端的电压不能突变, 因此理论上讲, v_{I2} 将在 $V_{DD}/2$ 的基础上增加 V_{DD}, 达到 $3V_{DD}/2$, 但考虑 CMOS 门输入保护二极管的钳位作用, 使 v_{I2} 最大只能达到 $V_{DD} + 0.7V$, 所以图 7.4-2 中 v_{I2} 的波形只有 1 个 "小尖"。

3. 主要参数及计算

为了定量地描述单稳态触发器的性能, 经常使用以下 4 个参数。

（1）暂稳态维持时间 t_{W}（输出脉冲宽度）

由单稳态触发器的工作原理可知，暂稳态维持时间 t_{W} 是电容 C 开始充电至电压升高到 $V_{\mathrm{DD}}/2$ 时所需的时间。因此，只要求出电容 C 充电过程的电压方程，即可求得 t_{W}。由图 7.4-2 可知，C 的充电波形就是 v_{I2} 的指数上升段波形，如果以电容 C 开始充电为时间起始点，则电容 C 的充电过程可表示为

$$v_{\mathrm{C}}(t) = V_{\mathrm{C}}(\infty) - [V_{\mathrm{C}}(\infty) - V_{\mathrm{C}}(0)]\mathrm{e}^{-t/\tau}$$

将 $V_{\mathrm{C}}(0) \approx 0$，$V_{\mathrm{C}}(\infty) \approx V_{\mathrm{DD}}$，$\tau = RC$ 代入上式得

$$v_{\mathrm{C}}(t) = V_{\mathrm{DD}}\left(1 - \mathrm{e}^{-\frac{t}{RC}}\right)$$

当 $v_{\mathrm{C}}(t) = V_{\mathrm{T}} = V_{\mathrm{DD}}/2$ 时，$t = t_{\mathrm{W}}$，代入上式可求得

$$t_{\mathrm{W}} = RC\ln 2 \approx 0.7RC \tag{7.4-1}$$

（2）恢复时间 t_{re}

恢复时间 t_{re} 是电容 C 放电所需的时间。一般认为，经过 3～5 倍于电路时间常数的时间以后，RC 电路已基本达到稳态。根据单稳态触发器的工作原理分析，可以画出电容 C 放电的等效电路，如图7.4-3 所示。如果 VD 的正向导通电阻比 R 和门 G_1 的输出电阻 R_{ON} 小得多，则恢复时间为

$$t_{\mathrm{re}} \approx (3 \sim 5)R_{\mathrm{ON}}C \tag{7.4-2}$$

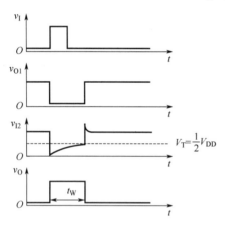

图 7.4-2 单稳态触发器的工作波形

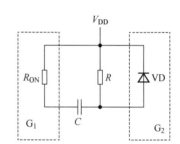

图 7.4-3 电容 C 放电等效电路

（3）最高工作频率 $f_{\max}$

在暂稳态期间 t_{W} 和恢复时间 t_{re} 内，电路不响应触发信号，因此，两个触发信号之间的最小时间间隔为

$$t_{\mathrm{d}} = t_{\mathrm{W}} + t_{\mathrm{re}} \tag{7.4-3}$$

其中，t_{d} 称为分辨时间，其倒数即为单稳态触发器的最高工作频率：

$$f_{\max} = 1/t_{\mathrm{d}} \tag{7.4-4}$$

（4）输出脉冲幅度 V_{m}

$$V_{\mathrm{m}} = V_{\mathrm{OH}} - V_{\mathrm{OL}} \approx V_{\mathrm{DD}} \tag{7.4-5}$$

4. 触发脉冲宽度对单稳态触发器工作的影响

在前面分析单稳态触发器工作原理的第（3）步中，假设暂稳态回到稳态时触发脉冲已由高电平转换成低电平，这意味着要求触发脉冲 v_{I} 的脉冲宽度小于暂稳态维持时间 t_{W}。如果 v_{I} 的宽度大于 t_{W}，则当 G_2 的输出 v_{O} 由高电平向低电平跳变时，由于 v_{I} 仍为高电平，v_{O1} 将继续为低电平，电容 C 继续处于充

电状态，v_{12} 缓慢上升，使 v_O 下降沿变差。其工作波形如图7.4-4所示。

为了在输入宽脉冲的情况下也能正常工作，通常在如图 7.4-1 所示的单稳态触发器前面加一微分电路，如图 7.4-5（a）所示。通过由 C_d 和 R_d 组成的微分电路，就可以将宽脉冲转化成很窄的正、负脉冲，如图 7.4-5（b）所示。窄脉冲的宽度取决于 C_d 和 R_d 的乘积。注意，v_I' 中的负脉冲对单稳态触发器不起作用，只有正脉冲对单稳态触发器起作用。

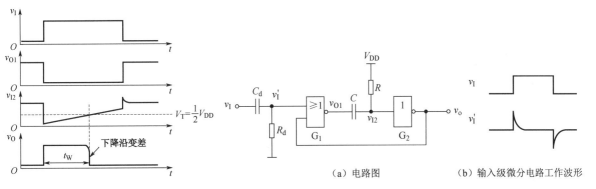

图 7.4-4　宽脉冲触发时的工作波形　　　　　图 7.4-5　输入端具有微分电路的单稳态触发器

7.4.2　集成单稳态触发器

用门电路组成单稳态触发器虽然电路结构简单，但存在着触发方式单一、使用不便的缺点。在 TTL 和 CMOS 集成电路中，包含了多种型号的单片集成单稳态触发器。这些器件使用时只需外接很少的元件和连线，使用十分方便。这里介绍常用的集成单稳态触发器 74LS121，其简化的原理图如图 7.4-6 所示。

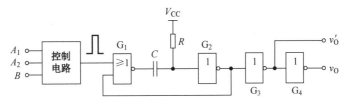

图 7.4-6　74LS121 简化原理图

74LS121 内部电路由控制电路、微分型单稳态触发器和输出缓冲电路几部分组成。控制电路根据 A_1、A_2、B 的输入状态产生窄脉冲（该窄脉冲宽度保证小于暂稳态维持时间）。一旦控制电路产生窄脉冲，单稳态触发器立即进入暂稳态，v_0 和 v_0' 输出互补的脉冲信号。输出缓冲电路 G_3 和 G_4 用于提高电路的带负载能力。当出现以下几种情况时，控制电路将产生窄脉冲：

① 若 A_1、A_2 中至少有一个接低电平时，同时在 B 端输入一上升沿。

② 若 B 端接高电平时，A_1、A_2 中至少有一个输入下降沿。

可见，通过给 A_1、A_2 和 B 施加合适的信号，74LS121 既可以上升沿触发，也可以下降沿触发。集成单稳态触发器 74LS121 的功能表如表 7.4-1 所示。

表 7.4-1　74LS121 功能表

B	A_2	A_1	v_O	v_O'	功能
0	×	×	0	1	保持（处于稳态）
×	1	1	0	1	

续表

B	A_2	A_1	v_O	v_O'	功能
↑	×	0			用 B 正边沿触发
↑	0	×			
1	1	↓			用 A 负边沿触发
1	↓	1			
1	↓	↓			

74LS121 的暂稳态维持时间由 R、C 值决定。为了方便调节暂稳态维持时间，C、R 应通过外部引脚连接。实际的 74LS121 的内部逻辑框图和逻辑符号如图 7.4-7 所示。

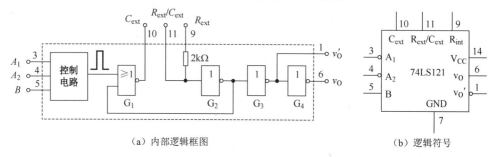

（a）内部逻辑框图   （b）逻辑符号

图 7.4-7   74LS121 的内部框图和逻辑符号

在使用 74LS121 时，电容 C 连接在芯片的 10 引脚和 11 引脚之间，电阻 R 可根据输出脉宽的要求采用外接电阻或芯片内部电阻。图 7.4-8 所示为 74LS121 的两种典型接法。

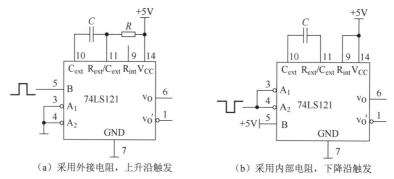

（a）采用外接电阻，上升沿触发   （b）采用内部电阻，下降沿触发

图 7.4-8   74LS121 的两种典型接法

7.4.3　单稳态触发器的应用

1. 整形

利用单稳态触发器可以把脉冲宽度不一致的脉冲信号变成脉冲宽度一致、边沿特性好的脉冲信号。例如，将脉冲宽度不一致的脉冲信号 v_I[见图 7.4-9（a）]加到图 7.4-8（a）所示的单稳态触发器电路，就可得到脉冲宽度一致、边沿特性好的输出波形 v_O，如图 7.4-9 所示。由于图 7.4-8（a）所示的单稳态触发器电路采用上升沿触发，因此，v_O 的边沿与 v_I 的上升沿对齐。v_O 的脉冲宽度就是暂稳态维持时间，由外接 R、C 决定。

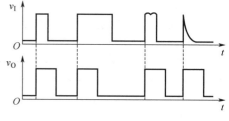

图 7.4-9   脉冲整形

2．定时（或延时）

单稳态触发器的暂稳态时间由 R、C 决定，因此，单稳态触发器常用于定时或延时。图 7.4-10 所示为一个实际的楼道灯延时开关电路。

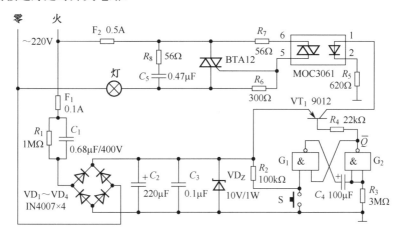

图 7.4-10　楼道灯延时开关电路

电路组成及工作过程如下：电路由 C_1、R_1、$VD_1 \sim VD_4$、C_2、C_3 和 VD_Z 组成电容降压、桥式整流、电容滤波、稳压管稳压电路，以提供 10V 的电源电压。由 CD4011 的两个与非门 G_1、G_2 构成单稳态触发器，VT_1（9012）和光耦 MOC3061 组成对双向可控硅 BTA12 的控制电路。当 S 未被按下时，单稳态电路处于稳态，$\overline{Q}$ 输出高电平，VT_1 截止，BTA12 不导通，灯不亮。当按下开关 S 后，单稳态触发器进入暂稳态，$\overline{Q}$ 输出低电平，VT_1 导通，光耦 1 脚为高电平，BTA12 导通，灯亮。单稳态的维持时间 $t_W = 0.7R_3C_4$，约为 3 分钟。

7.5　555 定时器及应用

555 定时器是一种将模拟电路的功能与数字电路的功能巧妙地结合在同一硅片上的多用途集成电路，设计新颖，构思奇巧。自从美国 Signetics 公司于 1972 年生产出第一片 555 定时器后，世界上主要的半导体公司相继生产了各自的 555 定时器产品，型号繁多。555 定时器产品也分为双极型和 CMOS 型，双极型产品型号的最后 3 位数码都是 555，CMOS 产品型号的最后 4 位数码都是 7555。不管是双极型还是 CMOS 型，555 定时器芯片的功能和引脚排列都完全相同。

7.5.1　CMOS 集成定时器 7555 的电路结构和工作原理

1．7555 定时器的电路结构

7555 定时器的内部由分压器、电压比较器 C_1 和 C_2、基本 SR 锁存器、放电三极管 N_1 和缓冲器 G 组成。其内部电路结构和引脚排列如图 7.5-1 所示。每一部分的电路说明如下。

① 分压器由 3 个完全相同的电阻 R 组成，最早推出的 555 集成电路采用 3 个误差极小的 5kΩ 电阻，这也是 555 名称的由来。3 个电阻产生两个分压值：$V_{TH} = 2V_{DD}/3$，$V_{TL} = V_{DD}/3$，为 C_1 和 C_2 提供基准电压。为了实现附加的灵活性，用户可以通过第 5 引脚 V_{CO} 自行调整 V_{TH} 的值。无论 V_{TH} 的值为多少，总有 $V_{TL} = V_{TH}/2$。

② 两个电压比较器 C_1 和 C_2。比较器有两个输入，称正向电压输入和反向电压输入。当正向电压高于反向电压时，比较器输出高电平，否则，输出低电平。

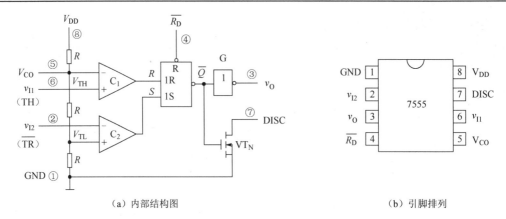

（a）内部结构图　　　　　　　　　（b）引脚排列

图 7.5-1　7555 定时器内部结构图和引脚排列

表 7.5-1　基本 RS 锁存器功能表

$\overline{R_D}$	S	R	$\overline{Q}$
0	×	×	1
1	0	0	不变
1	0	1	1
1	1	0	0
1	1	1	0

③ 基本 SR 锁存器由两个或非门组成，$\overline{R_D}$ 为外部复位端。其功能表如表 7.5-1 所示。

④ 放电管 VT_N 为一漏极开路的 NMOS 管，接在 DISC 端的电容可以通过导通的 VT_N 放电，所以 VT_N 也称为放电管。

⑤ 缓冲器 G 由低阻的 CMOS 反相器构成，用以提高定时器的负载能力并隔离负载对定时器的影响。

2. 7555 定时器的功能描述

当 $\overline{R_D}$ 为低电平时，基本 SR 锁存器输出 $\overline{Q}$ 为高电平，VT_N 导通，v_O 输出低电平。

当 $\overline{R_D}$ 为高电平时，电路有如下 4 种工作状态：

① 当 $v_{I1} < 2V_{DD}/3$，$v_{I2} < V_{DD}/3$ 时，比较器 C_1 输出低电平，$R = 0$，比较器 C_2 输出高电平，$S = 1$。基本 SR 锁存器置为 1 态，$\overline{Q}$ 输出低电平，VT_N 截止，同时 v_O 输出高电平。

② 当 $v_{I1} > 2V_{DD}/3$，$v_{I2} > V_{DD}/3$ 时，比较器 C_1 输出高电平，$R = 1$，比较器 C_2 输出低电平，$S = 0$。基本 SR 锁存器置为 0 态，$\overline{Q}$ 输出高电平，VT_N 导通，同时 v_O 输出低电平。

③ 当 $v_{I1} < 2V_{DD}/3$，$v_{I2} > V_{DD}/3$ 时，比较器 C_1 输出低电平，$R = 0$，比较器 C_2 输出低电平，$S = 0$。基本 SR 锁存器状态维持不变，VT_N 和 v_O 输出保持原来的状态不变。

④ 当 $v_{I1} > 2V_{DD}/3$，$v_{I2} < V_{DD}/3$ 时，比较器 C_1 输出高电平，$R = 1$，比较器 C_2 输出高电平，$S = 1$。基本 SR 锁存器中两个或非门均输出低电平，$\overline{Q}$ 输出低电平，VT_N 截止，同时 v_O 输出高电平。

根据以上分析，可得到 7555 定时器的功能表如表 7.5-2 所示。

表 7.5-2　7555 定时器功能表

输入			输出			
$\overline{R_D}$	v_{I1}	v_{I2}	S	R	v_O	VT_N 状态
0	×	×	×	×	0	导通
1	$< 2V_{DD}/3$	$< V_{DD}/3$	1	0	1	截止
1	$> 2V_{DD}/3$	$> V_{DD}/3$	0	1	0	导通
1	$< 2V_{DD}/3$	$> V_{DD}/3$	0	0	不变	不变
1	$> 2V_{DD}/3$	$< V_{DD}/3$	1	1	1	截止

7.5.2　555 定时器构成的施密特触发器

将 555 定时器的 v_{I1} 和 v_{I2} 输入端连在一起，就构成如图7.5-2所示的施密特触发器。

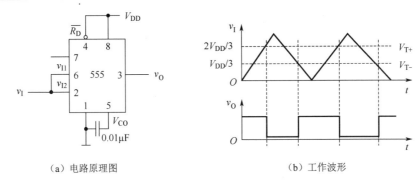

（a）电路原理图　　　　　　　　　　　　　（b）工作波形

图 7.5-2　555 定时器构成的施密特触发器

　　555 定时器内部电压比较器是分析 555 定时器应用电路原理的桥梁。结合图 7.5-1 所示的 555 定时器内部结构图和图 7.5-2 所示的电路原理图，可以得到 555 定时器内部电压比较器的输入端连接如图 7.5-3 所示。

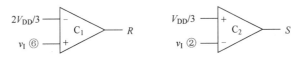

图 7.5-3　图 7.5-2（a）所示电路内部电压比较器连接图

　　工作原理分析如下：

　　① 如果 v_I 由 0 开始增加，当 $v_I < V_{DD}/3$ 时，由图7.5-3 所示比较器可知，$R = 0$，$S = 1$，基本 SR 锁存器置 1 态，v_O 输出高电平。

　　② v_I 继续增加，当 $V_{DD}/3 < v_I < 2V_{DD}/3$ 时，由图7.5-3 所示比较器可知，$R = 0$，$S = 0$，基本 SR 锁存器状态维持不变，v_O 输出仍为高电平。

　　③ v_I 继续增加到 $v_I > 2V_{DD}/3$，由图7.5-3 所示比较器可知，$R = 1$，$S = 0$，基本 SR 锁存器置 0 态，v_O 输出低电平。

　　④ 如果 v_I 从大于 $2V_{DD}/3$ 的电压值下降，当 $V_{DD}/3 < v_I < 2V_{DD}/3$ 时，由图7.5-3 所示比较器可知，$R = 0$，$S = 0$，基本 SR 锁存器状态维持不变，v_O 输出仍为低电平。

　　⑤ 如果 v_I 继续下降，当 $v_I < V_{DD}/3$ 时，$R = 0$，$S = 1$，基本 SR 锁存器置 1 态，v_O 输出高电平。

　　施密特触发器的工作波形如图 7.5-2（b）所示。从工作波形可知，图 7.5-2（a）所示施密特触发器为一反相施密特触发器，其阈值电压 $V_{T+} = 2V_{DD}/3$，$V_{T-} = V_{DD}/3$。通过 V_{CO} 外加一个参考电压，即可调节施密特触发器的阈值电压，即 $V_{T+} = V_{CO}$，$V_{T-} = V_{CO}/2$，$\Delta V_T = V_{CO}/2$。

7.5.3　555 定时器构成的多谐振荡器

　　施密特触发器的重要应用之一就是构成多谐振荡器。利用 RC 积分电路将反相施密特触发器的输出电压反馈到输入端，就构成多谐振荡器（原理图参见图 7.2-11）。图 7.5-4（a）所示就是根据上述原理得到的由 555 定时器构成的多谐振荡器。先将 555 定时器的 v_{I1} 和 v_{I2} 连在一起接成施密特触发器，然后再将施密特触发器的输出经 RC 积分电路接回到它的输入端。为了避免 RC 积分电路对 555 定时器输出的影响，RC 积分电路不与 v_O 直接相连，而是与内部泄放管 VT_N[见图 7.5-1（a）]的漏极 DISC 端相连。由于 VT_N 和 R_1 实际上构成一个反相器，DISC 端输出电平与 v_O 端的输出电平始终一致。习惯上，由 555 构成的多谐振荡器画成如图 7.5-4（b）所示的形式。

　　根据图 7.5-4 所示的多谐振荡器原理图，可以得到 555 定时器内部电压比较器的输入端连接如图 7.5-5 所示。

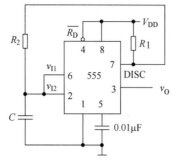
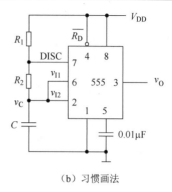

（a）由施密特触发器转化而成的多谐振荡器　　　　　　　　（b）习惯画法

图 7.5-4　555 定时器构成的多谐振荡器

工作原理分析如下：

① 当接上电源后，电容 C 上无电荷，$v_C = 0V$，得 $R = 0$，$S = 1$，基本 SR 锁存器置 1 态，v_O 输出高电平，VT_N 截止。

② 因为 VT_N 截止，电源 V_{DD} 将通过 R_1、R_2 向电容 C 充电，v_C 逐渐上升，当 $v_C > 2V_{DD}/3$ 时，$R = 1$，$S = 0$，基本 SR 锁存器被置 0 态，v_O 输出低电平，VT_N 导通。

③ 因为 VT_N 导通，电容 C 将通过 R_2 和 VT_N 放电，v_C 逐渐下降，当 $v_C < V_{DD}/3$ 时，$R = 0$，$S = 1$，基本 SR 锁存器置 1 态，$v_O = 1$，VT_N 截止，对电容 C 的充电又重新开始。

多谐振荡器的工作波形如图 7.5-6 所示。

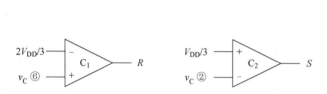

图 7.5-5　图 7.5-4（a）所示电路内部双比较器连接图　　　图 7.5-6　555 定时器构成的多谐振荡器工作波形

通过 v_C 的暂态方程，求得

$$T_1 = 0.7(R_1 + R_2)C, \quad T_2 = 0.7R_2C, \quad T = 0.7(R_1 + 2R_2)C \tag{7.5-1}$$

$$f = \frac{1}{T} = \frac{1}{0.7(R_1 + 2R_2)C} \tag{7.5-2}$$

$$q = \frac{T_1}{T} = \frac{R_1 + R_2}{R_1 + 2R_2} \tag{7.5-3}$$

555 定时器构成的多谐振荡器输出方波信号的频率上限，是由比较器、锁存器以及晶体管开关的组合传输延时决定的。一些 555 定时器芯片可以很容易地工作到兆赫兹的范围。频率下限取决于外部元件值实际能做多大。因为对于极低的输入电流，CMOS 定时器可以采用大的外部电阻，所以不需要过大的电容就有很大的时间常数。

【例 7.5-1】 在图 7.5-4 所示的电路中，选择适当的元件值，使输出信号频率 $f = 50\text{kHz}$，且占空比 $q = 75\%$。

解：令 $C = 1000\text{pF}$，则

$$R_1 + 2R_2 = \frac{1}{0.7 \times C \times f} = \frac{1}{0.7 \times 1000 \times 10^{-12} \times 50 \times 10^3} \approx 28.6\text{k}\Omega$$

根据

$$q = \frac{T_1}{T} = \frac{R_1 + R_2}{R_1 + 2R_2} = 75\%$$

可知 $R_1 = 2R_2$，解得 $R_1 = 14.3\text{k}\Omega$，$R_2 = 7.15\text{k}\Omega$。

从式（7.5-3）所示的占空比 q 的表达式可知，图 7.5-4 所示的多谐振荡器的占空比始终大于 50%。要得到占空比为 50% 的对称方波信号，一种简单的办法是给输出级再加 T′触发器，另一种方法是采用图 7.5-7 所示的占空比任意可调的多谐振荡器电路。由于电路中加了二极管 VD_1 和 VD_2，电容的充电和放电回路完全独立，即充电电流只通过 R_1，放电电流只通过 R_2，因此可得到

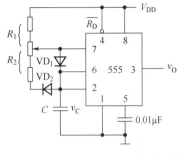

图 7.5-7 占空比任意可调的多谐振荡器

$$T_1 = 0.7R_1C, \quad T_2 = 0.7R_2C$$

$$T = 0.7(R_1 + R_2)C \qquad (7.5\text{-}4)$$

$$f = \frac{1}{T} = \frac{1}{0.7(R_1 + R_2)C} \qquad (7.5\text{-}5)$$

$$D = \frac{T_1}{T} = \frac{R_1}{R_1 + R_2} \qquad (7.5\text{-}6)$$

7.5.4 555 定时器构成的单稳态触发器

由 555 定时器构成的单稳态触发器如图 7.5-8 所示。图中 v_I 为单稳态触发器触发信号，采用负脉冲触发，从 555 定时器的 v_{I2} 端输入。

工作原理分析如下。

① 电路的稳态。电路刚接通电源时，电容 C 上无电荷，所以 $v_C = 0$，这时如果输入端无触发脉冲，则 v_I 处于高电平（因为是负脉冲触发），电压比较器 C_1 和 C_2 的输出 $R = 0$，$S = 0$，基本 SR 锁存器的状态维持不变。由于刚接通电源时，基本 SR 锁存器的状态是随机的，因此下面应分两种情况分析：第一种情况，假设接通电源后基本 SR 锁存器处于 0 态，则 $\overline{Q} = 1$，VT_N 导通，v_O 输出低电平。由于电容 C 始终保持在放电状态，即 $v_C \approx 0$，因此这种状态将维持不变。第二种情况，假设接通电源后基本 SR 锁存器处于 1 态，则 $\overline{Q} = 0$，VT_N 截止，V_{DD} 通过电阻 R 向电容 C 充电，当 $v_C > 2V_{DD}/3$ 时，电压比较器 C_1 和 C_2 的输出 $R = 1$，$S = 0$，基本 SR 锁存器的状态置 0，使 $\overline{Q} = 1$，VT_N 导通，v_O 输出低电平。然后，电容 C 通过 VT_N 迅速放电，使电压比较器 C_1 和 C_2 的输出 $R = 0$，$S = 0$，基本 SR 锁存器的状态维持不变，电路进入 v_O 输出低电平的稳定状态。

结论：在不加触发信号时，不管基本 SR 锁存器的初始状态是 0 还是 1，电路最后一定处于稳定的状态 $v_O = 0$。

② 当 v_I 来一个负脉冲，使 $v_I < V_{DD}/3$ 时，电压比较器 C_2 的输出由 0 变为 1，$R = 0$，$S = 1$，基本 SR 锁存器置 1，$\overline{Q} = 0$，VT_N 截止，v_O 输出高电平，电路进入暂稳态 $v_O = 1$。

③ 由于 VT_N 截止，电源 V_{DD} 通过 R 向电容 C 充电，当 v_C 升到 $2V_{DD}/3$ 时，电压比较器 C_1 的输出由 0 变为 1，假设此时负脉冲已结束，v_I 又回到高电平，电压比较器 C_2 的输出由 1 变为 0，因此 $R = 1$，$S = 0$，基本 SR 锁存器置 0，$\overline{Q} = 1$，VT_N 导通，v_O 输出低电平，电路又回到稳态。VT_N 导通后，电容 C 通过 VT_N 迅速放电，使 v_C 由 $2V_{DD}/3$ 变为 0，电压比较器 C_1 的输出由 1 变为 0，$R = 0$，$S = 0$，基本 SR 锁存器的状态保持不变。

单稳态触发器的工作波形如图 7.5-9 所示。

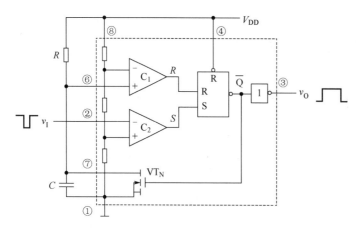
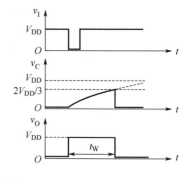

图 7.5-8　555 定时器构成的单稳态触发器　　　　图 7.5-9　单稳态触发器的工作波形

根据"三要素"法得到电容充电的电压方程为

$$v_C(t) = v_C(\infty) + [v_C(0^+) - v_C(\infty)]e^{-t/\tau} \qquad (7.5\text{-}7)$$

将 $v_C(\infty) = V_{DD}$，$v_C(0^+) = 0\text{V}$，$\tau = RC$ 代入式（7.5-7）得

$$v_C(t) = V_{DD}\left(1 - e^{-\frac{t}{RC}}\right) \qquad (7.5\text{-}8)$$

当 $v_C(t) = 2V_{DD}/3$ 时，$t = t_W$，代入式（7.5-8）可得

$$t_W = RC\ln 3 = 1.1RC \qquad (7.5\text{-}9)$$

从式（7.5-9）可以看到，t_W 与 V_{DD} 无关。t_W 的范围可以做到几微秒至数分钟，精度可达 0.1%。

值得指出的是，图 7.5-8 所示的单稳态触发器在暂稳态期间内加入重触发脉冲，则该脉冲不起作用，不可重复触发的单稳态触发器工作波形如图 7.5-10 所示。这是因为在暂稳态期间，重触发脉冲并不能改变基本 SR 锁存器的状态，VT_N 仍然截止，v_C 仍然上升。这种单稳态触发器称为不可重复触发的单稳态触发器。

将图 7.5-8 所示单稳态触发器经过适当的变化，可以做成可重复触发单稳态触发器，其原理图如图 7.5-11 所示。

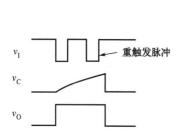
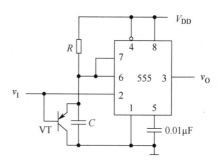

图 7.5-10　不可重复触发的单稳态触发器工作波形　　　图 7.5-11　可重复触发单稳态触发器原理图

在电容 C 两端加一个 PNP 的三极管，当 v_I 加一负脉冲时，VT 导通，C 上的电荷立即通过 VT 泄放。可重复触发单稳态触发器的波形如图 7.5-12 所示。

可重复触发单稳态触发器可用于检测丢失脉冲。假如有一个脉冲信号 v_I，周期为 T，将该信号作为可重复触发单稳态触发器的触发脉冲。如果单稳态触发器的暂稳态维持时间 t_W 大于脉冲信号的周期 T，那么单稳态触发器始终处于暂稳态，输出 v_O 始终处于高电平。当有一个脉冲丢失时，单稳态触发器就会回到稳态，v_O 输出低电平，如图 7.5-13 所示。因此，可以用 v_O 的电平来判断是否有脉冲丢失。当然，暂稳态维持时间 t_W 也不能太长，如果它超过脉冲信号周期 T 的 2 倍，就只有在连续丢失 2 个以上的脉冲时才能检测到。

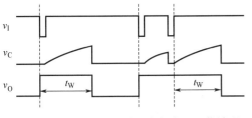

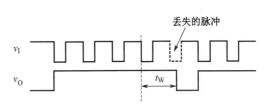

图 7.5-12　可重复触发单稳态触发器工作波形　　　　图 7.5-13　丢失脉冲时检测电路的工作波形

本 章 小 结

1. 施密特触发器和单稳态触发器是两种最常用的脉冲信号整形电路。施密特触发器输出脉冲的宽度是由输入信号决定的。单稳态触发器的输出脉冲的宽度完全由电路参数决定，与输入信号无关，输入信号只起触发作用。多谐振荡器是典型的脉冲信号产生电路，它不需要外加输入信号，只要提供电源，就可以自动产生脉冲信号。

2. 施密特触发器、单稳态触发器和多谐振荡器有多种电路构成形式。常见的电路组成有两种，一种由门电路构成，另一种由 555 定时器构成。无论电路的具体结构如何，凡是含有 RC 元件的脉冲电路，分析的关键就是电容的充放电，而关键的连接点就是与电容相连的元件输入端。

自我检测题

1. 理想方波的主要参数有频率（周期）、幅度、_____。

2. 实际方波信号的上升时间定义是上升沿从_____上升到_____所需的时间。

3. 方波信号的获取有两种方法，一种是直接产生，一种是利用已有信号_____或_____产生。

4. 施密特触发器的主要参数有_____、_____和_____。

5. 在图 7.2-3 所示的施密特触发器中，如果 $R_1 > R_2$，则当 $v_i = 0V$ 时，G_1 和 G_2 的输出状态_____。

6. 为了构成多谐振荡器，应采用_____（同、反）相施密特触发器。

7. 多谐振荡器也称方波发生器，"多谐"是指方波中除基波成分外，还含有_____。

8. 单稳态触发器分为不可重触发及可重触发两类，其中可重触发指的是在_____期间，能够接收新的触发信号，重新开始暂稳态过程。

9. 如图 T7.9 所示是用 CMOS 或非门组成的单稳态触发器电路，v_I 为输入触发脉冲。指出稳态时 a、b、d、e 各点的电平高低；为加大输出脉冲宽度所采取的下列措施哪些是对的，哪些是错的。如果是对的，在（　）内打 √，如果是错的，在（　）内打 ×。

（1）加大 R_d（　）；

（2）减小 R（　）；

（3）加大 C（　）；

（4）提高 V_{DD}（　）；

（5）增加输入触发脉冲的宽度（　）。

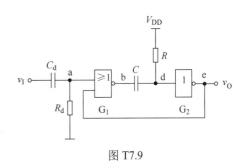

图 T7.9

10. 4 个电路输入 v_I、输出 v_O 的波形如图 T7.10 所示，试写出分别实现下列功能的最简电路类型（不必画出电路）。

（a）_____；（b）_____；（c）_____；（d）_____。

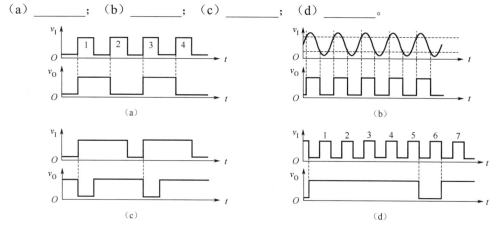

图 T7.10

11. 单稳态触发器的主要用途是_____。
　　A. 整形、延时、鉴幅　　　　　　　　　B. 延时、定时、存储
　　C. 延时、定时、整形　　　　　　　　　D. 整形、鉴幅、定时

12. 为了将正弦信号转换成与之频率相同的脉冲信号，可采用_____。
　　A. 多谐振荡器　　　B. 移位寄存器　　　C. 单稳态触发器　　　D. 施密特触发器

13. 将三角波变换为矩形波，需选用_____。
　　A. 单稳态触发器　　　B. 施密特触发器　　　C. 多谐振荡器　　　D. 双稳态触发器

14. 滞后性是_____的基本特性。
　　A. 多谐振荡器　　　B. 施密特触发器　　　C. T 触发器　　　D. 单稳态触发器

15. 自动产生矩形波脉冲信号的为_____。
　　A. 施密特触发器　　　B. 单稳态触发器　　　C. T 触发器　　　D. 多谐振荡器

16. 由 CMOS 门电路构成的单稳态电路的暂稳态时间 t_w 为_____。
　　A. $0.7RC$　　　B. RC　　　C. $1.1RC$　　　D. $2RC$

17. 已知某电路的输入输出波形如图 T7.17 所示，则该电路可能为_____。
　　A. 多谐振荡器　　　B. 双稳态触发器　　　C. 单稳态触发器　　　D. 施密特触发器

18. 由 555 定时器构成的单稳态触发器，其输出脉冲宽度取决于_____。
　　A. 电源电压　　　　　　　　　　　　　B. 触发信号幅度
　　C. 触发信号宽度　　　　　　　　　　　D. 外接 R、C 的数值

19. 由 555 定时器构成的电路如图 T7.19 所示，该电路的名称是_____。
　　A. 单稳态触发器　　　B. 施密特触发器　　　C. 多谐振荡器　　　D. SR 触发器

图 T7.17

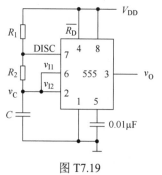

图 T7.19

习　　题

1．脉冲信号如图 P7.1 所示，写出上升时间、下降时间、脉冲宽度、幅值。

2．电路如图 P7.2 所示，G_1、G_2 均为 CMOS 系列。

（1）说出电路名称。

（2）画出其传输特性。

（3）列出主要参数的计算公式。

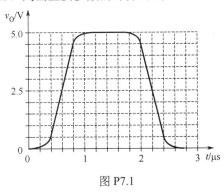

图 P7.1

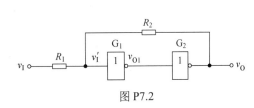

图 P7.2

3．用施密特触发器构成的多谐振荡器如图 7.2-11（a）所示。

（1）设施密特触发器的阈值电压分别为 V_{T+} 和 V_{T-}，试推导 T_1 和 T_2 的计算式。

（2）如果施密特触发器采用如图 7.2-3 所示的电路，试分析多谐振荡器输出方波的占空比为多少。

（3）若要求方波的占空比可调，图 7.2-11（a）所示电路应如何改进？

4．由 CD40106 构成的电路如图 P7.4（a）所示，图 P7.4（b）为 CD40106 的电压传输特性曲线，图 P7.4（c）中的输入 v_I 高电平脉宽和低电平脉宽均大于时间常数 RC。要求画出 v_I 作用下的 v_A、v_{O1} 和 v_{O2} 波形。

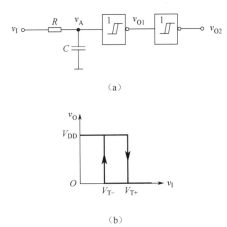

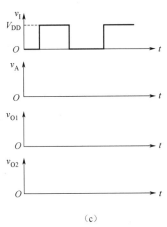

图 P7.4

5．如图 P7.5 所示电路为由 CMOS 或非门构成的单稳态触发器。

（1）画出加入触发脉冲 v_I 后，v_{O1} 及 v_{O2} 的工作波形。

（2）写出输出脉宽 t_W 的表达式。

6．用集成定时器 555 所构成的施密特触发器电路及输入波形 v_I 如图 P7.6 所示，试画出对应的输出波形 v_O。

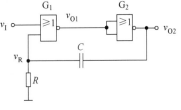

图 P7.5

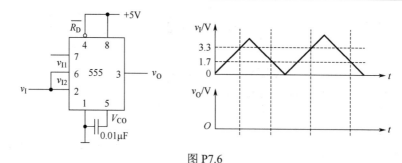

图 P7.6

7. 由集成定时器 555 构成的电路如图 P7.7 所示，请回答下列问题：

（1）构成电路的名称。

（2）已知输入信号波形 v_I，画出电路中 v_O 的波形（标明 v_O 波形的脉冲宽度）。

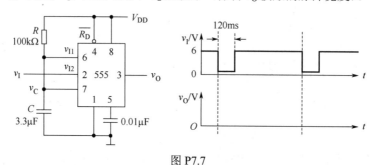

图 P7.7

8. 图 P7.8（a）所示为由 555 定时器构成的心率失常（这里特指偶尔出现的两次心跳间隔变长）报警电路。经放大后的心电信号 v_I 如图 P7.8（b）所示，v_I 的峰值 $V_m=4$V。

（1）分别说出 555 定时器 I 和 555 定时器 II 所构成的单元电路的名称。

（2）对应 v_I 分别画出 A、B、D 三个节点的波形。

（3）说明心率失常报警的工作原理。

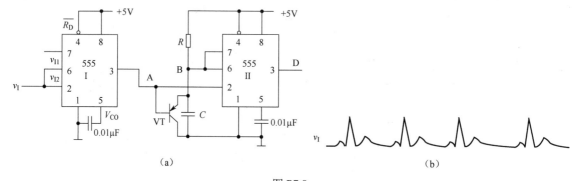

图 P7.8

9. 由 555 定时器构成的多谐振荡器如图 P7.9 所示，现要产生 1kHz 的方波（占空比不作要求），确定元器件参数，写出调试步骤和所需测试仪器。

10. 如图 P7.10 所示是一个由 555 定时器构成的防盗报警电路，a、b 两端被一细铜丝接通，此铜丝置于盗窃者的必经之路，当盗窃者闯入室内将铜丝碰断后，扬声器即发出报警声。说明本报警电路的工作原理。

11. 4 位二进制加法计数器 74161 和集成单稳态触发器 74LS121 组成如图 P7.11（a）所示的电路。

（1）分析 74161 组成的电路，画出状态图。

（2）估算 74LS121 组成电路的输出脉宽 T_W 值。

（3）设 CP 为方波（周期 $T \geqslant 1\text{ms}$），在图 P7.11（b）中画出图 P7.11（a）中 v_I、v_O 两点的工作波形。

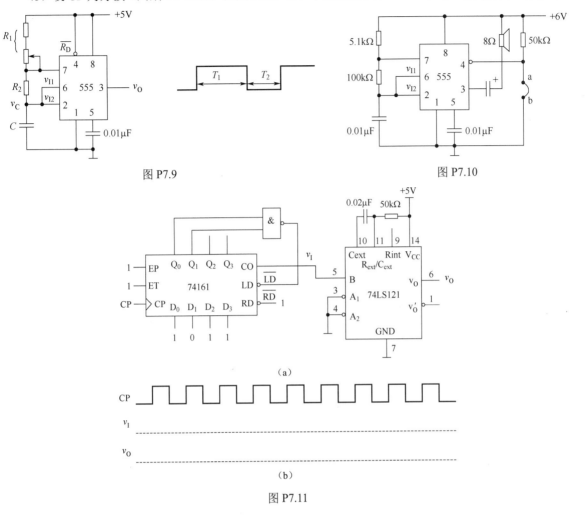

图 P7.9   图 P7.10

（a）

（b）

图 P7.11

12. 由 555 定时器和模数 $M=2^4$ 同步计数器及若干逻辑门构成的电路如图 P7.12 所示。

（1）说明 555 构成的多谐振荡器，在控制信号 A、B、C 取何值时起振工作？

（2）驱动喇叭啸叫的 Z 信号是怎样的波形？喇叭何时啸叫？

（3）若多谐振荡器的多谐振荡器频率为 640Hz，求电容 C 的值。

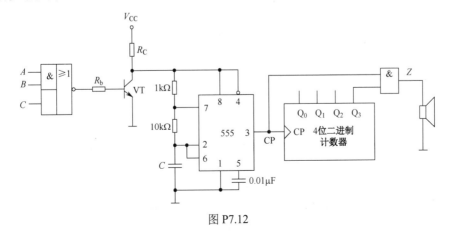

图 P7.12

第8章 数模与模数转换器

8.1 概　　述

由于数字电路较之模拟电路具有许多优越性，越来越多的电子系统都采用数字系统实现，例如数字通信系统、数字电视及广播、数控系统、数字仪表等。数字系统只能处理数字信号，而自然界中大多数物理信号为模拟信号，例如电压、电流、声音、图像、温度、压力等。模拟量转化为数字量后，才能由数字系统进行处理。这种将模拟量转换成数字量的过程称为"模数转换"。完成模数转换的电路称为模数转换器，常称为 A/D 转换器（Analog Digital Converter，ADC）。数字系统处理后的数字量，有时也要转换成模拟量，以满足实际需要，这种转换称为"数模转换"，完成数模转换的电路称为数模转换器，常称为 D/A 转换器（Digital Analog Converter，DAC）。

D/A 转换器和 A/D 转换器是联系数字世界和模拟世界的桥梁，在现代信息技术中具有举足轻重的作用。图8.1-1所示为典型的计算机直接数字控制（Direct Digital Control，DDC）系统的原理框图。图中的给定信号与来自传感器的反馈信号比较后生成误差信号，误差信号经过 A/D 转换器转换成数字信号送到计算机，经其处理后得到的数字量，通过 D/A 转换器转换成模拟量，然后送到控制对象完成相应的功能。

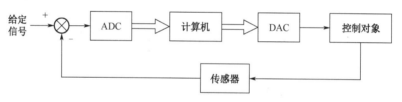

图 8.1-1　计算机直接数字控制系统原理框图

8.2　D/A 转换器

8.2.1　D/A 转换器的基本原理

D/A 转换器是将数字和模拟器件连接起来的电子器件，其作用是将数字量转换成与其成正比的模拟量。D/A 转换器的原理框图如图8.2-1所示。D/A 转换器接收数字输入，然后输出模拟电压或电流。D（$D_{n-1}\cdots D_0$）为输入的数字量，通常为 8～24 位的二进制数，v_O 为输出模拟量。除了数字量输入，D/A 转换器通常还需要数字控制信号和模拟参考信号。

假设 D/A 转换器的输入为自然二进制数 D，输出电压信号为 v_O，比例系数为 K，则

$$v_O = KD = K\sum_{i=0}^{n-1}D_i 2^i \qquad (8.2\text{-}1)$$

式中，$D = D_{n-1}D_{n-2}\cdots D_1 D_0$，为 n 位二进制数字量。

以 3 位 D/A 转换器为例，设 $K=1$，则输入的数字量和输出的模拟电压的对应关系如表8.2-1所示。

图8.2-2表示了 3 位 D/A 转换器的转换特性。从转换特性看到，当输入数据变化时，D/A 转换器输出电压的变化不是连续的，而是阶梯变

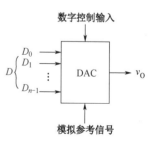

图 8.2-1　D/A 转换器原理框图

化的。如果用一个均匀定时的 n 位二进制计数器输出作为 n 位 D/A 转换器的输入，通过示波器观察 D/A 转换器的输出电压，将观察到一条阶梯状的斜线，n 越大，该斜线就越接近于一条光滑的斜线。

表 8.2-1　3 位 D/A 转换器输入的数字量和输出的
模拟电压对应关系

D_2	D_1	D_0	v_O / V
0	0	0	0
0	0	1	1
0	1	0	2
0	1	1	3
1	0	0	4
1	0	1	5
1	1	0	6
1	1	1	7

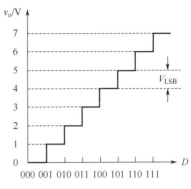

图 8.2-2　3 位 D/A 转换器转换特性

两个相邻数码转换输出的电压差值就是 D/A 转换器能分辨的最小电压值，称为最小分辨电压，用 V_{LSB} 表示。由于 V_{LSB} 也等于输入数字量只有最低位为 1 时对应的输出模拟电压值，因此，最小分辨电压也可用最低有效位 1LSB 表示。当输入的数字量为最大值（输入全为 1）时，对应的输出电压称为 D/A 转换器的最大输出电压，其值等于 $V_{LSB} \times (2^n-1)$。D/A 转换器还有一个常用的参数称为满量程电压，其定义为

$$V_{FS} = V_{LSB} \times 2^n \tag{8.2-2}$$

D/A 转换器的最大输出电压比满量程电压 V_{FS} 少 1LSB。随着 D/A 转换器位数 n 的增加，最大输出电压和满量程电压的值变得非常接近，一些参考资料中并未将两者做严格区分。在本节中，D/A 转换器的满量程电压采用式（8.2-2）的定义。

D/A 转换器从电路结构上分有多种类型，本节将主要介绍权电阻型 D/A 转换器和 R-$2R$ 网络型 D/A 转换器两种典型的 D/A 转换器。

8.2.2　权电阻型 D/A 转换器

1．电路结构

图 8.2-3 所示是 4 位权电阻型 D/A 转换器的原理图。它由权电阻网络、模拟开关和运算放大器 3 部分组成。模拟开关 S_0、S_1、S_2 和 S_3 分别受数字量 D_0、D_1、D_2、D_3 控制。当 $D_i = 1$ 时，模拟开关与基准电源 V_{REF} 相连，当 $D_i = 0$ 时，模拟开关接地。

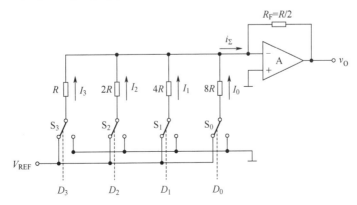

图 8.2-3　权电阻型 D/A 转换器原理图

2．工作原理

根据运算放大器虚断和虚地的特性，可得

$$i_\Sigma = I_3 + I_2 + I_1 + I_0 = \frac{V_{\text{REF}}}{R}D_3 + \frac{V_{\text{REF}}}{2R}D_2 + \frac{V_{\text{REF}}}{4R}D_1 + \frac{V_{\text{REF}}}{8R}D_0$$

$$= \frac{V_{\text{REF}}}{2^3 R}(D_3 \times 2^3 + D_2 \times 2^2 + D_1 \times 2^1 + D_0 \times 2^0) \tag{8.2-3}$$

i_Σ 流过运算放大器上的反馈电阻 R_F，得到 D/A 转换器的输出电压为

$$v_O = -i_\Sigma \cdot \frac{R}{2} = -\frac{V_{\text{REF}}}{2^4}(D_3 \times 2^3 + D_2 \times 2^2 + D_1 \times 2^1 + D_0 \times 2^0) = -\frac{V_{\text{REF}}}{2^4}\sum_{i=0}^{3}D_i 2^i \tag{8.2-4}$$

从式（8.2-4）可知，v_O 与输入的数字量成正比，从而实现了数字量到模拟量的转换。对于 n 位的 D/A 转换器，输出电压 v_O 的变化范围为 $0 \sim -\frac{2^n-1}{2^n}V_{\text{REF}}$。

权电阻型 D/A 转换器的精度取决于权电阻比值的精度和外接参考电源的精度。当 D/A 转换器的位数较多时，权电阻的阻值范围太宽，很难保证权电阻比值均有很高的精度，因此，在集成 D/A 转换器中很少采用权电阻型的电路结构。

8.2.3　R–$2R$ 网络型 D/A 转换器

1．电路结构

R-$2R$ 网络型 D/A 转换器的原理图如图 8.2-4 所示。R-$2R$ 网络型 D/A 转换器电阻网络中只有 R 和 $2R$ 两种阻值的电阻，且比值为 2。在集成电路制造中，虽然每个电阻本身的精度不高，但可以较精确地控制两种电阻之间的比值，从而使 R-$2R$ 网络型 D/A 转换器获得较高的精度。

2．工作原理

由于理想运算放大器的虚地特性，模拟开关 S_i 在任一位置时，与模拟开关相连的电阻一端都相当于连接到地，因此流过每个支路的电流保持不变。为了计算 R-$2R$ 电阻网络中的各支路电流，将 R-$2R$ 电阻网络等效地画成图8.2-5 所示的形式。

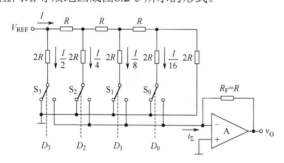

图 8.2-4　R-$2R$ 网络型 D/A 转换器原理图

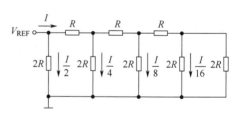

图 8.2-5　R-$2R$ 电阻网络等效电路

根据电路知识可以发现，从每个节点往右看，每个二端网络的等效电阻均为 R，与模拟开关相连的 $2R$ 电阻上的电流从左到右分别为 $I/2$、$I/4$、$I/8$ 和 $I/16$。I 为从参考电压源流入 R-$2R$ 电阻网络的总电流：

$$I = \frac{V_{\text{REF}}}{R} \tag{8.2-5}$$

流入运放中反馈电阻 R_F 的总电流 i_Σ 为

$$i_\Sigma = \frac{I}{2} \times D_3 + \frac{I}{4} \times D_2 + \frac{I}{8} \times D_1 + \frac{I}{16} \times D_0$$

$$= \frac{V_{\text{REF}}}{R} \cdot \frac{1}{2^4}(D_3 \times 2^3 + D_2 \times 2^2 + D_1 \times 2^1 + D_0 \times 2^0) \tag{8.2-6}$$

运放的输出电压为

$$v_O = -i_\Sigma \cdot R = -\frac{V_{REF}}{2^4}(D_3 \times 2^3 + D_2 \times 2^2 + D_1 \times 2^1 + D_0 \times 2^0) = -\frac{V_{REF}}{2^4}\sum_{i=0}^{3} D_i 2^i \qquad (8.2\text{-}7)$$

式（8.2-7）表明，输出的模拟电压与输入的数字量成正比。对于 n 位输入的 $R\text{-}2R$ 网络型 D/A 转换器，在运算放大器的反馈电阻阻值为 R 的条件下，输出模拟电压的计算公式为

$$v_O = -\frac{V_{REF}}{2^n}\sum_{i=0}^{n-1} D_i 2^i = -\frac{V_{REF}}{2^n}D \qquad (8.2\text{-}8)$$

从式（8.2-8）可知，$R\text{-}2R$ 网络型 D/A 转换器模拟输出电压 v_O 的极性与参考电压 V_{REF} 的极性相反，因此，当 V_{REF} 加正电压时，v_O 输出负电压。那么能否通过给 V_{REF} 加负电压使 v_O 输出为正电压呢？这取决于模拟开关的制造工艺，因为当 V_{REF} 加正电压或负电压时，流过模拟开关的电流是相反的。如果双向的模拟开关用双极型工艺制造，电流只能单方向流动，这时要求参考电压 V_{REF} 为单极性。如果使用双向的 CMOS 模拟开关，流经模拟开关的电流方向可以任意，因此参考电压 V_{REF} 可正可负。通常将采用 CMOS 模拟开关的 D/A 转换器称为乘法型 D/A 转换器（Multiplying DAC，MDAC）。由于乘法型 D/A 转换器参考电压 V_{REF} 可正可负，如果在 V_{REF} 端加一双极性的模拟信号 v_I，根据式（8.2-8）可得

$$v_O = -\frac{D}{2^n} \times v_I \qquad (8.2\text{-}9)$$

式（8.2-9）表明，乘法型 D/A 转换器可以实现模拟电压和数字量的乘法运算，这也是其名称的由来。改变式（8.2-9）中的数字量 D，就可以改变 v_I 和 v_O 之间的比例关系，因此乘法型 D/A 转换器的重要应用之一，就是用于构成数控增益放大器，后面在介绍 D/A 转换器应用时将会介绍其工作原理。

大多数 $R\text{-}2R$ 网络型 D/A 转换器都属于乘法型 D/A 转换器。TI 公司的 TLC7524 就是一款典型的 8 位乘法型集成 D/A 转换器，其原理图如图8.2-6所示。它由一个 $R\text{-}2R$ 电阻网络和 CMOS 模拟开关构成，输入为 8 位二进制数，有两个电流输出端 I_{OUT1} 和 I_{OUT2}。输出电流与输入数字量的关系为

$$I_{OUT1} = \frac{V_{REF}}{2^8 R}\sum_{i=0}^{7} D_i 2^i \qquad (8.2\text{-}10)$$

$$I_{OUT2} = \frac{V_{REF}}{2^8 R}\sum_{i=0}^{7} (1-D_i) 2^i \qquad (8.2\text{-}11)$$

由于 $I_{OUT1} + I_{OUT2} = (1-2^{-8})V_{REF}/R$，与输入的数字量无关，因此 I_{OUT1} 和 I_{OUT2} 具有互补的关系。

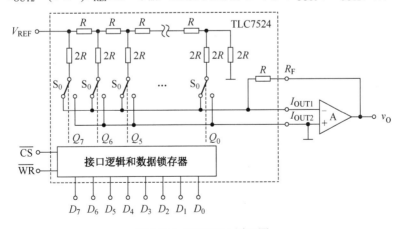

图 8.2-6 TLC7524 原理图

TLC7524 属于电流输出型 D/A 转换器，使用时需要外加运算放大器，其反馈电阻可使用片内电阻 R，也可外加反馈电阻。当采用内部反馈电阻 R 时，输出电压与输入数字量的关系为

$$v_O = -\frac{V_{REF}}{2^8}\sum_{i=0}^{7}D_i 2^i \qquad (8.2\text{-}12)$$

TLC7524 的接口逻辑和数据锁存器可用图8.2-7所示的原理框图来表示。输入数据锁存器采用一个 8 位透明锁存器，其锁存允许信号 LE 由 $\overline{CS}$ 和 $\overline{WR}$ 经过或非门后产生。当 LE 为高电平时，$Q_7 \sim Q_0$ 跟随 $D_7 \sim D_0$ 的变化而变化；当 LE 由高电平变为低电平时，$Q_7 \sim Q_0$ 保持 LE 下降沿时刻的 $D_7 \sim D_0$ 值。

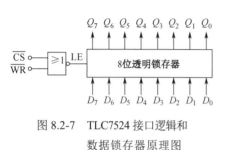

图 8.2-7　TLC7524 接口逻辑和数据锁存器原理图

TLC7524 有两种工作模式：

（1）保持模式。当 $\overline{CS}$ 和 $\overline{WR}$ 为高电平时，数据锁存器保持上次从 $D_7 \sim D_0$ 输入的数据，模拟输出保持静态不变。

（2）写模式。当 $\overline{CS}$ 和 $\overline{WR}$ 为低电平时，数据锁存器的输出跟随 $D_7 \sim D_0$ 输入的数据变化，D/A 转换器的模拟输出也跟随 $D_7 \sim D_0$ 输入的数据变化而变化。在有些应用场合，可以直接将 $\overline{CS}$ 和 $\overline{WR}$ 接地，这时 TLC7524 相当于一个内部没有锁存器的 D/A 转换器。

8.2.4　D/A 转换器的主要技术指标

1. 分辨率

D/A 转换器的分辨率 f 有两种表示方法，一种是直接用 D/A 转换器的最小分辨电压 V_{LSB} 来表示；另一种是以 D/A 转换器的最小分辨电压与最大输出电压的百分比来表示，即

$$f = \frac{V_{LSB}}{V_{O(max)}}\times 100\% = \frac{V_{LSB}}{(2^n-1)V_{LSB}}\times 100\% = \frac{1}{2^n-1}\times 100\% \qquad (8.2\text{-}13)$$

从式（8.2-13）可知，D/A 转换器的分辨率只与 D/A 转换器的位数 n 有关，因此也可用位数 n 作为 D/A 转换器的分辨率。

【例 8.2-1】　有一个 10 位 D/A 转换器，其最大输出电压 $V_{O(max)} = 10V$，求其最小分辨电压 V_{LSB}。

解：根据式（8.2-13）有

$$V_{LSB} = V_{O(max)}\times\frac{1}{2^n-1} = 10\times\frac{1}{2^{10}-1}\approx 10mV$$

该例说明了 D/A 转换器输入数字量的位数 n 越多，相应的 V_{LSB} 也越小，其分辨能力越高。

2. 转换精度

在 D/A 转换器中，转换精度一般用转换误差来描述，或用转换误差与最大输出电压的百分比来表示。由于 D/A 转换器的各个环节在参数和性能上与理论值之间不可避免地存在着差异，因此 D/A 转换器的实际输出电压与理想输出电压值之间并不完全一致。D/A 转换器的转换误差是指在稳态工作时，实际模拟输出值和理想输出值之间的最大偏差。转换误差一般用最低有效位的倍数决定。例如，某 D/A 转换器的转换误差为 LSB/2，就表示输出模拟电压与理论值之间的误差小于或等于最小分辨电压 V_{LSB} 的一半。

D/A 转换器的转换误差是一个综合性的静态性能指标，通常以偏移误差、增益误差、非线性误差、噪声和温漂等内容来描述。

偏移误差是指 D/A 转换器输出模拟量的实际起始数值与理想起始数值之差，如图 8.2-8（a）所示。偏移误差一般由运算放大器的零点漂移引起，在设计 D/A 转换电路时，为了减少偏移误差，应选用低漂移的运算放大器。增益误差是指实际转换特性曲线的斜率与理想特性曲线的斜率的偏差，如图 8.2-8（b）所示。例如，基准电压 V_{REF} 偏离标准值时，就会产生增益误差。为了消除或减少增益误差，在 D/A 转换电路中应选用高稳定度的基准电压源 V_{REF}。

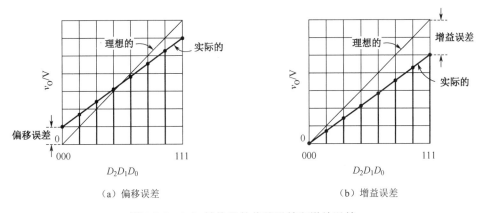

（a）偏移误差　　　　　　　　　　　（b）增益误差

图 8.2-8　D/A 转换器的偏移误差和增益误差

如果 D/A 转换器只存在偏移误差和增益误差，则其输出数值在一条直线上，也就是说转换关系是线性的。实际的 D/A 转换器即使偏移误差和增益误差消除了，实际的包络线与两端点间的直线比较仍可能存在误差，这种误差称为非线性误差，如图 8.2-9 所示。非线性误差用积分非线性误差（Interger NonLiner，INL）和微分非线性误差（Differencial NonLiner，DNL）两个参数来描述。

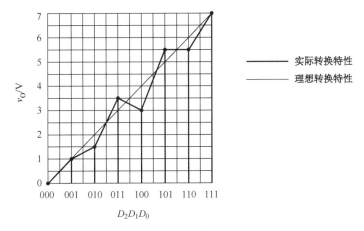

图 8.2-9　D/A 转换器的非线性误差

在满量程范围内，D/A 转换器实际值偏离理想转换特性的最大值称为积分非线性误差 INL。从图 8.2-9 中可以看到，当输入的数字量为 100 时，理想输出电压值为 4LSB，实际输出电压为 3LSB，存在最大偏差 1LSB，因此积分非线性误差 INL 为 1LSB。积分非线性误差是描述 D/A 转换器参数的一个重要指标。比如某 12 位 D/A 转换器，其 INL 为 2LSB，如果基准电压为 4.096V，1LSB 等于 0.001V，给定数字量为 1000，那么输出电压可能在 0.998～1.002V 之间。

在理想情况下，任意两个相邻输入数据所对应的输出差值为 1LSB，偏离这个理想值的最大偏差称为微分非线性误差 DNL。DNL 等于相邻两个输入数据的实际输出电压差值再减去 1LSB。从图8.2-9 中可知，当输入数字量为 011 时，实际输出的电压值为 $3\frac{1}{2}$LSB；当输入数字量为 100 时，实际输出的电压值为 3LSB，所以，DNL $= 3\text{LSB} - 3\frac{1}{2}\text{LSB} - 1\text{LSB} = -\frac{3}{2}\text{LSB}$。如果 DNL<−1LSB，则 D/A 转换器的传递特性就变为非单调性，也就是说，D/A 转换器的输出电压 v_O 会随着输入数字量的增加反而减少。从图8.2-9 所示的曲线中也可以看到这一点，当 D/A 转换器的输入数据从 011 增加到 100 时，输出电压不升反降。微分非线性误差主要用来反映 D/A 转换器是否具有单调性。在自动控制系统中，必须采用具有单调性的 D/A 转换器，否则，将可能引起系统振荡。

3. 转换速度

D/A 转换器的转换速度通常用建立时间 t_{set} 来描述。建立时间 t_{set} 指从输入数据改变到输出进入规定的误差范围（一般为 $\pm\frac{1}{2}$ LSB）所需的最大时间。因为输入数字量变化越大，建立时间越长，所以数据手册中一般给出从全 0 到全 1 时的建立时间。例如，TLC7524 的建立时间为 100ns，高速 D/A 转换器 AD9708 的建立时间为 35ns。

8.2.5　D/A 转换器的典型应用

D/A 转换器在电子系统中应用极为广泛，除了在微机系统中将数字量转化为模拟量的典型应用，还常用于波形生成、各种数字式的可编程增益放大器等。

1. 波形发生器

由计数器、ROM、D/A 转换器构成的波形发生器原理框图如图8.2-10 所示。其工作原理是，先将一个完整周期的波形数据预先存放在 ROM 中，二进制加法计数器在一定频率的时钟信号（CP）作用下进行加法计数，加法计数器的输出作为 ROM 的地址信号，依次将 ROM 中的数据送入 D/A 转换器，D/A 转换器再将波形数据转换为模拟信号，从而在运算放大器的输出端得到周期性的模拟信号。

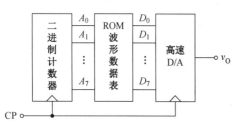

图 8.2-10　波形发生器原理框图

只要将不同波形（如三角波、锯齿波等）数据存入 ROM 中，就可以产生不同的波形，因此，图 8.2-10 所示电路可实现任意波形发生器。改变时钟信号的频率，就可以改变输出信号的频率。

2. 数控直流稳压电源

数控直流稳压电源与传统稳压电源相比，具有操作方便、电压稳定度高的特点。图 8.2-11 所示为由 D/A 转换器构成的数控直流稳压电源原理图。D/A 转换器 TLC7524 将数字量按比例转换成模拟电压，由于 TLC7524 为电流输出 D/A 转换器，因此需要外接一个运算放大器 A_1 才能构成一个完整的 D/A 转换器。采用运放 A_2 构成同相放大器，其增益通过电位器 RP_1 调节。VT 采用大功率达林顿管，可以输出大的负载电流。

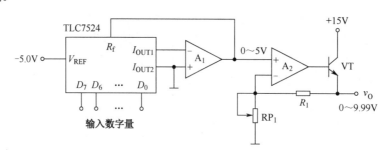

图 8.2-11　数控直流稳压电源原理图

3. 增益可编程放大器

对于乘法型 D/A 转换器，由于采用了双向的 CMOS 模拟开关，其基准电压可以在正和负的值上变化。如果在 V_{REF} 端输入模拟信号，则根据式（8.2-9）即可实现模拟量和数字量的乘法运算。图 8.2-12 所示虚框内电路为由 8 位 D/A 转换器 TLC7524 构成的增益可编程放大器。输入模拟信号从 V_{REF} 端输入，输出电压 v_O 的表达式为

$$v_O = -\frac{v_I}{2^8}\sum_{i=0}^{7} D_i 2^i = -\frac{D}{2^8} \times v_I$$

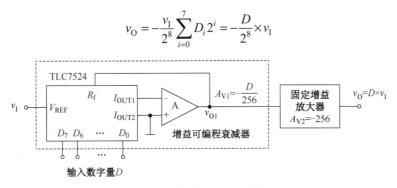

图 8.2-12　增益可编程放大电路

只要改变数字量 D，就可以改变增益 A，所以其增益是可编程的，范围为 $0 \sim -\frac{2^8-1}{2^8}$，步长为 $\frac{1}{2^8}$。

因为图 8.2-12 所示电路的增益 A 总小于 1，所以，它是一个增益可编程衰减器，只要在其输出端再加一级增益为−256 的固定增益放大器，就可以得到步长为 1 的、名副其实的增益可编程放大器。当输入的数字量 D 为 00000001 时，增益最小为1，当数字量 D 为 11111111 时，增益最大为255。

8.3　A/D 转换器

8.3.1　A/D 转换器的基本原理

A/D 转换器原理框图如图 8.3-1 所示。v_I 为 A/D 转换器的模拟输入信号，$D_{n-1}\cdots D_1 D_0$（D）为 A/D 转换器输出的数字量。A/D 转换器工作时除了模拟参考信号，还需要数字控制输入信号和数字控制输出信号。数字控制输入信号用于启动 A/D 转换、读取 A/D 转换值，数字控制输出信号用于指示转换是否结束。

A/D 转换器将模拟量转换成与之成正比的数字量。数字量和模拟量具有如下关系：

$$D = K v_I \tag{8.3-1}$$

要把一个时间连续、幅值连续的模拟信号转换成时间离散、幅值离散的数字信号，一般要经过 4 个步骤：采样、保持、量化、编码，模数转换的一般过程如图8.3-2 所示。

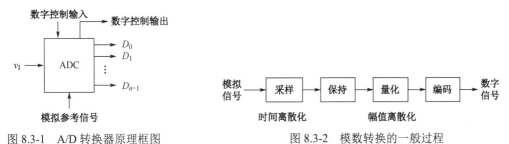

图 8.3-1　A/D 转换器原理框图　　　　　图 8.3-2　模数转换的一般过程

1. 采样

采样就是将连续的模拟信号转换成时间上离散而幅度上连续的脉冲信号。最简单的采样电路由一只受控的理想模拟开关 S 实现，其原理如图8.3-3（a）所示。

$v_I(t)$ 为连续的模拟信号，经过采样得到时间上离散的脉冲信号 $v_I'(t)$，如图8.3-3（b）所示。T_S 为采样周期，其倒数为采样频率 f_S。采样频率是一个十分重要的参数，其大小根据采样定理确定：为了不

失真地恢复原始信号，采样频率至少应是原始信号最高有效频率的两倍。假设原始信号最高频率为 f_m，采样频率应满足

$$f_S \geq 2f_m \tag{8.3-2}$$

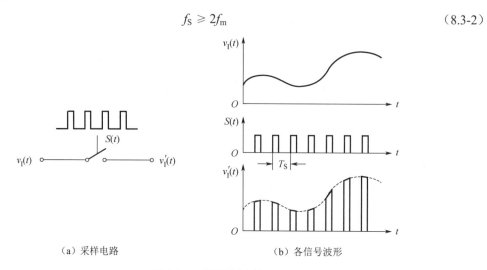

（a）采样电路　　　　　　　　（b）各信号波形

图 8.3-3　采样的原理

如声音信号，其频率范围为 20Hz～20kHz，则按采样定理的要求，其采样频率应大于 40kHz。采样频率越高，采样后的信号越能真实地复现原始信号，但对 A/D 转换器的要求越高。一般工程上要求采样频率 $f_S \geq (5\sim10)f_m$。

2. 保持

为什么采样后还要保持呢？因为 A/D 转换器将模拟量转化为数字量需要时间。在转换的过程中，输入的模拟信号应保持不变。保持是靠采样电路中加一个保持电容 C_H 实现的，如图8.3-4（a）所示。

图8.3-4（b）所示为经采样保持以后的波形。在 $t_0\sim t_1$ 阶段，开关 S 闭合，电路处于采样阶段，$v_I'(t) = v_I(t)$；在 $t_1\sim t_2$ 阶段，开关 S 断开，电路进入保持阶段，由于电容 C_H 几乎没有放电回路，输出电压保持不变。因为 A/D 转换是在采样结束后的保持阶段内完成的，所以转换结果所对应的模拟电压是每次采样结束时的 v_I 值。

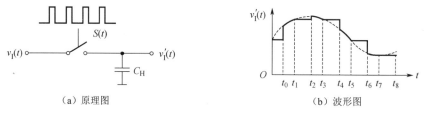

（a）原理图　　　　　　　　　　（b）波形图

图 8.3-4　采样电路

在 A/D 转换系统中，如果不使用采样/保持器，将使输入模拟信号的最大允许频率大大降低。假设输入正弦信号为 $v_I = A\sin(2\pi f t)$，其幅值的变化率为

$$\left|\frac{dv_I}{dt}\right|_{max} = 2\pi f A \tag{8.3-3}$$

当 A/D 转换器的转换时间为 t_C、位数为 n 时，满足以下关系则不会产生错误的转换输出：

$$2\pi f A t_C \leq \frac{1}{2} \times \frac{2A}{2^n} \tag{8.3-4}$$

则信号的最大频率应满足

$$f_{\max} \leqslant \frac{1}{2^{n+1}\pi t_{\mathrm{C}}} \qquad\qquad (8.3\text{-}5)$$

【例 8.3-1】　一个 8 位 A/D 转换器的转换速度为 1Msps（即每秒转换 10^6 次），如果不使用采样/保持器，求其能转换输入信号的最大频率。

解：根据式（8.3-5），可得

$$f_{\max} \leqslant \frac{1}{2^9\pi \times 10^{-6}} = 622\mathrm{Hz}$$

从本例可以看出，当信号直接输入时，一个高速 A/D 转换器仅能处理一个频率较低的信号。如果在 A/D 转换器前加入采样/保持放大器，它可以在采样时刻将输入信号的瞬时值保持下来，使转换期间保持 A/D 转换器模拟输入端的信号不变，就可以大大提高输入模拟信号的允许频率。

3．量化

采样-保持后的脉冲信号幅值仍是连续的，只有将这些幅值转化成某个最小数量单位的整数倍，才能将其转换成相应的数字量，这个过程称为量化（Quantization）。量化过程可分为两个步骤。

第一步，确定最小数量单位，即量化单位Δ。假设 A/D 转换器输入模拟信号 v_{I} 的幅值范围为 0～1V，要将其转化为 3 位二进制代码，则可确定其量化单位Δ为 1/8V。一般来说，对 n 位 A/D 转换器，若其满量程输入电压为 V_{FS}，则量化单位为 $V_{\mathrm{FS}}/2^n$。量化单位Δ也是数字信号最低位为 1 时所对应的模拟量，即 1LSB。

第二步，将输入模拟信号的电压近似成量化单位的整数倍。一般有两种近似方式，一种是只舍不入量化方式（截断量化方式），另一种是四舍五入量化方式（舍入量化方式）。

只舍不入量化方式：采用 8 个量化电平，即 0V, 1/8V, ⋯, 7/8V。将模拟输入电压与量化电平比较，介于两个量化电平之间的采样值以较小的一个量化电平来代替。即

- 如果 $0\mathrm{V} \leqslant v_{\mathrm{I}} < 1/8\mathrm{V}$，则量化为 $0\Delta = 0$。
- 如果 $1/8\mathrm{V} \leqslant v_{\mathrm{I}} < 2/8\mathrm{V}$，则量化为 $1\Delta = 1/8\mathrm{V}$。

　……

- 如果 $7/8\mathrm{V} \leqslant v_{\mathrm{I}} < 1\mathrm{V}$，则量化为 $7\Delta = 7/8\mathrm{V}$。

经量化后的信号幅值均为Δ的整数倍。在量化的过程中，由于将幅值连续的模拟信号近似成幅值离散的数字信号，必然会产生误差，称为量化误差。不难看出，只舍不入量化方式产生的最大量化误差为Δ，即 1/8V。

四舍五入量化方式：采用 8 个量化电平，即 1/16V, 3/16V, ⋯, 15/16V，介于两个量化电平之间的采样值以两个量化电平的中间值来代替。即

- 如果 $0\mathrm{V} \leqslant v_{\mathrm{I}} < 1/16\mathrm{V}$，则量化为 $0\Delta = 0\mathrm{V}$。
- 如果 $1/16\mathrm{V} \leqslant v_{\mathrm{I}} < 3/16\mathrm{V}$，则量化为 $1\Delta = 1/8\mathrm{V}$。
- 如果 $3/16\mathrm{V} \leqslant v_{\mathrm{I}} < 5/16\mathrm{V}$，则量化为 $2\Delta = 2/8\mathrm{V}$。

　……

- 如果 $13/16\mathrm{V} \leqslant v_{\mathrm{I}} < 1\mathrm{V}$，则量化为 $7\Delta = 7/8\mathrm{V}$。

采用四舍五入量化方式产生的最大量化误差为 $1/2\Delta = 1/16\mathrm{V}$。

图8.3-5 所示分别为对采样信号进行只舍不入量化和四舍五入量化的示意图。量化以后，信号不但时间离散而且幅值离散，已经转化为数字信号了。

为了减少量化误差，在实际的 A/D 转换器中大多采用舍入量化方式，而且在输入电压范围一定的前提下，量化误差随着 A/D 转换器的位数增加而减小。

4．编码

量化后的幅值用一个数值代码与之对应，称为编码，这个数值代码就是 A/D 转换器输出的数字量。

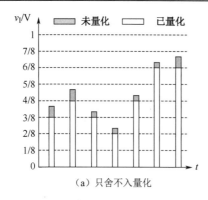
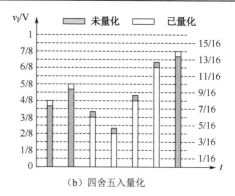

图 8.3-5　采样信号的量化

8.3.2　并行比较型 A/D 转换器

并行比较型 A/D 转换器是目前速度最快的一种 A/D 转换器。由于转换速度极快，并行比较型 A/D 转换器也常称为闪烁型 A/D 转换器（Flash A/D Converter）。并行比较型 A/D 转换器由电压比较器、寄存器和编码器 3 部分组成。图 8.3-6 所示为一个 3 位并行比较型 A/D 转换器原理图。

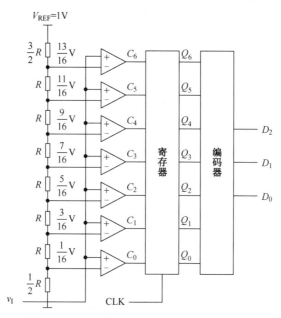

图 8.3-6　3 位并行比较型 A/D 转换器原理图

假设 $V_{\text{REF}} = 1\text{V}$，利用电阻分压得到 7 个基准电压：$\dfrac{1}{16}\text{V}, \dfrac{3}{16}\text{V}, \cdots, \dfrac{13}{16}\text{V}$。采用了 7 个电压比较器，比较器的反相输入端分别与 7 个基准电压相连，所有比较器的同相输入端接在一起，作为模拟信号输入端。

在 A/D 转换时，模拟输入信号 v_{I} 的电压与 7 个基准电压同时比较。7 个基准电压实际上就是 7 个量化电平。当 v_{I} 的电压小于 $\dfrac{1}{16}\text{V}$ 时，比较器 $C_0 \sim C_6$ 的输出均为逻辑 0；如果 v_{I} 的电压在 $\dfrac{1}{16} \sim \dfrac{3}{16}\text{V}$ 的范围时，比较器 $C_0 \sim C_6$ 的输出分别为 1000000，$\cdots$，如果 v_{I} 的电压在 $\dfrac{13}{16} \sim 1\text{V}$ 的范围时，比较器 $C_0 \sim C_6$ 的输出分别为 1111111。v_{I} 的电压与对应的比较器输出码如表 8.3-1 所示。由于输入模拟信号的幅值是连续的，而比较器输出的编码是离散的，A/D 转换器同时完成了对输入模拟电压的量化和编码。不难分析，在量化过程中采用了四舍五入量化方式。

表 8.3-1　v_I 的电压与对应的比较器输出码

输入模拟信号电压	比较器输出编码（温度码）							数字量输出（二进制编码）		
v_I/ V	C_6	C_5	C_4	C_3	C_2	C_1	C_0	D_2	D_1	D_0
$0 < v_I \leq 1/16$	0	0	0	0	0	0	0	0	0	0
$1/16 < v_I \leq 3/16$	0	0	0	0	0	0	1	0	0	1
$3/16 < v_I \leq 5/16$	0	0	0	0	0	1	1	0	1	0
$5/16 < v_I \leq 7/16$	0	0	0	0	1	1	1	0	1	1
$7/16 < v_I \leq 9/16$	0	0	0	1	1	1	1	1	0	0
$9/16 < v_I \leq 11/16$	0	0	1	1	1	1	1	1	0	1
$11/16 < v_I \leq 13/16$	0	1	1	1	1	1	1	1	1	0
$13/16 < v_I \leq 1$	1	1	1	1	1	1	1	1	1	1

　　比较器输出的 7 位编码为温度码（Thermal Code）。温度码的特点是：二进制数所对应的十进制数值是多少，对应的温度码中就有多少个 1。如果 A/D 转换器直接用温度码输出，则不符合人们的习惯。我们希望 A/D 转换器输出的是一组二进制码，因此，在并行比较型 A/D 转换器中加了一级编码器（也可称代码转换器），将比较器输出的 7 位温度码转换成 3 位二进制码。编码器是一组合逻辑电路，它虽然有 7 个输入变量，但只有 8 种有效输入组合，其余输入组合均可视为无关项，根据表8.3-1可直接写出逻辑函数表达式：

$$D_2 = C_3, \quad D_1 = C_5 + \overline{C_3}C_1, \quad D_0 = C_6 + \overline{C_5}C_4 + \overline{C_3}C_2 + \overline{C_1}C_0$$

　　为了使比较器输出的信号同步，在 A/D 转换器中加了一级寄存器，通过时钟信号将比较器输出结果寄存。输入信号的采样和寄存发生在时钟周期的第一阶段，而编码发生在时钟周期的第二阶段。整个转换只需要一个时钟周期，并行比较型 A/D 转换器是一种极高速的 A/D 转换器，其转换时间可小于 50ns，使用时一般不需要保持电路。并行比较型 A/D 转换器由于转换速度高，常用于视频信号和雷达信号的处理系统中。最近几年出现的并行比较型 A/D 转换器的转换速率已达到数百至上千 MHz。

　　图8.3-7 所示为 3 位并行比较型 A/D 转换器的传输特性。该 A/D 转换器的满量程输入电压 V_{FS} 就是 A/D 转换器的参考电压 V_{REF}。只要改变参考电压值，就可以改变输入模拟信号的电压范围。从图8.3-7 所示的传输特性来看，如果输入电压大于 $V_{FS} - 1/2\text{LSB}$（即 0.9375V），则量化误差会超过 $1/2\Delta$。为了保证量化误差始终小于 $1/2\Delta$，A/D 转换器最大输入电压不应超过 $V_{FS} - 1/2\text{LSB}$。

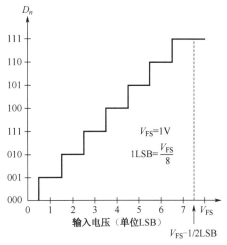

图 8.3-7　3 位并行比较型 A/D 转换器的传输特性

【例 8.3-2】　一个 8 位并行比较型 A/D 转换器，输入电压范围为 1～2V，计算输出二进制数据为 10 000 000 时所对应的输入电压范围。

　　解：该 A/D 转换器的 1LSB 所对应的电压为

$$1\text{LSB} = \frac{2-1}{256} = 0.0039\text{V} = 3.9\text{mV}$$

二进制数 10 000 000 等于十进制数 128，因此，它对应的输入电压范围为1000mV + 128×3.9mV ±

$\dfrac{1}{2}\times 3.9\text{mV}$ ，即 1498.3～1501.2mV。

并行比较型 A/D 转换器虽然具有转换速度极高的优点，但 n 位的 A/D 转换器需要提供 2^n-1 个比较器。例如，一个 8 位并行比较型 A/D 转换器需要 255 个比较器。芯片的面积随 n 呈指数增长。由于功率消耗和杂散输入电容的限制，要制造高分辨率并行比较型 A/D 转换器是不现实的。

为了降低成本，目前高速 A/D 转换器通常采用由两个较低分辨率的并行比较型 A/D 转换器来构成较高分辨率的所谓半闪烁型 A/D 转换器。图8.3-8 所示为一个 8 位半闪烁型 A/D 转换器的原理框图。该 8 位半闪烁型 A/D 转换器采用了两个 4 位并行比较型 A/D 转换器。其转换过程分为两步：第一步是粗化量化。先用并行方式进行高 4 位的转换，得到 8 位数据中的高 4 位输出，同时再把高 4 位数字进行 D/A 转换，恢复成模拟电压。第二步是细化量化。把输入模拟电压与 D/A 转换器输出的模拟电压相减，其差值放大 16 倍后再用并行方式进行低 4 位的转换。然后将上述两级 A/D 转换器的数字输出并联后作为总的输出。半闪烁型 A/D 转换器除了 D/A 转换器、放大器，电路只用了 $2\times 15=30$ 个比较器，与 8 位并行比较型 A/D 转换器需要 255 个比较器相比，大大减少了比较器的数量。

TI 公司推出的 TLC0820 就是采用半闪烁技术的 8 位高速 A/D 转换器，转换时间小于 2.5μs。其内部原理框图和引脚排列如图8.3-9 所示。TLC0820 内部含有两个 4 位并行比较 A/D 转换器、一个 4 位 D/A 转换器、一个差分放大器和一个转换结果锁存电路。TLC0820 具有两个参考电压 $V_{\text{REF}-}$ 和 $V_{\text{REF}+}$，这两个参考电压决定了模拟输入信号的满量程电压范围。改变 $V_{\text{REF}-}$ 和 $V_{\text{REF}+}$ 的值，就可以获得不同的 A/D 转换器模拟输入信号电压范围。

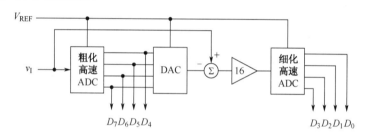

图 8.3-8　8 位半闪烁型 ADC 的原理框图

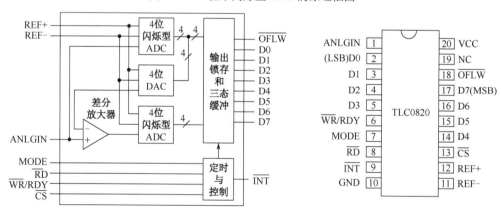

图 8.3-9　TLC0820 内部原理框图和引脚排列

8.3.3　逐次逼近型 A/D 转换器

逐次逼近型 A/D 转换器的工作原理很像人们称体重的过程：假如你的体重不超过 200kg，你会先加一个 100kg 的秤砣试试看，如果发现 100kg 的秤砣太大（比如实际体重是 70kg），就将此秤砣去掉；换一个 50kg 的秤砣再试，发现 50kg 的秤砣又偏小，故将其保留；然后再加一个 25kg 的秤砣，发现体重不足 75kg，再将此 25kg 的秤砣去掉，换一个更小的秤砣……如此进行，逐次逼近，直到体重和秤砣重量基本相等为止。

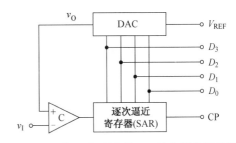

图 8.3-10 是一个 4 位的逐次逼近型 A/D 转换器的原理框图，由比较器、DAC、逐次逼近寄存器（SAR）组成。

在逐次逼近型 A/D 转换器的转换过程中，通过试探法确定逐次逼近寄存器 SAR 每一位。先将 SAR 的最高位置 1，然后用比较器判断输入模拟电压 v_I 和 DAC 输出电压 v_O 的大小，如果 $v_I \geq v_O$，就让最高位保持为 1；如果 $v_I < v_O$，则将最高位置 0。在接下来的所有位重复上述过程。

图 8.3-10　4 位逐次逼近型 A/D 转换器的原理框图

假设图8.3-10 所示 A/D 转换器的基准电压 V_{REF} = 5V，内部 DAC 输出电压与输入数字量的关系为 $v_O = \dfrac{5V}{16} \times D$，当 D 从 0000 到 1111 变化时，DAC 输出一系列标准电压：0, 0.3125V, 0.625V, …, 4.6875V。这一系列标准电压实际上为 A/D 转换器的量化电平。假设 v_I = 3.5V，A/D 转换器的转换过程可以用表 8.3-2 表示。从表中可以看到，通过 4 个 CP 脉冲，最后转换结果为 1011。在转换过程中，DAC 的输出电压 v_O 波形可以用图8.3-11 表示。从 v_O 波形可以看到，v_O 的电压逐次逼近输入电压 v_I。

表 8.3-2　逐次逼近型 A/D 转换器转换过程

CP	SAR	v_O / V	比较结果	处理
1	1000	2.5	$v_I > v_O$	（D_3）1 保留
2	1100	3.75	$v_I < v_O$	（D_2）1 不保留
3	1010	3.125	$v_I > v_O$	（D_1）1 保留
4	1011	3.4375	$v_I > v_O$	（D_0）1 保留

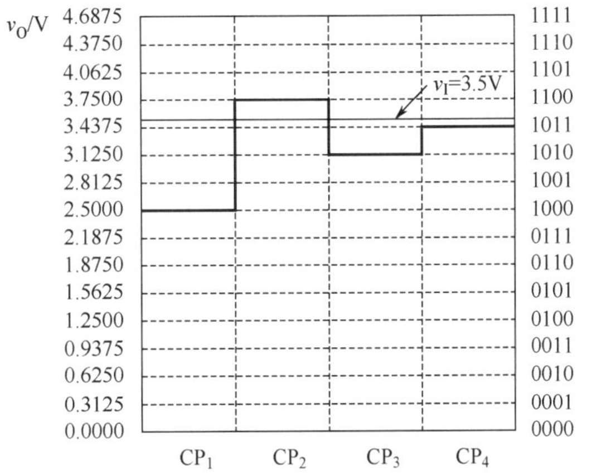

图 8.3-11　逐次逼近型 A/D 转换器中 DAC 输出电压波形

4 位逐次逼近型 A/D 转换器的电路图如图8.3-12 所示。它由比较器、DAC、寄存器、环形计数器、控制逻辑电路 5 部分组成。6 个 D 触发器 $FF_0 \sim FF_5$ 构成模为 6 的环形计数器。4 个 SR 触发器 $TR_0 \sim TR_3$ 用来寄存数字码。

在理解逐次逼近型 A/D 转换器工作原理的基础上，图8.3-12 所示 A/D 转换器的工作过程分析如下。

① 当 A/D 转换器初始化以后，寄存器 $TR_3 \sim TR_0$ 清零为 $d_3 d_2 d_1 d_0$ = 0000，DAC 的模拟输出 v_O = 0V；$FF_0 \sim FF_5$ 组成的环形移位寄存器的状态为 $Q_0 Q_1 Q_2 Q_3 Q_4 Q_5$ = 100000，门 $H_3 \sim H_0$ 被 Q_5 = 0 封锁，数字输出 $D_3 D_2 D_1 D_0$ = 0000。S_3 = 1，R_3 = 0；S_2 = 0，R_2 = 1；S_1 = 0，R_1 = 1；S_0 = 0，R_0 = 1。

② 第 1 个 CP 脉冲到达时，$TR_3 \sim TR_0$ 被置为 $d_3 d_2 d_1 d_0$ = 1000，此数据经 D/A 转换后得到相应的模拟电压 v_O。同时，环形移位寄存器右移 1 位，使 $Q_0 Q_1 Q_2 Q_3 Q_4 Q_5$ = 010000。如果 $v_I \geq v'_O$（$v'_O = v_O - \Delta/2$），则 v_B = 0，S_3 = 0，R_3 = 0；S_2 = 1，R_2 = 0；S_1 = 0，R_1 = 0；S_0 = 0，R_0 = 0。如果 $v_I < v'_O$，则 v_B = 1，S_3 = 0，R_3 = 1；S_2 = 1，R_2 = 0；S_1 = 0，R_1 = 0；S_0 = 0，R_0 = 0。

③ 第 2 个 CP 脉冲到达时，$TR_3 \sim TR_0$ 根据输入端 S、R 的状态被置为 $d_3 d_2 d_1 d_0$ = 1100（当 v_B = 0 时）或被置为 $d_3 d_2 d_1 d_0$ = 0100（当 v_B = 1 时）。同时环形移位寄存器右移 1 位，使 $Q_0 Q_1 Q_2 Q_3 Q_4 Q_5$ = 001000。

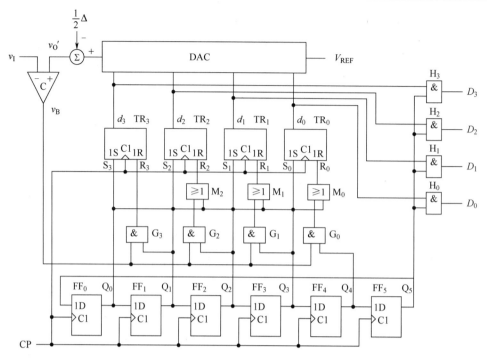

图 8.3-12　4 位逐次逼近型 A/D 转换器的电路图

④ 第 3 个 CP 脉冲到达时，d_1 被置 1。若 $v_B = 0$，则 d_2 被保持为 1；若 $v_B = 1$，则 d_2 被置为 0。环形移位寄存器再次右移 1 位，使 $Q_0Q_1Q_2Q_3Q_4Q_5 = 000100$。

⑤ 第 4 个 CP 脉冲到达时，d_0 被置 1。若 $v_B = 0$，则 d_1 被保持为 1；若 $v_B = 1$，则 d_1 被置为 0。环形移位寄存器再次右移 1 位，使 $Q_0Q_1Q_2Q_3Q_4Q_5 = 000010$。

⑥ 第 5 个 CP 脉冲到达后，若 $v_B = 0$，则 d_0 被保持为 1；若 $v_B = 1$，则 d_0 被置为 0。环形移位寄存器再次右移 1 位，使 $Q_0Q_1Q_2Q_3Q_4Q_5 = 000001$。$Q_5 = 1$ 使门 $H_3 \sim H_0$ 开启，数字量 $d_3d_2d_1d_0$ 经门 $H_3 \sim H_0$ 送 $D_3D_2D_1D_0$ 端输出。

⑦ 第 6 个 CP 脉冲到达后，环形移位寄存器再次右移 1 位，使 $Q_0Q_1Q_2Q_3Q_4Q_5 = 100000$，电路又返回①所述的初始状态。一次 A/D 转换完毕。

从上述分析可以看到，4 位逐次逼近型 A/D 转换器完成一次转换需要 6 个时钟信号周期的时间。其中 4 个时钟周期用来确定 4 位转换数据，第 5 个时钟周期输出转换数据，第 6 个时钟周期初始化准备下一个转换周期。如果是 n 位输出的 A/D 转换器，则完成一次转换所需的时间将为 $n + 2$ 个时钟信号周期的时间。

逐次逼近型 A/D 转换器的优点是电路结构简单，构思巧妙，转换速度较快，所以在集成 A/D 芯片中用得最多。由于位数越多，转换时间越长。虽然提高时钟频率可以提高转换速度，但逐次逼近型 A/D 转换器的速度受 DAC 建立时间、比较器的速度、逻辑开销等因素的限制。因此，分辨率在 14～16 位、速率高于几 MHz 的逐次逼近型 A/D 转换器在实际产品中很少见。

AD0809 就是由 AD 公司推出的 8 位逐次逼近型 A/D 转换器。AD0809 采用 CMOS 工艺制造，其内部结构框图如图 8.3-13 所示。AD0809 由 8 路模拟通道开关、地址锁存与译码器、电压比较器、8 位 D/A 转换器、逐次逼近型寄存器、定时和控制电路、三态输出锁存缓冲器组成。

AD0809 各引脚说明如下。

IN0～IN7：8 路模拟量输入端。

D0～D7：8 位数字量输出端。

ADDA、ADDB、ADDC：3 位地址输入线，用于选择 8 路模拟通道中的一路。

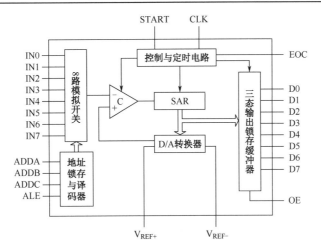

图 8.3-13　AD0809 内部原理框图

ALE：地址锁存允许信号，输入高电平有效。

START：A/D 转换器启动信号，高电平有效。

EOC：A/D 转换结束信号。当启动转换时，该引脚为低电平；当 A/D 转换结束以后，该引脚输出高电平。

OE：数据输出允许信号，输入高电平有效。

CLK：时钟脉冲输入端。要求时钟频率不高于 640kHz。

V_{REF+}、V_{REF-}：基准电压输入端。

8.3.4　双积分型 A/D 转换器

双积分型 A/D 转换器属于间接 A/D 转换器，它将模拟量转换为数字量分两步进行。第一步，将模拟电压输入转化为与之成正比的时间 T；第二步，将时间 T 转化为数字量，使数字量与 T 成正比，最后得到与输入模拟电压成正比的数字量。

为了将电压转化为成正比的时间量，采用如图 8.3-14 所示的双积分电路。

将开关 S_1 合到 v_I 一侧，积分器对 v_I 进行固定时间 T_1 的积分，积分结束时，积分器的输出电压 v_O 为

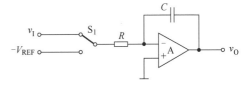

图 8.3-14　双积分电路

$$v_O = \frac{1}{C}\int_0^{T_1}\left(-\frac{v_I}{R}\right)\mathrm{d}t = -\frac{T_1}{RC}v_I \qquad (8.3\text{-}6)$$

将开关 S_1 接到 $-V_{REF}$ 一侧，积分器向相反的方向积分，直到积分器输出电压为零。积分器的输出电压上升到零时所经过的积分时间 T_2 为

$$v_O = -\frac{T_1}{RC}v_I + \frac{1}{C}\int_0^{T_2}\frac{V_{REF}}{R}\mathrm{d}t = -\frac{T_1}{RC}v_I + \frac{V_{REF}T_2}{RC} = 0$$

$$T_2 = \frac{T_1}{V_{REF}}v_I \qquad (8.3\text{-}7)$$

从式（8.3-7）可知，反向积分时间 T_2 与输入模拟电压成正比。双积分电路的工作波形如图 8.3-15 所示。

将时间 T_2 转化为数字量可采用如图 8.3-16 所示的电路。时钟脉冲源产生固定频率的脉冲信号，假设计数器从零开始计数，则计数结果一定与 T_2 成正比。

A/D 转换的数字量可以由下式获得：

$$D = \frac{T_2}{T_C} = \frac{T_1}{T_C} \frac{v_I}{V_{REF}} \tag{8.3-8}$$

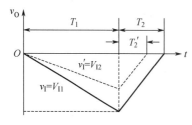

图 8.3-15　双积分电路的工作波形

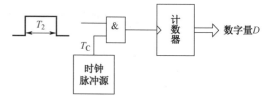

图 8.3-16　将时间 T_2 转化为数字量的原理图

图8.3-17 所示为 n 位双积分型 A/D 转换器原理图。

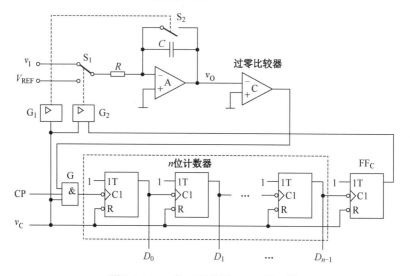

图 8.3-17　n 位双积分型 ADC 原理图

转换开始前，由于转换控制信号 $v_C = 0$，因此计数器和附加触发器 FF_C 均被置 0，同时开关 S_2 闭合，使积分电容 C 充分放电。

当 $v_C = 1$ 以后，转换开始，S_2 断开，S_1 接到输入信号 v_I 一侧，积分器开始对 v_I 积分，因为积分过程中积分器的输出为负电压，所以比较器输出为高电平，将门 G 打开，计数器对 CP 脉冲计数。

当计数计满 2^n 个脉冲后，自动返回全 0 状态，同时给 FF_C 一个进位信号，使 FF_C 置 1，于是 S_1 转接到 $-V_{REF}$ 一侧，开始进行反向积分，待积分器的输出回到 0 后，比较器的输出变为低电平。将门 G 封锁，至此转换结束。

双积分型 A/D 转换器的主要优点是工作性能稳定、抗干扰能力强。从双积分型 A/D 转换器的工作原理可知，只要两次积分期间 R、C 的参数相同，则转换结果与 R、C 无关。因此，R、C 参数的缓慢变化不影响转换精度。另外，A/D 转换器中的积分器对平均值为零的各种噪声有很强的抑制能力。

双积分型 A/D 转换器的主要缺点是工作速度较低，其转换速度一般在每秒几十次之内。在一些对速度要求不高（如数字式万用表）的场合，双积分型 A/D 转换器获得了广泛应用。

8.3.5　Σ-Δ型 A/D 转换器

从前面介绍的几种 A/D 转换器结构可知，A/D 转换器性能起关键作用的部分是模拟电路。由于元件参数的失配和非线性、漂移和老化、噪声和寄生参数等影响，其分辨率很难达到 16 位以上。近年来，出现了一种实现高精度、高分辨率的 A/D 转换技术，即 Σ-Δ 型 A/D 转换器，其分辨率已高达 24 位，在过程控制、称重等需要高分辨率、高集成度和低价格的 A/D 转换器的领域得到越来越多的应用。

1. 过采样技术

根据采样定理，为了不失真地恢复原始信号，采样频率至少应是原始信号最高有效频率的 2 倍。以满足采样定理的频率（临界频率）进行的采样称为临界采样。一般 A/D 转换器的采样频率都略高于由采样定理计算出来的临界频率。

以远高于临界频率进行的采样称为过采样。Σ-Δ 型 A/D 转换器就采用过采样技术。

2. Σ-Δ 型 A/D 转换器的电路组成

Σ-Δ 型 A/D 转换器的原理框图如图 8.3-18 所示。Σ-Δ 型 A/D 转换器可分为两部分，一部分为模拟 Σ-Δ 调制器，包括一个差分放大器、一个积分器、一个电压比较器（相当于 1 位 ADC）以及一个 1 位 DAC；第二部分为数字抽取滤波器。

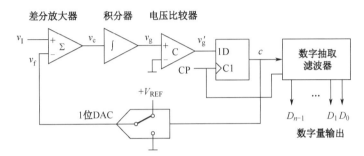

图 8.3-18　Σ-Δ 型 A/D 转换器的原理框图

差分放大器：将输入信号 v_I 减去来自 1 位 DAC 的反馈信号得到误差信号 $v_e = v_I - v_f$。

积分器：积分器对误差信号 v_e 进行积分。

电压比较器：当积分器的输出电压 $v_g > 0$ 时，输出 v_g' 为高电平（逻辑 1）；当 $v_g \leq 0$ 时，v_g' 为低电平（逻辑 0）。实际上，该电压比较器可以视为 1 位 ADC。

1 位 DAC 由一模拟选择开关构成。当输入为逻辑 1 时，把输出端 v_f 接 $+V_{REF}$；当输入为逻辑 0 时，把输出端 v_f 接地。

在采样信号 CP 的作用下，D 触发器的 Q 端送出一串行的数字序列 c。此串行的数字序列经数字抽取滤波器滤波，从而获得并行 n 位数字量输出。

从电路组成可知，Σ-Δ 型 A/D 转换器的模拟部分电路非常简单，大多数处理由数字电路来完成。所以，Σ-Δ 型 A/D 转换器更像是数字器件而不是模拟器件。从集成电路制造工艺来看，很适合用现代的低电压半导体工艺生产。

3. Σ-Δ 型 A/D 转换器的工作原理

为了便于分析 Σ-Δ 型 A/D 转换器的工作原理，将图 8.3-18 所示原理框图画成图 8.3-19 所示的形式。

从图 8.3-18 所示系统框图可得到以下公式：

$$v_e(n) = v_I(n) - v_f(n-1) \tag{8.3-9}$$

$$v_g(n) = v_g(n-1) + v_e(n) \tag{8.3-10}$$

$$v_f(n) = c(n)V_{REF} \tag{8.3-11}$$

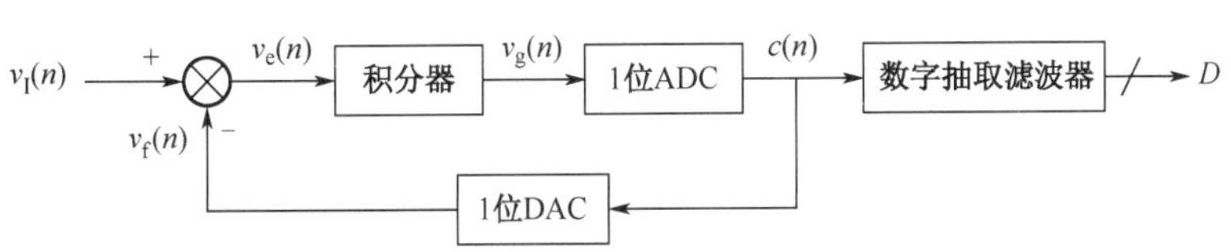

图 8.3-19　Σ-Δ 型 A/D 转换器系统框图

由于 Σ-Δ 型 A/D 转换器的核心部分是一个典型的负反馈系统。根据反馈理论，闭环内含有积分器，稳态时应为误差系统。系统中的误差电压 $v_e(n)$ 长时间取平均，其均值应当等于 0，由此得到

$$\lim_{m \to \infty} \frac{1}{m} \sum_{n=0}^{m-1} v_e(n) = 0 \qquad (8.3\text{-}12)$$

由于采样速度极高，输入电压 v_I 在 m 个采样周期内可以视为不变的量，因此

$$\lim_{m \to \infty} \frac{1}{m} \sum_{n=0}^{m-1} v_I(n) = \frac{m v_I}{m} = v_I \qquad (8.3\text{-}13)$$

将式 $v_e(n) = v_I(n) - v_f(n-1)$ 代入式（8.3-12），可得

$$\lim_{m \to \infty} \frac{1}{m} \sum_{n=0}^{m-1} v_e(n) = \lim_{m \to \infty} \frac{1}{m} \sum_{n=0}^{m-1} [(v_I(n) - v_f(n-1)] = v_I - \lim_{m \to \infty} \frac{1}{m} \sum_{n=0}^{m-1} v_f(n) = 0$$

所以

$$v_I = \lim_{m \to \infty} \frac{1}{m} \sum_{n=0}^{m-1} v_f(n) = V_{REF} \lim_{m \to \infty} \frac{1}{m} \sum_{n=0}^{m-1} c(n) \qquad (8.3\text{-}14)$$

如果取 $m = 2^N$（N 足够大），则式（8.3-14）可以近似为

$$v_I \approx \frac{V_{REF}}{2^N} \sum_{n=0}^{2^N-1} c(n) = D \frac{V_{REF}}{2^N} \qquad (8.3\text{-}15)$$

式中，

$$D = \sum_{n=0}^{2^N-1} c(n) \qquad (8.3\text{-}16)$$

D 就是输入电压最后的模数转换数字量，它在数值上等于 1 位 ADC 输出的长度为 2^N 串行序列 $c(n)$ 中 1 的个数。计算 D 的工作由 Σ-Δ 型 A/D 转换器中的数字抽取滤波器完成。

当 $v_I = V_{REF}/2$ 时，串行数据流 $c(n)$ 中含有相等个数的 0 和 1；如果 $v_I = 3V_{REF}/4$，则串行数据流 $c(n)$ 中每隔一个 0 含有 3 个 1。显然，在串行数据流 $c(n)$ 中，0 和 1 的分布取决于 v_I 在 0 到 V_{REF} 这一范围内的值。图 8.3-20 表示了当 $v_I = 0.5\,V_{REF}$ 和 $v_I = 0.75V_{REF}$ 两种情况下，Σ-Δ 型 A/D 转换器的典型工作波形。

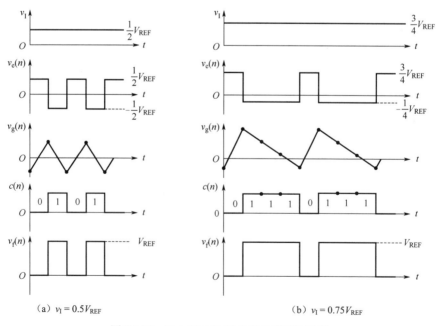

(a) $v_I = 0.5V_{REF}$ (b) $v_I = 0.75V_{REF}$

图 8.3-20 Σ-Δ 型 A/D 转换器典型工作波形

显然，为提高 Σ-Δ 型 A/D 转换器的分辨能力，可增加采样脉冲个数 m。为保持适当的转换速度，必须提高采样频率。因此，Σ-Δ 型 A/D 转换器是以提高采样频率换取高分辨率的转换方式。现已有 24 位 Σ-Δ 型 ADC 出现，其采样频率高达上百兆赫。

8.3.6　A/D 转换器的主要技术指标

A/D 转换器的主要技术指标有分辨率、转换误差、转换速度等。

① 分辨率：通常以 A/D 转换器输出的二进制位数 n 来表示分辨率高低，因为位数越多，量化单位越小，对输入信号的分辨能力就越高。

② 转换误差：是指在零点和满度都校准以后，在整个转换范围内，分别测量各数字量所对应的模拟输入电压实测范围与理论范围之间的偏差，取其中最大偏差作为转换误差的指标。通常以相对误差的形式出现，并以 LSB 为单位表示。

③ 转换速度：常用转换时间或转换速率来描述转换速度。完成一次 A/D 转换所需要的时间称为转换时间。转换时间和转换速率均可从芯片的数据手册中得到。例如，TLC0820 的转换时间为 2.5μs。

④ 输入模拟电压范围：模拟信号的变化范围，包括最大值和最小值、单极性还是双极性、正负对称还是不对称、单端输入还是差动输入等。

⑤ 参考电压 V_{REF}：芯片对参考电压 V_{REF} 的要求和系统满足这一要求的可能性。

⑥ 输出的数字量格式：A/D 转换器输出数字量的格式包括码制、输出电平和输出方式（三态、缓冲或锁存等）。

⑦ 控制信号及时序：A/D 转换器一般需要在单片机或 FPGA 的控制下才能工作。在设计 A/D 转换器与单片机或 FPGA 的接口时，必须了解 A/D 转换器的控制信号及时序关系。

8.4　例题讲解

本节内容通过 3 个例子，帮助读者加深对 D/A 转换器和 A/D 转换器原理的理解。

【例 8.4-1】图 8.4-1 所示为 4 位 R-$2R$ 网络型 D/A 转换器。电阻网络由 4mA 理想电流源提供。当输入 $D_3 \sim D_0 = 0110$ 时，推导 I_0、V_0、V_2 和 v_O 的值。

解： R-$2R$ 电阻网络的等效电路如图 8.4-2 所示。

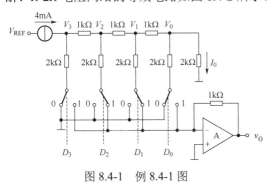

图 8.4-1　例 8.4-1 图

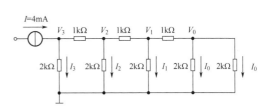

图 8.4-2　R-$2R$ 电阻网络的等效电路

R-$2R$ 电阻网络的各支路的电流计算如下

$$I_3 = \frac{I}{2} = 2\text{mA} , \quad I_2 = \frac{I}{4} = 1\text{mA} , \quad I_1 = \frac{I}{8} = 0.5\text{mA} , \quad I_0 = \frac{I}{16} = 0.25\text{mA}$$

得到各支路电流后，就可以计算电路中各点的电压

$$V_0 = I_0 \times 2\text{k}\Omega = 0.25\text{mA} \times 2\text{k}\Omega = 0.5\text{V}$$

$$V_2 = I_2 \times 2\text{k}\Omega = 1\text{mA} \times 2\text{k}\Omega = 2\text{V}$$

$$v_O = -i_\Sigma \times 1\text{k}\Omega = -(I_3 \times D_3 + I_2 \times D_2 + I_1 \times D_1 + I_0 \times D_0) \times 1\text{k}\Omega = -(2\text{mA}\times 0 + 1\text{mA}\times 1 + 0.5\text{mA}\times 1 + 0.25\text{mA} \times 0) \times 1\text{k}\Omega = -1.5\text{V}$$

【例 8.4-2】 4 位逐次逼近型 A/D 转换器框图如图 8.3-10 所示。设 $V_{REF} = 5\text{V}$，$v_I = 1.5\text{V}$ 时，试问：

（1）输出的二进制数 $D_3D_2D_1D_0$ 是多少？

（2）转换误差是多少？

（3）如何提高转换精度？

解：（1）量化单位 Δ 为

$$\Delta = \frac{5\text{V}}{16} = 0.3125\text{V}, \quad D = \frac{1.5}{0.3125} = 4.8$$

由于图 8.3-10 所示的逐次逼近型 A/D 转换器采用了"只舍不入"量化方式，因此转换结果 $D_3D_2D_1D_0 = (0100)_2$，其转换过程如表 8.4-1 所示。

表 8.4-1　例 8.4-2 A/D 转换过程

CP	SAR	v_O/V	比 较 结 果	处　理
1	1000	2.5	$v_I < v_O$	D_3 不保留
2	0100	1.25	$v_I > v_O$	D_2 保留
3	0110	1.875	$v_I < v_O$	D_1 不保留
4	0101	1.5625	$v_I < v_O$	D_0 不保留

（2）转换误差为

$$1.5 - 4 \times 0.3125 = 1.5 - 1.25 = 0.25\text{V}$$

（3）减少误差的方法如下：

① 增加位数。每增加 1 位，量化误差可减少一半。

② 在 D/A 输出加一个负向偏移电压 $\Delta/2$，如图 8.4-3 所示。$v'_O = v_O - \Delta/2$，v_I 与 v'_O 比较。加偏移量后的转换过程如表 8.4-2 所示。

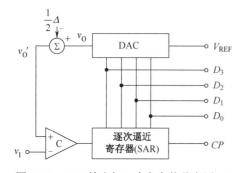

图 8.4-3　D/A 输出加一个负向偏移电压 $\Delta/2$

表 8.4-2　加偏移量时的转换过程

CP	SAR	v_O/ V	v'_O/V	比较结果	处理
1	1000	2.5	2.34375	$v_I < v'_O$	D_3 不保留
2	0100	1.25	1.09375	$v_I > v'_O$	D_2 保留
3	0110	1.875	1.71875	$v_I < v'_O$	D_1 不保留
4	0101	1.5625	1.40625	$v_I > v'_O$	D_0 保留

转换结果为 $(0101)_2$，转换误差为 $1.5 - 5 \times 0.3125 = -0.0625\text{V}$。图 8.4-3 所示 A/D 转换器的最大量化误差为 1/2LSB。

【例 8.4-3】并行比较型 A/D 转换器如图 8.4-4 所示。

（1）当 $C_3 \sim C_0$ 均为高电平时，V_1 的电压范围是什么？

（2）列出 $D_2 \sim D_0$ 与 $C_3 \sim C_0$ 之间的真值表。

（3）假设电阻的精度为 $\pm 5\%$，用 LSB 表示该 A/D 转换器的精度。

解：（1）输入电压与 $C_3C_2C_1C_0$ 的关系如表 8.4-3 所示。从表可知，当 $C_3 \sim C_0$ 均为高电平时，V_1 的电压范围大于 1V。

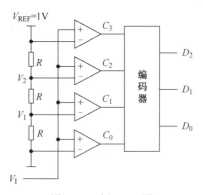

图 8.4-4　例 8.4-3 图

（2）真值表如表 8.4-4 所示。

表 8.4-3　输入电压与 $C_3C_2C_1C_0$ 的关系

$C_3C_2C_1C_0$	V_1
0000	$V_1 \leqslant 0\text{V}$
0001	$0\text{V} \leqslant V_1 < 1/3\text{V}$
0011	$1/3\text{V} \leqslant V_1 < 2/3\text{V}$
0111	$2/3\text{V} \leqslant V_1 < 1\text{V}$
1111	$V_1 > 1\text{V}$

表 8.4-4　例 8.4-3 真值表

$C_3C_2C_1C_0$	$D_2D_1D_0$
0000	000
0001	001
0011	010
0111	011
1111	100

（3）以下两种情形会产生最大误差：

当底部电阻有-5%的误差，另外两个电阻有+5%的误差时，V_1 的电压从 1/3V 变为 19/61V，产生约 0.066LSB 的误差。

当底部电阻有+5%的误差，另外两个电阻有-5%的误差时，V_1 的电压从 1/3V 变为 21/59V，产生 0.068LSB 的误差。

本 章 小 结

1．常用的 D/A 转换器有权电阻型、$R\text{-}2R$ 网络型等几种类型。这几种电路在集成 D/A 转换器中均有应用。目前，在 CMOS 集成 D/A 转换器产品中，$R\text{-}2R$ 网络型电路用得比较多。

2．D/A 转换器的主要参数有分辨率、转换精度和转换速度等。为了得到较高的转换精度，除了选用分辨率较高的 D/A 转换器，还必须保证参考电源的稳定度。

3．常用的 A/D 转换器有并行比较型、逐次逼近型、双积分型、$\Sigma\text{-}\Delta$ 型等几种类型。并行比较型 A/D 转换器是目前所有 A/D 转换器中转换速度最快的一种，但由于随着位数的提高，电路规模急剧增大，因此难以获得分辨率高的集成电路产品。逐次逼近型 A/D 转换器转换速度介于并行比较型和双积分型 A/D 转换器之间，是应用最广泛的一种 A/D 转换器。双积分型 A/D 转换器转换速度很低，但由于电路结构简单，性能稳定可靠，抗干扰能力较强，因此在各种低速系统中获得广泛应用。

4．$\Sigma\text{-}\Delta$ 型 A/D 转换器是一种新型的 A/D 转换器。由于 $\Sigma\text{-}\Delta$ 型 A/D 转换器内部的模拟电路部分非常简单，大部分的转换工作由数字电路实现，因此 $\Sigma\text{-}\Delta$ 型 A/D 转换器更像是数字器件而不是模拟器件。这最大可能地避免了模拟电路的漂移、批次性问题。因此，$\Sigma\text{-}\Delta$ 型 A/D 转换器可以很容易达到高精度和高分辨率。

自我检测题

1．就实质而言，＿＿＿＿＿类似于译码器，＿＿＿＿＿类似于编码器。

2．电压比较器相当于 1 位＿＿＿＿＿。

3．A/D 转换的过程可分为＿＿＿＿＿、保持、量化、编码 4 个步骤。

4．比较逐次逼近型和双积分型两种 A/D 转换器，＿＿＿＿＿的抗干扰能力强，＿＿＿＿＿的转换速度快。

5．A/D 转换器两个最重要的指标是＿＿＿＿＿和转换速度。

6．8 位 D/A 转换器当输入数字量只有最低位为 1 时，输出电压为 0.02V，若输入数字量只有最高位为 1 时，则输出电压为＿＿＿＿＿V。

　　A．0.039　　　　　　B．2.56　　　　　　C．1.27　　　　　　D．都不是

7. D/A 转换器的主要参数有_____、转换精度和转换速度。

    A. 分辨率   B. 输入电阻   C. 输出电阻   D. 参考电压

8. 图 T8.8 所示 R-$2R$ 网络型 D/A 转换器的转换公式为_____。

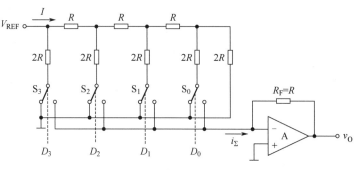

图 T8.8

A. $v_O = -\dfrac{V_{REF}}{2^3} \sum\limits_{i=0}^{3} D_i \times 2^i$ B. $v_O = -\dfrac{2}{3}\dfrac{V_{REF}}{2^4} \sum\limits_{i=0}^{3} D_i \times 2^i$

C. $v_O = -\dfrac{V_{REF}}{2^4} \sum\limits_{i=0}^{3} D_i \times 2^i$ D. $v_O = \dfrac{V_{REF}}{2^4} \sum\limits_{i=0}^{3} D_i \times 2^i$

9. 关于乘法型 D/A 转换器（MDAC）的描述，不正确的是 _____。

    A. 电子开关采用双极型工艺   B. 可实现模拟量和数字量相乘

    C. 参考电压可正可负   D. 可用于构成程控衰减器

10. 如果要将一个最大幅度为 5.1V 的模拟信号转换为数字信号，要求模拟信号每变化 20mV 能使数字信号最低位（LSB）发生变化，那么应选用_____位的 A/D 转换器。

    A. 7   B. 8   C. 9   D. 10

11. 一个 6 位并行比较型 A/D 变换器，需 _____个比较器。

    A. 64   B. 63   C. 6   D. 7

习　题

1. 解释下列 D/A 转换器指标的含义：分辨率（Resolution）、线性误差（Linearity Error）、单调性（Monotonicity）、建立时间（Settling Time）。

2. 比较权电阻型、R-$2R$ 网络型 D/A 转换器的特点，结合制造工艺、转换的精度等方面进行比较。

3. 从精度、工作速度和电路复杂性比较逐次逼近、并行比较、Σ-Δ 型 A/D 转换器的特点。

4. 已知 R-$2R$ 网络型 D/A 转换器 V_{REF}=+5V，试分别求出 4 位 D/A 转换器和 8 位 D/A 转换器的最大输出电压和最小输出电压，并说明最大输出电压和最小输出电压与位数的关系。

5. D/A 转换器的原理图如图 P8.5 所示。（1）计算 I_2 的电流值，并说明为什么不管开关 S_2 打在什么位置，I_2 的值保持不变。（2）当输入数据为 6 时，计算输出电压 V_{OUT} 的值。

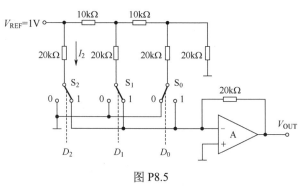

图 P8.5

6. 由 555 定时器、3 位二进制加计数器、理想运算放大器 A 构成如图 P8.6 所示的电路。设计数器初始状态为 000，且输出低电平 $V_{OL}=0V$，输出高电平 $V_{OH}=3.2\ V$，R_d 为异步清零端，高电平有效。

（1）说明虚框①、②部分各构成什么功能电路？

（2）虚框③构成几进制计数器？

（3）对应 CP 画出 v_O 波形，并标出电压值。

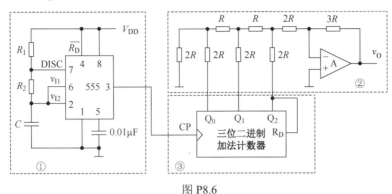

图 P8.6

7. 某程控增益放大电路如图 P8.7 所示，图中 $D_i=1$ 时，相应的模拟开关 S_i 与 v_1 相接；$D_i=0$，S_i 与地相接。

（1）试求该放大电路的电压放大倍数 $A_V = \dfrac{v_O}{v_I}$ 与数字量 $D_3 D_2 D_1 D_0$ 之间的关系表达式。

（2）试求该放大电路的输入电阻 $R_I = \dfrac{v_I}{i_I}$ 与数字量 $D_3 D_2 D_1 D_0$ 之间的关系表达式。

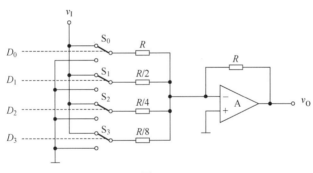

图 P8.7

8. 对于一个 8 位 D/A 转换器：

（1）若最小输出电压增量 V_{LSB} 为 0.02V，试问：当输入代码为 01001101 时，输出电压 v_O 是多少？

（2）假设 D/A 转换器的转换误差为 1/2LSB，若某一系统中要求 D/A 转换器的精度小于 0.25%，试问：这个 D/A 转换器能否满足要求？

9. 3 位并行比较型 A/D 转换器原理图如图 8.3-6 所示。基准电压 $V_{REF}=3.2V$。

（1）该电路采用的是哪种量化方式？其量化误差为何值？

（2）该电路允许变换的电压最大值是多少？

（3）设输入电压 $V_I=2.213V$，图中编码器的相应输入数据 $C_6 C_5 C_4 C_3 C_2 C_1 C_0$ 和输出数据 $D_2 D_1 D_0$ 各是多少？

10. 4 位逐次逼近型 A/D 转换器的 4 位 D/A 输出波形 v_O 与输入电压 v_I 如图 P8.10 所示。

（1）转换结束时，图 P8.10（a）和（b）的输出数字量各为多少？

（2）若 4 位 A/D 转换器的输入满量程电压 $V_{FS} = 5V$，估计两种情况下的输入电压范围各为多少？

11．计数式 A/D 转换器框图如图 P8.11 所示。D/A 转换器输出最大电压 $v_{omax}=5V$，v_I 为输入模拟电压，X 为转换控制端，CP 为时钟输入，转换器工作前 $X=0$，R_D 使计数器清零。已知，$v_I>v_O$ 时，$v_C=1$；$v_I \le v_O$ 时，$v_C=0$。当 $v_I=1.2V$ 时，试问：

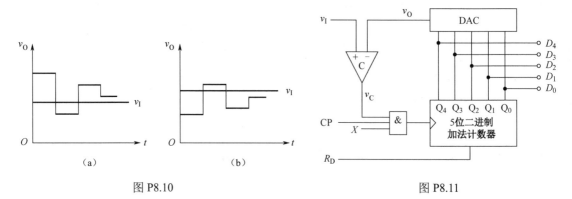

图 P8.10　　　　　　　　　　　　　　图 P8.11

（1）输出的二进制数 $D_4D_3D_2D_1D_0$ 是多少？

（2）转换误差为多少？

（3）如何提高转换精度？

12．双积分式 A/D 如图 P8.12 所示。

（1）若被测电压 $v_{I(max)}=2V$，要求分辨率 $\le 0.1mV$，则二进制计数器的计数总容量 N 应大于多少？

（2）需要多少位的二进制计数器？

（3）若时钟频率 $f_{CP}=200kHz$，则采样保持时间为多少？

（4）若 $f_{CP}=200kHz$，$|v_I|<|V_{REF}|=2V$，积分器输出电压的最大值为 5V，此时积分时间常数 RC 为多少毫秒？

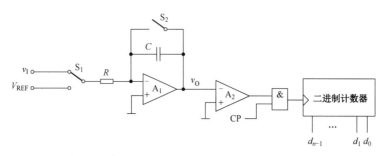

图 P8.12

实验十三　并行 A/D 和 D/A 转换器实验

由 FPGA 控制 A/D 转换器和 D/A 转换器，用 A/D 转换器采集正弦信号，同时用 D/A 转换器回放。其原理框图如图 E8.14 所示。状态机设计参考例 5.7-3。

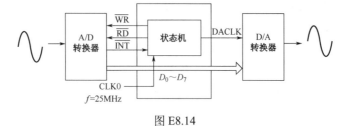

图 E8.14

第 9 章 现代数字系统设计基础

9.1 概　　述

数字系统是指对数字信息进行存储、传输、处理的电子系统。数字系统的输入输出都是数字量。数字系统的规模可大可小，不同的数字系统复杂程度差别很大，就其组成而言，都是由许多能够进行各种操作的功能部件组成的。

数字系统一般可划分为控制单元和数据处理单元，其组成框图如图9.1-1所示。数据处理单元在控制单元的控制下完成各种逻辑运算操作，并产生系统的数据输出信号、数据运算状态信号等信息。数据处理单元主要由寄存器、计数器、运算器、译码器、编码器等部件组成。控制单元用于控制数据处理单元内各部分电路协调工作，它根据外部输入信号和从数据单元得到的状态信号，产生控制信号，以决定数据处理单元何时进行何种操作。控制单元采用同步状态机实现。

需要注意的是，一些规模庞大的数字电路（如存储器），并不意味着是一个系统，只是一个功能部件。而由几片 MSI 构成的数字电路，只要包括控制单元和数据处理单元，就称为数字系统。

数字系统的设计方法通常分为自底向上（From Down to Top）和自顶向下（From Top to Down）两种。所谓"顶"就是系统的功能；所谓"底"就是最基本的元器件，甚至是集成电路的版图。

自底向上设计方法必须首先确定使用器件的类别和规格，同时解决这些器件的可获得性。在设计过程中，如果出现某些技术参数不满足要求或者更换器件，都将可能使前面的设计工作前功尽弃。因此这种设计方法效率低、成本高、设计周期长，只适合系统相对较小、硬件相对简单的数字系统设计。

自顶向下设计方法首先从系统设计入手，在顶层将整个系统划分成几个子系统，然后逐级向下，再将每个子系统分为若干功能模块，每个功能模块还可以继续向下划分成子模块，直至分成许多最基本的模块实现。自顶向下设计方法示意图如图 9.1-2 所示。从上到下的划分过程中，最重要的是将系统或子系统划分成控制单元和数据处理单元。数据处理单元中的功能模块通常是设计者熟悉的各种功能电路，无论是取用现成模块还是自行设计，无须花费很多精力。设计者的主要任务是控制单元的设计，而控制单元通常是一个同步状态机，没有现成的模块可以使用，需要设计者自行设计。自顶向下设计方法将一个复杂的数字系统设计转化为一些较为简单的状态机设计和基本电路模块的设计，从而大大降低了设计难度。

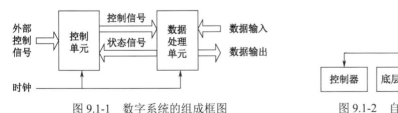
图 9.1-1　数字系统的组成框图

图 9.1-2　自顶向下设计方法示意图

掌握自顶向下设计方法，除了掌握数字电路的基础理论，还必须掌握以下 3 个设计要素：可编程逻辑器件、硬件描述语言和 EDA 软件。

9.2　可编程逻辑器件

可编程逻辑器件（Programmed Logic Device，PLD）是一种由用户通过编程定义其逻辑功能，从而实现各种设计要求的集成电路芯片。PLD 由逻辑门电路、触发器和可编程开关组成。用户通过可编程开关，将 PLD 内部的逻辑门和触发器相互连接，从而实现所需要的功能，其示意图如图 9.2-1 所示。

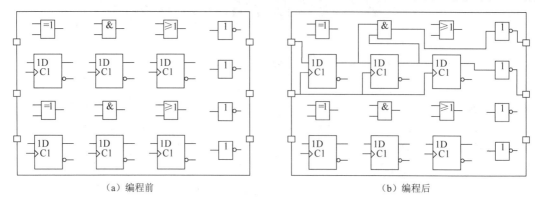

（a）编程前　　　　　　　　　　　　　　　　　　（b）编程后

图 9.2-1　PLD 的示意图

可编程逻辑器件的种类很多，通常可分为简单可编程逻辑器件 SPLD（Simple Programmable Logic Device）、复杂可编程逻辑器件 CPLD（Complex Programmable Logic Device）、现场可编程门阵列 FPGA（Field Programmable Gate Array）等 3 种类型。SPLD 是早期的可编程逻辑器件，有 PLA、PAL 和 GAL 等多种类型。虽然 SPLD 现已很少使用，但是为了便于读者更好地理解 CPLD 和 FPGA 的结构和原理，本节内容先介绍两种典型的简单可编程逻辑器件 PLA 和 PAL，然后再介绍 CPLD 和 FPGA。

9.2.1　可编程逻辑阵列 PLA

可编程逻辑阵列 PLA（Programmable Logic Array）的基本结构如图 9.2-2 所示。X_1，X_2，…，X_n 为输入逻辑变量，通过一组缓冲器和反相器后输出原变量和反变量。原变量和反变量输入到与阵列。与阵列由一组与门构成，每个与门可以产生一个乘积项，因此与阵列可以产生一组乘积项 P_1，…，P_k。将这些乘积项输入到或阵列。或阵列由一组或门构成，每个或门可以产生一个积之和形式的逻辑函数，即或阵列输出 F_1，…，F_m。由于任何一个组合逻辑函数均可以用积之和的形式来表示，因此，PLA 可实现各种不同功能的组合逻辑电路。

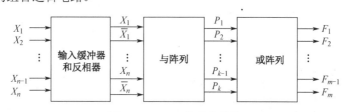

图 9.2-2　PLA 的基本结构

图 9.2-3 给出了 3 输入 2 输出 PLA 的电路图。与阵列中每个与门有 6 个输入，分别是 3 个输入的原变量和反变量。由于与阵列中有 5 个与门，因此可以产生 5 个不同的乘积项。与门的输出连接到或阵列中的或门。连接到与门的每一端和连接到或门的每一端都是可编程的，即可以通过编程实现断开或连通。图中用波浪线符号表示可编程连接。可编程连接对应的物理实现可以是熔丝、EEPROM 存储单元、SRAM 存储单元等，其原理在第 6 章中均有介绍。

尽管图 9.2-3（a）所示的表示方法清晰地说明了 PLA 的结构和原理，但对于规模比较大的可编程逻辑器件芯片，这种表示方法不太方便，因此更多地采用图 9.2-3（b）所示的简化表示法。

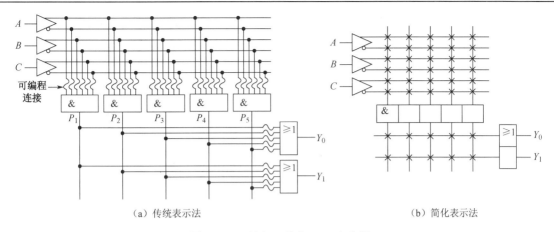

（a）传统表示法　　　　　　　　　　　　　　　　（b）简化表示法

图 9.2-3　3 输入 2 输出 PLA 电路图

【例 9.2-1】 用图 9.2-3 所示 PLA 实现组合逻辑函数：

$$\begin{cases} Y_0 = ABC + AB\overline{C} + A\overline{B}C \\ Y_1 = ABC + \overline{A}\,\overline{B}\,\overline{C} + A\overline{B}\overline{C} \end{cases}$$

解： Y_0、Y_1 的逻辑函数表达式中共有 5 个不同的最小项 ABC、$AB\overline{C}$、$A\overline{B}C$、$\overline{A}\,\overline{B}\,\overline{C}$、$A\overline{B}\overline{C}$。图 9.2-3 所示 PLA 与阵列刚好可产生 5 个最小项，其实现的阵列图如图 9.2-4 所示。在 PLA 的实现中，乘积项是可以共用的。单个表达式乘积项的数目并不重要，重要的是所有表达式中不同乘积项的数目，因为乘积项的数目受 PLA 中与门数目的限制。在对多输出逻辑函数进行化简时，不是要追求单独一个函数表达式最简，而是要追求整体最简。例 1.7-4 中就体现了整体最简的设计思路，这种设计思路在用 PLA 实现的组合逻辑电路中是十分有价值的。

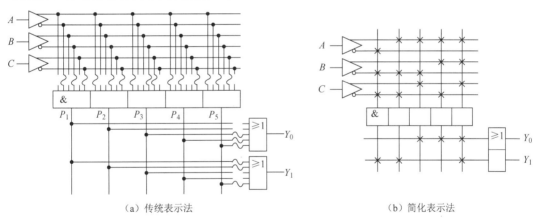

（a）传统表示法　　　　　　　　　　　　　　　　（b）简化表示法

图 9.2-4　用 PLA 实现的逻辑函数阵列图

9.2.2　可编程阵列逻辑 PAL

PLA 的与阵列、或阵列利用率很高，但由于与阵列和或阵列都是可编程的结构，造成 EDA 软件算法过于复杂，效率下降，而且过多的可编程开关会使器件的运行速度下降。PAL（Programmable Array Logic）采用了或阵列固定、与阵列可编程的结构。图 9.2-5 所示为 3 输入 2 输出的 PAL 电路图。

【例 9.2-2】 用图 9.2-5 所示的 PAL 实现 1 位全加器。

解： 根据 3.5 节介绍的内容，全加器的逻辑函数表达式为

$$S = \overline{A}\,\overline{B}CI + \overline{A}B\overline{CI} + A\overline{B}\,\overline{CI} + ABCI \qquad CO = AB + BCI + ACI$$

图 9.2-6 给出了 1 位全加器的 PAL 实现图。与 PLA 不同，PAL 中的一个与门不能被两个或两个以上的或门共用，所以每个逻辑表达式必须单独进行化简，不用考虑彼此间的公共项。

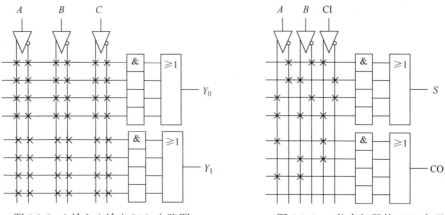

图 9.2-5　3 输入 2 输出 PAL 电路图　　　　　图 9.2-6　1 位全加器的 PAL 实现

对于一个给定的 PAL，与门的个数是固定和有限的。当函数表达式中的乘积项超过与门的个数时，除了可通过采用规模更大的 PAL，在 PAL 中增加一个异或门也是解决与门数量不足的有效途径。图9.2-7 所示为带异或门的 PAL 结构图。异或门的输入端 B 是可编程的。当 $B = 1$ 时，S 与 A 反向，当 $B = 0$ 时，S 与 A 同向。当所设计的与-或逻辑函数的乘积项多于或门的输入端个数时，可以先通过与或阵列生成反函数，再利用异或门的反相作用，得到原函数。如有一 3 变量逻辑函数 $F(A, B, C) = m_0 + m_1 + m_4 + m_5 + m_6$，有 5 个最小项，多于或门的输入端个数，无法直接实现。然而其反函数 $\overline{F(A, B, C)} = m_2 + m_3 + m_7$ 只有 3 个最小项，因此可以先实现其反函数，再由异或门实现的反相器得到原函数。

图9.2-7 中，输出端还增加了一个可编程控制的三态缓冲器。缓冲器的使能端可以通过编程选择不同的信号源控制。当使能端为低电平时，三态缓冲器输出为高阻态，对应的 I/O 引脚作为输入端使用，加在 I/O 引脚的信号经过一个互补输出的缓冲器送到与逻辑阵列上；当使能端为高电平时，三态缓冲器处于工作状态，对应的 I/O 引脚作为输出端使用。由此可见，通过一个三态缓冲器，使 PAL 的 I/O 引脚具有双向功能。

带反馈的寄存器 PAL 结构如图 9.2-8 所示。或门的输出加到 D 触发器的输入端，在 CP 脉冲的上升沿时刻，或门的数据送到 I/O 引脚。触发器的反相输出端 $\overline{Q}$ 反馈回与阵列，作为输入信号参与逻辑运算。寄存器输出结构用于构成各种时序逻辑电路。

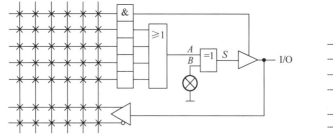 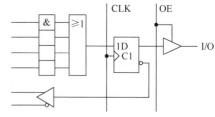

图 9.2-7　带异或门的 PAL 结构图　　　　　图 9.2-8　带反馈的寄存器 PAL 结构

9.2.3　复杂可编程逻辑器件 CPLD

以 PLA 和 PAL 为代表的 SPLD 阵列容量较小，片内触发器资源不足，只适用于一些简单的应用。SPLD 的输入/输出控制也不够完善，限制了芯片硬件资源的利用率和它与外部电路连接的灵活性。SPLD 不能在系统编程，而必须将芯片插入专用设备才能编程。由于存在上述缺点，SPLD 现在已很少使用。

　　CPLD 和 FPGA 都属于高密度可编程芯片，适用于复杂的逻辑电路。CPLD 和 FPGA 在结构和工作原理上有比较大的区别。通常把基于乘积项技术、EEPROM 工艺的可编程逻辑器件称为 CPLD；把基于查找表技术、SRAM 工艺，要外挂配置用 FlashROM 的可编程逻辑器件称为 FPGA。

　　图 9.2-9 所示为 CPLD 的基本结构，它主要由逻辑阵列块（Logic Array Block，LAB）、可编程内连阵列（Programmable Interconnect Array，PIA）和输入/输出单元（I/O Element）3 部分构成。

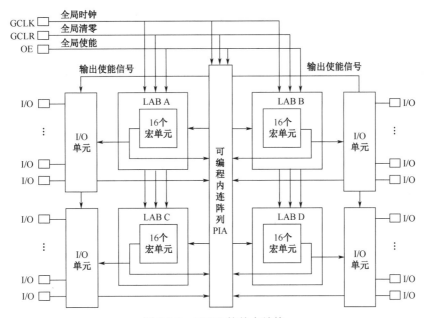

图 9.2-9　CPLD 的基本结构

　　每个 LAB 包含 16 个宏单元（Macrocell）。宏单元是 CPLD 的最小逻辑单元，类似简单可编程逻辑器件 PAL，能单独地组成组合逻辑电路和时序逻辑电路。PIA 将不同的 LAB 相互连接，构成更复杂的逻辑电路。CPLD 的全局输入（图 9.2-9 上方的全局时钟、全局清零、全局使能等信号）、I/O 引脚和宏单元输出都连接到 PIA，而 PIA 把这些信号送到器件内的各个地方。PIA 具有固定延时，从而消除了信号之间的延迟偏移，使时间性能更容易预测。

　　图 9.2-10 所示是一个简化了的宏单元和 I/O 单元原理图。宏单元由与门阵列、或门、异或门以及一个可编程触发器组成。与门阵列产生乘积项，这些乘积项分配到或门实现组合逻辑函数。宏单元中异或门的功能与图 9.2-7 所示的异或门相似，这里不再赘述。异或门的输出可送到宏单元内的触发器，也可以通过选择开关 MUX3 送到 I/O 单元。当 MUX3 开关置于上方位置时，触发器被旁路，宏单元实现组合逻辑电路；当 MUX3 开关置于下方位置时，宏单元实现时序逻辑电路。宏单元中的触发器为可编程触发器，其时钟和清零信号可来自全局信号，也可来自乘积项输出。采用全局信号有利于改善性能，例如，当时钟信号来自全局时钟时，触发器输出和时钟之间的延迟最小。在图 9.2-10 所示的宏单元中，与阵列的可编程单元用"×"表示，异或门和选择开关的可编程单元用"M"表示。在 CPLD 中，可编程单元通常采用 EEPROM 存储单元，掉电以后，编程信息不会丢失。

　　宏单元的输出一方面送到可编程连线阵列 PIA 供其他宏单元使用，以构成更复杂的逻辑电路，另一方面送到 I/O 单元。I/O 单元含有一个三态缓冲器。三态缓冲器的使能端由来自 PIA 的一个信号控制。通过三态缓冲器，可以将 I/O 引脚配置为输入、输出和双向工作方式。当使能端置低电平时，三态缓冲器输出高阻态，对应的 I/O 引脚被设置为输入引脚；当使能端置高电平时，三态缓冲器输出有效，对应的 I/O 引脚被设置为输出引脚；当使能端由使能信号控制时，对应的 I/O 引脚被设置为输入输出引脚。每个 I/O 引脚都有一个漏极开路（Open-Drain）输出配置选项，因而可以实现漏极开路输出。

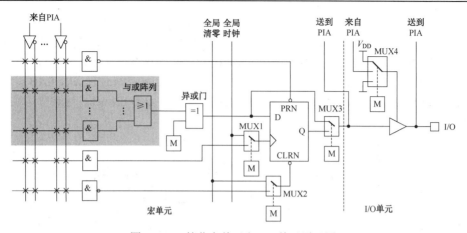

图 9.2-10　简化宏单元和 I/O 单元原理图

图 9.2-11 给出了例 5.5-1 设计的摩尔型状态机的 CPLD 实现。实现该状态机需要 3 个宏单元，其中两个宏单元用来生成两个 D 触发器的输入，一个宏单元则用来生成 Y 输出。触发器的输出通过可编程连线阵列反馈给与阵列的输入端。

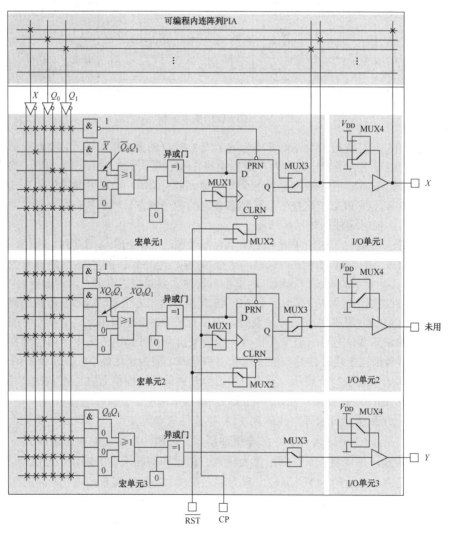

图 9.2-11　例 5.5-1 摩尔型状态机的 CPLD 实现

宏单元 1 用于实现逻辑函数式 $D_0 = \overline{X} + Q_1^n \overline{Q_0^n}$，由于该表达式只有两个乘积项，因此与阵列中下面的两个与门没有使用，将输入的原变量和反变量同时加到与门输入端，使与门的输出恒为 0。在右边的 I/O 单元 1 中，三态缓冲器的使能端直接接地，因此，三态缓冲器输出高阻态，从而将对应的 I/O 引脚设为 X 信号的输入引脚。

宏单元 2 用于实现逻辑函数式 $D_1 = XQ_0^n \overline{Q_1^n} + X\overline{Q_0^n}Q_1^n$。右边的 I/O 单元 2 未用。

宏单元 3 用于实现逻辑函数 $Y = Q_1^n Q_0^n$，触发器被 MUX3 选择开关旁路，因此在图中没有画出。

9.2.4 现场可编程门阵列 FPGA

FPGA 的通用结构如图 9.2-12 所示。FPGA 由逻辑阵列块、可编程互连（Interconnects）及输入/输出单元 3 部分组成。逻辑阵列块排列成二维结构。可编程互连为逻辑阵列提供行与列之间的水平布线路径和垂直布线路径。这些布线路径包含了互连线和可编程开关，使得逻辑阵列可以使用多种方式互相连接。

FPGA 的逻辑阵列块由 16 个排列成一组的逻辑单元（LE）构成。逻辑单元是 FPGA 实现有效逻辑功能的最小单元，用于实现组合逻辑电路和时序逻辑电路。FPGA 的逻辑单元示意图如图 9.2-13 所示，由查找表（LookUp Table，LUT）和 D 触发器构成，LUT 用于实现组合逻辑电路，D 触发器用于实现时序逻辑电路。FPGA 逻辑单元与 CPLD 的宏单元的结构有较大差异，CPLD 的宏单元采用了基于与门阵列和或门的乘积项结构，而 FPGA 的逻辑单元采用了 LUT 结构。

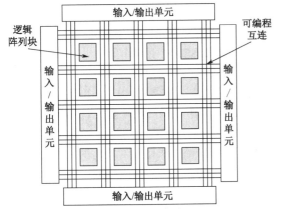

图 9.2-12 现场可编程门阵列 FPGA 通用结构

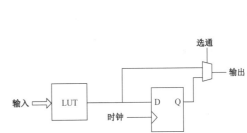

图 9.2-13 FPGA 的逻辑单元示意图

LUT 本质上就是一个小规模的 SRAM，它包含了存储单元和地址译码器。LUT 可以具有不同的规模，其规模由输入的数量来定义。图 9.2-14（a）给出了一个 2 输入 LUT 结构，它具有两个输入 A_1 和 A_0，以及一个输出 F，能够实现任意二变量组合逻辑函数。由于二变量真值表共有 4 行，因此 LUT 具有 4 个存储单元，每个单元对应于真值表中的每行输出值。输入变量 A_1 和 A_0 用作 3 个 2 选 1 数据选择器的输入，根据 A_1 和 A_0 的具体取值，选择 4 个存储单元中的一个作为 LUT 的输出。

为了理解 2 输入 LUT 实现逻辑函数的原理，以图 9.2-14（b）所示的异或门为例。将异或门真值表所有函数值存储在 LUT 中，如图 9.2-14（c）所示。当 A 和 B 取不同值时，对应存储单元中的逻辑值就出现在 LUT 输出端。

图 9.2-15 说明了一个小规模 FPGA 电路编程实现一个简单逻辑函数的示例。该 FPGA 采用 2 输入的 LUT，需要实现的逻辑函数为 $F = AB + \overline{B}C$。该函数有 3 个输入变量，需要 3 个 LUT 实现。最左边的 LUT 实现 $F_1 = AB$，中间的 LUT 实现 $F_2 = \overline{B}C$，右边的 LUT 实现 $F=F_1+F_2$。交叉处标有符号"×"，表明在水平线和垂直线之间存在电气连接。

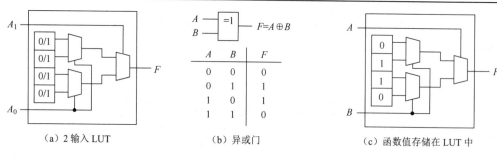

（a）2 输入 LUT　　　　　（b）异或门　　　　　（c）函数值存储在 LUT 中

图 9.2-14　2 输入异或门的实现

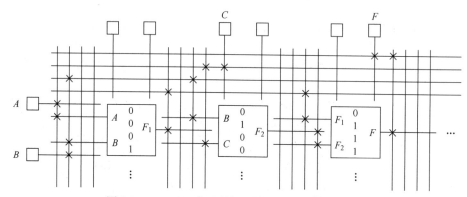

图 9.2-15　FPGA 实现逻辑函数 $F = AB + \overline{B}C$ 示意图

SRAM 单元不仅用于存储在 LUT 真值表中的每个值，还用于配置 FPGA 中的互连线。FPGA 不使用 EEPROM 技术来实现可编程开关，而是将可编程信息存储在 SRAM 存储单元中。图 9.2-16 给出了 FPGA 中可编程开关的细节。LUT 的输出通过可编程开关，连接到与之交叉的垂直线上。可编程开关使用 NMOS 晶体管实现。NMOS 晶体管的栅极由 SRAM 单元控制。如果在 SRAM 单元中存储的逻辑值是 0，那么对应 NMOS 晶体管处于截止状态；如果在 SRAM 单元中存储的逻辑值是 1，那么对应 NMOS 晶体管处于导通状态，由开关的漏极和源极分别连接到两条线上，从而使得这两条导线连通。使用 SRAM 存储单元实现可编程的优点是可以快速地反复编程，在产品样机研发阶段提供了极大方便；缺点是 SRAM 存储单元极大增加了 FPGA 的制造成本。假设一片 FPGA 芯片含有 100 万个 SRAM 存储单元，每个 SRAM 存储单元需要 6 只晶体管（参见图 6.3-4），则要使用 600 万个晶体管来实现其可编程性，这说明，为了获得可编程特性，极大地增加了硬件成本。

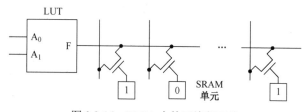

图 9.2-16　FPGA 中的可编程开关

实际 FPGA 的逻辑单元要比图 9.2-13 所示的简化 LE 图复杂得多。图 9.2-17 所示为 Intel 公司 Cyclone IV 系列 FPGA 在正常模式（Normal Mode）下的 LE 图。从图中可以看到，LUT 输入除了来自互连阵列，也来自触发器的输出，也就是说触发器的输出反馈到 LUT 的输入端，便于构成计数器、状态机等时序逻辑电路。LUT 的输出可以直接送到互连阵列，触发器的输入也可以不来自 LUT 的输出，而来自触发器链输入。LUT 和触发器可以独立工作，这意味着一个逻辑单元可以同时实现组合逻辑电路和时序逻辑电路。而图 9.2-10 所示的宏单元，触发器的输入与异或门的输出固定连接。当宏单元用来实现组合逻辑电路时，触发器被旁路，该触发器就不能被其他电路所用。

图 9.2-17 所示的逻辑单元采用了 4 输入 LUT，如图 9.2-18 所示。该 LUT 具有 16 个存储单元，它

可以实现任何 4 变量的组合逻辑电路。

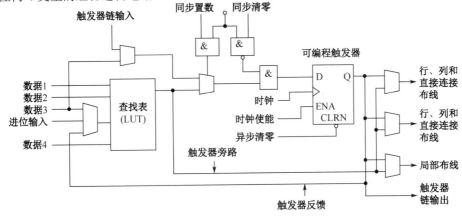

图 9.2-17　Cyclone IV 系列 FPGA 在正常模式下的逻辑图

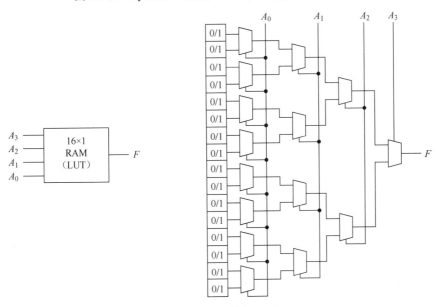

图 9.2-18　4 输入 LUT

【例 9.2-3】　如果要实现一个 3 线-8 线译码器，需要多少个逻辑单元？

解：3 线-8 线译码器有 3 个输入和 8 个输入，含有 8 个逻辑表达式。每个逻辑函数表达式需要一个 LUT，因此，实现一个 3 线-8 线译码器需要 8 个 LUT，所以总共需要 8 个逻辑单元。

如果用门电路实现，3 线-8 线译码器只需要 8 个与非门和 3 个反相器，可见，用 FPGA 来实现 3 线-8 线译码器代价是很高的。

Cyclone IV 系列器件的可编程 I/O 单元原理图如图 9.2-19 所示。I/O 单元可以配置成输入、输出和双向口。I/O 单元从结构上包含一个双向 I/O 缓冲器和

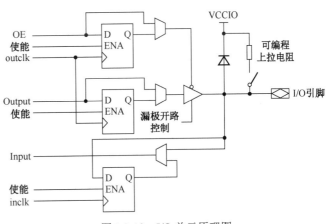

图 9.2-19　I/O 单元原理图

三个寄存器：输入寄存器、输出寄存器、输出允许寄存器。由于寄存器的存在，输入和输出数据可以存储在 I/O 单元内部。当我们需要直接输入和输出时，可以将寄存器旁路。I/O 引脚上还设置了可编程的内部上拉电阻，当上拉电阻允许时，上拉电阻就会被连接到 I/O 引脚上，此内部上拉电阻可以防止用于输入的 I/O 引脚悬空时出现电平状态不定的问题。

【例 9.2-4】 如何用 FPGA 实现 RC 多谐振荡器？

解： 根据图 7.3-1 所示的多谐振荡器原理图，RC 多谐振荡器由两个反相器、电阻、电容分立元件构成。从图 9.2-19 可知，FPGA 的每个 I/O 引脚都有一个三态缓冲器，因此，用 FPGA 来实现 RC 多谐振荡器电路可以进一步简化，只需要 1 个反相器，如图 9.2-20 所示。图中两个三角形的符号表示 I/O 单元中的缓冲器。通过对电容周期性地充放电，CLK 产生方波信号。

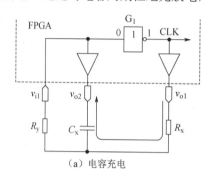 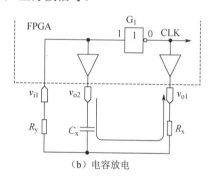

图 9.2-20　RC 多谐振荡器工作原理分析图

图 9.2-21 所示为 FPGA 构成的 RC 多谐振荡器实物图，图 9.2-22 所示为 RC 多谐振荡器的实测波形。RC 多谐振荡器输出方波的频率与电容的大小成反比。如果在 FPGA 再增加一个数字频率计，通过测量 CLK 的频率来计算得到电容的值，就可以得到一个测量电容的设计方案。

 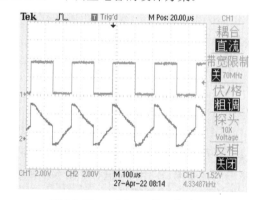

图 9.2-21　RC 振荡器实物图　　　　　图 9.2-22　v_{o2} 和 v_{i1} 的工作波形

9.3　Verilog HDL 基础

硬件描述语言 HDL（Hardware Description Language）是一种用来描述数字电路和系统的语言。利用 HDL 可以完成数字电路系统的描述、仿真验证，经过自动综合工具转换到门级电路网表。再用 FPGA 自动布局布线工具，把网表转换为要实现的具体电路布线结构。硬件描述语言主要有三大用途：建立描述数字系统的标准文档、数字系统的仿真、逻辑综合（Synthesis）。硬件描述语言发展至今已有 30 多年的历史，对电路设计自动化起到了极大的促进和推动作用。目前，常用的硬件描述语言有 Verilog HDL 和 VHDL 两种。从学习的角度来看，Verilog HDL 与 C 语言较接近，容易掌握；从使用的角度来看，支持 Verilog HDL 的半导体厂家也比支持 VHDL 的多，因此，从发展趋势看 Verilog HDL 比 VHDL 有更宽广的应用前途。

Verilog HDL 于 1983 年由 GDA（Gareway Design Automation）公司的 Phil Moorby 首创，1995 年 Verilog HDL 成为 IEEE 标准，称为 IEEE Standard 1364—1995（Verilog—1995），2001 年 3 月 IEEE 正式批准了 Verilog—2001 标准（IEEE 1364—2001）。

Verilog HDL 可以在不同的抽象层次来描述实际电路。本书介绍的 Verilog HDL 代码规模都比较小，描述也非常简单，很容易与被描述的电路联系起来。规模大的设计由许多较小的模块互相连接而成，这种设计方法通常称为寄存器传输级（RTL）设计，是应用最广泛的一种设计方法。

9.3.1　Verilog HDL 的基本结构

模块是 Verilog HDL 的基本描述单位，用于描述某个设计的功能、结构，以及与其他模块连接的外部端口。模块的基本结构如图 9.3-1 所示。模块以关键词 module 开头，在 module 右侧是模块名。模块名由设计者自定。由于模块名代表当前设计的电路，因此最好根据设计电路的功能来命名。例如，2 选 1 数据选择器的模块名可取名为 MUX21；4 位加法器的模块名取名为 ADD4B 等。模块名不能用数字或中文，也不应用 EDA 软件工具库中已定义好的关键词或元件名，如 and2、latch 等。模块名右侧的括号称为模块端口列表，列出了此模块的所有输入、输出或双向端口名。端口名间用逗号分开，右侧括号外加分号。endmodule 是模块结束语句，旁边不加任何标点符号。

1．端口说明

端口是模块与外部电路连接的通道，相当于芯片的外部引脚。端口包括以下 3 种类型：

① input：输入端口，即规定数据只能由此端口被读入模块实体中。

② output：输出端口，即规定数据只能由此端口从模块实体向外输出。

③ inout：双向端口，即规定数据既可以从此端口输出，也可以从此端口输入。

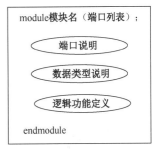

图 9.3-1　模块的基本结构

上述 3 类端口中，input 端口只能是连线（wire）型数据类型；output 端口可以是连线型或寄存器（reg）型数据类型。由于 inout 端口同时具备了 input 和 output 端口的特点，因此，也只能声明为连线型数据类型。端口说明的格式如下：

```
input 端口名1，端口名2，…;
output 端口名1，端口名2，…;
inout 端口名1，端口名2，…;
```

端口关键词旁的端口名可以有多个，端口名间用逗号分开，最后加分号。如果要描述总线端口，则应该采用端口信号逻辑矢量位的描述方式。其格式如下：

```
input [msb:lsb] 端口名1，端口名2，…;
```

上述格式中，msb 为矢量端口的最高位，lsb 为矢量端口的最低位。例如，4 位二进制计数器的输出可以表示为

```
output [3:0] QQ;
```

2．数据类型说明

用来指定模块内用到的数据对象的类型。常用的有连线型和寄存器型。

```
wire  A, B, C, D;        //定义信号A～D为连线型
reg [3:0]  OUT;          //定义信号OUT的数据类型为4位寄存器型
```

3．逻辑功能定义

通常用 assign 连续赋值语句或者 always 过程块赋值语句描述逻辑功能。

【例 9.3-1】2 选 1 数据选择器的 Verilog HDL 描述。

（1）用 always 过程块赋值语句描述

```
module  MUX21  (Y,A,B,SL);
input A,B,SL;
output Y;
reg Y;
always @(SL or A or B)
  if(!SL)
        Y = A;
  else
        Y = B;
endmodule
```

（2）用 assign 过程块赋值语句描述

```
module MUX21(Y,A,B,SL);
input A,B,SL;
output Y;
  assign Y = (～SL & A)|(SL & B);
endmodule
```

9.3.2　Verilog HDL 语言要素

1. 词法

（1）标识符

Verilog HDL 中的标识符可以是任意一组字母、数字以及"$"符号和"_"（下画线）的组合，但是标识符的第一个字符必须是字母或下画线。另外，标识符是区分大小写的。

合法标识符：addr、_H1_c2、ADDR、R35_47。

非法标识符：

```
01 addr            //标识符不允许以数字开头
count *            //标识符中不允许包含*
```

（2）空白符

空白符包括：空格、tab、换行符及换页符。空白符使代码层次分明、阅读方便。综合时，空白符被忽略。但是，在字符串中空白和制表符会被认为是有意义的字符。

（3）注释

有两种注释形式：单行注释，以//开始到本行结束。多行注释，以/*开始到*/结束。

（4）数字

Verilog HDL 有 4 种基本数值，或者说任何变量都可能有 1、0、x 和 z 等 4 种不同逻辑状态的取值。

- 0：含义有 4 个，即二进制数 0、逻辑 0、低电平、事件为伪的判断结果。
- 1：含义有 4 个，即二进制数 1、逻辑 1、高电平、事件为真的判断结果。
- z 或 Z：高阻态。
- x 或 X：不确定或者未知的逻辑状态。

常数按照其数值类型可以划分为整数和实数两种。整数有 4 种进制表示形式：二进制整数（b 或 B）、十进制整数（d 或 D）、十六进制整数（h 或 H）、八进制整数（o 或 O）。常数的表示方式为：

```
<对应的二进制数的位宽'> <进制> <数字>
```

以下是常见的常数表示举例：

```
8'b01011100        //位宽为8位的二进制数
8'hd4              //位宽为8位的十六进制数
```

（5）关键字

Verilog HDL 内部已经使用的词称为关键字或保留字。这些关键字用户不能随便使用。在编写程序时，变量的定义不要与这些关键词冲突。所有的关键字都小写。

2. 数据类型

数据类型用来表示数字电路硬件中物理连线、数据储存对象和传输单元等。Verilog HDL 中共有 19 种数据类型。这里主要介绍 3 种最基本的数据类型。

（1）连线型

连线（wire）型变量的特点是输出值紧跟输入值的变化而变化。连线型变量不能存储值，而且必须受到驱动器的驱动。连线型变量有两种驱动方式，一种是在结构描述中将它连接到一个逻辑门或模块的输出端，另一种是用连续赋值语句 assign 对其进行赋值。如果输入/ 输出信号没有明确指定数据类型时都被默认为连线型。

wire 型变量的格式：

```
wire [n-1:0] 数据名1，数据名2，…，数据名n；
```

以下是常见的连线型变量声明语句示例：

```
wire[7:0]   DI;        //定义8位wire型向量
wire[15:0]  DO;        //定义16位wire型向量
wire  A;              //定义了一个1位的wire型数据
```

（2）寄存器型

寄存器（reg）型变量对应的是具有状态保持作用的硬件电路，如触发器、锁存器等。寄存器型变量和连线型变量的区别：寄存器型变量保持最后一次的赋值，而连线型变量需有持续的驱动。

寄存器型变量的格式：

```
reg [n-1:0] 数据名1，数据名2，…，数据名n；
```

以下是常见的寄存器型变量声明语句示例：

```
reg  A, B;            //定义了两个reg型变量
reg [7:0]  QOUT;      //定义了QOUT为8位宽的reg型变量
```

在 always 模块内被赋值的每一个信号都必须定义成 reg 型。实际上，用 reg 定义的寄存器型变量并非一定会在 Verilog HDL 程序中综合出时序逻辑电路，综合后究竟得到组合逻辑电路还是时序逻辑电路取决于过程语句的描述方式。

（3）参数型（parameter）

在 Verilog HDL 中，用 parameter 来定义常量。

参数型变量格式：

```
parameter  参数名1=表达式1，参数名2=表达式2，…；
```

以下是常见的参数型变量声明语句示例：

```
parameter  S0=0, S1=1; //定义2个常数参数
```

3. 运算符

Verilog HDL 语言参考了 C 语言中大多数运算符的语义和句法，但没有 C 语言中的增 1（i++）和减 1（i--）运算符。Verilog HDL 的运算符如表 9.3-1 所示。

表 9.3-1 Verilog HDL 的运算符

运算符类型	运算符符号	运算功能描述	运算符类型	运算符符号	运算功能描述
算术运算符	+	加法运算符或正值运算符	关系运算符	>	大于
	−	减法运算符或负值运算符		<	小于
	*	乘法运算符		<=	小于或等于
	/	除法运算符		>=	大于或等于

续表

运算符类型	运算符符号	运算功能描述	运算符类型	运算符符号	运算功能描述
算术运算符	%	取模运算符	关系运算符	==	等于
逻辑运算符	&&	逻辑与		!=	不等于
	||	逻辑或	缩位运算符	&	与
	!	逻辑非		~&	与非
按位运算符	~	按位取反		|	或
	|	按位或		~|	或非
	&	按位与		^	异或
	^	按位异或		~^	同或
	~^	按位同或	移位运算符	<<	左移
				>>	右移
			条件运算符	?:	条件
			位拼接运算符	{, }	拼接

对表中的运算符说明如下。

（1）算术表达式结果的位宽由位宽最大的操作数决定。在赋值语句下，算术操作结果的位宽由操作符左端目标位宽决定。例如：

```
reg [3:0] A, B, C;
reg [4:0] F;
A = B + C;      //同位宽操作，会造成数据溢出
F = B + C;      //扩位操作，可保证计算结果正确
```

（2）不要将逻辑运算符和按位运算符相混淆。

若 $A=5'b11001$；$B=5'b10101$，则 $\sim A=5'b00110$，$A\&B= 5'b10001$，$A|B= 5'b11101$，$A^B= 5'b01100$。

（3）在进行关系运算时，若声明的关系为"假"，则返回值是"0"；若声明的关系为"真"，则返回值是"1"。

（4）缩位运算符属于单目运算符，具体运算过程为，先将操作数的第 1 位与第 2 位进行与、或、非运算；将运算结果与第 3 位进行与、或、非运算，依次类推，直至最后 1 位。若 $A=5'b11001$，则 $\&A=0$，$|A=1$。

（5）移位运算符格式为 $a>>n$ 或 $a<<n$。a 代表要进行移位的操作数，n 代表要移几位。这两种移位运算都用 0 来填补移出的空位。左移 1 位相当于乘以 2，右移 1 位相当于除以 2。

（6）条件运算符"?:"有 3 个操作数，其格式为：

信号=条件 ? 表达式1: 表达式2;

当条件等于 1（真），信号取表达式 1 的值，反之，取表达式 2 的值。例如：

assign Y = S ? A:B;   //当S=1，Y=A，当S=0，Y=B，完成2选1数据选择功能

（7）位拼接运算符

拼接运算可以将两个或多个信号按二进制位拼接起来，作为一个信号来使用。其使用方法是把某些信号的某些位详细地列出来，中间用逗号分开，最后用大括号括起来表示一个整体信号。拼接运算的操作符为{}。其格式为：

{信号1的某几位，信号2的某几位，…，信号n的某几位}

（8）各运算符的优先级如表 9.3-2 所示。

表 9.3-2 Verilog HDL 运算符的优先级

运算符类型	运算符符号	优先级
补集	!, ~	最高优先级
算术	*, /, %, +, -	
移位	<<, >>	
关系	<, <=, >, >=	
等式	==, !=	
缩减	& , ~&, ^, ^~, | , ~|	
逻辑	&&, ||	
条件	?:	最低优先级

【例 9.3-2】关系运算符应用示例。

```
module  RELATION  (A，B，Y)；
    input  [5:0]  A，B；
    output[5:0]  Y；
    reg[5:0]  Y；
    always @  (A，B)
  begin
  Y[0] = (A>B) ? 1:0；
  Y[1] = (A>=B) ? 1:0；
  Y[2] = (A<B) ? 1:0；
  Y[3] = (A<=B) ? 1:0；
  Y[4] = (A!=B) ? 1:0；
  Y[5] = (A==B) ? 1:0；
  end
endmodule
```

对例 9.3-2 所示的 Verilog HDL 代码进行仿真，仿真结果如图 9.3-2 所示。从仿真结果可以看到，其运算规则和 C 语言的运算规则是一致的。

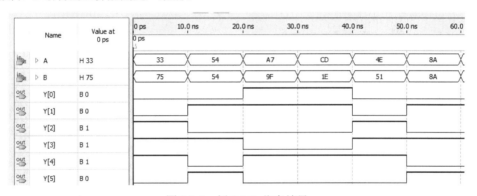

图 9.3-2　例 9.3-2 仿真结果

【例 9.3-3】位拼接运算符应用示例。

```
wire [7:0]  D；
assign D [7:4] = {D [0]，D [1]，D [2]，D [3]}；//以反转的顺序将低端4位赋给高端4位
assign D = {D [3:0]，D [7:4]}；              //高4位与低4位交换
```

9.3.3　Verilog HDL 行为语句

数字电路可以完成不同抽象级别的建模，一般分为系统级、算法级、RTL 级、门级和晶体管级 5 种不同模型。系统级、算法级、RTL 级属于行为描述；门级属于结构描述；晶体管级涉及模拟电路，不在这里讨论。相应地，Verilog HDL 有以下 3 种描述方式：一种是从电路结构的角度来描述电路模块，称为结构描述方式；一种是对连线型变量进行操作，称为数据流描述方式；一种是只从功能和行为的角度来描述一个电路模块，称为行为描述方式。其中，行为描述方式是 Verilog HDL 中最重要的描述形式，也是本小节主要介绍的内容。

行为描述语句包括过程语句、赋值语句、条件语句等，以下介绍这 3 类常用的语句。

1. always 过程语句

always 过程语句后跟着的过程块可以不断重复执行，只要触发条件满足就可以，即满足一次执行一次，而且是可综合的。always 过程语句的格式为：

```
always @（敏感信号列表）
begin
```

```
      //过程赋值
      //if-else，case等选择语句
   end
```

敏感信号列表的作用是用来激活 always 过程语句的执行；只要敏感信号列表中某个信号发生变化，就会引发块内语句的执行。敏感信号可以分为两种类型：一种为电平敏感型，一种为边沿敏感型。敏感信号列表主要有以下几种格式：

```
@ (a)                             //当信号A的值发生变化时
@ (A or B)                        //当信号A或B的值发生变化时
@ (posedge  CLK)                  //当CLK上升沿到来时
@ (negedge  CLK)                  //当CLK下降沿到来时
@ (posedge  CLK  or  negedge  RST) //当CLK的上升沿或RST的下降沿到来时
```

关键词 or 表明事件之间是或的关系。上升沿用 posedge 来描述，下降沿用 negedge 来描述。

always 过程块既可以实现组合逻辑电路，也可以实现时序逻辑电路。用 always 过程块实现组合逻辑电路时，敏感信号表达式内不能包含 posedge 与 negedge 关键字；组合逻辑的所有输入信号都要作为信号名出现在敏感信号表达式中。用 always 过程块实现时序逻辑电路时，敏感信号表达式内可以有 posedge 与 negedge 关键字，也可以只有信号名；不要求所有输入信号都出现在敏感信号列表的信号名中。下面通过两个例子来说明。

【例 9.3-4】　4 选 1 数据选择器的描述。

```
module MUX41B(Y,A,B,C,D,SEL);
output Y;
input A,B,C,D;
input [1:0] SEL;
reg Y;
always@(A,B,C,D,SEL)
begin
   if(SEL==2b00)Y=A;
   else if(SEL==2b01)Y=B;
   else if(SEL==2b10)Y=C;
   else Y=D;
   end
endmodule
```

【例 9.3-5】　同步置数、同步清零的计数器。

```
module  COUNT(Q,D,LD,CLR,CLK);
   input [7:0]  D ;
   input LD,CLR,CLK;
   output[7:0]  Q;
   reg [7:0] Q;
   always @ (posedge  CLK)         //CLK上升沿触发
     begin
       if  (!CLR)  Q<=0 ;          //同步清零, 低有效
       else  if  (!LD) Q<=D ;      //同步置数, 低有效
       else  Q<=Q+1 ;             //8位二进制加法计数器
   end
endmodule
```

2. 持续赋值语句

持续赋值语句用来描述组合逻辑。持续赋值语句只能对连线型变量进行赋值，不能对寄存器型变量进行赋值。持续赋值语句格式：

连线型变量类型　　　[连线型变量位宽]　　连线型变量名

```
assign   连线型变量名=赋值表达式;
```

持续赋值语句驱动连线型变量，输入操作数的值一发生变化，就重新计算并更新它所驱动的变量。
持续赋值语句主要有以下几种格式：

（1）标量连线型
```
wire  A,B;
assign  A=B;
```
（2）向量连线型
```
wire[ 7:0]  A,B;
assign  A=B;
```
（3）向量连线型变量中的某一位
```
wire[ 7:0]  A,B;
assign  A[3]=B[3];
```
（4）向量连线型变量中的某几位
```
wire [7:0]  A,B;
assign  A[3:2]=B[1:0];
```
（5）上面几种类型的任意拼接运算
```
wire  A, C;
wire[1:0]  B;
assign  {A, C}=B;
```

【例 9.3-6】用持续赋值语句实现 4 位全加器。
```
module  ADDR_4(A,B,CI,SUM,CO);
  input  [3:0] A,B;
  input  CI;
  output  [3:0] SUM;
  output  CO;
  assign  {CO,SUM}=A+B+CI;
endmodule
```

3. 过程赋值语句

过程赋值是在 always 语句内的赋值，它只能对寄存器数据类型的变量赋值。过程赋值语句分为阻
塞赋值和非阻塞赋值两种。

（1）阻塞赋值方式

阻塞赋值用 "=" 进行赋值。如果一个变量通过阻塞赋值语句赋值，则这个新赋的值会被该块中所
有的后续语句使用。如果在一个语句块中有多条阻塞赋值语句，则前面赋值语句没有完成之前，后面
赋值语句不能被执行，仿佛被阻塞了一样。阻塞赋值语句在 always 块中按照先后次序顺序地执行，因
此语句的执行顺序很重要。

【例 9.3-7】 阻塞赋值举例。
```
module  BLOCK(C,B,A,CLK);
input  CLK,A;
output  C,B;
reg  C,B;
always  @(posedge  CLK)
  begin
    B=A;
    C=B;
  end
endmodule
```

因为 always 块对时钟上升沿敏感，所以，B 和 C 都将作为 D 触发器输出。第一条语句 B=A 将 A
值赋值给 B，而语句 C=B 则将新的 B 值（A）赋给 C，即其结果为 C=B=A。所以，综合得到的电路为

两个平行的 D 触发器，如图 9.3-3 所示。

（2）非阻塞赋值方式

非阻塞赋值用"<="进行赋值。always 块中所有非阻塞赋值语句在求值时所用的值都是进入 always 块时各变量已具有的值。非阻塞的含义可以理解为，在执行当前语句时，对其他语句的执行一律不加限制，不加阻塞。

【例 9.3-8】　非阻塞赋值举例。

```
module  NON_BLOCK(C,B,A,CLK);
output  C,B;
input  CLK,A;
reg  C,B;
always  @(posedge  CLK)
    begin
            B<=A;
            C<=B;
    end
endmodule
```

在 always 块中的语句赋值开始时，两条语句中的变量 B 和 C 都有各自的值，在 always 块结束时，这两个变量同时变成各自的新值。非阻塞赋值相当于两条语句并行执行，即前面语句的执行（B<=A）不会阻塞后面语句的执行（C<=B）。所以，综合得到的电路为两个级联连接的 D 触发器，即一个移位寄存器，如图 9.3-4 所示。由于非阻塞赋值语句并行执行，因此语句的执行不考虑顺序。

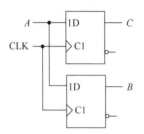

图 9.3-3　例 9.3-7 代码综合后的电路图

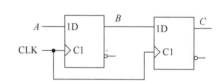

图 9.3-4　例 9.3-8 代码综合后的电路图

4. if-else 条件语句

if-else 条件语句有以下 3 种形式：

```
① if（表达式）  语句1；
② if（表达式）  语句1；
      else  语句2；
③ if（表达式1）  语句1；
      else  if（表达式2）语句2；
      else  if（表达式3）语句3；
            ……
      else  if（表达式n）语句n；
      else  语句n+1；
```

if-else 条件语句的使用应注意：

① if 语句在 if 后面都有表达式，一般为逻辑表达式或关系表达式。系统对表达式的值进行判断，若为 0，按假处理；若为 1，按真处理，执行指定语句。

② 在 if 和 else 后面可以包含单个或多个语句，多句时用 begin-end 块语句括起来。

③ 在 if 语句嵌套使用时，要注意 if 与 else 的配对关系。

5. case 条件语句

case 语句是一种多路分支语句，故 case 语句可用于译码器、数据选择器、状态机等。case 语句格式：

```
case （敏感表达式）
  值1: 语句1;
  值2: 语句2;
  ……
  值n: 语句n;
default:    语句n+1;
endcase
```

本节内容简要介绍了可综合的 Verilog HDL 的语言要素和基本语句，目的是让读者掌握常用组合和时序单元电路的 Verilog HDL 描述方法。在学习 Verilog HDL 语言时，首先要用硬件设计思想来编写 Verilog HDL 代码，正所谓"眼中有代码，心中有电路"，多实践，多思考，多总结；其次，语法掌握贵在精，不在多，掌握基本语句就可以完成大多数的数字电路设计。

9.4　数字系统设计实例

9.4.1　4 位数字频率计设计

1．设计题目

设计一个 4 位数字频率计，测量范围为 0～9999Hz，原理图如图 9.4-1 所示。数字频率计的硬件电路主体部分由 FPGA 实现，显示电路采用 4 位七段 LED 数码管。8Hz 的基准时钟由外部晶体振荡器提供，被测信号为标准的方波信号。

2．工作原理

频率就是周期性信号在单位时间（1s）内的变化次数。若在 1s 的时间间隔内测得这个周期性信号的重复变化次数为 N，则其频率 f 可表示为

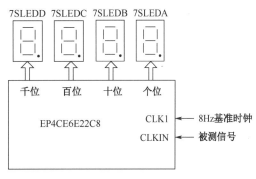
图 9.4-1　4 位数字频率计原理图

$$f = N$$

由此可见，只要将被测信号作为计数器的时钟输入，让计数器从零开始计数，计数器计数 1s 后得到的计数值就是被测信号的频率值。利用上述思路，可以得到如图 9.4-2 所示的数字频率计原理框图。控制器首先给出清零信号，使计数器清零。然后闸门信号置为高电平，闸门开通，被测信号通过闸门送到计数器，计数器开始计数，1s 后，将闸门信号置为低电平，闸门关闭，计数器停止计数，此时计数器的计数值就是被测信号频率。如果将计数值直接送显示电路显示，那么在整个计数过程中，显示值将不断变化，无法看清显示值。在计数器和显示电路之间加了寄存器后，控制器在闸门关闭后给出一个置数信号，将计数值存入寄存器，显示电路根据寄存器的输出显示频率值。这样，每测量一次频率值，显示值刷新一次。图 9.4-3 给出了数字频率计控制信号的时序关系。

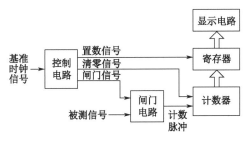
图 9.4-2　数字频率计原理框图

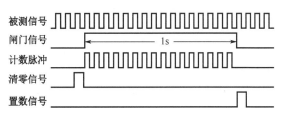
图 9.4-3　频率计控制信号时序图

　　数字频率计是一个典型的数字系统，控制器构成控制单元，计数器和寄存器等构成数据处理单元。数据处理单元各模块逻辑功能比较简单，通常有标准的模块可供选择，而控制器一般需要自行设计。控制器除了基准时钟信号，没有其他输入信号，因此，可采用例 5.6-1 介绍的序列信号发生器实现。在图 5.6-2 中，CP 为基准时钟，CLR 为清零信号，CS 为闸门信号，LD 为置数信号。当 CP 脉冲采用频率为 8Hz 的基准时钟时，则闸门信号的脉冲宽度刚好为 1s。

3. 顶层设计和底层模块设计

　　数字频率计主体部分采用 FPGA 实现，采用自顶向下的设计方法。先进行顶层设计，后进行底层模块设计。与计算机软件程序类似，顶层设计相当于主程序，底层模块相当于子程序。顶层设计可以采用原理图，也可以采用 Verilog HDL 描述。采用原理图设计比较直观，但移植性较差。在以下的数字频率计设计中，顶层设计采用原理图，底层模块用 Verilog HDL 描述。

　　（1）顶层设计

　　根据数字频率计的工作原理和设计方案，可得到如图 9.4-4 所示的 4 位数字频率计的顶层设计原理图。原理图包括计数器 CNT10、寄存器 REG4、显示译码器 LED7S、控制器 CONTROL 四种底层模块。4 个十进制计数器 CNT10 级联构成 10000 进制计数器，使频率计的测量范围达到 0000～9999Hz。CNT10 的输出送寄存器 REG4，REG4 的输出送显示译码器 LED7S。LED7S 的输出驱动七段 LED 数码管。CONTROL 用于产生图 9.4-3 所示的清零信号 CLR、闸门信号 CS、置数信号 LD 三种控制信号。

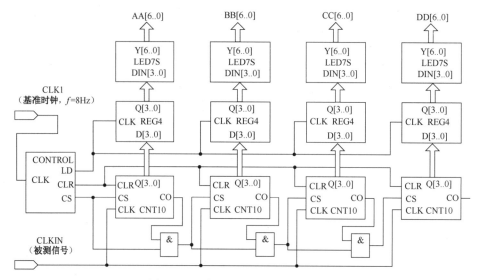

图 9.4-4　4 位数字频率计设计原理图

　　（2）底层模块设计

　　在数字频率计的顶层设计中使用了 4 种不同功能的底层模块：LED7S、REG4、CNT10、CONTROL。这些底层模块的 Verilog HDL 代码已经在 3.2 节、4.2 节（将基本 D 触发器代码从 1 位扩展到 4 位即可）、4.4.4 节、5.6 节中作了介绍。

4. 设计工程的 Quartus II 操作流程

　　数字频率计的设计包含顶层设计和底层模块设计。基本的 Quartus II 操作流程介绍如下。

　　① 建立设计工程。在 E 盘建立一个工程文件夹，路径为 E:\ FMETER。

　　② 底层模块输入（文本输入）、编译、符号生成、仿真。完成 CNT10、REG4、LED7S、CONTROL 模块的设计输入、编译、创建逻辑符号和仿真。

　　③ 顶层设计的输入（原理图输入）和编译。

④ 引脚锁定和编程下载。

⑤ 数字频率计测试。

扫描右侧二维码学习详细操作步骤。

9.4.2　4 位数字乘法器设计

1. 设计题目

试设计一个 4×4 相加-移位结构乘法器，其示意图如图 9.4-5 所示。

输入信号：4 位被乘数 A（$A_3A_2A_1A_0$），4 位乘数 B（$B_3B_2B_1B_0$），启动信号 START。

输出信号：8 位乘积 P（$P_7P_6P_5P_4P_3P_2P_1P_0$），结束信号 DONE。

当发出一个高电平的 START 信号以后，乘法器开始乘法运算，运算完成以后发出高电平的 DONE 信号。

两个 4 位乘数从电平开关输入，按键 KEY0 产生 START 信号，用 8 只 LED 管显示乘积，DONE 信号用 LED8 显示。乘法器工作时需要一个时钟信号，从 CLKIN 输入。

2. 算法设计

从图 9.4-5 可知，这是一个多输入多输出的逻辑电路。一种设计思想是，把设计对象看作一个不可分割的整体，采用组合逻辑电路的设计方法进行设计，先列出真值表，然后写出逻辑表达式，最后画出逻辑图。这种设计方法有很多局限性，比如，当设计对象的输入变量非常多时，将不适合用真值表来描述，同时，若电路功能有任何一点微小的改变或改进，都必须重新开始设计。另一种设计思想是，把待设计对象在逻辑上看成由许多子操作和子运算组成，在结构上看成由许多模块或功能块构成。这种设计思想在数字系统的设计中得到了广泛的应用。

设 $A=1011$，$B=1101$，则 4 位乘法器的运算过程如图 9.4-6 所示。从乘法运算过程可知，乘法运算可分解为相加和移位两种子运算。

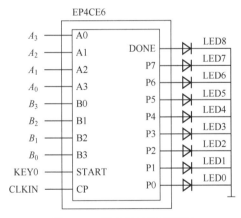

图 9.4-5　数字乘法器示意图

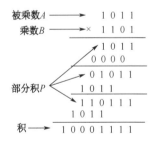

图 9.4-6　4 位乘法运算过程

加法运算是一个累加的过程。实现这一累加过程的方法是：把每次相加的结果用部分积 P 表示，若 B 中某一位 $B_i=1$，把部分积 P 与 A 相加后右移 1 位；若 B 中某一位 $B_i=0$，则部分积 P 与 0 相加后右移 1 位，这相当于只移位不累加。通过 4 次累加和移位，最后得到的部分积 P 就是 A 与 B 的乘积。需要指出的是，移位操作可以通过对部分积右移实现，也可以通过被乘数左移实现。如果通过被乘数左移实现，则做加法运算时需要一个 8 位加法器，而对部分积右移实现，则只需一个 4 位加法器，因此，采用部分积右移是比较好的方案。这种通过相加、移位操作来实现乘法运算的乘法器称为相加-移位结构乘法器。

为了便于进一步理解乘法器的算法，将乘法运算过程中部分积 P 的变化情况用图 9.4-7 表示出来。

存放部分积的是一个 9 位的寄存器，低 8 位用于存放部分积，最高位用于存放加法运算时的进位输出。每次做加法运算时，被乘数 A 总是与部分积的 $D_7 \sim D_4$ 位相加，因此只需要一个 4 位加法器。

图 9.4-7   乘法运算过程中部分积 P 的变化情况示意图

乘法器的算法可以用如图 9.4-8 所示的算法流程图来描述。当 START 信号为高电平时，启动乘法运算。在运算过程中，共进行 4 次累加和移位操作。从算法流程图可以看到，累加和移位是一循环操作，i 表示循环次数。当 $i=4$ 时，表示运算结束，DONE 信号置为高电平。

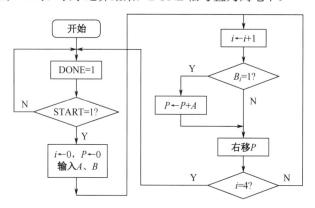

图 9.4-8   乘法器的算法流程图

3. 顶层设计和底层模块设计

在明确乘法器的算法之后，便可将乘法器电路划分成数据处理单元和控制单元，其原理框图如图 9.4-9 所示。数据处理单元实现算法流程图规定的寄存、移位、加法运算等各项运算及操作。控制单元接收来自数据处理单元的状态信号并向其发出控制信号。

REGA 和 REGB 为 4 位寄存器，分别用于存放被乘数 A、乘数 B。REGC 为一个 5 位寄存器，用于存放加法器输出的结果（考虑进位时为 5 位）。寄存器 REGB 具有右移功能，移出的数据 BI 送控制器，以决定部分积是与 0 相加还是与被乘数 A 相加。由于寄存器 REGB 每移出 1 位数据，左边空出的数据位就可以用来存放部分积，因此寄存器 REGB 和 REGC 合在一起用于存放部分乘积 P。显然，REGC 和 REGB 一样，具有右移功能，以实现部分积的右移。4 位加法器 ADD4B 用于实现 4 位二进制加法运算。计数器

CNT 用于控制累加和移位的循环次数。当计数值等于 4 时，计数器的输出信号 I_4 变高电平。

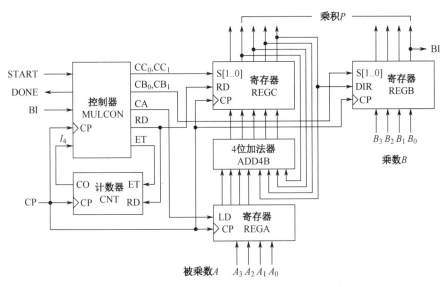

图 9.4-9　乘法器的原理框图

控制器 MULCON 的功能是接收来自寄存器 REGB 的移位输出信号 BI 和计数器输出信号 I_4，发出 CA、CB_0、CB_1、CC_0、CC_1、RD、ET 等控制信号。其中，CA 为寄存器 REGA 的控制信号，用于选择置数或保持功能；CC_0、CC_1 为寄存器 REGC 的控制信号，用于选择置数、右移和保持功能；CB_0、CB_1 为寄存器 REGB 的控制信号，用于选择置数、右移和保持等功能；RD 为寄存器 REGC 和计数器 CNT 的异步清零信号；ET 为计数器 CNT 的计数使能信号。

乘法器的控制器和数据处理单元的模块采用同一个 CP 脉冲触发，因此，整个系统是一个同步时序逻辑电路。

在图 9.4-9 所示的原理框图中共有 6 个不同的底层模块：REGA、REGB、REGC、CNT、ADD4B、MULCON。采用自顶向下设计方法时，底层模块用 Verilog HDL 描述。

（1）REGA 模块的设计

REGA 模块为 4 位并行寄存器，其逻辑功能为：当 LD=0 时，处于保持状态；当 LD=1 时，处于并行置数状态。REGA 模块的 Verilog HDL 代码如下：

```
module REGA(CP,LD,D,Q);
input[3:0] D;
input CP,LD;
output[3:0] Q;
reg[3:0] Q;
always @(posedge CP)
 begin
   if(LD)
     Q <= D;
 end
endmodule
```

（2）REGB 模块的设计

REGB 模块为 4 位多功能移位寄存器，其逻辑功能为：当 S_1S_0=00 时，寄存器处于保持状态；当 S_1S_0=01 时，寄存器处于右移状态；当 S_1S_0=11 时，寄存器处于并行置数状态。REGB 模块的 Verilog HDL 代码如下：

```
module REGB(CP, DIR,S,D, Q);
```

```
  input[3:0] D;
  input CP,DIR;
  input[1:0] S;
  output[3:0] Q;
  reg[3:0] Q;
  always @(posedge CP)
begin
  case(S)
    2'b01: Q <= {DIR,Q[3:1]};
     2'b11: Q <= D;
  endcase
end
  endmodule
```

（3）REGC 模块的设计

REGC 模块为 5 位多功能移位寄存器，其逻辑功能为：当 S_1S_0=00 时，寄存器处于保持状态；当 S_1S_0=01 时，寄存器处于右移状态；当 S_1S_0=11 时，寄存器处于并行置数状态 s；当 RD=1 时，寄存器处于异步清零功能。REGC 模块的 Verilog HDL 代码如下：

```
module REGC(CP,RD,DIR,S,D,Q);
input[4:0] D;
input CP,RD,DIR;
input[1:0] S;
output[4:0] Q;
reg[4:0] Q;
always @(posedge CP or posedge RD)
begin
 if(RD)
   Q <= 5'b00000;
 else
   begin
     case(S)
       2'b01: Q <= {DIR,Q[4:1]};
       2'b11: Q <= D;
     endcase
   end
 end
endmodule
```

（4）CNT 模块的设计

CNT 模块为五进制加法计数器模块，其逻辑功能为：当 RD=1 时，处于异步清零功能；当 ET=1 时，允许计数。计数器还设置了进位输出，当计到 4 时，输出高电平的进位信号。CNT 模块的 Verilog HDL 代码如下：

```
module CNT(CP,RD,ET,CO);
input CP,RD,ET;
output CO;
reg CO;
reg[2:0] Q;
always @(posedge CP or posedge RD)
begin
 if(RD)
   Q <= 3'b000;
 else
   begin
     if(ET)
```

```
        begin
          if(Q == 3'b100)
            Q <= 3'b000;
          else
            Q <= Q + 3'b001;
          end
      end
  end
always @(Q)
  begin
    if(Q == 3'b100)
      CO = 1'b1;
    else
      CO = 1'b0;
  end
endmodule
```

（5）ADD4B 模块的设计

```
module ADD4B(A,B,S);
input[3:0] A;
input[3:0] B;
output reg[4:0] S;
always @(A,B)
      begin
          S=A+B;
      end
endmodule
```

（6）MULCON 模块的设计

MULCON 模块是乘法器的控制器。根据图 9.4-8 所示的乘法器算法流程图，MULCON 模块应具有如下逻辑功能：

① 当启动信号 START 变为高电平后，控制器发出高电平有效的 RD 信号，对 REGC 模块和 CNT 模块清零，并通过 CA 和 CB_0、CB_1 信号将被乘数和乘数分别置入 REGA 模块和 REGB 模块。

② 根据输入信号 BI 实现不同的操作：若 BI 为 1，则把加法器的结果置入寄存器 REGC；若 BI 为 0，不对寄存器置数（相当于不做累加操作）。通过 ET 信号使能计数器加 1。

③ 通过 CC_1、CC_0 与 CB_1、CB_0 信号使寄存器 REGC 和寄存器 REGB 右移 1 位。

④ 重复②、③步骤 4 次，当输入信号 I_4 有效时，电路回到等待状态，一次乘法运算结束。

根据上述逻辑功能，MULCON 模块可设计成同步状态机。先定义 4 个状态：S_0、S_1、S_2、S_3。S_0 为初始状态；S_1 完成对计数器和寄存器清零，同时将两个乘数置入寄存器；S_2 完成加法运算；S_3 完成移位操作。每个状态发出的控制信号如表 9.4-1 所示。

表 9.4-1 控制器每个状态发出的控制信号

状态符号	输入信号	输出信号							
	BI	DONE	RD	CA	CB_1	CB_0	CC_1	CC_0	ET
S_0	×	1	0	0	0	0	0	0	0
S_1	×	0	1	1	1	1	0	0	0
S_2	0	0	0	0	0	0	0	0	1
S_2	1	0	0	0	0	0	1	1	1
S_3	×	0	0	0	0	1	0	1	0

为了描述 MULCON 模块的逻辑功能，除了采用状态图，还可以采用算法状态机图即 ASM（Algorithmic State Machine）图来描述。如图 9.4-10 所示为 MULCON 模块的 ASM 图。在 ASM 图中，

矩形框用来表示一个状态框，其左上角表示该状态的名称，右上角的一组二进制码表示该状态的二进制编码。为了消除输出信号中的毛刺，状态编码采用 Gray 码。状态框内定义该状态的输出信号。菱形框表示条件分支框，将外部输入信号放入条件分支框内。当控制算法存在分支时，次态不仅取决于现态，还与外输入有关。圆角矩形框表示条件输出框，表示在某些状态下只有满足一定条件才能输出的命令。

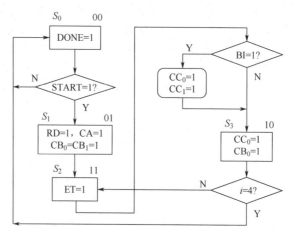

图 9.4-10　MULCON 模块的 ASM 图

有了 MULCON 模块的 ASM 图后，可以直接将 ASM 图转化为 Verilog HDL 代码。使用 case 语句设定在每个状态中输出的信号，每个 if 语句直接对应一个条件框。MULCON 模块的 Verilog HDL 代码如下：

```
module MULCON(START, I4, BI, CP, DONE, RD, CA, CB1, CB0, CC1, CC0, ET);
input START,I4,BI,CP;
output DONE,RD,CA,CB1,CB0,CC1,CC0,ET;
reg DONE,RD,CA,CB1,CB0,CC1,CC0,ET;
parameter S0=2'b00;
parameter S1=2'b01;
parameter S2=2'b10;
parameter S3=2'b11;
reg[1:0] current_state;
reg[1:0] next_state;
always @(current_state or START or BI or I4)
  begin
  DONE = 1'b0; RD = 1'b0; CA = 1'b0; CB1 = 1'b0; CB0 = 1'b0; CC1 = 1'b0; CC0 = 1'b0; ET = 1'b0;
        case(current_state)
        S0:
          begin
            DONE = 1'b1;
            if(START==1'b1)
             next_state = S1;
            else
             next_state = S0;
          end
        S1:
           begin
             RD = 1'b1;CA = 1'b1;CB1 = 1'b1;CB0 = 1'b1;next_state = S2;
           end
```

```
        S2:
            begin
              if(BI==1'b1)
                begin
                  CC1 = 1'b1; CC0 = 1'b1;
                end
              ET = 1'b1;next_state = S3;
            end
        S3:
          begin
            if(I4==1'b1)
              next_state = S0;
            else
              next_state = S2;
            CB0 = 1'b1;CC0 = 1'b1;
          end
      endcase
   end

always @(posedge CP)
  begin
      current_state <= next_state;
  end
endmodule
```

　　MULCON 模块的 Verilog HDL 代码由两个 always 语句组成。第一个 always 语句描述了电路的组合逻辑电路部分，第二个 always 语句描述了在时钟的上升沿到来时对状态寄存器进行更新。在第 1 个 always 语句中，信号 DONE、RD、CA、CB1、CB0、CC1、CC0 和 ET 必须在合适的状态中生成，并且在状态发生改变时关闭，因此，在初始化时就把这些信号都设置为 0。

　　对每个底层模块的 Verilog HDL 代码编译以后，可生成相应的逻辑符号。利用 Quartus II 原理图输入法可得到如图 9.4-11 所示的乘法器顶层原理图。

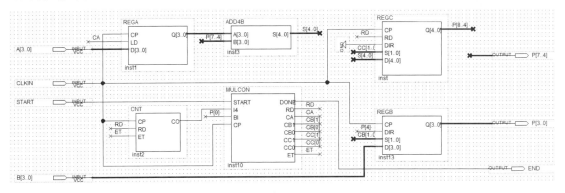

图 9.4-11　乘法器顶层原理图

　　任何一个设计最终都以实际的硬件实现，并且通过实际测试以后才算告终。上述乘法器设计完成以后，应利用 EDA 软件 Quartus II 进行编译、仿真，并将编译生成的文件下载到 EDA-3 数字电路学习板中验证。

　　本节介绍的相加-移位乘法器只要通过增加寄存器的容量和计数器位数，可以很容易地扩展成 8 位或 16 位或者更多位数，而乘法器的控制器可以不变。

本 章 小 结

1．可编程逻辑器件是一种新型的半导体数字集成电路，它的最大特点是可以通过编程来实现不同的逻辑功能。

2．早期的可编程逻辑器件主要有 PROM、PLA、PAL 和 GAL 等几种类型，这些产品由于集成度低、功能简单、不具备在系统编程能力，现在已很少使用。

3．CPLD 和 FPGA 是两种高密度可编程逻辑器件，两者在电路形式上有所不同。CPLD 主要是基于 EEPROM 或 FLASH 存储器编程，其优点是在系统断电后，编程信息不丢失。FPGA 大部分是基于 SRAM 编程，其缺点是编程数据信息在系统断电时丢失，每次上电时，需从器件的外部存储器或计算机中将编程数据写入 SRAM 中。FPGA 更适合于触发器丰富的结构，而 CPLD 更适合于触发器有限而积项丰富的结构。

4．硬件描述语言是一种以文本形式来描述数字系统的结构和行为的语言。Verilog HDL 是当今应用最广泛的硬件描述语言之一。随着数字系统复杂度的提高和设计周期的缩短，使用 Verilog HDL 语言来设计数字系统已经成为一种趋势。

5．数字系统由控制单元和数据处理单元构成。控制单元根据输入和数据处理单元的状态信息发出有序控制信号，数据处理单元在控制信号的作用下进行各种操作。

6．本章以数字频率计和数字乘法器的设计为例，介绍了数字系统自顶向下的设计方法。先进行算法设计，完成设计顶层原理图，系统中的各底层模块用 Verilog HDL 编写，最后用可编程逻辑器件实现。

自我检测题

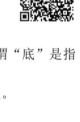

1．数字系统包括_____和_____两部分。

2．现代数字系统通常采用自顶向下的设计方法。所谓"顶"是指_____，所谓"底"是指_____，甚至是_____。

3．简单可编程逻辑器件 SPLD 通常分为_____、_____和_____等多种类型。

4．PLD 中的可编程连接对应的物理实现可以是_____、_____、_____等。

5．在 PAL 中设置了一个异或门，其目的是_____。

6．在 CPLD 中，可编程单元通常采用_____存储单元，掉电以后，编程信息不会丢失。

7．4 输入 LUT 具有_____个存储单元。它可以实现任何 4 变量的_____。

8．PAL 是一种_____的可编程逻辑器件。

    A．与阵列可编程、或阵列固定的   B．与阵列固定、或阵列可编程的

    C．与、或阵列固定的   D．与、或阵列都可编程的

9．大规模可编程逻辑器件主要有 FPGA、CPLD 两类，下列对 FPGA 结构与工作原理的描述中，正确的是_____。

    A．FPGA 全称为复杂可编程逻辑器件

    B．FPGA 是基于乘积项结构的可编程逻辑器件

    C．基于 SRAM 的 FPGA 器件，在每次上电后必须进行一次配置

    D．宏单元是 FPGA 中的最小逻辑单元

10．下列端口声明语句，错误的是_____。

    A．input [7:0] din;   B．input reg [7:0] din;

  C．output [7:0] dout;   D．output reg [7:0] dout;

11．已知 a=5'b11001, b=5'b00110，则下列正确的运算结果是_____。

  A．a&b=1;   B．!(~a^b)=1;

  C．a<<2=5'b00110;   D．b>>2=5'b11000;

12．根据以下代码，关于 rst_n 信号说法正确的是 _____。

    always @ (posedge clk or negedge rst_n)

      if (!rst_n) q<=0;

      else   q<=din;

  A．同步，低电平有效   B．同步，高电平有效

  C．异步，低电平有效   D．异步，高电平有效

13．已知 a=5'b10010; b=4'b1100; 则 {a[3:1],b[3:1], a|b} 结果为_____。

  A．10010011110   B．00111010010

  C．00111011110   D．00110011110

14．已知 my_reg='b100111，下列选项中不能将寄存器 A 清零的是_____。

  A．A=&my_reg;   B．A=^my_reg;

  C．A=my_reg?1'b1:1'b0;   D．A=(~|my_reg)?1'b1:1'b0;

15．变量 X 和 Y 有如下操作：X=4'B1100; Y=X<<2; Y 的结果为_____。

  A．4'B0000;   B．4'B0110;   C．4'B0011   D．4'B1001

16．下列选项中，能与 wire [7:0] a;搭配使用的是 _____。

  A．assign a={4'd0, b[3:0]};   B．if(!rst) a=8'd255;

  C．if(!rst) a<=0;   D．while (a>0) a=a+1;

习　题

1．CPLD 和 FPGA 有什么不同？

2．说明 CPLD I/O 控制块的功能。

3．以 Cyclone IV 系列 FPGA 为例，逻辑单元 LE 能否同时实现组合逻辑电路和时序逻辑电路？

4．试分析如图 P9.4 所示 PLA 构成电路。写出 F_1、F_2 的逻辑表达式。

5．写出描述图 P9.5 所示电路的 Verilog HDL 代码，只使用连续赋值语句定义所要求的函数。

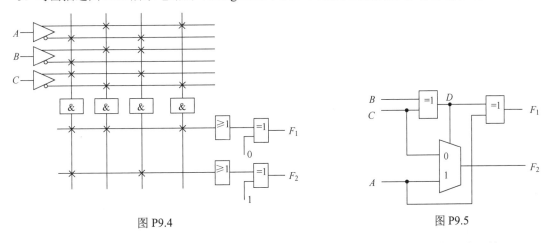

图 P9.4　　　　　　　　　　　　　　　　　　图 P9.5

6．某函数的 Verilog HDL 代码如下所示。请分析如何在 CPLD 和 FPGA 中实现该函数。

```
module COM1(A,B,C,D,E,F,G, Y);
input A,B,C,D,E,F,G;
output Y;
assign Y = (~A & ~B& E &~F)| (~A & ~B& G)| (C & D& E &~F) | (C & D& G);
endmodule
```

（1）写出对应的逻辑函数表达式。

（2）画出用 CPLD 实现该逻辑函数的逻辑图。

（3）画出用 FPGA 实现该函数的逻辑图。

7．采用 Verilog HDL 连续赋值语句描述如图 P9.7 所示电路。

8．写出描述如图 P9.8 所示电路的 Verilog HDL 代码。

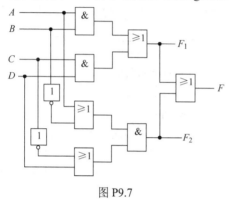

图 P9.7

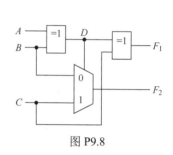

图 P9.8

9．写出描述如图 P9.9 所示电路的 Verilog HDL 代码。

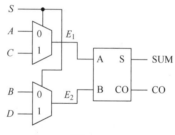

图 P9.9

10．描述下述代码综合后的电路。

```
module ZUSAI(A,B, C,CLK,F1,F2);
   input A,B,C,CLK;
   output reg F1,F2;
   always @(posedge  CLK)
   begin
     F1=A&B;
     F2=F1|C;
   end
endmodule
```

11．描述下述代码综合后的电路。

```
module FZUSAI(A,B, C,CLK,F1,F2);
   input A,B,C,CLK;
   output reg F1,F2;
   always @(posedge  CLK)
   begin
     F1<=A&B;
```

```
    F2<=F1|C;
  end
endmodule
```

12. 用 FPGA 实现的累加器如图 P9.12 所示。该累加器由 16 位加法器和 16 个 D 触发器构成，累加器在时钟上升沿加上 M。FPGA 内部的逻辑单元 LE 由 4 输入查找表和 D 触发器构成，LUT 的最大延迟为 250ps，D 触发器的 t_{CQ} 为 100ps，建立时间和保持时间分别为 80ps 和 45ps。

（1）估计实现本累加器所需要的 LE 数量。

（2）计算最大工作时钟频率。

（3）写出 Verilog HDL 代码。

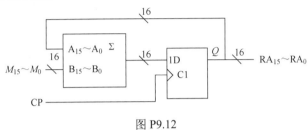

图 P9.12

实验十四　RC 振荡器实验

参考例 9.2-4，设计一个 RC 振荡器。将设计下载到实验板以后，用示波器观测并记录 IN1、OUT1、OUT2 的波形。

实验十五　交通灯控制器实验

设计一个简单的交通灯控制器。交通灯分东西和南北两个方向。假设两个方向车流量相当，红灯时间 25s，绿灯时间 20s，黄灯时间 5s。另外，设置一个紧急状态输入信号，当该输入信号为高电平时，停止计时，东西和南北方向都是红灯，禁止通行。示意图如图 E9.15-1 所示。按上述要求设计交通灯控制器。画出交通灯控制器状态图，写出交通灯控制器的 Verilog HDL 代码，并在 EDA-3 实验板上验证。

设计提示：用数码管显示时间，用 LED 发光管模拟红、黄、绿交通灯。时间控制采用两个减计数器：东西方向计数器 EWTIMER，南北方向计数器 SNTIMER。计数器输出采用 8421 码，低 4 位表示个位数字，高 4 位表示十位数字。用 6 位二进制码 LEDSTATE 表示东西和南北方向的 6 只交通灯状态，由高到低分别为：东西向红灯、东西向黄灯、东西向绿灯、南北向红灯、南北向黄灯、南北向绿灯。交通灯控制系统设置 4 个工作状态，根据条件判断在 4 个状态间循环跳变。具体如图 E9.15-2 所示。

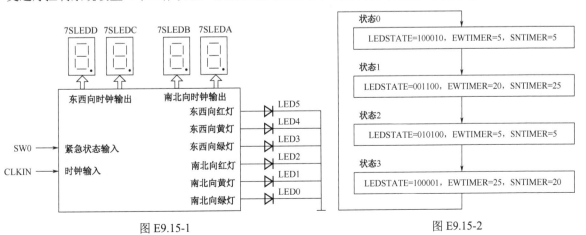

图 E9.15-1　　　　　　　　　　　　　　　　　图 E9.15-2

实验十六　信号发生器实验

　　基于 FPGA 的信号发生器示意图如图 E9.16-1 所示。该信号发生器数字部分由 FPGA 实现，外围电路包括按键 KEY0、电平开关 SW0 和 SW1、七段 LED 数码管、高速 D/A 转换器。

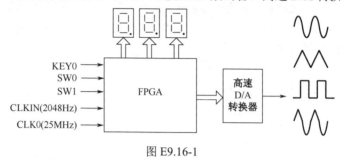

图 E9.16-1

依次完成以下实验内容：

（1）产生固定频率的锯齿波，原理框图如图 E9.16-2 所示。

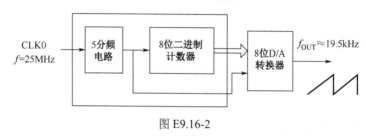

图 E9.16-2

（2）产生固定频率的正弦信号，正弦信号的每个周期由 256 个采样点组成。正弦信号发生器的原理框图如图 E9.16-3 所示。

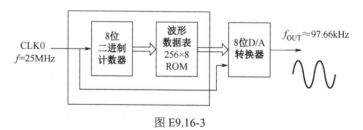

图 E9.16-3

（3）利用 DDS 技术实现频率可调正弦信号发生器，原理框图如图 E9.16-4 所示。该信号发生器可产生 10 种不同频率的正弦信号，相邻两个频率的步进值相同，步进值自行设定，输出频率采用七段 LED 数码管显示。

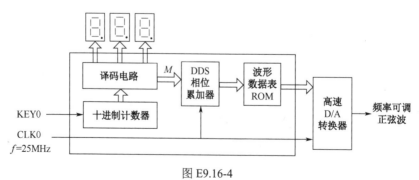

图 E9.16-4

（4）利用 DDS 技术实现频率可调任意波形发生器，原理框图如图 E9.16-5 所示。在实验内容（3）的基础上，可产生正弦波、三角波、方波、任意波（半周期三角波、半周期正弦波）4 种波形，波形类型由电平开关 SW0 和 SW1 选择。

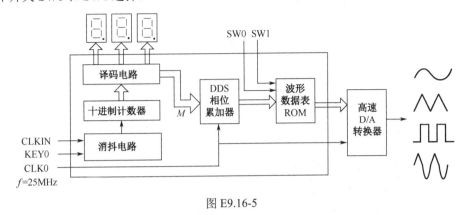

图 E9.16-5

（5）其他，如增加按键消抖功能、输出信号幅值调节功能等。

附录 A　EDA-3 数字电路学习板

EDA 数字电路学习板实物图如图 A.1 所示。主要性能指标说明如下：

图 A.1　EDA 数字电路学习板实物图

◆ 核心芯片采用 Cyclone IV 系列芯片 EP4CE6E22C8N。

◆ 内置 USB-Blaster 下载电路。

◆ 4 只共阴 7 段 LED 数码管（7SLEDA～7SLEDD），由 FPGA I/O 引脚直接驱动。

◆ 9 只 LED 发光二极管（LED0～LED8），高电平时点亮，低电平时熄灭。

◆ 8 只电平开关 SW0～SW7。拨上时，输入高电平；拨下时，输入低电平。

◆ 2 只单脉冲按钮（KEY0～KEY1），按下时产生一个正脉冲。

◆ 20MHz 高速 D/A 转换器 TLC5602，电压输出。

◆ 低频晶体振荡器，可产生一路频率为 8Hz 的时钟信号 CLK1，一路频率可选择（4Hz、64Hz、128Hz、512Hz、2048Hz）的时钟信号 CLKIN。

◆ 25MHz 有源晶振向 FPGA 提供外部时钟信号 CLK0。

◆ 蜂鸣器（BUZ）电路，低电平时发出报警声。

◆ 1MHz 高速 A/D 转换器 TLC0820。

◆ USB 供电。

◆ 有机玻璃板保护。

EDA 数字电路学习板原理图如图 A.2 所示。

EDA-3 数字电路学习板引脚锁定表如表 A.1 所示。

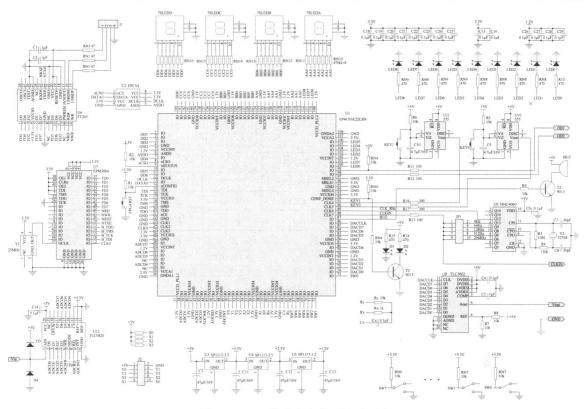

图 A.2   EDA 数字电路学习板原理图

表 A.1   FPGA 引脚锁定表

外设	信号名	引脚号	外设	信号名	引脚号	外设	信号名	引脚号
7SLEDA	AA0	PIN113	电平 开关	SW0	PIN73	高速 A/D 转换器	ADCD7	PIN 28
	AA1	PIN114		SW1	PIN72		ADCD6	PIN30
	AA2	PIN 115		SW2	PIN 71		ADCD5	PIN31
	AA3	PIN119		SW3	PIN70		ADCD4	PIN33
	AA4	PIN 120		SW4	PIN69		ADCD3	PIN 43
	AA5	PIN 121		SW5	PIN 68		ADCD2	PIN 42
	AA6	PIN124		SW6	PIN67		ADCD1	PIN39
7SLEDB	BB0	PIN 125		SW7	PIN66		ADCD0	PIN38
	BB1	PIN 126	LED 发光 二极管	LED0	PIN100		ADCWR	PIN44
	BB2	PIN 127		LED1	PIN101		ADCRD	PIN 46
	BB3	PIN 128		LED2	PIN103		ADCINT	PIN49
	BB4	PIN129		LED3	PIN104	4×4 矩阵 键盘	Y0	PIN50
	BB5	PIN132		LED4	PIN105		Y1	PIN51
	BB6	PIN 133		LED5	PIN106		Y2	PIN52
7SLEDC	CC0	PIN135		LED6	PIN110		Y3	PIN53
	CC1	PIN136		LED7	PIN111		X3	PIN 54
	CC2	PIN137		LED8	PIN112		X2	PIN 55
	CC3	PIN138	高速 D/A 转换器	DACCLK	PIN86		X1	PIN58
	CC4	PIN141		DACD7	PIN85		X0	PIN59

表 A.1　FPGA 引脚锁定表　　　　　　　　　　续表

外设	信号名	引脚号	外设	信号名	引脚号	外设	信号名	引脚号
7SLEDC	CC5	PIN142	高速 D/A 转换器	DACD6	PIN84	RC 振荡器	Rx	PIN60
	CC6	PIN 143		DACD5	PIN83		Cx	PIN64
7SLEDD	DD0	PIN144		DACD4	PIN80		Ry	PIN65
	DD1	PIN1		DACD3	PIN77	时钟	CLK1	PIN89
	DD2	PIN 2		DACD2	PIN76		CLKIN	PIN88
	DD3	PIN3		DACD1	PIN 75		CLK0	PIN24
	DD4	PIN7		DACD0	PIN74	蜂鸣器	BUZ	PIN87
	DD5	PIN10	按键	KEY0	PIN90	OD 输出	OD1	PIN99
	DD6	PIN11		KEY1	PIN 91		OD2	PIN98

注 1：由于 PIN101 是双功能引脚，既可作为 nCEO 引脚，也可作为 I/O 引脚，在引脚锁定之前，应做如下设定：Assignments→ Device→Device and Pin Options→Dual Purpose Pins→nCEO→Use as regular I/O，单击"确定"按钮。

注 2：在一个设计中，一般不可能用到所有的 FPGA I/O 引脚，为了避免未用 I/O 引脚对其他电路的影响，在编译之前应将 FPGA 的未用引脚设为"输入高阻"。应做如下设定：Assignments→Device→Device&Pin Option→Unused Pins→As input tri-stated， 单击"确定"按钮。

参 考 文 献

[1] 康华光. 电子技术基础（数字部分）. 6 版. 北京：高等教育出版社，2014.

[2] 阎石. 数字电子技术基础. 6 版. 北京：高等教育出版社，2016.

[3] 李国林. 电子电路与系统基础. 北京：清华大学出版社，2017.

[4] 斯蒂芬·布朗. 数字逻辑基础与 Verilog HDL 设计（加）. 3 版. 北京：机械工业出版社，2019.

[5] John F. Wakerly. 数字设计原理与实践（原书第 4 版）. 北京：机械工业出版社，2008.

[6] Thomas L. Floyd. Digital Fundamentals. 7e. 北京：科学出版社，2002.

[7] Stephen Brown, Zvonko Vranesic. 数字逻辑基础与 VHDL 设计. 3 版. 伍薇等. 北京：清华大学出版社，2011.

[8] Charles H. Roth, Jr. Lizy Kurian John. 数字系统设计与 VHDL. 2 版. 金明录，刘倩等. 北京：电子工业出版社，2008.

[9] 集成电路手册编委会. 标准集成电路数据手册 CMOS4000 系列电路. 北京：电子工业出版社，1995.

[10] 电子工程手册编委会. 标准集成电路数据手册 TTL 电路. 北京：电子工业出版社，1991.

反侵权盗版声明

电子工业出版社依法对本作品享有专有出版权。任何未经权利人书面许可，复制、销售或通过信息网络传播本作品的行为；歪曲、篡改、剽窃本作品的行为，均违反《中华人民共和国著作权法》，其行为人应承担相应的民事责任和行政责任，构成犯罪的，将被依法追究刑事责任。

为了维护市场秩序，保护权利人的合法权益，我社将依法查处和打击侵权盗版的单位和个人。欢迎社会各界人士积极举报侵权盗版行为，本社将奖励举报有功人员，并保证举报人的信息不被泄露。

举报电话：（010）88254396；（010）88258888

传　　真：（010）88254397

E-mail：　dbqq@phei.com.cn

通信地址：北京市万寿路 173 信箱

　　　　　电子工业出版社总编办公室

邮　　编：100036